Theorien in der naturwissenschaftsdidaktischen Forschung

Dirk Krüger · Ilka Parchmann · Horst Schecker
(Hrsg.)

Theorien in der naturwissen-
schaftsdidaktischen
Forschung

 Springer

Herausgeber

Dirk Krüger
FB Biologie, Chemie und Pharmazie
FU Berlin
Berlin, Deutschland

Horst Schecker
Didaktik der Physik
Universität Bremen
Bremen, Deutschland

Ilka Parchmann
Leibniz-Institut für die Pädagogik der Naturwis-
senschaften und Mathematik (IPN)
Universität Kiel
Kiel, Deutschland

ISBN 978-3-662-56319-9   ISBN 978-3-662-56320-5 (eBook)
https://doi.org/10.1007/978-3-662-56320-5

Die Deutsche Nationalbibliothek verzeichnet diese Publikation in der Deutschen Nationalbibliografie; detaillierte bibliografische Daten sind im Internet über http://dnb.d-nb.de abrufbar.

Vorwort

Forschung benötigt theoretische Rahmungen, die neben den Zielen, Forschungsfragen und Begrifflichkeiten die Entscheidungen für ein bestimmtes Studiendesign und angemessene Methoden bedingen. Als Herausgeberteam des 2014 erschienen Bands *Methoden in der naturwissenschaftsdidaktischen Forschung* war es daher unser Ziel, auch bedeutsame theoretische Rahmungen in den drei naturwissenschaftlichen Didaktiken Biologie, Chemie und Physik in einem Band *Theorien in der naturwissenschaftsdidaktischen Forschung* für Studierende und Promovierende aufzuarbeiten.

In dem nun vorliegenden Band stellen Experten[1] der drei naturwissenschaftlichen Didaktiken in fachübergreifenden Autorenteams in 17 Kapiteln theoretische Grundlagen vor, die nicht nur Fundament ihrer eigenen Studien, sondern für die aktuelle fachdidaktische Forschung insgesamt bedeutsam und nützlich sind. Die in diesem Band vorgestellten grundlegenden Theorien sollen für empirische Forschung ein reflektiertes Zugreifen auf ein geeignetes theoretisches Fundament unterstützen. Die Zusammenstellung der Kapitel in diesem gemeinsamen Band der *Theorien in der naturwissenschaftsdidaktischen Forschung* wurde dadurch erleichtert, dass sich die theoretischen Zugänge in den drei Fachdidaktiken der Biologie, Chemie und Physik sehr ähneln.

Die Autorenteams beginnen ihre Kapitel mit grundsätzlichen theoretischen Überlegungen und greifen oftmals auf Ansätze aus der Pädagogik, der kognitiven Psychologie oder den Fachdisziplinen zu. Im Anschluss fokussieren sie auf eine oder mehrere ausgewählte theoretische Rahmungen. In darauffolgenden Abschnitten machen die Autoren schließlich deutlich, welche Bedeutung die theoretischen Rahmungen in eigenen oder zitierten empirischen Arbeiten bereits haben. Die Beiträge schließen mit einem Resümee, wobei sie auch einen Ausblick auf Forschungsdesiderate geben. Die Kapitel enthalten jeweils Hinweise auf weiterführende Literatur zur Vertiefung.

---

[1] Aus Gründen der besseren Lesbarkeit wird im Text verallgemeinernd das generische Maskulinum verwendet. Diese Formulierungen umfassen gleichermaßen weibliche und männliche Personen; alle sind damit gleichberechtigt angesprochen.

Wir möchten mit dem Band *Theorien in der naturwissenschaftsdidaktischen Forschung* insbesondere den jüngeren empirisch Forschenden den Zugang zu den theoretischen Grundlagen und die weitergehende gezielte Recherche nach vertiefender Literatur erleichtern. Dies können Studierende sein, die Forschungsarbeiten im Praxissemester planen, durchführen und ihre Daten interpretieren wollen, oder Studierende, die ihre Bachelor- oder Masterarbeiten anfertigen. Auch für Promovierende mit Doktorarbeiten in den Fachdidaktiken Biologie, Chemie oder Physik ist dieses Buch gedacht.

Die Beiträge decken ein Spektrum von grundsätzlichen bis speziellen theoretischen Rahmungen ab. Bei der Planung des Buchs war es uns folglich wichtig, die Vielfalt der theoretischen Ansätze in der Fachdidaktik möglichst breit abzubilden. Einen Anspruch auf Vollständigkeit der Theorien erheben wir dennoch nicht.

Es finden sich Theorien

1) zum naturwissenschaftlichen Bildungsauftrag (Kap. 2, 3);
2) zum Lernen
    a) von Naturwissenschaft (Kap. 4, 5),
    b) von naturwissenschaftlichen Arbeits- und Denkweisen (Kap. 6–10),
    c) mit medialer und methodischer Unterstützung (Kap. 11–13),
    d) unter Berücksichtigung emotionaler Aspekte (Kap. 13–16);
3) zum Lehren (Kap. 17, 18).

Die theoretischen Rahmungen ermöglichen Grundlagen- und Entwicklungsforschung und beziehen sich auf die Lernenden ebenso wie auf die Lehrenden.

Das Buch führt an *die* Grundlage jeglicher Forschung heran: das frühe Einbeziehen einer theoretischen Basis. Diese benötigt man bereits bei der Entwicklung von Hypothesen; sie ist bei der Auswahl von Diagnose- und Messinstrumenten zu berücksichtigen und bei der Auswertung zur soliden Interpretation wieder mit einzubeziehen. So lassen sich fachdidaktische Erkenntnisse gewinnen, die den Forschungsstand substanziell voranbringen, indem sie als Grundlagenforschung die theoretischen Rahmungen selbst weiterentwickeln oder als angewandte Entwicklungsforschung das Lehren und Lernen von naturwissenschaftlichen Inhalten und Methoden unterstützen. Bisher fehlte den fachdidaktischen Disziplinen Biologie, Chemie und Physik ein solches gemeinsames Grundlagenwerk. In der Biologiedidaktik liegt mit dem Band *Theorien in der biologiedidaktischen Forschung* ein solches Handbuch bereits vor, das durch die theoretischen Rahmungen in diesem Band um eine fachübergreifende Perspektive erweitert und um die im letzten Jahrzehnt neu entwickelten theoretischen Grundlagen ergänzt wird.

Wir bedanken uns für die Mitarbeit und Kooperationsbereitschaft bei allen Beteiligten bei der Erstellung der *Theorien in der naturwissenschaftsdidaktischen Forschung*. Wir danken zudem dem Springer Verlag, der sich entschlossen hat, mit diesem Band dem wissenschaftlichen Nachwuchs in den Fachdidaktiken eine theoretische Orientierungshilfe für die Forschungsarbeit an die Hand zu geben.

Wir wünschen allen Lesern wertvolle Anregungen und eine erfolgreiche Umsetzung und Weiterentwicklung der fachdidaktischen Forschungspraxis!

Berlin, Bremen und Kiel   Dirk Krüger
im Winter 2017   Horst Schecker
                                                            Ilka Parchmann

Inhaltsverzeichnis

Horst Schecker, Ilka Parchmann und Dirk Krüger

In welcher Form werden naturwissenschaftsdidaktische Forschungsarbeiten theoretisch fundiert? Sicherlich bilden vorhandene Theorien aus Psychologie, Pädagogik und Soziologie wichtige Grundlagen. Domänenübergreifende Theorien werden in der Regel fachdidaktisch adaptiert und spezifiziert. Allerdings stellt sich die Frage: Werden auch eigene Theorien entwickelt? Dieses Kapitel beleuchtet den Theoriebegriff unter der Perspektive der fachdidaktischen Lehr-Lern-Forschung. In Abgrenzung zum Theoriebegriff in den Naturwissenschaften wird für die naturwissenschaftsdidaktische Forschung die Verwendung des Begriffs der *theoretischen Rahmung* begründet.

Aus Gründen der besseren Lesbarkeit wird im Text verallgemeinernd das generische Maskulinum verwendet. Diese Formulierungen umfassen gleichermaßen weibliche und männliche Personen; alle sind damit gleichberechtigt angesprochen.

H. Schecker (✉)
Didaktik der Physik, Universität Bremen
Bremen, Deutschland
E-Mail: schecker@physik.uni-bremen.de

I. Parchmann
Leibniz-Institut für die Pädagogik der Naturwissenschaften und Mathematik (IPN), Universität Kiel
Kiel, Deutschland
E-Mail: parchmann@ipn.uni-kiel.de

D. Krüger
Didaktik der Biologie, Freie Universität Berlin
Berlin, Deutschland
E-Mail: dirk.krueger@fu-berlin.de

© Springer-Verlag GmbH Deutschland, ein Teil von Springer Nature 2018
D. Krüger et al. (Hrsg.), *Theorien in der naturwissenschaftsdidaktischen Forschung*,
https://doi.org/10.1007/978-3-662-56320-5_1

1.1 Domänenübergreifende und gegenstandsspezifische Theorien

Die im vorliegenden Buch vorgestellten theoretischen Rahmungen gehen mehrheitlich auf die Kognitionspsychologie oder die pädagogische Psychologie zurück. Diese Bezugnahme ist charakteristisch für die fachdidaktische Forschung: Wir arbeiten überwiegend – wie Fensham (2004, S. 101) formulierte – mit ausgeliehenen Theorien („borrowed theories"), die für den jeweiligen Gegenstand und die fachdidaktischen Forschungsfragen adaptiert werden. Entsprechendes gilt für die Forschungsmethodik in der Naturwissenschaftsdidaktik. Auch dort kommen überwiegend ausgeliehene Verfahren aus der Psychologie zum Einsatz (Schecker et al. 2014).

Empirische fachdidaktische Forschung zielt auf evidenzbasierte, belastbare Aussagen über die Voraussetzungen, den Verlauf, die Förderung und die Ergebnisse von gegenstandsbezogenen Lehr- und Lernprozessen. Domänenübergreifende Theorien bieten dafür Orientierungen, müssen aber für fachdidaktische Forschung angepasst werden. Die Kapitel dieses Buchs zeigen jeweils an Beispielen, wie die theoretischen Grundlagen in naturwissenschaftsdidaktischen Projekten für die Untersuchungsfragen konkretisiert werden. Die Anpassung oder Weiterentwicklung domänenübergreifender Theorien unter fachdidaktischer Perspektive kann dabei unterschiedlich stark ausgeprägt sein. Zwei Beispiele sollen das Spektrum aufzeigen: Theoretische Rahmungen von Interessensstudien in den Naturwissenschaftsdidaktiken orientieren sich stark an Modellen aus der Psychologie, auch wenn, wie in Kap. 15 beschrieben, Erweiterungen erfolgen. Auch die theoretische Rahmung experimenteller Kompetenz (Kap. 8) beruht auf psychologischen Modellen (hier zum wissenschaftlichen Denken und Problemlösen). Die Konstruktbeschreibung ist jedoch auf die Ziele und die Praxis des Experimentierens im naturwissenschaftlichen Unterricht abgestimmt, insbesondere gilt das für die Konstruktion von Testinstrumenten.

Der Physikdidaktiker Jung unterschied die psychologische und die fachdidaktische Perspektive folgendermaßen: „Psychologen gehen davon aus, dass die Gesetze des Denkens und Lernens *allgemein* sind. Ich gehe davon aus, dass es *spezifische Lernprobleme* in verschiedenen Bereichen gibt [...], die nur der sieht und bearbeiten kann, der mit den *Inhalten* vertraut ist" (Jung 1983, S. 113). Fachdidaktiker müssten, so Jung, dafür allgemeine psychologische Theorien und Erkenntnisse kennen und mit den inhaltsspezifischen Problemen verbinden.

Fachdidaktische Forschungsergebnisse können zur Überprüfung der domänen- oder situationsbezogenen Gültigkeit ausgeliehener Theorien im Kontext des Lehrens und Lernens der Naturwissenschaften dienen. Daran hat die Lernpsychologie in Kooperationsprojekten mit den Naturwissenschaftsdidaktiken großes Interesse. Für die Fachdidaktik stehen jedoch nicht die kognitionspsychologischen Theorien als solche im Fokus; vielmehr geht es um die Weiterentwicklung spezifischer inhalts- oder gegenstandsbezogener Theorien. Prediger und Link (2012) sprechen von „gegenstandsspezifischen lokalen Lehr-Lerntheorien". Die Etablierung der Naturwissenschaftsdidaktiken als forschende Wissenschaftsdisziplinen ist demnach eng mit einer gegenstandsspezifischen Theoriebildung verknüpft. Ein Beispiel sind die Arbeiten zur Entwicklung des Verständnisses zentraler naturwissenschaftlicher Begriffe („learning progressions", Kap. 13). „Learning progressions" gehen auf grundlegende Theorien zur Konzeptentwicklung zurück (Kap. 4), adaptieren diese Theorien aber auf verschiedene Inhaltsgebiete so, dass dadurch spezifische Lernprozesse auf Basis theoretischer Annahmen beschreibbar und überprüfbar werden.

1.2 Gesetze in den Natur- und Sozialwissenschaften

In den Naturwissenschaften beschreibt eine Theorie den Stand der Erkenntnis zu einem Themengebiet. Die Maxwell-Theorie z. B. erklärt konsistent und empirisch gut abgesichert alle bekannten Phänomene der klassischen Elektrodynamik. Zu den zentralen Elementen einer naturwissenschaftlichen Theorie gehören Grundannahmen – bei Maxwell etwa über die Erhaltung der Ladung – und Gesetze, z. B. das Induktionsgesetz, die genaue Prognosen ermöglichen. Der Erkenntnistheoretiker Bartelborth stellt im Hinblick auf die Sozialwissenschaften fest, dass sich dort – anders als in der Physik oder Chemie – nur schwer strikte Gesetze ausmachen ließen: „Vielmehr stoßen wir auf einfache Generalisierungen, die wir trotzdem zum Erklären einsetzen" (Bartelborth 2012, S. 123). Er führt als Beispiel die Aussage „je höher die Intelligenz einer Person ist, umso erfolgreicher ist sie im Beruf" an. Bartelborth nennt solche Beziehungen in den Sozialwissenschaften „nomische Muster" und umschreibt diese als „Generalisierungen mit einer bestimmten Stabilität" (Bartelborth 2012, S. 146). Die genaue Spezifizierung der Randbedingungen einer Aussage, die auf empirischen Befunden beruht, ist dabei unverzichtbar. Man kann Ableitungen, die auf Gesetzen beruhen, deterministisch als Wenn-genau-dies-dann-folgt-immer-genau-das-Aussagen auffassen (Hempel-Oppenheimer-Schema). Aussagen auf Grundlage nomischer Muster lassen sich im probabilistischen Verständnis beschreiben als „wenn dies ... dann in der Regel das ... " (Krüger und Vogt 2007).

In der Fachdidaktik als Teil sozialwissenschaftlicher Forschung sind Gesetze im naturwissenschaftlichen Sinn kaum zu erwarten. Die Zahl der unabhängigen Systemparameter, von denen fachbezogene Lehr- und Lernprozesse beeinflusst werden (z. B. Lehrperson, Klassengröße, Vorwissen der Lernenden, Unterstützung durch die Eltern, vorheriger Unterricht etc.), ist in empirischen fachdidaktischen Studien deutlich schwieriger zu kontrollieren und zu quantifizieren als in psychologischen oder physikalischen Experimenten. Damit ist die Ceteris-paribus-Klausel (unter sonst gleichen Bedingungen) nur sehr eingeschränkt zu erfüllen. Wenn überhaupt, dann gelingt unter Lehr-Lern-Laborbedingungen eine Kontrolle definierter Rahmenbedingungen des Lehrens und Lernens. Gleichzeitig sinkt die ökologische Validität der aus Laborstudien gezogenen Schlussfolgerungen für das Lehren und Lernen unter normalen Unterrichtsbedingungen (zu den Vor- und Nachteilen von Laborstudien s. Aufschnaiter 2014). Es ist daher verständlich, dass in der Fachdidaktik nomische Muster überwiegen.

1.3 Theoretische Rahmungen

Seidel et al. (2014) definieren in einem Lehrbuch der pädagogischen Psychologie eine wissenschaftliche Theorie als „ein System wissenschaftlich begründeter Aussagen zur Beschreibung, Erklärung und Vorhersage von Sachverhalten und Ereignissen in einem bestimmten Phänomenbereich". In der Praxis der Bildungswissenschaften wird der Begriff der Theorie bzw. des theoretischen Hintergrunds jedoch in einem breiteren Bedeutungsbereich verwendet. Prediger (2015, S. 645 f.) spricht von Theorien auf unterschiedlichen Ebenen und mit unterschiedlichen Gegenstandsbereichen.

In den Bildungswissenschaften findet man ein vielfältiges Verständnis von Theorie:

1. Theorie als empirisch überprüftes und bewährtes Gefüge von Aussagen über Wirkungszusammenhänge und/oder -mechanismen (z. B. die Selbstbestimmungstheorie; Ryan und Decii 2000);
2. Theorie als Begriffsnetz für die systematische Beschreibung von empirischen Befunden (z. B. Theorien zum Wesen von Schülervorstellungen; Chi und Slotta 1993);
3. Theorie als Leitlinien eines Forschungsprogramms (z. B. die didaktische Rekonstruktion; Kattmann et al. 1997);
4. Theorie als deskriptive Zusammenfassung der zu einem Forschungsthema vorliegenden Erkenntnisse (z. B. in Abschnitten zum theoretischen Hintergrund bzw. zum Stand der Forschung in Dissertationen).

Merkmale von Wenn-dann-Aussagen im Sinn nomischer Muster sind nur in (1) zu finden. Der Begriff der theoretischen Rahmung ist daher für die Fundierung fachdidaktischer Forschung angemessener als ein strikter Theoriebegriff, der im Kern eine „Vernetzung von gut bewährten Hypothesen bzw. anerkannten empirischen ‚Gesetzmäßigkeiten'" fordert (Bortz und Döring 2006, S. 15). Theoretische Rahmung schließt Theorien im engeren Sinn mit ein.

Im Hinblick auf qualitative empirische Forschung in der Naturwissenschaftsdidaktik beschreiben Bodner und Orgill (2007, S. vii) „theoretical frameworks" als systematische Explikation der in eine wissenschaftliche Untersuchung eingehenden Annahmen: „A theoretical framework is a system of ideas, aims, goals, theories, and assumptions about knowledge; about how research should be carried out; and about how research should be reported that influences what kind of experiments can be carried out and the type of data that result from these experiments." In dieser sehr umfassenden Beschreibung werden Theorien nur als eines von vielen Elementen einer Rahmung angeführt. Ziele, Wissensbestände und methodische Leitlinien („how research should be carried out") erscheinen auf gleicher Ebene.

Neben den Funktionen von theoretischen Rahmungen in der fachdidaktischen Forschung bei Prediger (2015, S. 650 ff.) von „differenziert wahrnehmen und beschreiben" bis „vorhersagen" skizzieren Krüger und Vogt (2007) vier Bedeutungen von Theorien: Theorien führen im technologischen Sinn zu einem Können, um ein Ziel zu erreichen (tue A, um B zu erreichen), erlauben rückschauend Ergebnisse zu erklären (B ist geschehen, weil wahrscheinlich A gewesen ist), helfen zukünftige Ereignisse zu prognostizieren (wenn A, dann folgt wahrscheinlich B) und ermöglichen die Planung von Studien, weil sie die beeinflussenden Variablen beschreiben (verändere A und beobachte B).

Um theoretische Rahmungen hinsichtlich ihrer Funktionalität einzuordnen, schlagen wir drei grundlegende Kategorien vor. Die erste Kategorie bilden *Rahmungen mit Wenn-dann-Aussagen* im probabilistischen Sinn, aus denen sich empirisch überprüfbare Prognosen ableiten lassen. Ein Beispiel ist die Selbstbestimmungstheorie (Ryan und Decy 2000). Ihr zufolge führt eine Steigerung des Autonomieerlebens zu einer höheren intrinsischen Motivation. Die zweite Kategorie lässt sich als *deduktives Ordnungsmuster* kennzeichnen. Ein Beispiel ist das normativ gesetzte Kompetenzmodell der Bildungsstandards für die Naturwissenschaften (KMK – Ständige Konferenz der Kultusminister der Länder in der Bundesrepublik Deutschland 2005), das als Rahmung für zahlreiche naturwissenschaftsdidaktische Studien zu Kompetenzstrukturen und Unterrichtswirkungen dient.

Den Gegenpol zu deduktiven Ordnungsmustern, die aus übergeordneten Setzungen oder Normen abgeleitet werden, bildet die dritte Kategorie der *empirisch fundierten Ordnungsmuster*. Eine solche Rahmung kann z. B. in Form eines empirisch hinreichend umfangreich untersuchten Kompetenzstrukturmodells vorliegen (Kap. 9, 17). Ein erheblicher Teil der naturwissenschaftsdidaktischen Forschung nach Veröffentlichung der Bildungsstandards (KMK – Ständige Konferenz der Kultusminister der Länder in der Bundesrepublik Deutschland 2005) befasste sich in Deutschland mit der Weiterentwicklung normativer Kompetenzmodelle zu empirisch fundierten Ordnungsmustern (z. B. Bernholt et al. 2009; Krell et al. 2016).

1.4 Theoretische Rahmungen im Forschungsprozess

Theoretische Rahmungen sind für naturwissenschaftsdidaktische Forschungsvorhaben in allen Phasen bedeutsam:

a) Klärung der Ausgangslage
   In jeder wissenschaftlichen Untersuchung besteht ein notwendiger Schritt in der Aufarbeitung des vorliegenden Erkenntnisstands im geplanten Forschungsfeld: Welche systematischen Beschreibungen des Forschungsgegenstands liegen vor, in welche theoretische Rahmung können diese eingebettet werden? Wie konsistent ist die empirische Befundlage und wie einheitlich ist sie in Bezug auf eine oder mehrere theoretische Rahmungen?
   Zur Ausgangslage wird man in aktuellen Forschungsfeldern unterschiedliche theoretische Rahmungen finden. So zeigt beispielsweise Kap. 8 dieses Buchs, dass experimentelle Kompetenz sowohl als Anwendung wissenschaftlichen Denkens wie auch als praktisches Problemlösen gerahmt werden kann. Aus den beiden Perspektiven ergeben sich jeweils spezifische Untersuchungsansätze.

b) Formulierung von Forschungsfragen

Theoretische Rahmungen mit Aussagen über Wirkungszusammenhänge bzw. -mecha-nismen enthalten i. d. R. auch Zusammenhänge, zu denen bisher keine ausreichen-den oder inkonsistente empirische Befunde vorliegen. Solche Baustellen bilden den Ausgangspunkt für neue Untersuchungen. In der Rahmung der Lehrerprofessionsfor-schung (Kap. 17) könnte z. B. die Frage sein, wie verallgemeinerbar die Befundlage ist, nach der das Fachwissen von Lehrpersonen nicht direkt, sondern nur vermittelt über fachdidaktisches Wissen auf Merkmale der Unterrichtsqualität wirkt.

c) Wahl der Konzeptualisierung

Theoretische Rahmungen liefern durch die genannten Ordnungsmuster die zentra-len Begrifflichkeiten (Variablen, Faktoren) für eigene Untersuchungen. Wer sich mit Schülerinteressen zu naturwissenschaftlichen Sachverhalten befasst, kann sich z. B. an den ordnenden Konzepten „individuelles Interesse" und „situationales Interesse" ori-entieren (Kap. 15), um anschlussfähig an den Forschungsstand zu sein, die eigenen Ergebnisse einzuordnen und zwischen unterschiedlichen Perspektiven sauber zu diffe-renzieren.

d) Formulierung von Hypothesen

Wenn für das gewählte Forschungsthema theoretische Rahmungen vorliegen, die über eine reine begriffliche Systematik hinausgehen und Wirkungsgefüge in Lehr- und Lernprozessen oder kognitive Strukturen beschreiben, sollten eigene Forschungs-fragen durch die explizite Formulierung von Hypothesen konkretisiert werden. Die Hypothesen müssen unter Bezugnahme auf die theoretische Rahmung erläutert und begründet werden: Was ist warum zu erwarten? Im Kap. 12 zum Lernen in Kontexten wird z. B. aus der Motivationstheorie heraus die Erwartung begründet, dass für Ler-nende authentische Themen bei Physikaufgaben das Engagement zu lernen und die Lernwirkungen positiv beeinflussen.

e) Wahl geeigneter Methoden

Theoretische Rahmungen verweisen oftmals auf methodische Grundanlagen für Studi-en und Vorgehensweisen bei der Erhebung und Auswertung von Daten (Schecker et al. 2014). Zumindest implizit wird in Rahmungen die bevorzugte Herangehensweise deut-lich, ob man sich z. B. einer Fragestellung eher mit qualitativen oder mit quantitativen Verfahren nähert.

f) Interpretation von Daten

Die gewählte theoretische Rahmung und die daraus abgeleiteten Hypothesen bilden den Bezugspunkt für die Interpretation eigener Daten und das Ziehen von Schluss-folgerungen. Dazu zählen Fragen wie: Inwieweit werden die aus der Bezugsrahmung abgeleiteten Erwartungen (z. B. korrelative oder kausale Zusammenhänge) bestätigt oder widerlegt? Bewährt sich die Rahmung domänenspezifisch? Wie sollte sie gege-benenfalls weiterentwickelt werden?

In Kap. 10 wird z. B. ausgeführt, dass sich der aufgrund der theoretischen Rahmung erwartete Lerneffekt des Umgangs mit multiplen externen Repräsentationen im Unter-richt empirisch bestätigen lässt.

g) Entwicklung von Interventionen

In vielen fachdidaktischen Projekten geht es um die Entwicklung und Evaluation von unterrichtlichen Maßnahmen, mit denen z. B. fachliches Verständnis gefördert werden soll. In einer wissenschaftlichen, d. h. theoriebasierten Herangehensweise ist die Klärung der Ausgangslage unabdingbar. Für die Entwicklung von Interventionen spielen Rahmungen mit Wenn-dann-Aussagen eine besondere Rolle. Sie liefern zumindest präskriptive Leitlinien („Tue *dies*, wenn du *das* erreichen willst!"). Besonders wertvoll sind empirisch fundierte Rahmungen mit Prognosefähigkeit. In Kap. 14 werden z. B. Faktoren benannt, die sich in ihren Studien positiv auf den Erfolg von Gruppenarbeit auswirken.

1.5 Resümee

Die eingangs gestellte Frage, wie die theoretische Fundierung naturwissenschaftsdidaktischer Forschung angemessen konzeptualisiert werden kann, lässt sich zusammenfassend folgendermaßen beantworten:

- Es ist sinnvoll für die Breite der Fundierungen fachdidaktischer Forschung von theoretischen Rahmungen zu sprechen.
- Die Rahmungen beruhen überwiegend auf Ergebnissen der pädagogischen Psychologie und der Kognitionspsychologie. Deren Erkenntnisbestände müssen für die fachdidaktische Forschung aufgearbeitet und an die fachdidaktischen Problemstellungen angepasst werden.
- Die Funktionen der theoretischen Rahmungen erstrecken sich von der Unterstützung beim Finden einer Fragestellung für eine fachdidaktische Grundlagenstudie bis zu Leitlinien für die Entwicklung von themenbezogenen Lernarrangements.
- Entsprechend vielfältig sind die Arten der theoretischen Bezugspunkte. Sie erstrecken sich von normativen Ordnungsmustern bis zu Rahmungen mit Wenn-dann-Aussagen im probabilistischen Sinn.
- Gesetze im naturwissenschaftlichen Sinn als deterministische Wenn-dann-Aussagen sind für die fachdidaktische Forschung nicht verfügbar. Eher kann man auf Rahmungen zurückgreifen, die in Struktur und Funktion nomischen Mustern entsprechen und bei denen im probabilistischen Sinn mit zunehmender Wahrscheinlichkeit eine Wirkung erzielt wird, wenn die theoretisch beschriebenen Ursachen initiiert wurden.

Im vorliegenden Buch werden vielfältige theoretische Rahmungen für naturwissenschaftsdidaktische Studien dargelegt. In 17 Kapiteln wird gezeigt, wie die jeweiligen Rahmungen aufgebaut sind und welchen Nutzen sie für einen empirischen Zugang zum Forschungsfeld haben.

1.6 Literatur zur Vertiefung

Beck, K., & Krapp, A. (2006). Wissenschaftstheoretische Grundfragen der Pädagogischen Psychologie. In A. Krapp, & B. Weidenmann (Hrsg.), *Pädagogische Psychologie* (S. 33–98). Weinheim: Beltz.

Das Kapitel beschreibt ausführlich und grundlegend das Theorieverständnis der pädagogischen Psychologie. (Auch in der Neuauflage des Standardwerks von 2014 findet sich ein entsprechendes, allerdings kürzeres Kapitel: Seidel et al. 2014)

Prediger, S. (2015). Theorien und Theoriebildung in didaktischer Forschung und Entwicklung. In R. Bruder, L. Hefendehl-Hebeker, B. Schmidt-Thieme, & H.-G. Weigand (Hrsg.), *Handbuch der Mathematikdidaktik* (S. 643–662). Berlin: Springer.

Prediger erörtert aus der mathematikdidaktischen Sicht die Funktion von Theorien, den Umgang damit, ihre Entstehung und ihre Weiterentwicklung, einschließlich der Idee lokaler gegenstandsspezifischer Theorien als Ziel fachdidaktischer Forschung.

Krüger, D., & Vogt, H. (2007). Es gibt nichts Praktischeres als eine gute Theorie. In D. Krüger, & H. Vogt (Hrsg.), *Theorien in der biologiedidaktischen Forschung. Ein Handbuch für Lehramtsstudenten und Doktoranden* (S. 1–7). Berlin: Springer.

Krüger und Vogt setzen sich mit den Anwendungsfunktionen von Theorien in der naturwissenschaftsdidaktischen Forschung auseinander.

Literatur

v. Aufschnaiter, C. (2014). Laborstudien zur Untersuchung von Lernprozessen. In D. Krüger, I. Parchmann & H. Schecker (Hrsg.), *Methoden in der naturwissenschaftsdidaktischen Forschung* (S. 81–94). Berlin: Springer.

Bartelborth, T. (2012). Die erkenntnistheoretischen Grundlagen induktiven Schließens. Universität Leipzig. http://nbn-resolving.de/urn:nbn:de:bsz:15-qucosa-84565. Zugegriffen: 21. Okt. 2017.

Bernholt, S., Parchmann, I., & Commons, M. L. (2009). Kompetenzmodellierung zwischen Forschung und Unterrichtspraxis. *Zeitschrift für Didaktik der Naturwissenschaften, 15*, 219–245.

Bodner, G. M., & Orgill, M. (Hrsg.). (2007). *Theoretical frameworks for research in chemistry/ science education.* Upper Saddle River: Pearson Prentice Hall.

Bortz, J., & Döring, N. (2006). *Forschungsmethoden und Evaluation für Human- und Sozialwissenschaftler.* Heidelberg: Springer.

Chi, M. T. H., & Slotta, J. D. (1993). The ontological coherence of intuitve physics. *Cognition and Instruction, 10*, 249–260.

Fensham, P. J. (2004). The role of theory. In P. J. Fensham (Hrsg.), *Defining an identity: the evolution of science education as a field of research* (S. 101–113). Dordrecht: Kluwer.

Jung, W. (1983). *Anstöße. Ein Essay über die Didaktik der Physik und ihre Probleme.* Frankfurt a.M.: Diesterweg.

Kattmann, U., Duit, R., Gropengießer, H., & Komorek, M. (1997). Das Modell der Didaktischen Rekonstruktion – Ein Rahmen für naturwissenschaftsdidaktische Forschung und Entwicklung. *Zeitschrift für Didaktik der Naturwissenschaften, 3*, 3–18.

KMK – Ständige Konferenz der Kultusminister der Länder in der Bundesrepublik Deutschland (2005). *Bildungsstandards im Fach Physik (Biologie, Chemie) für den Mittleren Schulabschluss*. München: Luchterhand.

Krell, M., Upmeier zu Belzen, A., & Krüger, D. (2016). Modellkompetenz im Biologieunterricht. In A. Sandmann & P. Schmiemann (Hrsg.), *Biologiedidaktische Forschung: Schwerpunkte und Forschungsgegenstände* (S. 83–102). Berlin: Logos.

Krüger, D., & Vogt, H. (2007). Es gibt nichts Praktischeres als eine gute Theorie. In D. Krüger & H. Vogt (Hrsg.), *Theorien in der biologiedidaktischen Forschung. Ein Handbuch für Lehramtsstudenten und Doktoranden* (S. 1–7). Berlin: Springer.

Prediger, S. (2015). Theorien und Theoriebildung in didaktischer Forschung und Entwicklung. In R. Bruder, L. Hefendehl-Hebeker, B. Schmidt-Thieme & H.-G. Weigand (Hrsg.), *Handbuch der Mathematikdidaktik* (S. 643–662). Berlin: Springer.

Prediger, S., & Link, M. (2012). Fachdidaktische Entwicklungsforschung – Ein lernprozessfokussierendes Forschungsprogramm mit Verschränkung fachdidaktischer Arbeitsbereiche. In H. Bayrhuber, U. Harms, B. Muszynski, M. Rothgangel, L.-H. Schön, H. J. Vollmer & H.-G. Weigand (Hrsg.), *Formate fachdidaktischer Forschung. Empirische Projekte – historische Analysen – theoretische Grundlegungen* (S. 29–46). Münster: Waxmann.

Ryan, R. M., & Decii, E. L. (2000). Self-determination theory and the facilitation of intrinsic motivation, social development, and well-being. *American Psychologist, 55*(1), 68–78.

Schecker, H., Parchmann, I., & Krüger, D. (2014). Formate und Methoden naturwissenschaftsdidaktischer Forschung. In D. Krüger, I. Parchmann & H. Schecker (Hrsg.), *Methoden in der naturwissenschaftsdidaktischen Forschung* (S. 1–15). Berlin: Springer.

Seidel, T., Prenzel, M., & Krapp, A. (2014). Grundlagen der Pädagogischen Psychologie. In T. Seidel & A. Krapp (Hrsg.), *Pädagogische Psychologie* (6. Aufl. S. 22–36). Weinheim: Beltz.

Naturwissenschaftliche Bildung und *Scientific Literacy*

Helmut Fischler, Ulrich Gebhard und Markus Rehm

2.1 Einführung

Seit Veröffentlichung der im Jahre 2000 durchgeführten PISA-Studie (Deutsches PISA-Konsortium 2001) wird in Deutschland v. a. in den Didaktiken der Naturwissenschaften eine intensive Debatte über die Bedeutung von naturwissenschaftlicher Bildung auf der einen Seite und *Scientific Literacy* auf der anderen Seite geführt. Diese Diskussion ist eingebettet in eine disziplinübergreifende Auseinandersetzung um eine zeitgemäße theoretische Konzeptionalisierung des Bildungsbegriffs. Im Mittelpunkt der Kontroversen steht die Anstrengung, das Verhältnis zwischen Bildung einerseits und der in empirischen Untersuchungen der Bildungsforschung an zentralen Stellen sichtbaren Auffassung von „Kompetenz" andererseits zu klären. Diese Diskussionen ließen verschiedene Positionen deutlich werden, die sich zwar nicht trennscharf, aber tendenziell voneinander unterscheiden. Eine oft vertretene Position sieht prinzipielle Differenzen zwischen Bil-

Aus Gründen der besseren Lesbarkeit wird im Text verallgemeinernd das generische Maskulinum verwendet. Diese Formulierungen umfassen gleichermaßen weibliche und männliche Personen; alle sind damit gleichberechtigt angesprochen.

H. Fischler (✉)
Didaktik der Physik, Freie Universität Berlin
Berlin, Deutschland
E-Mail: helmut.fischler@physik.fu-berlin.de

U. Gebhard
Didaktik der Biowissenschaften, Universität Hamburg
Hamburg, Deutschland
E-Mail: ulrich.gebhard@uni-hamburg.de

M. Rehm
Didaktik der Chemie, Pädagogische Hochschule Heidelberg
Heidelberg, Deutschland
E-Mail: rehm@ph-heidelberg.de

© Springer-Verlag GmbH Deutschland, ein Teil von Springer Nature 2018
D. Krüger et al. (Hrsg.), *Theorien in der naturwissenschaftsdidaktischen Forschung*,
https://doi.org/10.1007/978-3-662-56320-5_2

dung und dem PISA-Verständnis von *Literacy* (Benner 2002), andere Autoren vermitteln zwischen diesen Konstrukten und betrachten sie als einander ergänzend (Messner 2016), und schließlich werden auch Überlappungen festgestellt (Tenorth 2016; Gebhard et al. 2017). Generell ist festzustellen, dass in den Erörterungen zu diesem Thema zunehmend Annäherungen erkennbar sind.

2.2 Zum Bildungsbegriff

Mit dem Bildungsbegriff werden verschiedene Bedeutungen verbunden. Zum einen ist sowohl das Ergebnis (Bildungsgüter, gebildet sein) als auch der Prozess (sich bilden) gemeint. Zum andern kann man je nach Kontext zwischen *klassischem* und *pragmatischem* Gebrauch des Bildungsbegriffs unterscheiden.

2.2.1 Der klassische Bildungsbegriff

Der *klassische Humboldtsche Bildungsbegriff* hat eine philosophische Tradition und wurde im 18. Jahrhundert entfaltet. Im Mittelpunkt stehen die Urteilsfähigkeit und die Reflexivität des sich bildenden Subjekts (Tenorth 2003). Der Kerngedanke eines solchen Bildungsbegriffs ist die allseitige Entwicklung der geistigen Kräfte. Gemeint ist damit eine umfassende Bildung im Unterschied zu einer einseitig spezialisierten Bildung. Jeder Mensch verantwortet selbst seine eigenen Bildungsprozesse: Bildung ist Selbstbildung. Zudem muss Bildung prinzipiell Bildung für alle sein. Bildung soll kein Privileg, sondern eine grundsätzliche Möglichkeit jedes Menschen sein. Ein weiterer Kerngedanke des klassischen Bildungsbegriffs ist die Wechselwirkung zwischen Ich und Welt: Bildung ermöglicht ein Selbst- und Weltverständnis durch die Auseinandersetzung des Subjekts mit der Welt. Insofern wird Bildung auch immer individuell ausgeprägt sein.

Dieser klassische Bildungsbegriff hat seit seiner Festigung durch Wilhelm von Humboldt zahlreiche Auslegungen erfahren (Humboldt 1792). Kant hat die schon lange vorher wirksamen Ideen der Aufklärung in einem oft zitierten Satz zu einem gewissen Abschluss gebracht: „Aufklärung ist der Ausgang des Menschen aus seiner selbstverschuldeten Unmündigkeit" (Kant 1784, S. 3). Humboldt hat als Konsequenz aus dieser Kennzeichnung für die Begleitung von Heranwachsenden die Schlussfolgerung gezogen, dass weder die bloße Anpassung an die Erfordernisse der Gesellschaft, in der Kriterien der Verwertbarkeit und Effizienz eine dominante Rolle spielen, noch ein Heranwachsen frei von jeglichen kulturellen Einflüssen und Zwängen die jeweils alleinigen Leitlinien für Bildungsprozesse sein dürfen. Humboldt verband beide Aspekte und empfahl eine Balance zwischen ihnen, getragen von der Grundlage seiner Überzeugung: „Der wahre Zweck des Menschen [...] ist die höchste und proportionierlichste Bildung seiner Kräfte zu einem Ganzen" (Humboldt 1792, S. 64). Die von Humboldt geforderte Balance zwischen der notwendigen Anpassung an die Erwartungen der Gesellschaft und der Gewährung von Freiräumen für den Prozess der Selbstfindung hat Kant zu einer ebenfalls oft zitierten Frage veranlasst: „Wie kultiviere ich die Freiheit bei dem Zwange?" (Kant 1803, S. 711).

In der weiteren Geschichte des klassischen Bildungsbegriffs hat diese Gegenüberstellung immer wieder neue Varianten erfahren, von Litts Reflexionen zum Thema „Führen oder Wachsenlassen" bis zu v. Hentigs „Die Menschen stärken *und* die Sachen klären" (Litt 1927; v. Hentig 1996, S. 57). Freilich haben diese Positionen nicht vermocht, den Bildungsbegriff selbst vor einer inflationären Bedeutungszuschreibung zu schützen. Heute wird für die gesellschaftliche Bildungsrealität ein eher *pragmatischer* Bildungsbegriff verwendet, d. h. der Begriff Bildung wird in einem funktionalen Verständnis gebraucht. In einer erweiterten Bedeutungszuschreibung wird der Begriff auch im Zusammenhang mit Instanzen und ihren Regelungen verwendet, die mit *Bildung* nur sehr mittelbar verknüpft sind. So sind beispielsweise Bildungsministerien verantwortlich für Organisation und Struktur von Schulen, also für deren Funktionieren, und Bildungsstandards setzen Normen für zu erreichende Kompetenzen. Sie geben allerdings keinen Hinweis darauf, wie eine Brücke zu den weiterhin wichtigen komplementären Bildungszielen – nämlich der Gewährung von Möglichkeiten für das nicht durch definierte Kompetenzen eingeengte Aufwachsen – aussehen kann.

2.2.2 Pragmatisches Bildungsverständnis

Die pragmatische Variante des Bildungsbegriff, für die auch das angelsächsische, eher funktionalistische *Literacy*-Konzept steht (vgl. Abschn. 2.3), zielt v. a. auf den Wissenserwerb über Inhalte und Zusammenhänge sowie den Erwerb praktisch verwertbarer Kompetenzen. Vor dem Hintergrund des klassischen Bildungsbegriffs muss diese Funktionalisierung von Bildung kritisch betrachtet werden. Im Vordergrund von Bildung steht klassisch gesehen nicht die Aneignung von (naturwissenschaftlichen) Inhalten und Fähigkeiten, der Fokus liegt vielmehr auf der „Berührung und Konfrontation" (Combe und Gebhard 2012, S. 81). Dabei meint *Berührung und Konfrontation* einerseits den subjektiv einsehbaren Sinn und die Bedeutung der naturwissenschaftlichen Inhalte und Zusammenhänge für das Subjekt (Berührung) sowie andererseits die Widerstände, die sich in der Auseinandersetzung mit diesen Inhalten und Zusammenhängen während des Lernprozesses ergeben (Konfrontation). Eine Bedingung für das Gelingen von Bildung besteht darin, dass ein Reflexionsprozess über die *Berührung* und damit über den subjektiven Sinn des Aneignungsprozesses der Inhalte erfolgt. Diese Bedingung ist notwendig, aber nicht hinreichend für einen gelingenden Bildungsprozess. Wichtig sind zusätzlich die *Konfrontation* und damit das Bewältigen eines Widerstands, den ein Inhalt, der sich als unverständlich erweist, auslösen kann. Dieser krisenhafte Verlauf ermöglicht durch seine Bewältigung gelingende Bildungsprozesse. So können die oft als ambivalent empfundenen Möglichkeiten der Gentechnik in der Tat berühren und auch zu veritablen Krisen führen (vgl. Abschn. 2.4.1). Das Beispiel zeigt, dass und wie ein Biologieunterricht, der gleichermaßen diese Berührung wie die damit verbundene Konfrontation aufnimmt, ein Bildungspotenzial hat.

Da Bildungsprozesse krisenhaft verlaufen, prägen sie die Persönlichkeit und verleihen dem Subjekt durch die Bewältigung der Krise einen Zugewinn an Mündigkeit und Teilhabe an etwas zuvor (noch) nicht Verstandenem. Damit ist das Pathos großer Themen wie Reflexivität, Persönlichkeit, Mündigkeit, Partizipation angesprochen, die dem klassischen Bildungsbegriff einen gleichermaßen emanzipatorischen wie diffusen Charakter verleihen (vgl. Ricken 2007). In kritischer Abgrenzung formuliert Tenorth, der Begriff Bildung im klassischen Sinn sei „ein deutscher Mythos, ist pädagogisches Programm, ist politische Losung, ist Ideologie des Bürgertums [. . .]" (Tenorth 2011, S. 352).

Möglicherweise sind die von Ricken (2007) festgestellte Diffusität und auch die von Tenorth (2011) formulierte Kritik am Bildungsbegriff Gründe dafür, dass in den naturwissenschaftlichen Fachdidaktiken auf eine bildungstheoretische Fundierung oft verzichtet wird. Damit einher geht die Gefahr einer Marginalisierung der Bildungsrelevanz der Naturwissenschaften. Auch deshalb muss sich die Naturwissenschaftsdidaktik gegen die „populäre Ansicht von der grundsätzlichen Unvereinbarkeit von Naturwissenschaft und Bildung" (Kutschmann 1999, S. 10) wehren. Hierfür gibt es gute Argumente: Denn wenn Bildung durch Berührung und Konfrontation wirksam wird, dann muss auch die Berührung und also ein subjektiver Sinn einsehbar werden, ähnlich wie das die Sprachen, die Geschichte, die Literatur oder die Künste für sich in Anspruch nehmen. Die Naturwissenschaften werden u. a. dann bildungswirksam, wenn sie die Subjektperspektive zulassen, womit freilich nicht ausgeschlossen ist, dass Naturwissenschaften auch in ihren allgemeingültigen Aussagen berühren und konfrontieren können. Trotz des objektivierenden Anspruchs der Naturwissenschaften sind sie ein kulturelles und damit nicht objektives Erzeugnis. Wenn die Naturwissenschaften als kulturelle Konstruktion im Unterricht thematisiert werden, was beispielsweise im Ansatz *Nature of Science* geschieht (Kap. 7) und es einsehbar wird, dass die Naturwissenschaften ein menschliches Konstrukt sind, wird plausibel, dass die Naturwissenschaften auch veränderbar und gestaltbar sind. Damit erfährt nicht nur die Subjektperspektive eine Stärkung, sondern die Naturwissenschaften werden auf diese Weise sozial- und ideengeschichtlich eingebettet.

2.2.3 Transformatorischer Bildungsbegriff

Lernen und Bildung hängen aufs Engste zusammen. Mit dem Erziehungswissenschaftler und Bildungstheoretiker Peukert (2003) kann man Bildung als eine besondere Art des Lernens ausweisen. Es gibt dann mindestens zwei Arten des Lernens: „Die eine Art ist eher ein additives Lernen, d. h. im Rahmen eines gegebenen Grundgerüsts von Orientierungen und Verhaltensweisen lernen wir immer mehr Einzelheiten, die aber diese Grundorientierungen und die Weisen unseres Verhaltens und unser Selbstverständnis nicht verändern, sondern eher bestätigen" (Peukert 2003, S. 10). Die andere Art des Lernens ist das *bildungswirksame Lernen*, es ist eine Form der *Erfahrung,* die uns als Person berührt und verändert. Beziehen wir ein solches Lernen auf die Naturwissenschaften, spielen Themen, die unsere Einstellungen zur Natur, zu den Naturwissenschaften, zur Gesellschaft und auch zu uns selbst prägen oder auch ändern, eine Rolle. Finden solche Änderungen statt, kann man von *Transformationen* unseres Verhaltens und unseres Selbstverhältnisses sprechen. Wenn hier der Begriff der *Transformation* gebraucht wird, ist damit die bereits angesprochene Wechselwirkung zwischen Ich und Welt gemeint. Bildung ist damit ähnlich wie bei Humboldt ein weltoffener Prozess, der auf einen Inhalt, einen Zusammenhang oder Kontext, also auf die Welt gerichtet ist, an dem das Subjekt sich abarbeiten kann. Das Subjekt nimmt die Welt wahr (Subjektivierung) und die Welt (ein Inhalt, Zusammenhang oder Kontext) prägt das Subjekt (Objektivierung). Die Wechselwirkung von Subjektivierung und Objektivierung bei Bildungsprozessen kann zum einen dazu führen, dass solche Prozesse von den Subjekten als sinnvoll interpretiert werden können und zum anderen von einer Transformation im Sinn einer Veränderung grundlegender Strukturen unseres Verhaltens und unseres Selbstverhältnisses begleitet werden (vgl. Gebhard 2016). Mit dem Prozess der Transformation wird auch der krisenhafte Verlauf von Bildungsprozessen angesprochen. Bei diesem bildungswirksamen Prozess gerät ein Mensch in eine Situation, in der er oder sie „Erfahrungen macht, für deren Bewältigung seine bisherigen Orientierungen nicht ausreichen" (Koller 2007, S. 56). Bildung ist dann die Transformation „grundlegender Figuren des Welt- und Selbstverhältnisses angesichts der Konfrontation mit neuen Problemlagen" (Koller 2012, S. 17).

2.2.4 Kategoriale Bildung

Einer der bekanntesten deutschen Bildungstheoretiker war Wolfgang Klafki (1927–2016). Er entwickelte sein bildungstheoretisches Konzept zunächst in der Tradition der geisteswissenschaftlichen Pädagogik. Mit dem Begriff der *kategorialen Bildung* arbeitete Klafki die schon bei Humboldt auftauchende Wechselwirkung zwischen Ich (Subjekt) und Welt (Objekt) auf. Mit dem Konzept der kategorialen Bildung verschränkt er zwei bereits bestehende Bildungsperspektiven, die objektbezogene *materiale* (z. B. Wissen, Erlebnisse) und die subjektbezogene *formale* Perspektive (z. B. Fähigkeiten). Klafki verschränkte diese beiden Bildungstheorien *dialektisch* zu einer neuen Bildungstheorie mit dem zentralen Begriff der *kategorialen Bildung*. Mit dialektisch ist gemeint, dass die beiden zuvor existierenden Bildungstheorien (materiale und formale) im dreifachen Sinn aufgehoben werden: Erstens aufgehoben im Sinn von *erhöht*; das neue Konzept der kategorialen Bildung steht auf einer höheren Stufe. Zweitens aufgehoben von *nicht mehr existierend*; materiale und formale Bildung für sich genommen gehen in der kategorialen Bildung auf und werden drittens damit aufgehoben im Sinn von *bewahrt*.

Kategorial meint: Bildung bezieht sich auf Grundformen (Kategorien), die für das Subjekt einerseits individuell bedeutsam sind und für die Welt (z. B. für die Gesellschaft) andererseits einen Wert darstellen. „Bildung ist kategoriale Bildung in dem Doppelsinn, dass sich dem Menschen eine Wirklichkeit kategorial erschlossen hat und dass eben damit

er selbst – dank der selbstvollzogenen kategorialen Einsichten, Erfahrungen, Erlebnisse –
für diese Wirklichkeit erschlossen worden ist" (Klafki 1975, S. 44). Für den naturwissenschaftlichen Unterricht bilden sog. „socioscientific issues" (Hodson 2011) eine solche Grundform oder Kategorie, wenn sie den Einsichten, Erfahrungen und Erlebnissen
der Lernenden entsprechen und gleichsam einen gesellschaftlich bedeutungsvollen Wert
aufweisen. Hierzu zählen beispielsweise die Themenbereiche nachhaltige Entwicklung,
Gentechnik oder Atomenergie. Vor allem sind es naturwissenschaftliche Themenfelder,
die die Lernenden in ihrer Erfahrungswelt direkt betreffen und ihnen zugleich zur Selbstbestimmung, zur Mitbestimmung und zum Aufbau von Solidaritätsfähigkeit verhelfen.
Ein weiteres Beispiel für eine entsprechende Grundform oder Kategorie sind Inhalte, die
exemplarisch für eine Domäne stehen können. So ist der Begriff der chemischen Reaktion
ein Basiskonzept der Chemie, an dem exemplarisch aufgezeigt werden kann, wie in der
Domäne Chemie gedacht und gearbeitet wird. Voraussetzung ist allerdings, dass im Unterricht, auch wenn er ein abstraktes Thema wie die chemische Reaktion zum Inhalt hat,
nicht nur die bekannten Schülervorstellungen berücksichtigt werden, sondern dass darüber hinaus und in einem umfassenden Sinn auch an die bereits bestehenden Einsichten,
Erfahrungen und Erlebnisse der Lernenden angeknüpft wird.

Mit zunehmender Kritik an der geisteswissenschaftlichen Pädagogik, die von Klafki
auch selbst formuliert wurde, leitete Klafki einen Paradigmenwechsel von der geisteswissenschaftlichen Pädagogik hin zu einem emanzipatorischen Bildungskonzept ein (Dahmer
und Klafki 1968). Klafki entwickelte auf der Grundlage einer Theorie der emanzipatorischen Pädagogik und kritischen Erziehungswissenschaft das Konzept der kritisch-
konstruktiven Pädagogik (Klafki 2000) sowie die Theorie einer Allgemeinbildung und
kritisch-konstruktiven Didaktik (Klafki 1994). In diesem Allgemeinbildungskonzept werden die oben diskutierte Subjektorientierung sowie die Teilhabe an Kultur und Gesellschaft aufeinander bezogen. Bei Klafkis emanzipatorischem Allgemeinbildungskonzept
sind die Grundlagen der Bildung nicht die individuellen Problemlagen, sondern die gesellschaftlichen, die er als „epochaltypische Schlüsselprobleme" ausweist und als „Bildung
im Medium des Allgemeinen" beschreibt (Klafki 1994, S. 56). Die zentrale normative Zielvorstellung für dieses bildungstheoretische Konzept ist die Fähigkeit, partizipativ
an gesellschaftlichen Entscheidungsprozessen teilzunehmen, wozu auch im naturwissenschaftlichen Unterricht befähigt werden muss (vgl. Freise 1994; Dittmer et al. 2016).
Diese Zielvorstellung fällt in den Kompetenzbereich Bewertung der Bildungsstandards
für den mittleren Schulabschluss.

Beispiele für epochaltypische Schlüsselprobleme, die den naturwissenschaftlichen Unterricht betreffen, sind Umweltfragen (Ökologie, Nachhaltigkeit) oder „die Gefahren und
die Möglichkeiten der neuen technischen Steuerungs-, Informations- und Kommunikati-
onsmedien" (Klafki 1994, S. 59–60). Diesen inhaltlichen (materialen) Teil seines Allgemeinbildungskonzepts verbindet Klafki mit den formalen Aspekten einer emanzipatorischen Allgemeinbildung, nämlich die gesellschaftliche Partizipation als „Zusammenhang
dreier Grundfähigkeiten": die „Fähigkeiten der *Selbstbestimmung*, der *Mitbestimmung*

und zur *Solidarität*" (Klafki 1994, S. 52). Mündigkeit bleibt bei Klafki im Sinn der Selbstbestimmung, die für Bildungsprozesse essenziell ist, zentral.

Für die gesellschaftliche Teilhabe mündiger Bürger an drängenden epochaltypischen Fragen reicht eine informierte und logisch saubere ethische Analyse beispielsweise zu Problemen wie Pränataldiagnostik, Stammzellforschung, Atomenergie oder Konsumentscheidungen nicht aus. Wissen und Kompetenzen sind zweifellos wichtig. Für die bildungsbezogene Dimension des naturwissenschaftlichen Unterrichts müssen Wissen und Kompetenzen in eine entsprechende Grundorientierung eingebettet sein. In diesem Sinn ist Bildung auch eine Art von moralischer Sensibilität (Ricken 2007).

2.2.5 *Literacy*

Ebenso wie der Bildungsbegriff hat auch der englischsprachige Begriff *Literacy* viele Veränderungen in seiner Interpretation erfahren. In einem frühen und sich eng am Wort haltenden Verständnis bezeichnet *Literacy* die Fähigkeit, die verschriftlichte Sprache aktiv und passiv zu verwenden. Bei dieser Zuschreibung ist es jedoch nicht geblieben, denn das Verständnis von *Literacy* hat sich in der Geschichte ständig gewandelt. „The history of literacy is typically conceived and written in terms of change" (Graff 1987, S. 8). Spätestens seit der Verstärkung des Handels wurde deutlich, dass auch der verständige Umgang mit Zahlen zu den notwendigen Grundfertigkeiten gehört, sodass wohl lange Zeit der Begriff *Literacy* in englischsprachigen Gesellschaften die Beherrschung der fundamentalen Kulturtechniken wie Lesen, Schreiben und Rechnen beschrieb. Diese Fähigkeiten werden auch heute als notwendige Voraussetzungen für eine erfolgreiche Teilnahme an gesellschaftlichen Prozessen betrachtet.

Die ständige Erweiterung der Interpretationsbreite von *Literacy* hat in den 90er-Jahren des vergangenen Jahrhunderts einen kräftigen Schub erhalten, als nämlich deutlich wurde, dass große Teile der zwischenmenschlichen Kommunikation über digitale technologische Medien, besonders über Computer, stattfinden. Der Forderung an alle mit Bildung im Sinn von *Literacy* befassten Institutionen, die Fähigkeit zum Umgang mit diesen Medien in den Katalog der mit *Literacy* erfassten Kompetenzen aufzunehmen, ist weitgehend entsprochen worden (Kress 2003). Aber auch andere moderne Entwicklungen haben zu einer Erweiterung der Bedeutungvielfalt geführt, etwa die Internationalisierung in vielen gesellschaftlichen Bereichen, die offensichtlich gemacht hat, wie wichtig die Beherrschung wenigstens einer Fremdsprache, unter dem Aspekt der Verwendbarkeit die englische Sprache, geworden ist.

2.3   Bildung und *Literacy* als Rahmungen in der naturwissenschaftsdidaktischen Forschung

2.3.1   Naturwissenschaftliche Bildung

Naturwissenschaftliches Wissen und naturwissenschaftliche Kompetenzen allein begründen noch nicht einen Bildungsanspruch der Naturwissenschaften, denn (Natur-)Wissenschaft und Bildung sind nicht ohne Weiteres ineinander überführbar. Benner (1990) unterscheidet die beiden Begriffe Bildung und Wissenschaft explizit: Bildung kann nach Benner aufgefasst werden als die Möglichkeit des Menschen, „über sich selbst und über sein Handeln nachzudenken" (Benner 1990, S. 598). Wissenschaft hingegen bringt „tendenziell alles Gegebene, Natur, Gesellschaft und Geschichte in eine vom menschlichen Verstand konstruierte Ordnung" (Benner 1990, S. 598). Damit existiert grundsätzlich eine Spannung zwischen Wissenschaft und Bildung. Da im naturwissenschaftlichen Unterricht (auch) Wissenschaft vermittelt werden soll, muss diese Spannung bedacht werden. Doch die Vermittlung von Wissenschaft allein ist noch nicht bildungswirksam. Erst das Aufdecken und Reflektieren der menschlichen Konstruktion von Wissenschaft ermöglicht es, Bildungsprozesse in einem klassischen Sinn, nämlich im Sinn wachsender Urteilsfähigkeit und Reflexivität des sich bildenden Subjekts, zu initiieren.

Die klassische Bildungstheorie wird im Unterschied zum *Literacy*-Konzept in den naturwissenschaftlichen Fachdidaktiken nur selten zur Begründung und Konzeptionalisierung herangezogen (Dittmer 2010; Gebhard 2016; Gebhard et al. 2017; Höttecke 2006), was zu der bereits benannten Gefahr der Marginalisierung der Bildungsdimension der Naturwissenschaften beitragen könnte. Auf zwei Klassiker in der bildungstheoretischen Begründung und Reflexion des naturwissenschaftlichen Unterrichts sei allerdings genauer eingegangen: Theodor Litt (1880–1962) und Martin Wagenschein (1896–1988).

Litt hat im Rahmen der allgemeinen Erziehungswissenschaft über „Naturwissenschaft und Menschenbildung" nachgedacht. Er spricht von zwei gegensätzlichen Zugängen des Menschen zur Natur, die auch in naturwissenschaftlichen Bildungsprozessen berücksichtigt werden müssten: Auf der einen Seite ist da die *Erkenntniskonstellation*, bei der die Natur objektiviert wird, um sie für vorab gewählte Zwecke zu nutzen. Auf der anderen Seite ist da die sog. *Erlebniskonstellation*, bei der der Naturzugang eine Sinnerfahrung darstellt (Gebhard et al. 2017). „[...] so dürfen wir als ‚Bildung' jene Verfassung des Menschen bezeichnen, die ihn in den Stand setzt, sowohl sich selbst als auch seine Beziehungen zur Welt ‚in Ordnung zu bringen'" (Litt 1959, S. 11).

Wagenschein hat sich sowohl grundsätzlich als auch in zahlreichen Beispielen mit der Frage befasst, wie Heranwachsende durch Physik gebildet werden können. Obwohl der Schwerpunkt seiner Reflexionen in der Physik lag, berühren seine Überlegungen und auch seine konkreten Anregungen alle drei in der Schule vertretenen naturwissenschaftlichen Disziplinen. Seine zentrale Aussage betrifft den *Aspectcharakter* der Physik: „Nur wer die physikalische Sicht als eine beschränkende erfährt, ist bereichert und kann durch sie gebildet werden" (Wagenschein 1971, S. 107). Ausgangspunkt der Wissenschaft Physik sei die

„uns umgebende sinnenhafte Wirklichkeit der Phänomene" (Wagenschein 1980, S. 93). Die physikalische Brille blendet jedoch alle Aspekte aus, die nicht mit Maßstab, Waage und Uhr erfassbar sind und in mathematischen Strukturen miteinander in Beziehung gesetzt werden können. Die Einsicht in den Aspektcharakter der Physik ist für Wagenschein ein entscheidender Vorgang für die Formierung von Bildung. Wissenschaftsverständigkeit als Ziel eines bildenden Unterrichts kann ohne dieses Bewusstsein von der einschränkenden Sichtweise nicht erreicht werden.

Lange vor der breiten empirischen Bestätigung durch fachdidaktische Untersuchungen hat Wagenschein auf die Diskrepanz zwischen dem Alltagsverständnis der Lernenden und wissenschaftlichen Sichtweisen in der Physik hingewiesen. „Die physikalischen Erkenntnisse haben trotz des von ihnen erhobenen Anspruchs in der subjektiven Sicht des Schülers nichts mit der Welt zu tun, in der er lebt und sich bewähren muss" (Hericks 1993, S. 15). Diese Kluft unter Hilfestellung zu überbrücken, ist ein notwendiger Schritt auf dem Weg zu einer Sichtweise, in der der einschränkende Blick der Naturwissenschaften auf die Natur als ein Aspekt unter mehreren möglichen Naturbetrachtungen erkannt wird. Bildung entsteht dabei im Prozess eines wachsenden Einblicks in das Wesen naturwissenschaftlicher Zusammenhänge, die schließlich in angemessener Weise verstanden werden (Wagenschein 1968).

2.3.2   *Scientific Literacy*

Nicht nur in den PISA-Erhebungen orientiert sich das Verständnis von naturwissenschaftlicher Grundbildung international sehr stark an der in den angelsächsischen Ländern vorherrschenden Konzeption von *Scientific Literacy* („science for all"). Die Vielseitigkeit von Bedeutungszuschreibungen ist jedoch auch für *Scientific Literacy* kennzeichnend. In der Terminologie wird oft zwischen *Science Literacy* und *Scientific Literacy* unterschieden. *Science Literacy* meint die Beherrschung und das Verständnis der fundamentalen Begriffe und Zusammenhänge, „it looks inward at science" (Roberts und Bybee 2014, S. 546). *Scientific Literacy* erweitert diese Kompetenz in Richtung auf das Verständnis naturwissenschaftlich-technischer Anwendungen im Alltagsleben und ihre Berücksichtigung bei individuellen persönlichen Entscheidungen, bei denen naturwissenschaftliche Aspekte eine Rolle spielen (z. B. Gesundheit, Energieressourcen). Diese Interpretation von *Literacy* gehört eher zu den utilitaristischen, d. h. Nutzen und Verwertbarkeit beanspruchenden Ansätzen. Die übliche Übersetzung als „naturwissenschaftliche Grundbildung" signalisiert zwar – oberflächlich – die Anlehnung an den Bildungsbegriff, verdeckt aber die z. T. erheblichen Unterschiede zum im vorangehenden Abschnitt beschriebenen Verständnis von Bildung. Die funktionale Konnotation von *Scientific Literacy* wird besonders in der Beschreibung von Miller (1997, S. 127) deutlich: „Measures of scientific literacy provide a general yardstick [. . .] of the proportion of adults in a society that have sufficient skills and knowledge to function effectively in citizenship and consumer roles".

In allen PISA-Erhebungen galt *Scientific Literacy* als inhaltliche Orientierung für die Aufgaben des naturwissenschaftlichen Kompetenzbereichs. Für die PISA-Erhebung 2015 galt eine Rahmenkonzeption von *Scientific Literacy*, die sich deutlich von früheren Beschreibungen, z. B. der von Miller (1997), unterschied: „[...] the view of scientific literacy that forms the basis for the 2015 international assessment of 15-year-old students is a response to the question: What is important for young people to know, value and be able to do in situations involving science and technology?" (OECD 2016, S. 18). In der ersten PISA-Erhebung im Jahr 2000 war das Kriterium der Nützlichkeit stärker ausgeprägt (s. o.). Für alle drei Kompetenzbereiche (Lesekompetenz, mathematische und naturwissenschaftliche Grundbildung) galt die Aussage: „PISA folgt relativ konsequent einem funktionalistisch orientierten Grundbildungsverständnis [...]" (Deutsches PISA-Konsortium 2001, S. 17). Auf dem Weg zur aktuellen Formulierung wurde die Rahmenkonzeption für die Erhebung 2006 durch die Einbeziehung motivationaler Orientierungen (Interesse an Naturwissenschaften) und der Wertschätzung naturwissenschaftlicher Forschung wesentlich erweitert (PISA-Konsortium Deutschland 2007, S. 16). Die skizzierte Entwicklung zeigt, wie substanziell einige der Veränderungen im Konzept *Scientific Literacy* zumindest im Rahmen der PISA-Erhebungen ausgefallen sind.

Scientific Literacy war in den angelsächsischen Ländern nicht erst seit PISA Thema curricularer Diskussionen. Seit den 1950er-Jahren wurden verschiedene Positionen entwickelt, von denen einige landesweite Bedeutung durch Curriculum-Projekte erlangten, etwa die Betonung einer naturwissenschaftlichen Grundbildung für alle Schüler in der Nach-Sputnik-Ära, die Einbindung technologischer und gesellschaftsbezogener Aspekte (*Science, Technology, Society* [STS]; Solomon und Aikenhead 1994) oder die systematische Verknüpfung naturwissenschaftlicher Themen mit gesellschaftlichen Bedingungen unter Einbeziehung moralischer und ethischer Aspekte („socioscientific issues" [SSI]; Zeidler 2014). Die Einbettung des Individuums in gesellschaftliche Zusammenhänge wird v. a. von Vertretern einer Richtung betont, die eine auf Kenntnis naturwissenschaftlicher Inhalte und Verfahren beschränkte Auffassung von *Scientific Literacy* erweitern möchten: „Scientific literacy is essential to an individual's full participation in society" (Bybee 2008, S. 4). Die Konsequenz für die Schule ergibt sich daraus zwangsläufig: „[...] science education must somehow connect with the needs of society" (Bybee 2008, S. 3). Roberts (2007) sieht beide Aspekte von *Scientific Literacy*, nämlich den eher wissenschaftsorientierten und den eher anwendungsorientierten, als gleich bedeutend an: Der erstere beschreibt die systematische Einführung in Inhalte und Verfahren der Wissenschaft (Vision I, „science literacy"), der letztere („science for citizenship") betont die Bedeutung von *Scientific Literacy* für das individuelle und gesellschaftliche Leben und ist daher eher anwendungsorientiert (Vision II).

Auch in den deutschen fachdidaktischen Diskussionen sind die für *Scientific Literacy* beschriebenen Positionen erkennbar. Diese Diskussionen haben mit den Bildungsstandards (KMK 2004) zumindest auf der Ebene von Lehrplänen einen gewissen Abschluss gefunden. Die in den Bildungsstandards formulierten Ziele des Unterrichts gliedern sich in vier Kompetenzbereiche, von denen drei deutlich über das *Fachwissen* hinausgehen, nämlich die Bereiche *Kommunikation, Bewertung* und *Erkenntnisgewinnung*. Bewertung bezieht sich auf „Beziehungen zwischen Naturwissenschaft, Technik, Individuum und Gesellschaft" (KMK 2004). Auch wegen dieser Erweiterung konzentriert sich die fachdidaktische und lernpsychologische Forschung in Deutschland weniger auf das Wissen allein, sondern auf Kompetenzen, die Wissen umfassen.

Sjöström und Eilks (2017) weisen darauf hin, dass in letzter Zeit eine Erweiterung von Vision II stattgefunden habe, in der es nicht beim kontextualisierten Lernen (Kap. 12) für das Leben in der Gesellschaft bleibt, sondern die die Lernenden befähigt, sich mit ihrer erlangten Kompetenz mit Engagement an der Lösung sozialer und politischer Probleme zu beteiligen „[...] it is time for a science curriculum oriented toward sociopolitical action" (Hodson 2003, S. 645). Daher plädiert Hodson für eine Ergänzung zum SSI-orientierten Ansatz durch ein entsprechendes curriculares Ziel: „Preparing for and taking action on socioscientific and environmental issues" (Hodson 2011, S. 78). Gerade wegen der geforderten Aktionsorientierung rücken Sjöström und Eilks diesen Ansatz in die Nähe der von Klafki vorgenommenen Interpretation des Bildungsbegriffs. Diese eher kritische Variante von *Scientific Literacy* versucht insofern, den emanzipatorischen Aspekt des Bildungsbegriffs aufzunehmen (vgl. Costa und Mendel 2016).

Die verschiedenen Konzepte von *Scientific Literacy* sind jeweils deutlicher Kritik ausgesetzt. Shamos (1995) stellt grundsätzlich infrage, ob es nicht vergebliche Bemühungen sind, *Scientific Literacy* in der üblichen inhaltsbezogenen Form als Ziel schulischen Lernens anzusehen. Zum einen sind die mit *Scientific Literacy* verbundenen Ziele für die meisten Lernenden unerreichbar, zum anderen sei *Literacy* für die in den Zielbeschreibungen enthaltenen Felder des persönlichen und gesellschaftlichen Lebens gar nicht notwendig. „Teach science mainly to develop appreciation and awareness of the enterprise, that is, as a *cultural* imperative, and not primarily for content" (Shamos 1995, S. 217).

2.4 Das Konzept Bildung in empirischen Studien

2.4.1 Beispiel aus der Biologie: Genetik

Der transformatorische Bildungsbegriff konnte in empirischen Arbeiten zum Ansatz der Alltagsphantasien fruchtbar genutzt werden (Gebhard 2007, 2015). Im Bereich der Genetik bzw. Gentechnik sind diese Alltagsphantasien (implizite Welt- und Menschenbilder) empirisch qualitativ und quantitativ rekonstruiert worden, z. B. Natur als sinnstiftende Idee, Heiligkeit des Lebens, Mensch als Maschine oder Unsterblichkeit. Das Nachdenken über die kulturellen Bilder und Konstruktionen, die mit biologischen Erkenntnissen verbunden sein können, verbindet den Biologieunterricht mit den sozialen Implikaten seiner Gegenstände, was sowohl ein Anliegen von *Scientific Literacy* ist als auch dem politisch inspirierten Allgemeinbildungskonzept von Klafki entspricht. Indem die intuitiven Vorstellungen ernst genommen werden, auch wenn sie weit über die jeweils fachliche Ebene hinausgehen, bekommt der Biologieunterricht eine allgemeinbildende, fachübergreifende Note (Decke-Cornill und Gebhard 2007).

Die zentrale Kategorie des transformatorischen Bildungsbegriffs ist die der Krise (s. o.). Danach wird die Krise als Anlass und Motor von Lern- und Bildungsprozessen interpretiert. In einer laborexperimentellen Studie wurde gezeigt, dass die Beschäftigung mit Alltagsphantasien in der Tat eine irritierende Wirkung hat und (zunächst) von den rein inhaltlichen Aspekten des Unterrichts ablenkt (Oschatz et al. 2011; Oschatz 2011). Die Unterschiede zwischen Kontroll- und Versuchsgruppe sind in dieser Hinsicht eindeutig. Dieser irritierende Effekt, diese Krise (vgl. Abschn. 2.2.1) kann jedoch unter den Bedingungen Zeit und sozialer Austausch bereits mittelfristig zu einem vertieften Verstehen naturwissenschaftlicher Zusammenhänge führen. Außerdem wird ein entsprechender Lern- und Bildungsprozess von den Subjekten als sinnvoll interpretiert (Gebhard 2015). Die Aktivierung der intuitiven Schülervorstellungen, deren explizite Reflexion und deren Integration in den Biologieunterricht irritiert zwar primär und führt zunächst vom rein biologischen Gegenstand weg, ist aber gerade wegen der damit verbundenen Eröffnung eines persönlichen und kulturellen Resonanzraums in dem Sinn bildungswirksam, als damit die individuellen Selbst- und Weltverhältnisse berührt werden. Eben dies ist im Kern das Anliegen der transformatorischen Bildungstheorie. Wie in Follow-up-Untersuchungen gezeigt wurde, ist zudem auch das fachliche Lernen bereits mittelfristig effizienter und nachhaltiger.

Diese in einer Interventionsstudie sich zeigende bildungstheoretisch relevante Irritation bzw. Krise (Combe und Gebhard 2009) ist zusätzlich in ihrer Verlaufsstruktur rekonstruiert worden (Lübke und Gebhard 2016). Durch kontinuierliche kontrastierende Interviews nach den jeweiligen Unterrichtsstunden wurde gezeigt, dass Irritationen tatsächlich Bildungsanlässe darstellen.

2.4.2 Beispiel aus der Chemie und Physik: Die Teilchenstruktur der Materie

In allen Lehrplänen für den Physik- und Chemieunterricht ist die atomare Struktur der Materie als Inhaltsbereich enthalten. Seit Langem besteht Konsens zwischen Lehrplangestaltern, Schulbuchautoren und Lehrkräften, dass dieses Thema zu den Fundamenten des Lehrplankanons beider Fächer gehört. Die Begründung für diese Vorzugsstellung sind den Lehrplänen nur indirekt zu entnehmen, wie überhaupt Hinweise auf Rechtfertigungen für die Aufnahme eines Themas in der Regel allein generellen Zielbeschreibungen des Unterrichts, z. B. in Präambeln, entnommen werden können. Die einleitenden Texte in den Lehrplänen folgen oft dem in den Bildungsstandards vorgegebenen Rahmen, der v. a. die Hilfe für die gesellschaftliche Teilhabe betont.

Dass diese Zielsetzung im Unterricht über die Teilchenstruktur der Materie in der Regel nur sehr bedingt erreicht wird, zeigen Untersuchungen, die von der relativen Wirkungsarmut eines solchen Unterrichts zeugen: Nach Peuckerts Studien (2005) verfügen Schüler ein Jahr nach Ende der Sekundarstufe I nur noch über etwa ein Zehntel der im Unterricht vermittelten und von Lernenden in *Concept Maps* nach dem Unterricht auch dokumentierten Aussagen. Das Grunddilemma des Lehrens und Lernens in diesem thematischen Bereich besteht darin, dass die Lernenden sowohl im Unterricht als auch im Alltag erfahren, viele Phänomene auch mit der Vorstellung erklären zu können, jegliche Materie (gasförmig, flüssig oder fest) ist kontinuierlich, ohne innere Struktur aufgebaut. Dabei bleiben sie in ihrem Denkrahmen der anschaulichen makroskopischen Welt ihres Alltags verhaftet. Die zweckbezogenen Begründungen gesellschaftliche Teilhabe und Lernen, um erklären zu können, überzeugen daher die Lernenden nicht, und eine Begründung für den Schulstoff Teilchennatur muss daher nach der Bedeutung des Themas für die Bildung fragen.

Der erwähnte Widerstand gegenüber der fachwissenschaftlichen Sichtweise ist kennzeichnend für eine nicht hintergehbare Widerständigkeit beim Chemie- und Physiklernen (Buck und Redeker 1988). Sie bestehe darin, dass sowohl die lebensweltlich-praktischen Interessen als auch die in der erfahrbaren Wirklichkeit wahrgenommenen Kausalzusammenhänge im physikalischen Erkenntnisprozess unberücksichtigt bleiben. Mit den Worten der Bildungstheorie gesprochen heißt das, dass die Seite der Objektivierung erst gar nicht in den Blick der Schüler gerät. Dies hat v. a. mit der Nichtanschaulichkeit des Sachverhalts zu tun. In einigen curricularen Entwürfen werden Veranschaulichungen vorgeschlagen, entweder mit notwendigerweise makroskopisch geprägten Bildern (wie z. B. in vielen Schulbüchern), bei Erwähnung ihres Modellcharakters, oder mit modernen Abbildungen aus dem Rastertunnelmikroskop, bei denen die Notwendigkeit, den Modellierungsaspekt zu betonen, wegen der Nähe zur beobachteten Realität für geringer eingeschätzt wird (Eilks et al. 2001; Bindernagel und Eilks 2009).

Eine für Lehrkräfte problembehaftete Konsequenz ist es, dass der nahtlose Weg von Alltagserfahrungen zu wissenschaftlichen Konzepten in jedem Fall verbaut ist. Für die Lernenden ergibt sich die Notwendigkeit einer Transformation ihres Umgangs mit der Wirklichkeit, eine Änderung des Selbst- und Weltverhältnisses. Im Erfolgsfall ist dieser Prozess bildungswirksam.

Der Bruch vom Alltagsverständnis zur wissenschaftlichen Sichtweise ist in vielen Themenbereichen vorhanden, aber hier beim Sprung vom erfahrungsgesättigten Makrokosmos zum nur abstrakt fassbaren Mikrokosmos besonders deutlich. Die Herausforderung an die Lernenden ist erheblich: Sie dürfen die Brücken zu ihrer Erfahrungswelt nicht abreißen, denn sie müssen sich im Alltag weiterhin darin bewegen und dort kommunizierfähig bleiben. Ihre Sicht auf die Welt ist also zweigeteilt, und diese Spaltung, die auch als Krise empfunden wird, können sie nur aushalten, wenn sie die Konfrontation zwischen diesen beiden Aspekten von Weltsicht im Modus der Zweisprachigkeit (Combe und Gebhard 2012) auf einer dritten Ebene aufheben. Ein Unterricht, der den Aufbau einer solchen Metaebene fördert, erreicht die Entstehung von Reflexionsprozessen über die Sinnhaftigkeit verschiedener Zugänge zur Beschreibung der Natur und trägt damit zur Genese einer sowohl auf das lernende Subjekt als auch auf das Objekt Natur bezogenen Bildung bei. Und dies ist nicht nur ein *Conceptual-Change*-Problem, sondern berührt eine

Bildungsdimension insofern, als mit besagter Reflexivität auch eine Änderung des Welt- und Selbstverständnisses einhergehen kann (Koller 2012). Empirische Untersuchungen bestätigen die Erwartungen, dass durch wiederholte Metadiskussionen auch das fachliche Lernen gefördert wird (Mikelskis-Seifert und Fischler 2003; Rehm und Vogel 2013).

2.5 Resümee: Naturwissenschaftliche Bildung und *Scientific Literacy* – Annäherungen

Naturwissenschaftliche Bildung und *Scientific Literacy* haben in ihren Bedeutungszu- schreibungen ebenso Wandlungsprozesse durchlaufen wie die übergeordneten Konzepte Bildung und *Literacy*, dabei aber immer ihre Inhaltbezogenheit im Blick behalten. Wa- genscheins Insistieren auf dem Recht der Lernenden, ihre eigenen Wege im Einklang mit ihren gewachsenen Vorstellungen zu finden, ist Ausweis eines Bildungskonzepts, in dem die Begriffe Selbstbestimmung, Autonomie und Unabhängigkeit des Subjekts eine entscheidende Bedeutung besitzen. Besonders die Naturwissenschaften setzen jedoch Be- grenzungen, die aus ihrem objektivierenden Anspruch resultieren. Auf schulischer Ebene wird dieser Anspruch in der Regel mit ausgesuchten Inhalten und charakteristischen Me- thoden entsprochen. Wagenschein, der immer wieder Zugänge zum bildungswirksamen Physik- und Chemieunterricht vorstellte, hat einen Kanon der Physik beschrieben (Wa- genschein 1971, S. 233), der das Grundgefüge physikalischen Wissens bilden sollte. Diese Objektbezogenheit steht im Einklang mit Humboldts Bildungstheorie, in der die für die Formation von Bildung notwendige Wechselwirkung mit der Welt – ihre Themen, Inhalte und Anforderungen – inhärent ist.

In der Diskussion um eine Klärung des Verhältnisses zwischen den Ideen von Bildung und den nicht nur im Kontext von PISA erkennbaren Merkmalen empirischer Bildungsfor- schung gibt es durchaus Interpretationen, die als Annäherung der Positionen interpretiert werden können. Benner (2002) sieht noch erhebliche, aber im Prinzip reduzierbare Diver- genzen und mahnt eine bildungstheoretische Rahmung von PISA an. Messner appelliert an die Bereitschaft aller Beteiligten, kompetent zu sein „für die Kommunikation in ei- ner Pluralität von Wissenschaftsformen" (Messner 2016, S. 41). Offensichtlich gibt es Bewegungen auf beiden Seiten (Bildung vs. *Literacy*). Ähnliche Konvergenzen gibt es bis- weilen auch bezüglich des Verhältnisses von Bildungstheorie und Bildungsforschung. So beschreiben nach Klieme auch die Bildungsstandards „nichts anderes, also solche Fähig- keiten der Subjekte, die auch der Bildungsbegriff gemeint und unterstellt hatte" (Klieme et al. 2003, S. 65).

Schließlich unterstützt Tenorth (2016) v. Hentigs Aussage von der „falschen Alterna- tive Bildung oder lebenspraktisches Lernen" (v. Hentig 1996, S. 59) mit dem historisch begründbaren Hinweis, dass basale Kulturtechniken (z. B. Lesen, Schreiben und Rechnen) und darüber hinaus gehende Kompetenzen schon immer auch unter bildungstheoretischen Prämissen reflexiv im Sinn der Aneignung eines autonomen Weltverständnisses verwen- det wurden.

Für die zukünftige Entwicklung der naturwissenschaftlichen Fachdidaktiken ist es möglich und aus Sicht der Autoren auch wünschenswert, neben dem *Literacy*-Konzept, das den meisten empirischen und auch konzeptionellen Arbeiten zugrunde liegt, auch den klassischen, emanzipatorischen Bildungsbegriff als Rahmung sowohl für eine theoretische und konzeptionelle Begründung von Naturwissenschaftsunterricht als auch für empirische Studien heranzuziehen.

2.6 Literatur zur Vertiefung

Gebhard, U., Höttecke, D., & Rehm, M. (2017). *Pädagogik der Naturwissenschaften. Ein Studienbuch.* (Kap. 3–5, S. 9–11). Wiesbaden: Springer-VS.

Das Buch fragt einerseits nach gelingendem Lernen und andererseits nach gelingender Bildung mit und durch Naturwissenschaften. Wenn Bildung mit und durch Natur gelingen sollen – so die These der Autoren – dann wird sich die fachdidaktische Aufmerksamkeit sowohl auf das Subjekt als auch auf das Objekt von Bildung im naturwissenschaftlichen Fachunterricht richten müssen.

Gräber, W., Nentwig, P., Koballa, T., & Evans, R. (Hrsg.) (2002). *Scientific Literacy. Der Beitrag der Naturwissenschaften zur Allgemeinen Bildung.* Opladen: Leske + Budrich.

Aus verschiedenen Perspektiven wird das Konzept *Scientific Literacy* im Verständnis einer naturwissenschaftlichen Grundbildung sowohl unter theoretischen Gesichtspunkten als auch im Hinblick auf mögliche praktische Umsetzungen kritisch erörtert. Dabei kommen sowohl Fachdidaktiker der Naturwissenschaften als auch Vertreter allgemeiner pädagogischer Disziplinen zu Wort.

Tenorth, H.-E. (2016). Bildungstheorie und Bildungsforschung, Bildung und kulturelle Basiskompetenzen – ein Klärungsversuch, auch am Beispiel der PISA-Studien. *Zeitschrift für Erziehungswissenschaft, 19*(S1), 45–71.

Es wird gezeigt, wie Bildungstheorie auf empirische Forschung angewiesen ist. Die Begriffe Grundbildung und Kompetenz werden ausgewiesen. Es wird gezeigt, dass sich diese Begriffe, wie sie in der empirischen Bildungsforschung verwandt werden, mit der Theorie von Bildung vertragen und gleichsam als Hintergrundtheorie empirischer Bildungsforschung dienen.

Wagenschein, M. (1971). *Die pädagogische Dimension der Physik* (3. Aufl.). Braunschweig: Westermann.

Das Buch regt auch heute noch zum Nachdenken darüber an, welche Beiträge der Physikunterricht nicht nur zum Wissen von und über Physik, sondern auch zu einer die Naturwissenschaften einschließenden Bildung beitragen kann.

Literatur

Benner, D. (1990). Wissenschaft und Bildung. Überlegungen zu einem problematischen Verhältnis und zur Aufgabe einer bildenden Interpretation neuzeitliche Naturwissenschaft. *Zeitschrift für Pädagogik, 36*(4), 597–620.

Benner, D. (2002). Die Struktur der Allgemeinbildung im Kerncurriculum moderner Bildungssysteme. Ein Vorschlag zur bildungstheoretischen Rahmung von Pisa. *Zeitschrift für Pädagogik, 48*, 68–90.

Bindernagel, J., Eilks, I. (2009). Lehr(er)wege zu Teilchen und Atomen: Vielfalt der Modelle vs. konsistente Konzeptentwicklung? *Naturwissenschaften im Unterricht Chemie, 20*(6), 9–14.

Buck, P., & Redeker, B. (1988). Verstehen lernen – zum Sprung verhelfen. Ein Dialog über das Lernen von Physik bei Martin Wagenschein. *Chimica didactica, 14*, 129–154.

Bybee, R. W. (2008). Scientific literacy, environmental issues, and PISA 2006: the 2008 Paul F-Brandwein lecture. *Journal of Science Education and Technology, 17*, 566–585.

Combe, A., & Gebhard, U. (2009). Irritation und Phantasie. Zur Möglichkeit von Erfahrungen in schulischen Lernprozessen. *Zeitschrift für Erziehungswissenschaft, 12*, 549–557.

Combe, A., & Gebhard, U. (2012). *Verstehen im Unterricht: Die Rolle von Phantasie und Erfahrung.* Wiesbaden: VS.

Costa, R., & Mendel, I. (2016). Zwischen Anpassung und Widerstand: Critical Science Literacy in der Wissensgesellschaft. *Magazin erwachsenenbildung.at. Das Fachmedium für Forschung, Praxis und Diskurs.* Ausgabe 28, Wien. http://www.erwachsenenbildung.at/magazin/16-28/meb16-28.pdf. Zugegriffen: 9. Nov. 2017.

Dahmer, I., & Klafki, W. (1968). *Geisteswissenschaftliche Pädagogik am Ausgang ihrer Epoche – Erich Weniger.* Weinheim: Beltz.

Decke-Cornill, H., & Gebhard, U. (2007). Jenseits der Fachkulturen. In J. Lüders (Hrsg.), *Fachkulturforschung in der Schule* (S. 171–190). Opladen: Budrich.

Dittmer, A. (2010). *Nachdenken über Biologie. Über den Bildungswert der Wissenschaftsphilosophie in der akademischen Biologielehrerbildung.* Wiesbaden: VS.

Dittmer, A., Gebhard, U., Höttecke, D., & Menthe, J. (2016). Ethisches Bewerten im naturwissenschaftlichen Unterricht: Theoretische Bezugspunkte für Forschung und Lehre. *Zeitschrift für Didaktik der Naturwissenschaften, 22*, 97–108.

Eilks, I., Möllering, J., Leerhoff, G., & Ralle, B. (2001). Teilchenmodell oder Teilchenkonzept? Oder: Rastertunnelmikroskopie im Anfangsunterrich. *ChemKon Chemie konkret – Forum für Unterricht und Didaktik, 8*, 81–85.

Freise, G. (1994). Naturwissenschaft und Allgemeinbildung. (Rede beim pädagogischen Hochschultag in Regensburg, 1972). In A. Kremer, F. Rieß & L. Stäudel (Hrsg.), *Gerda Freise: Für einen politischen Unterricht von der Natur* (S. 43–54). Marburg: Soznat.

Gebhard, U. (2007). Intuitive Vorstellungen bei Denk- und Lernprozessen: Der Ansatz „Alltagsphantasien". In D. Krüger & H. Vogt (Hrsg.), *Theorien in der biologiedidaktischen Forschung* (S. 117–128). Berlin: Springer.

Gebhard, U. (2015). Sinn, Phantasie und Dialog. Zur Bedeutung des Gesprächs beim Ansatz der Alltagsphantasien. In U. Gebhard (Hrsg.), *Sinn im Dialog. Zur Möglichkeit sinnkonstituierender Lernprozesse im Fachunterricht.* Wiesbaden: Springer VS.

Gebhard, U. (2016). Wozu Biologieunterricht? Bildung und Biologie. In M. Hammann & U. Gebhard (Hrsg.), *Lehr- und Lernforschung in der Biologiedidaktik* (Bd. 7, S. 13–22). Innsbruck: Studienverlag.

Gebhard, U., Höttecke, D., & Rehm, M. (2017). *Pädagogik der Naturwissenschaften. Ein Studienbuch.* Wiesbaden: Springer VS.

Gräber, W., Nentwig, P., Koballa, T., & Evans, R. (Hrsg.). (2002). *Scientific Literacy. Der Beitrag der Naturwissenschaften zur Allgemeinen Bildung*. Opladen: Leske + Budrich.

Graff, H. J. (1987). Introduction: literacy's legacies. In H. J. Graff (Hrsg.), *The legacies of literacy. Continuities and contradictions in western culture and society* (S. 2–14). Bloomington: Indiana University Press.

v. Hentig, H. (1996). *Bildung*. München, Wien: Hanser.

Hericks, U. (1993). *Über das Verstehen von Physik*. Münster: Waxmann.

Hodson, D. (2003). Time for action: science education for an alternative future. *International Journal of Science Education, 25*, 645–670.

Hodson, D. (2011). *Looking to the future. Building a curriculum for social activism*. Rotterdam: Sense.

Höttecke, D. (2006). Kompetenz und Bildung – Ein Vermittlungsversuch. In DPG-Fachverband Didaktik (Hrsg.), *Didaktik der Physik*. Physikertagung 2006, Tagungs-CD.

v. Humboldt, W. (1960). Ideen zu einem Versuch, die Gränzen der Wirksamkeit des Staates zu bestimmen. In A. Flitner & K. Giel (Hrsg.), *Wilhelm von Humboldt. Werke in fünf Bänden* (Bd. 1, S. 56–233). Darmstadt: Wissenschaftliche Buchgesellschaft.

Kant, I. (1983). Über Pädagogik. In W. Weischedel (Hrsg.), *Kant. Werke in zehn Bänden* (Bd. 10, S. 691–761). Darmstadt: Wissenschaftliche Buchgesellschaft.

Kant, I. (1999). Beantwortung der Frage: Was ist Aufklärung? In H. D. Brandt (Hrsg.), *Immanuel Kant. Was ist Aufklärung?* Hamburg: Felix Meiner.

Klafki, W. (1975). *Studien zur Bildungstheorie und Didaktik*. Beltz Studienbuch. Weinheim: Beltz.

Klafki, W. (1994). Konturen eines neuen Allgemeinbildungskonzepts. In W. Klafki (Hrsg.), *Neue Studien zur Bildungstheorie und Didaktik: Zeitgemäße Allgemeinbildung und kritisch-konstruktive Didaktik* (S. 267–279). Weinheim: Beltz.

Klafki, W. (2000). Kritisch-konstruktive Pädagogik. Herkunft und Zukunft. In J. Eierdanz & A. Kremer (Hrsg.), *Weder erwartet noch gewollt – Kritische Erziehungswissenschaft und Pädagogik in der Bundesrepublik Deutschland zur Zeit des Kalten Krieges* (S. 152–178). Baltmannsweiler: Schneider.

Klieme, E., Avenarius, H., Blum, W., Döbrich, P., Gruber, H., Prenzel, M., et al. (Hrsg.). (2003). *Zur Entwicklung nationaler Bildungsstandards. Eine Expertise (Bildungsforschung, Bd. 1)*. Bonn: BMBF. Zugriff am 09.11.2017 unter https://www.bmbf.de/pub/Bildungsforschung_Band_1.pdf

Koller, H. (2012). *Bildung anders denken. Eine Einführung in die Theorie transformatorischer Bildungsprozesse*. Stuttgart: Kohlhammer.

KMK (2004). *Kultusministerkonferenz der Länder in der Bundesrepublik Deutschland. Standards für die Lehrerausbildung: Bildungswissenschaften*. https://www.kmk.org/fileadmin/Dateien/veroeffentlichungen_beschluesse/2004/2004_12_16-Standards-Lehrerbildung-Bildungswissenschaften.pdf (Zugriff März 2018).

Koller, H.-C. (2007). Bildung als Entstehung neuen Wissens? Zur Genese des Neuen in transformatorischen Bildungsprozessen. In H.-R. Müller & W. Stravoradis (Hrsg.), *Bildung im Horizont der Wissensgesellschaft* (S. 49–66). Wiesbaden: VS.

Kress, G. (2003). *Literacy in the new media age*. New York: Routledge.

Kutschmann, W. (1999). *Naturwissenschaft und Bildung. Der Streit der „Zwei Kulturen"*. Stuttgart: Klett-Cotta.

Litt, T. (1927). *Führen oder Wachsenlassen*. Leipzig: Teubner.

Litt, T. (1959). *Naturwissenschaft und Menschenbildung* (4. Aufl.). Heidelberg: Quelle & Meyer.

Lübke, B., & Gebhard, U. (2016). Nachdenklichkeit im Biologieunterricht. Irritation als Bildungsanlass? In M. Hammann & U. Gebhard (Hrsg.), *Lehr- und Lernforschung in der Biologiedidaktik* (Bd. 7, S. 23–38). Innsbruck: Studienverlag.

Messner, R. (2016). Bildungsforschung und Bildungstheorie nach PISA – ein schwieriges Verhältnis. *Zeitschrift für Erziehungswissenschaft, 19*(S1), 23–44.

Mikelskis-Seifert, S., & Fischler, H. (2003). Die Bedeutung des Denkens in Modellen bei der Entwicklung von Teilchenvorstellungen – Empirische Untersuchung zur Wirksamkeit der Unterrichtskonzeption. *Zeitschrift für Didaktik der Naturwissenschaften, 9,* 89–103.

Miller, J. D. (1997). Civic scientific literacy in the united states: a developmental analysis from middle-school through adulthood. In W. Gräber & C. Bolte (Hrsg.), *Scientific literacy* (S. 121–142). Kiel: Institut für die Pädagogik der Naturwissenschaften.

OECD (2016). PISA 2015 assessment and analytical framework. Science, reading, mathematic and financial literacy. *Science Framework.* https://doi.org/10.1787/9789264255425-3-en.

Oschatz, K. (2011). *Intuition und fachliches Lernen: Zum Verhältnis von epistemischen Überzeugungen und Alltagsphantasien.* Wiesbaden: VS.

Oschatz, K., Mielke, R., & Gebhard, U. (2011). Fachliches Lernen mit subjektiv bedeutsamem implizitem Wissen – Lohnt sich der Aufwand? In E. Witte & J. Doll (Hrsg.), *Sozialpsychologie, Sozialisation, Schule* (S. 246–254). Lengerich: Pabst.

Peuckert, J. (2005). *Stabilität und Ausprägung kognitiver Strukturen zum Atombegriff.* Berlin: Logos.

Peukert, H. (2003). Die Logik transformatorischer Bildungsprozesse und die Zukunft von Bildung. In H. Peukert, E. Arens, J. Mittelstraß & M. Ries (Hrsg.), *Geistesgegenwärtig. Zur Zukunft universitärer Bildung.* Luzern: Edition Exodus.

PISA-Konsortium (2001). *PISA 2000. Basiskompetenzen von Schülerinnen und Schülern im internationalen Vergleich.* Opladen: Leske + Budrich.

PISA-Konsortium (2007). *PISA 2006. Die Ergebnisse der dritten internationalen Vergleichsstudie.* Münster: Waxmann.

Rehm, M., & Vogel, M. (2013). Sprung in die „Andersweltlichkeit der Atome". Unanschauliches in Modellen beschreiben und verstehen. *Pädagogik, 65*(7/8), 62–65.

Ricken, N. (2007). Das Ende der Bildung als Anfang – Anmerkungen zum Streit um Bildung. In M. Harring, C. Rohlfs & C. Palentien (Hrsg.), *Perspektiven der Bildung* (S. 15–40). Wiesbaden: VS.

Roberts, D. A. (2007). Scientific literacy / science literacy. In S. K. Abell & N. G. Lederman (Hrsg.), *Handbook of research on science education* (S. 729–780). Lawrence Mahwah: Erlbaum.

Roberts, D. A., & Bybee, R. W. (2014). Scientific literacy, science literacy, and science education. In N. G. Lederman & S. K. Abell (Hrsg.), *Handbook of research on science education* (Bd. II, S. 545–550). New York: Routledge.

Shamos, M. (1995). *The myth of scientific literacy.* New Brunswick: Rutgers University Press.

Sjöström, J., & Eilks, I. (2017). Reconsidering different visions of scientific literacy and science education based on the concept of Bildung. In J. Dori, Z. Mevarech & D. Bake (Hrsg.), *Cognition, metacognition, and culture in STEM education.* Dordrecht: Springer.

Solomon, J., & Aikenhead, G. S. (1994). *STS education. International perspectives on reform.* Ways of knowing in science series. New York: Teachers College Press.

Tenorth, H.-E. (2003). Wie ist Bildung möglich? Einige Antworten – und die Perspektive der Erziehungswissenschaft. *Zeitschrift für Pädagogik, 50,* 650–661.

Tenorth, H.-E. (2011). „Bildung" – ein Thema im Dissens der Disziplinen. *Zeitschrift für Erziehungswissenschaft, 14,* 351–362.

Tenorth, H.-E. (2016). Bildungstheorie und Bildungsforschung, Bildung und kulturelle Basiskompetenzen – ein Klärungsversuch, auch am Beispiel der PISA-Studien. *Zeitschrift für Erziehungswissenschaft, 19*(S1), 45–71.

Wagenschein, M. (1968). *Verstehen lehren.* Weinheim: Beltz.

Wagenschein, M. (1971). *Die pädagogische Dimension der Physik* (3. Aufl.). Braunschweig: Westermann.

Wagenschein, M. (1980). *Naturphänomene sehen und verstehen. Genetische Lehrgänge*. Stuttgart: Klett.

Zeidler, D. L. (2014). Socioscientific issues as a curriculum emphasis. In N. G. Lederman & S. K. Abell (Hrsg.), *Handbook of research on science education* (Bd. II, S. 697–726). New York: Routledge.

Sprache und das Lernen von Naturwissenschaften 3

Karsten Rincke und Silvija Markic

3.1 Was bedeutet Sprache?

Das Wort Sprache kommt in unterschiedlichen Grundbedeutungen vor (Langenmayr 1997, S. 173): Es bezeichnet ein spezifisch menschliches Vermögen (i), es wird verwendet, um verschiedene Landessprachen zu unterscheiden (ii), ebenso, wie es auch den konkreten Stil eines Sprechers meinen kann (iii). Auch der Sprechakt an sich wird als Sprache bezeichnet (iv). In Bezug auf den naturwissenschaftlichen Unterricht bedient sich die Literatur drei der vier Bedeutungen: (ii) Aspekte des Lernens und der Verwendung einer Fachsprache werden mit dem Lernen und Verwenden einer Fremdsprache in Zusammenhang gebracht (z. B. Brämer und Clemens 1980; Rincke 2010, 2011), (iii) die Fachsprache wird als Varietät (verwandt mit dem Begriff des Stils) einer Einzelsprache gefasst (z. B. Höttecke et al. 2017) und (iv) zahlreiche empirische Arbeiten, die etwa mit Transkripten von Unterrichtsmitschnitten arbeiten, verstehen unter den erfassten Sprechakten die Sprache des Unterrichts.

Eine empirische wie theoretische Auseinandersetzung mit der im Unterricht beobachteten Sprache, mit den Charakteristiken von typischen Diskursverläufen, ist bis weit in

Aus Gründen der besseren Lesbarkeit wird im Text verallgemeinernd das generische Maskulinum verwendet. Diese Formulierungen umfassen gleichermaßen weibliche und männliche Personen; alle sind damit gleichberechtigt angesprochen.

K. Rincke (✉)
Lehrstuhl Didaktik der Physik, Universität Regensburg
Regensburg, Deutschland
E-Mail: Karsten.Rincke@ur.de

S. Markic
Institut für Naturwissenschaften und Technik – Abteilung Chemie, Pädagogische Hochschule Ludwigsburg
Ludwigsburg, Deutschland
E-Mail: Markic@ph-ludwigsburg.de

© Springer-Verlag GmbH Deutschland, ein Teil von Springer Nature 2018
31
D. Krüger et al. (Hrsg.), *Theorien in der naturwissenschaftsdidaktischen Forschung*,
https://doi.org/10.1007/978-3-662-56320-5_3

das vergangene Jahrhundert hinein Thema der pädagogischen und didaktischen Literatur im nationalen wie internationalen Raum gewesen. Man kann dabei zwei Richtungen von Interessen unterscheiden: Die eine, die sich der Analyse und Problematisierung von Diskursverläufen im Unterricht zugewandt hat (Kap. 6; Argumentieren; u. a. Aufschnaiter et al. 2008; Kulgemeyer und Schecker 2012; Kulgemeyer 2016; Lemke 1990) und eine zweite, die die Spannungen zwischen alltäglichem und fachlichem Sprachgebrauch im Blick hat (Härtig et al. 2015; Höttecke et al. 2017; Markic 2012; Merzyn 1994, 1998; Rincke 2011).

3.2 Mündlichkeit und Schriftlichkeit

Die Analyse von Diskursverläufen, Schülerargumentationen oder -erklärungen arbeitet naturgemäß oft mit mündlich realisiertem Ausdruck, wenn auch für Zwecke der Untersuchung grafisch, also niedergeschrieben dokumentiert. Die Auseinandersetzung mit fach- oder bildungssprachlichen Konzepten beziehen sich hingegen häufig auf das geschriebene Wort: Lehrbuchtexte stehen stellvertretend für die Fachsprache, die die bildungssprachlichen Anforderungen im Unterricht maßgeblich mitbestimmen. Die Frage, inwiefern Mündlichkeit oder Schriftlichkeit nicht nur Aspekte der Realisation von Sprache darstellen, sondern konzeptionell auf die Textmuster durchschlagen und damit Anforderungen definieren, ist in der Naturwissenschaftsdidaktik bislang kaum systematisch reflektiert.

Die bloße Unterscheidung zwischen mündlichem oder schriftlich realisiertem sprachlichem Ausdruck erweist sich als wenig differenziert, weil mündlich realisierter sprachlicher Ausdruck die Wesenszüge der Schriftlichkeit zeigen kann, wenn etwa ein Gesetzestext verlesen wird. Umgekehrt findet man in schriftlich realisiertem Ausdruck die Formen des Mündlichen, etwa in einem Tagebucheintrag oder einem niedergeschriebenen Interview. Koch und Oesterreicher (1985) schlagen in ihrem Beitrag eine andere Systematisierung als jene der Mündlich- vs. Schriftlichkeit vor, die auch für das Nachdenken über die Sprachlichkeit des naturwissenschaftlichen Unterrichts Bedeutung erhalten kann. Sie unterscheiden nah- von distanzsprachlichen Kommunikationsbedingungen und Versprachlichungsstrategien, zusätzlich die grafische von der phonischen Realisierung: Ein Tagebucheintrag ist gekennzeichnet von nahsprachlichen Kommunikationsbedingungen (etwa: nicht öffentlich und spontan), nutzt nahsprachliche Versprachlichungsstrategien (prozesshaft und vorläufig) und ist grafisch realisiert. Der wissenschaftliche Vortrag dagegen unterliegt distanzsprachlichen Kommunikationsbedingungen (monologisch und von Fremdheit der Partner bestimmt), verwendet distanzsprachliche Versprachlichungsstrategien (präsentiert Fakten in hoher Informationsdichte) und ist phonisch realisiert. Koch und Oesterreicher (1985) spannen also ein Kontinuum auf zwischen konzeptioneller Mündlichkeit bzw. Schriftlichkeit, zu der die Realisationsformen grafisch oder phonisch orthogonal liegen. Die Dichotomie der Mündlich- bzw. Schriftlichkeit wird ersetzt durch eine Perspektive, die in einer Hinsicht unverändert dichotom ist (phonisch, grafisch), in anderer jedoch als Kontinuum zwischen den Polen der konzeptionellen Mündlichkeit und Schriftlichkeit gedacht wird. Entlang dieses Kontinuums sehen die Autoren nah- bzw. distanzsprachliche Kommunikationsbedingungen und Versprachlichungsstrategien.

Wenn die Fachsprache des naturwissenschaftlichen Unterrichts beschrieben wird, dann ist nicht selten an den grafisch realisierten, von distanzsprachlichen Kommunikationsbedingungen und Versprachlichungsstrategien durchdrungenen Lehrbuchtext gedacht, ohne dass dies in dieser Deutlichkeit gesagt würde. Jedoch: Auch Experten für das Fach unterhalten sich nicht lehrbuchsprachlich, auch dann nicht, wenn sie über Fachliches sprechen. Möhn (1981, S. 198) weist bereits darauf hin, dass genormte Terminologien oder Formalisierungen, wie sie der Fachsprache zugeschrieben werden, „im Gespräch stark abgebaut" würden. Gleichzeitig sei der Hinweis wiederholt, dass der mündliche, d. h. phonisch realisierte, von nahsprachlichen Bedingungen und Versprachlichungsstrategien gezeichnete Ausdruck nicht als defizienter Modus des schriftlichen anzusehen ist (Koch und Oesterreicher 1985). Die Experten unterhalten sich also nicht nachlässig, sondern möglicherweise höchst effektiv, weil Gesagtes, Gemeintes und Verstandenes zur Deckung kommen. Wenn auch eine solche fachbezogene Unterhaltung zwischen Experten als ein Beispiel für eine Fachsprache gelten soll, erscheinen die üblichen Merkmalslisten auf Wort-, Satz- und Stilebene, die eine Fachsprache kennzeichnen, als unzureichend.

3.3 Was bedeuten Alltags-, Fach- und Bildungssprache?

3.3.1 Zur Notwendigkeit der Abgrenzung der Begriffe

Die Begriffe der Alltags- und der Fachsprache scheinen auf den ersten Blick als klassische Kategorien, um den Sprachgebrauch im Unterricht zu charakterisieren. Zuweilen werden sie im Sinn zweier Pole eines Kontinuums verstanden, zwischen denen die Unterrichtssprache als eine Sprache gedacht wird, die, mit Versatzstücken der Fachsprache versehen, über weite Strecken alltagssprachlich beschaffen ist (Leisen 1999). Auch die von der Kultusministerkonferenz beschlossenen Bildungsstandards (Sekretariat der Ständigen Konferenz der Kultusminister der Länder in der Bundesrepublik Deutschland 2005) beschränken sich auf die Erwähnung von Alltags- und Fachsprache in Zusammenhang mit den Standards im Kompetenzbereich Kommunikation, ohne eine weitere Charakterisierung vorzunehmen. Nicht selten wird im Fachvokabular das Merkmal gesehen, das die Fachsprache von der Alltagssprache unterscheide und dessen korrekter Gebrauch zu schulen sei. Es sei darauf hingewiesen, dass die genannten Begriffe oft ungenau verwandt werden und auch darauf, dass sich die Sprachlichkeit des Unterrichts nicht erschöpfend in den Kategorien der Umgangs-, Alltags- oder Fachsprache beschreiben lässt. Hoffmann (2007, S. 17) kritisiert die zuweilen synonyme Verwendung der Begriffe Alltags- und Umgangssprache. Er beschreibt letztere als eine Varietät, die beziehbar sei auf die Variable der Regionalität (ein Dialekt als Beispiel für eine Umgangssprache), des Kommunikationskanals (Umgangssprache als die Sprache des spontan Gesprochenen, also als Mediolekt), der

Gruppe und Fachgebiete (Umgangssprache als Fachjargon) oder der sozialen Situation (Umgangssprache als stilistischer Substandard, der sich in weitere Schichten untergliedern lässt). Die Alltagssprache ist eine Varietät, die Sprachvarianten aller eben genannten Ausprägungen in sich aufgenommen hat und in diesem Sinn umfassender konzeptualisiert ist als die Umgangssprache (Spillner 2009, S. 1727 ff.).

3.3.2 Fachsprachen als Varietäten

Fachsprachen sind jeweils auf bestimmte Gegenstandsbereiche bezogen und können durch inner- und außersprachliche Merkmale beschrieben werden. Diese Beschreibungen werden in der Sprachwissenschaft unterschiedlich konzeptualisiert. Hoffmann (2004, S. 232 ff., zit. nach Busch-Lauer 2009, S. 1712) unterscheidet fünf mögliche Zugänge, und zwar Fachsprachsprachen als

- Varietäten,
- Subsprachen,
- Gruppensprachen,
- Funktionalstile bzw. Funktionalsprachen,
- Technolekte, Register, Wissenschafts-, Technik- bzw. Institutionen- und Berufssprachen.

Den unterschiedlichen Zugriffen liegen unterschiedlich nuancierte Perspektiven zugrunde (Busch-Lauer 2009, S. 1712 ff.). Im Folgenden wird eine Beschreibung von Fachsprachen als Varietäten gewählt. Fachsprachen gehören dann den Varietätenklassen Funktiolekt und Soziolekt an und lassen sich in einem soziolinguistischen Varietätenmodell verorten, das zahlreiche Aspekte der anderen gelisteten Zugänge mit umfasst (Abb. 3.1). Diese Modellierung wird gewählt, weil sie sich in Beziehung setzen lässt zu der weiter unten zu führenden Auseinandersetzung mit dem Terminus der Bildungssprache. „Unter einer Varietät (auch Variante) wird ein sprachliches System verstanden, das einer bestimmten Einzelsprache untergeordnet und durch Zuordnung bestimmter innersprachlicher Merkmale einerseits und bestimmter außersprachlicher Merkmale andererseits gegenüber weiteren Varietäten abgegrenzt wird" (Roelcke 1999, S. 18 f., zit. nach Busch-Lauer 2009, S. 1706). Innersprachliche Merkmale mit abgrenzender Funktion sind etwa Wortschatz (Lexik) und Satzbau (Syntax), außersprachliche bilden Region, soziale Gruppe oder Tätigkeitsbereich.

Die Abb. 3.1 soll als Sprachwirklichkeitsmodell verstanden sein, das Varietätenklassen des Deutschen darstellt. Löffler (2010, S. 79) führt zu seiner Grafik aus, dass sie „die Komplexität jedes Einteilungsversuches der Sprachwirklichkeit optisch andeuten" soll. Kreise und Striche sollen zeigen, „dass die Sprachwirklichkeit ein übergangsloses Kontinuum darstellt und dass alle Klassifizierungsversuche eine Frage des Standpunktes sind

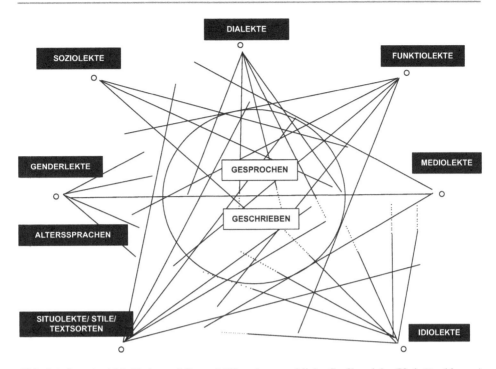

Abb. 3.1 Sprachwirklichkeitsmodell von Löffler, das sprachliche Großbereiche (Varietätenklassen) umfasst. (Nach Löffler 2010, S. 79)

und immer nur unzureichend sein können." Die äußeren sieben Punkte bilden sprachliche Großbereiche ab, die nach dem Individuum (Ideolekt), Medium, der Funktion, arealen Verteilung, Sprechergruppe, Alter und Geschlecht und schließlich nach Interaktionstypen oder Situationen unterscheiden. Die fünf Striche, die vom Punkt Funktiolekt ausgehen, kann man sich etwa mit Alltagssprache, Instruktionssprache (Bedienungsanleitungen), Fachsprache, Literatursprache und Pressesprache beschriftet denken (Busch-Lauer 2009, S. 1707). Für die Soziolekte lassen sich z. B. Schichtensprachen, Gruppensprachen und Sondersprachen unterscheiden (Busch-Lauer 2009, S. 1708). Der naturwissenschaftliche Unterricht bildet diese Sprachwirklichkeit zu einem Teil ab: Experimentieranleitungen können dem Funktiolekt der Instruktionssprache angehören, Schülerlehrbücher sind zumindest passagenweise fachsprachlich gehalten und auch die Lehrkraft spricht streckenweise fachsprachliche Sätze und schreibt solche an die Tafel. Schüler gehören einer jungen Generation an und verwenden eine altersspezifische Sprache, die sich von der unterscheidet, die die Lehrer- und Elterngeneration verwendet (Alterssprachen), und die auch als transitorische Sondersprache gefasst werden kann. Sofern mundartlich gesprochen wird, ist auch die Varietätenklasse der Dialekte vertreten. Über verschiedene Schularten hinweg wird in Deutschland mit seinem gegenwärtig noch beklagenswert engen Zusammenhang zwischen Schulart- und Schichtzugehörigkeit auch die Varietätenklasse der Soziolekte hervortreten. Die Sprache, die im Unterricht verwendet wird, wird also aus unterschiedlichen Richtungen mit je eigenen Hintergründen geformt. Unterricht ist auch dann innerlich mehrsprachig, wenn die Sprechergruppe nationalsprachlich homogen erscheint.

Eine Fachsprache dient der Kommunikation über einen bestimmten Gegenstandsbereich. Gleichzeitig gehören die Personen, die sich solcher Sprachen bedienen, bestimmten Gruppen mit Tätigkeiten an, die um den Gegenstandsbereich zentriert sind. Busch-Lauer (2009) ordnet Fachsprachen entsprechend als soziale und funktionale Varietäten ein. Inwiefern Fachsprachen auf soziale Gruppen bezogen sind und welche Funktionen sie erfüllen, soll im Folgenden etwas vertieft werden.

Hoffmann (1984, S. 70, zit. nach Busch-Lauer 2009, S. 1714) entwickelt anhand der Kriterien Milieu, Abstraktionsgrad, Kommunikationspartner und äußerer Sprachform eine vertikale fünfstufige Schichtung von Fachsprachen:

1. Sprache der theoretischen Grundlagenwissenschaften: künstliche Symbole für Elemente und Relationen; verwendet zwischen wissenschaftlichem Personal;
2. Sprache der experimentellen Wissenschaften: künstliche Symbole für Elemente; natürliche Sprache für Relationen; verwendet zwischen wissenschaftlichem und technischem bzw. wissenschaftlich-technischem Personal;
3. Sprache der angewandten Wissenschaften: natürliche Symbole mit hohem Anteil an Fachterminologie und streng gebundener Syntax; verwendet zwischen wissenschaftlichem und technischen Personal bzw. technischem Personal der materiellen Produktion;
4. Sprache der materiellen Produktion: natürliche Sprache mit hohem Anteil an Fachterminologie und eher ungebundener Syntax; verwendet von wissenschaftlichem und technischem Leitungspersonal der materiellen Produktion, Meistern, Fachangestellten;
5. Sprache der Konsumenten: natürliche Sprache mit einigen Fachtermini und ungebundener Syntax, verwendet von Vertretern der materiellen Produktion, des Handels und von Konsumenten.

Die so beschriebene Schichtung gibt nicht nur Auskunft über sprachliche und kommunikative Merkmale, sondern sie weist darauf hin, dass Fachsprachen auch Sprachen von Gruppen sind. Jedoch ist auch die Zugehörigkeit von Sprechern zu Gruppen nicht eindeutig: Wissenschaftler sind z. B. auch Konsumenten.

Fachsprachen der Naturwissenschaften haben ein historisch gewachsenes Erscheinungsbild (Busch-Lauer 2009, S. 1209 ff.), dessen heutige Gestalt durch das Zeitalter der Aufklärung und die enorme Zunahme des Wissens ab dem 19. Jahrhundert mit der Folge einer starken Ausdifferenzierung von Wissensgebieten geformt ist. Die starke Verbreitung von Wissen, auch seine Popularisierung, bedingen eine Überregionalisierung und Standardisierung. Mit dem Auftreten von Verfassergruppen als Autoren treten individuelle Verfasserstile in den Hintergrund, stattdessen werden die Texte entpersonalisiert, was auch den verbesserten Forschungs- und Experimentiermethoden entgegenkommt, die eine erhöhte Objektivität der Aussagen ermöglichen. Die so gewordene Sprache erfüllt offenbar wichtige Funktionen der Wissenschaft in ihrem heutigen gesellschaftlichen Kontext: Für die Auflistung solcher kommunikativen Funktionen unterscheidet Spillner (2009, S. 1730) die Theoriesprache als Mittel für den schriftlichen Austausch in Monografien und Zeitschriften, ihre mündliche Form als fachliche Umgangssprache für den Austausch in Laboren. Weiter gibt er die didaktische Funktion als Darstellungs- und Erklärungssprache in Lehrbüchern oder Fachunterricht an. Schließlich fungiere sie auch als populäre Erklärungssprache. Unerwähnt bleibt, dass Wissenschaft heute anders als im Mittelalter von einem breiten gesellschaftlichen Apparat betrieben wird, der der Qualifikation des Nachwuchses dient und damit Karrieremöglichkeiten definiert. Wissenschaft dient nicht nur der Erkenntnis, sie erfolgreich zu betreiben, über sie zu schreiben und zu sprechen; Wissenschaft ist für den Einzelnen auch mit Fragen der persönlichen Perspektiven und Entfaltungsmöglichkeit verbunden. Eine Fachsprache fungiert als Mittel für den Austausch über Erkenntnisse und Erkenntnismethoden, ihr Gebrauch ist jedoch gleichzeitig regelmäßig Gegenstand von Begutachtungsprozessen mit sozial bedeutsamen Folgen für den Einzelnen. Es liegt auf der Hand, dass die Sprache damit auch in der Funktion eingesetzt wird, in sozialen Auswahlprozessen erfolgreich zu bestehen: Aussagen wie „mir ist in meinen Untersuchungen aufgefallen, dass . . . " oder „es gilt, dass . . . " können auf denselben Fakten beruhen, entfalten jedoch unterschiedliche Wirkungen beim Rezipienten. Auf der einen Seite die Narration des persönlich Beobachteten in der Vergangenheitsform, auf der anderen Seite die entpersonalisierte These im Allgemeingültigkeit beanspruchenden Präsens, wie sie in wissenschaftlichen Texten oft vorgefunden wird. Letztere lässt den Autor in den Hintergrund treten, der sich damit ein Stück weit denkbarer Kritik entzieht. Die in der Wissenschaft gepflegte Sprache unterliegt daher einer Spannung zwischen ihrer Funktion, wissenschaftliche Einsicht der Möglichkeit der Kritik auszusetzen, und ihrer Funktion, das soziale Gefüge ihrer Akteure zu stabilisieren. Es muss wohl bedacht sein, welche Elemente einer unter dieser Spannung geformten Sprache in einen allgemeinbildenden naturwissenschaftlichen Unterricht in welcher Weise einfließen sollen.

3.3.3 Erscheinungsbild von Fach- und Wissenschaftssprache

Im Folgenden werden die Varietäten der Fach- oder Wissenschaftssprachen gemeinsam charakterisiert. Hoffmann (2007, S. 26) weist darauf hin, dass Fachsprachen für die Wissenschaftssprache unumgänglich seien, dass beide jedoch nicht identisch seien: Die Wissenschaftssprache ist fachgebietsübergreifend (und wird daher im vorliegenden Text im Singular verwandt), während die Fachsprachen so vielfältig sind wie denkbare Fachgebiete. Es gibt also nicht die spezielle Wissenschaftssprache der naturwissenschaftlichen Disziplinen, wohl aber die je spezifische Fachsprache. Gleichzeitig kann Fachsprache kommunikationsbereichsübergreifend sein, indem eine Fachsprache (z. B. Rechtswesen) auch zur funktionalen Varietät einer anderen Fachsprache (Behördensprache) gehören kann (Hoffmann 2007).

Wort- und Satzebene

Als sinnfälligstes Merkmal einer Fachsprache wird oft auf ihr Vokabular verwiesen und in der Tat weisen Naturwissenschaften hier Merkmale auf, die im allgemeinen Sprachgebrauch sehr viel seltener anzutreffen sind. Gleichzeitig gibt es keinen allgemeinen Konsens darüber, was als Fachsprache bezeichnet werden soll – die oben gelisteten unterschiedlichen Beschreibungszugänge als Varietäten, Subsprachen, Gruppensprachen, Funktionalstile etc. zeigen die Breite. Ein weiterer Grund für die nicht ganz zu beseitigende Unbestimmtheit kann darin gesehen werden, dass fachsprachliche Texte zu einem Teil in der Funktion der Vermittlung verfasst und gebraucht werden – sie setzen damit Standards und erfüllen, ob intendiert oder nicht, normative Funktionen. Welche Normen allgemein akzeptiert sind, ist jedoch nie abschließend geklärt. Damit ergibt sich eine fortwährende Spannung zwischen einer Beschreibung dessen, wie sich eine Fachsprache darstellt, und dem, wie sie sich im Dienst einer erfolgreichen Vermittlung darstellen soll, also eine Spannung zwischen der Beschreibung ihrer Eigenschaften, wie sie sind, und den Erwartungen an die Norm, wie sie sein soll.

Unter den Merkmalen auf Wortebene wird auf die Häufung von substantivierten Infinitiven, Adjektiven auf -bar, -los, -reich, -arm, -fest, Adjektiven mit Präfix (nicht-, anti-), mehrgliedriger Komposita, Komposita mit Buchstaben, Zahlen, Sonderzeichnen, Eigennamen und fachspezifischer Abkürzungen hingewiesen (Möhn und Pelka 1984, S. 14 ff.; Rincke 2010). Auch auf Satzebene sind naturwissenschaftliche Fachsprachen ausgezeichnet, etwa durch Funktionalverbgefüge, Nominalisierungsgruppen, Satzglieder anstelle von Gliedsätzen, komplexe Attribute statt Attributsätze oder die Häufung von Passivkonstruktionen.

Textebene

Hoffmann (2007, S. 24 f.) verweist auf weitere Merkmale, die nicht allein äußerlicher Natur sind, sondern die inhaltliche Seite wissenschaftlicher Fachtexte betreffen. So gibt er als dominierendes Stilprinzip die „theoretische Abstraktheit" an und illustriert sie mit den Merkmalen

- Aufbau terminologischer Wortfamilien und hierarchischer Begriffsstrukturen;
- Verwendung von Akademismen (relevant, Kategorie, System);
- Bildung von Derivaten mit Fremdsuffixen (transzendent, fiktional, partiell);
- Verwendung von Mitteln des Verallgemeinerns (in der Regel, stets) und der Verbformen im generellen Präsens;
- Bildung entpersonalisierter Konstruktionen (lassen sich zusammenfassen).

Als weitere Merkmale wissenschaftlicher Texte verweist er auf

- die strenge Systematik;
- Vernetzung der Gedanken durch Vor- und Rückverweise im Text (vorgenannt, letzteres);

- Übersichtlichkeit durch Gliederungswörter (zum einen, zum anderen, andererseits);
- Streben nach Präzision durch wörtliche Zitate, Vermeidung von Ausdrucksvariation im terminologischen Bereich;
- Streben nach Korrektheit und Anschaulichkeit durch Angabe von Beispielen oder textergänzenden Elementen wie Grafiken.

Baumann (2009) geht auf die enge Verschränkung von Fachdenken, Fachgegenstand, Fachsprache und Fachstil ein. Als eine Aufgabe der Fachsprachenforschung stellt er heraus, „die Korrelationen herauszuarbeiten, die zwischen den konkreten fachlichen Tätigkeitszusammenhängen, den im Fachdenkprozess gewonnenen kognitiven Abbildern der fachspezifischen Inhalte und der strukturell-funktionalen Umsetzung dieser im Prozess der Fachkommunikation bestehen" (Baumann 2009, S. 2245). In Zusammenhang mit der interdisziplinären Analyse rhetorisch-stilistischer Mittel in der Fachkommunikation der Natur- und Technikwissenschaften wendet er sich einer kulturspezifischen, sozialen, kognitiven, inhaltlich-gegenständlichen, funktionalen, textuellen, syntaktischen und lexikalisch-semantischen Ebene mit zahlreichen den hier vorliegenden Text vertiefenden Aussagen zu.

Rahmen für die Kommunikation

Die oben wiedergegebene fünfstufige Schichtung enthält Hinweise zu Rahmenbedingungen, unter denen in der Wissenschaft kommuniziert wird – die ersten drei Schichten können einer wissenschaftlichen Kommunikation zugeordnet werden. Hoffmann (2007) beschreibt die Kommunikation als Begegnung zwischen Fachleuten, Fachleuten und Studierenden oder Fachleuten und Laien. „Der Kommunikationskanal ist vorwiegend schriftlich. Publikationen haben einen besonderen Stellenwert, da nur sie die geistige Urheberschaft absichern und die gründliche Auseinandersetzung mit Positionen, Thesen usw. ermöglichen" (Hoffmann 2007, S. 23). Aus den so skizzierten kommunikativen Rahmenbedingungen ergibt sich, dass vermittelnde Intentionen, oft auch in hierarchisch gegliederten Verhältnissen, ein wichtiges Element der Wissenschaftskommunikation bilden. Entsprechend nennt Hoffmann (2007, S. 23) neben der akademischen Wissenschaftssprache und der populärwissenschaftlichen Sprache auch die didaktische Wissenschaftssprache.

3.3.4 Bildungssprache

Der Begriff der Bildungssprache hat seit den 2000er-Jahren erhöhte Aufmerksamkeit erfahren und nimmt in der Diskussion um gelingende Bildungsteilhabe aller Schüler eine zentrale Rolle ein. Gogolin und Duarte (2016, S. 480 ff.) weisen darauf hin, dass mit Bildungssprache im Alltagsgebrauch oft eine höherwertige Varietät bezeichnet werde, nicht selten im expliziten Gegensatz zu Dialekten. Dem wissenschaftlichen Verständnis liegt jedoch ein grundsätzlich anderer Zugang zugrunde, der davon ausgeht, dass Menschen sich auf unterschiedliche Weise ausdrücken können und dass diese Ausdrucksweisen in unterschiedlichen Situationen unterschiedlich funktional sein können. Bildungssprache bezeichnet dann zunächst eine Sprache, die in Bildungskontexten gebraucht wird, um sich Wissen anzueignen, das der Alltag nicht ohne Weiteres zur Verfügung stellt. Die Beherrschung bildungssprachlicher Mittel ist häufig eine Voraussetzung für schulischen Erfolg; gleichzeitig ist es auch Aufgabe der Bildungsinstitutionen, den Zugang zu eben dieser Sprachvarietät zu schaffen. Für eine sprachwissenschaftliche Fundierung des Begriffs der Bildungssprache wird der Begriff des Registers verwendet. Mit Registern sind hier Sprachvarietäten gemeint, die nicht durch eine Region oder Funktion ausgezeichnet sind (Abb. 3.1), sondern durch einen bestimmten Kontext (Halliday 1994, S. 307, zit. nach Gogolin und Duarte 2016, S. 485). „Der Begriff fasst – anders als der räumlich einzugrenzende ‚Dialekt‘ – die Sprachgebrauchsformen in einem bestimmten sozial-funktionalen Kommunikationsfeld, hier eben dem der Bildung und Schule. Die Bildungssprache ist gerade keine Fach- oder Wissenschaftssprache" (Feilke 2012). Gogolin und Duarte (2016, S. 485) fassen die Determinanten „field", „mode" und „tenor" aus der Registertheorie für die Bildungssprache zusammen:

- „field": Themenfeld, hier: schulische Bildung, d. h. „Wissen, das über das Alltagswissen hinausgeht" (Ortner 2009, S. 2227);
- „mode": Kommunikationskanal, das ist ein vom Geschriebenen zum Gesprochenen reichendes Kontinuum (konzeptionelle Mündlichkeit oder Schriftlichkeit, nicht ihre Realisationsform), hier: in der Tendenz formell, monologisch und schriftförmig (Gogolin und Duarte 2016, S. 485);
- „tenor": soziale Beziehungen, hier: dem Charakter nach ein öffentlicher und institutioneller Diskurs. „Die Kommunikation ist gekennzeichnet durch emotionale Distanz, relative Fremdheit und eine offenkundige Hierarchie zwischen den Gesprächspartnern" (Gogolin und Duarte 2016, S. 486).

3.3.5   Erscheinungsbild von Bildungssprache

Bildungssprachliche Texte zeigen nicht nur bestimmte Merkmale, sondern umfassen insbesondere schultypische Genres, die außerhalb der Schule nicht vorkommen. Feilke (2012) unterscheidet daher zusätzlich die Schulsprache: „Unter Schulsprache i. e. S. verstehe ich auf das Lehren bezogene und für den Unterricht zu didaktischen Zwecken gemachte Sprach- und Sprachgebrauchsformen, aber auch Spracherwartungen [. . .]. Dazu gehören z. B. die didaktischen Gattungen der Fächer, etwa die Erörterung. Ihre eng gefassten Vorgaben sind auf didaktische Zwecke bezogen. [. . .] Im Unterschied zur Schulsprache im engeren Sinn umfasst die Bildungssprache sehr viel allgemeinere Sprachhandlungsformen und grammatische Formen, die zwar nicht eigens für das Lernen ‚gemacht‘ sind, aber epistemisch ‚genutzt‘ werden. Das Erörtern als Handlung ist eine bildungssprachliche Funktion; sie spielt in vielen Kontexten und Texten eine Rolle [. . .]". Gogolin und Duarte (2016, S. 488 ff.) listen sprachliche, lexikalische und morphosyntaktische bildungssprachliche Indikatoren des Deutschen auf, die interessanterweise weitgehend mit den oben gelisteten innersprachlichen Merkmalen der Fachsprache auf Wort- und Satzebene zusammenfallen. Sie weisen weiter darauf hin, dass in Bezug auf diskursive Merkmale Bildungssprache durch eine Festlegung von Sprecherrollen und Sprecherwechsel gekennzeichnet sei, wie sie die Kommunikation in Bildungseinrichtungen bestimmt. Hinzu kommen ein hoher Anteil an monologischen Formen (Aufsätze, Referate, Vorträge) und starke stilistische Konventionen (Sachlichkeit, logische Gliederung, Textlänge; Gogolin und Duarte 2016, S. 490 f.). Zum Diskussionsstand um den Begriff der Bildungssprache fassen sie soziologische Aspekte (Bildungssprache als soziales Distinktionsmittel), erziehungswissenschaftliche (Bildungssprache als Register zur Aneignung von Wissen) und linguistische Aspekte (Bildungssprache als konzeptionell schriftlich) zusammen (Gogolin und Duarte 2016, S. 483).

3.4 Anwendungen

Im Folgenden werden Ergebnisse zweier Studien vorgestellt, um die hier entworfene theoretische Rahmung an Beispielen zu konkretisieren. Der Abschn. 3.4.1 stellt eine Studie vor, die die Entwicklung des Verständnisses des physikalischen Kraftbegriffs in Zusammenhang mit seiner sprachlichen Repräsentation behandelte. Der Abschn. 3.4.2 wendet sich der Frage zu, wie Lehrkräfte im Chemieunterricht über die Vermittlung von Fachsprache denken.

3.4.1 Sprachentwicklung im Unterricht und Lernen

Rincke (2010, 2011) untersuchte die Entwicklung von Fachsprache im einführenden Mechanikunterricht am Beispiel einer einzigen fachsprachlichen Wendung: „Kraft ausüben auf". Diese sprachliche Wendung, die ein zentrales Konzept der Mechanik ausdrückt, wurde als Ausweis einer der Form nach fachsprachlichen Äußerung im Unterricht vorgestellt, sie fungierte also auch für die Schüler als Erkennungsmerkmal von Fachsprache. Damit erfolgte eine normative Setzung dessen, was Fachsprache vorstellt mit dem Ziel, den Schülern am Auftreten der (einen!) sprachlichen Wendung bewusst zu machen, welche Sprachvarietät aktuell bedient werden soll (Abschn. 3.3.3). Die Untersuchung hob auf die Frage ab, ob und wenn ja, in welchen Situationen und mit welchen kommunikativen Funktionen diese fachsprachliche Wendung tatsächlich von den Schülern gebraucht wird. Rincke interpretiert die Ergebnisse derart, dass ein Sprecher, aufgefordert sich fachsprachlich zu äußern, vor der Wahl steht, entweder dem Inhalt der geplanten Äußerung oder ihrer äußeren Form den Vorrang seiner Aufmerksamkeit zu geben. Meist entscheidet er sich für den Inhalt und geht auf die Ebene der Alltagssprache und damit auch Alltagskonzepte über. Entscheidet er sich für die fachsprachlich korrekte Form, im Fall der vorliegenden Studie eine Wortkombination aus Substantiv (Kraft), einem Verb und einer

Präposition (ausüben auf), dann trägt das Gesagte oft nicht zur Klärung bei. Es gelingt also im Regelfall nicht, das fachlich korrekte Konzept auf der Ebene der Alltagssprache auszudrücken. Die Deutung drängt sich auf, dass hier die Begrenztheit der kognitiven Ressourcen wirkt. Das Erlernen und Versprachlichen von fachlichen naturwissenschaftlichen Konzepten stellt sich nach Rincke (2010) wie das Erlernen einer Fremdsprache dar, bei dem auch Novizen nur ein Wörterbuch in die Hand bekommen, das die Umschreibung neuer Vokabeln in der ihnen noch unbekannten fremden Sprache anbietet. Unter dieser Perspektive wird begreiflich, weshalb der naturwissenschaftliche Unterricht so ausführlich um immer wieder dieselben Begriffe kreisen muss, wenn die damit verbundenen Vorstellungen erlernt werden sollen. Der Vorrang des Inhalts vor der Form ist übrigens aus der Forschung des Fremdsprachenlernens bekannt (Edmondson 2002), was Rincke zum Anlass nimmt, seine Ergebnisse umfassender auf die Spracherwerbsforschung zu beziehen (Abschn. 3.1).

Von einem systematischen Standpunkt aus unterscheidet Rincke (2010) zwei Vorstellungen, nach denen sich fachsprachliche Fähigkeiten im Unterricht entwickeln können:

- Fachsprache wird aus der Alltagssprache entwickelt (als bruchloser oder als bruchbehafteter Übergang),
- Fachsprache und Alltagssprache folgen je eigenen Entwicklungswegen.

Es ist wichtig, sich zu fragen, welche Situationen es sein mögen, die eine dezidierte Konfrontation mit Fach- oder Bildungssprache geeignet erscheinen lassen mit dem Ziel, sprachliche Lernfortschritte zu machen. Dazu sei Bezug nehmend auf die hier berichtete Studie ein Vorschlag gemacht:

Die Versprachlichung von selbst gemachten Erfahrungen und Entdeckungen kann mit dem sprachlichen Inventar auskommen, über das ein Sprecher bereits verfügt. Er wird womöglich dabei zur Präzisierung herausgefordert. Die Konzeptbildung hingegen, die die Vermittlung eines neuen Konzepts, seine Abgrenzung zum schon Bekannten und seine prototypische Durcharbeitung vorsieht, wird in vielen Fällen auf Kontraste zum Vorverständnis hinsteuern, die sich auch sprachlich manifestieren. Dies scheint mit der zweiten oben genannten Vorstellung vereinbar.

Wenn es um das Konzept- und Begriffslernen geht, die auch klassische Spracharbeit einbeziehen können, können sich bildungssprachliche Lernziele produktiv einfügen. Wer die Beherrschung solcher Sprachen auch dann verlangt, wenn persönliches Erleben und Entdecken im Mittelpunkt stehen, bringt seine Schüler vermutlich zum Schweigen. Hier liegen nahsprachliche Kommunikationsbedingungen vor, entsprechend sind nahsprachliche Versprachlichungsstrategien angezeigt (Koch und Oesterreicher 1985). Das sind dialogische Situationen, in denen spontan gesprochen und vorläufige Produkte in sprachlich kaum verdichteter Form gewonnen werden.

3.4.2 Wie denken Lehrpersonen über die Vermittlung von Fachsprache?

Beim Erwerb der Fachsprache müssen Schüler von den Lehrpersonen unterstützt werden. Markic (2017) untersuchte das Wissen von Lehrern der Naturwissenschaften bezüglich des Lernens und Lehrens von Fachsprache. Ausgehend von der Definition von Bunch (2013) definiert Markic das *Pedagogical Scientific Language Knowledge* (PSLK) als „knowledge of scientific language related to teaching and learning chemistry, focusing on different scientific topics and contexts".

Die bestimmten Charakteristika der Fachsprache sind (wie z. B. der Einsatz von mehrgliedrigen Komposita, die auch mit Zahlen und einzelnen Buchstaben verknüpft sind [wie Propan-1,2,3-triol], oder die Vernetzung von Gedanken durch Vor- und Rückwärtsverweise während der Argumentation; Absch. 3.3) dargelegt. Schüler haben Probleme mit vielen dieser Charakteristika und somit mit dem Lernen und Nutzen der Fachsprache im Unterricht (z. B. Childs et al. 2015; Markic et al. 2013). Nach dem Konzept des PSLK ist es wichtig, dass die Lehrer das Wissen haben, wie die Fachsprache der Naturwissenschaft im Unterricht vermittelt wird, um den Schülern den Einstieg in diese Sprache zu erleichtern. Die Studie von Markic (2017) fokussiert auf die Entwicklung eines Instruments, das das PSLK der Lehrer der Chemie erfassen soll. Da diesbezüglich bisher erst wenige Erkenntnisse vorliegen, wurde eine qualitative Herangehensweise mit offenen Interviews gewählt. Neben Informationen zu Alter, Geschlecht und Lehrerfahrung wurden Informationen erfragt, die ein Bild über den sprachlichen Hintergrund der Lehrperson gaben, u. a. Herkunftssprache, Fähigkeiten in einer Fremdsprache oder beim Umgang mit Unterrichtssprache. Der zweite Teil des Interviews begann mit der Frage „Wie unterrichten Sie Fachsprache? Beschreiben Sie dies!". Weitere Fragen dienten lediglich dazu, bei Bedarf Aussagen der Interviewten zu klären.

Die offenen Interviews wurden mit sechs Lehrerinnen und fünf Lehrern an elf Schulen durchgeführt. Sie unterrichten überwiegend Chemie und Biologie oder Chemie und Physik. Alle Befragten waren Deutsch-Muttersprachler und fühlten sich mehr oder weniger kompetent in einer Fremdsprache. Die Lehrkräfte unterrichteten überwiegend an Schulen mit einem hohen Anteil von Schülern mit Migrationshintergrund, in denen der Erwerb von Bildungssprache und Fachsprache von besonderer Bedeutung ist (Markic 2017). Nach Aussage der Lehrkräfte haben ein Drittel bis die Hälfte ihrer Schüler aufgrund ihres Migrationshintergrunds Schwierigkeiten mit der Alltagssprache, die sich auch auf die Unterrichtssprache übertragen.

Die Interviews wurden mithilfe der Grounded Theory analysiert (Strauss und Corbin 1990). In der Auswertung ließen sich sechs repräsentative Kernaussagen der Lehrer über das Lernen und Lehren der Fachsprache herausarbeiten:

- Fachbegriffe sind kontextuell an die Inhalte des Fachs gebunden.
- Fachsprache zeichnet sich durch bestimmte Charakteristika aus (z. B. Wortstämme aus der griechischen Sprache und Latein; unterschiedliche Bedeutung im fachlichen Bereich), die sie von der Alltagssprache unterscheidet.

- Die Fachsprache ist mit einer Fremdsprache gleichzusetzen.
- Die zur naturwissenschaftlichen Fachsprache zählenden Fachbegriffe sind nicht zwangsläufig Fremdwörter und auch nicht unbedingt auf die Naturwissenschaften beschränkt.
- Fachbegriffe besitzen eine Hierarchie nach Wichtigkeit, die darüber entscheidet, ob und in welchem Maß sie im Unterricht vorkommen.
- Jedes naturwissenschaftliche Fach hat seine eigene Fachsprache.

Im Zuge des selektiven Kodierens (Strauss und Corbin 1990; vgl. auch Loughran et al. 2006) wurden Aussagen jeder Lehrperson zu den sechs Kernaussagen analysiert. Die Aussagen bezogen sich u. a. auf den Sinn bzw. die Bedeutung des Lernens der Fachsprache, das Ziel des Lernens der Fachsprache, die Legitimation der Fachsprache, mögliche Unterrichtsmethoden und durch die Fachsprache verursachte Probleme im Unterricht.

Die Ergebnisse zeigen, dass die befragten Lehrpersonen ein sehr homogenes Wissen über das Lernen und Lehren der Fachsprache besitzen. Es waren keine Unterschiede zwischen erfahreneren und jüngeren Lehrpersonen zu erkennen. Alle Lehrpersonen waren sich der Wichtigkeit und Relevanz der Fachsprache bewusst. Das Wissen der Lehrpersonen über geeignete Lehrmethoden und spezifische Eigenschaften der Fachsprache ist jedoch gering und scheint in fast allen Fällen intuitiv zu sein. Die Lehrmethoden (z. B. häufiges Wiederholen, Tafelanschrieb usw.) unterscheiden sich von Lehrperson zu Lehrperson, wobei das *explizite* Thematisieren der Fachsprache im Unterricht den Befragten wenig wichtig war. Die Lehrpersonen in dieser Studie setzen das Lernen der Fachsprache mit dem Lernen einer Fremdsprache gleich, oftmals reduziert auf reines Vokabellernen.

3.5 Resümee: Sprache und Bildung

Höttecke et al. (2017) setzen sich intensiv mit dem Verhältnis zwischen Bildungssprache und Fachsprache auseinander. Sie arbeiten heraus, dass trotz der augenfälligen Ähnlichkeiten Fach- und Bildungssprache nicht deckungsgleich seien. Sie stellen Bildungssprache als ein Register dar, dessen Zweck nicht wie der der Fachsprache in der Bearbeitung spezifischer Bereiche liege, „sondern in der Herstellung einer Verkehrssprache für die Inhalte aus den verschiedenen Bereichen" (s. auch Ortner 2009, S. 2232). Sie weisen weiter auf die in Schule einerseits und Wissenschaften andererseits unterschiedlichen Kommunikationsrahmen und den unterschiedlichen Grad an Fachlichkeit hin.

Viele Autoren fordern, dass Schule nicht nur bildungssprachliche Fähigkeiten verlangen, sondern v. a. schulen müsse, da es hier um ein wesentliches kulturelles Kapital gehe (Gogolin und Lange 2011; Gogolin und Duarte 2016; Feilke 2012). Wenn Bildungssprache also Gegenstand sein soll, stellt sich wie bei allen Gegenständen der Schule die Frage, was unter welchen bildungstheoretischen Annahmen als bildend angesehen werden soll. Rincke (2010) weist in Bezug auf die Fachsprache auf die Notwendigkeit hin, deskriptive von normativen Momenten zu trennen, also das, was als Fachsprache vorgefunden wird, nicht ohne Weiteres zum Inhalt oder gar Ziel von Bildung zu erheben.

Das, was Bildungssprache vorstellt, steht in einer Spannung zum Auftrag von Schule und insbesondere naturwissenschaftlichem Unterricht. Diese These sei an einem sozialen, einem fachlichen und einem emotionsbezogenen Argument festgemacht:

- Bildungssprache grenzt potenziell aus. Gogolin und Duarte (2016) weisen auf die Nachteile an der Bildungsteilhabe hin, die herkunftssprachlich nicht deutsche Schüler v. a. durch den sozioökonomischen Status (Feilke 2012) erfahren.
- Bildungssprache stellt in ihrer Tendenz zur Entpersonalisierung und Verallgemeinerung Naturwissenschaft und ihre Ergebnisse als statisch vor. Damit läuft sie dem Bild von Naturwissenschaft als dynamische, menschlich verantwortete Prozesse mit sozialem und historischem Hintergrund und entsprechend nicht endgültigen Produkten zuwider.
- Bildungssprache tendiert zu einem distanzsprachlichen, d. h. konzeptionell schriftlichen, monologischen, von einer sozialen Hierarchie ausgehenden Stil. Damit wird naturwissenschaftlicher Erkenntnisfortschritt als dialogisches Arbeiten unter gleichberechtigten Menschen ausgeblendet.

Die Naturwissenschaftsdidaktik hat spätestens mit Wagenschein in den 1960er-Jahren (Wagenschein 1988) begonnen, nicht allein fachliche Systematik zur Leitlinie der Gestaltung von Bildungsprozessen zu machen. Dieser entscheidende Vorgang ist ein Akt der Emanzipation, den sie – von einem möglichst intensiven Diskurs begleitet – auch in Bezug auf die Rolle der Sprache im Unterricht vollziehen sollte. So, wie sich im Unterricht nur stellenweise das Experiment als Hypothesen testend und zu einer Erklärung beitragend empfiehlt, so werden es auch nur Passagen sein, in denen sich die Konfrontation mit dezidiert bildungssprachlichen Anforderungen anbietet: Welche Situationen sind das? Welche Funktionen erfüllt die Sprache in diesen Situationen? Ähnliches lässt sich über den Gebrauch der Fachsprache im Unterricht fragen. Im Umkehrschluss bedeutet diese Forderung, dass es auch ein Interesse ist, da, wo es möglich ist, den naturwissenschaftlichen Unterricht von der Bildungssprache zu entlasten, um eine Teilhabe aller zu befördern.

3.6 Literatur zur Vertiefung

Busch-Lauer, I.-A. (2009). Fach- und gruppensprachliche Varietäten und Stil. In U. Fix, A. Gardt, & J. Knape (Hrsg.), *Rhetorik und Stilistik* (Bd. 31.2, S. 1706–1721). Berlin, New York: Mouton de Gruyter.

Dieser Handbucharikel gibt gemeinsam mit dem folgenden Text einen guten und vertiefenden Überblick über die sprachtheoretischen Grundlagen.

Spillner, B. (2009). Funktionale Varietäten und Stil. In U. Fix, A. Gardt, & J. Knape (Hrsg.), *Rhetorik und Stilistik* (Bd. 31.2, S. 1722–1738). Berlin, New York: Mouton de Gruyter.

Der Text vertieft die im vorliegenden Text genutzte sprachtheoretische Grundlage und geht insbesondere auf die Charakteristik unterschiedlicher Varietäten ein.

Gogolin, I., & Duarte, J. (2016). Bildungssprache. In J. Kilian, B. Brouër, & D. Lüttenberg (Hrsg.), *Handbuch Sprache in der Bildung* (Bd. 21). Berlin, Boston: Walter de Gruyter.

Dieser Text bietet einen guten Ausgangspunkt, um sich mit dem Konzept der Bildungssprache zu befassen.

Tschirner, E., Möhring, J., & Cothrun, K. (Hrsg.) (2017). *Deutsch als zweite Bildungssprache in MINT-Fächern.* Tübingen: Stauffenburg.

Der Sammelband enthält Berichte über empirische Studien aus der Naturwissenschafts- und Deutschdidaktik zu sprachsensiblem Fachunterricht in Schule und Hochschule.

Literatur

Aufschnaiter, C. v., Erduran, S., Osborne, J., & Simon, S. (2008). Arguing to learn and learning to argue: case studies of how students' argumentation relates to their scientific knowledge. *Journal of Research in Science Teaching, 45*(1), 101–131.

Baumann, K.-D. (2009). Sprache in Naturwissenschaften und Technik. In U. Fix, A. Gardt & J. Knape (Hrsg.), *Rhetorik und Stilistik* (Bd. 31.2, S. 2241–2257). Berlin, New York: Mouton de Gruyter.

Brämer, R., & Clemens, H. (1980). Physik als Fremdsprache. *Der Physikunterricht, 14*, 76–87.

Bunch, B. C. (2013). Pedagogical language knowledge: preparing mainstream teachers for english learners in the new standards era. *Review of Resarch in Education, 37*(1), 298–341.

Busch-Lauer, I.-A. (2009). Fach- und gruppensprachliche Varietäten und Stil. In U. Fix, A. Gardt & J. Knape (Hrsg.), *Rhetorik und Stilistik* (Bd. 31.2, S. 1706–1721). Berlin, New York: Mouton de Gruyter.

Childs, P. E., Markic, S., & Ryan, M. C. (2015). The role of language in teaching and learning of chemistry. In J. Garcia-Martinez & E. Serrano-Torregrosa (Hrsg.), *Chemistry education: best practice, innovative strategies and new technologies* (S. 421–446). Weinheim: Wiley.

Edmondson, W. J. (2002). Wissen, Können, Lernen – kognitive Verarbeitung und Grammatikentwicklung. In W. Börner & K. Vogel (Hrsg.), *Grammatik und Fremdsprachenerwerb* (S. 51–70). Tübingen: Gunter Narr.

Feilke, H. (2012). Bildungssprachliche Kompetenzen – fördern und entwickeln. *Praxis Deutsch, 233*, 4–13.

Gogolin, I., & Duarte, J. (2016). Bildungssprache. In J. Kilian, B. Brouër & D. Lüttenberg (Hrsg.), *Handbuch Sprache in der Bildung* Bd. 21. Berlin, Boston: De Gruyter.

Gogolin, I., & Lange, I. (2011). Bildungssprache und Durchgängige Sprachbildung. In S. Fürstenau & M. Gomolla (Hrsg.), *Migration und schulischer Wandel: Mehrsprachigkeit* (S. 107–127). Wiesbaden: VS.

Halliday, M. A. K. (1994). *An introduction to functional grammar.* London: Arnold.

Härtig, H., Bernholt, S., Prechtl, H., & Retelsdorf, J. (2015). Unterrichtssprache im Fachunterricht – Stand der Forschung und Forschungsperspektiven am Beispiel des Textverständnisses.

Zeitschrift für Didaktik der Naturwissenschaften, 21(1), 55–67. https://doi.org/10.1007/s40573-015-0027-7.

Hoffmann, L. (1984). *Kommunikationsmittel Fachsprache. Eine Einführung.* Berlin: Akademie-Verlag.

Hoffmann, L. (2004). Fachsprache/language for specific purposes. In U. Ammon, N. Dittmar, K. J. Mattheier & P. Trudgill (Hrsg.), *Sociolinguistics. Soziolinguistik. An international handbook of the science of language and society. Ein internationals Handbuch zur Wissenschaft von Sprache und Gesellschaft* (S. 232–238). Berlin, New York: De Gruyter.

Hoffmann, M. (2007). *Funktionale Varietäten des Deutschen – kurz gefasst.* Potsdam: Universitätsverlag. urn:nbn:de:kobv:517-opus-13450.

Höttecke, D., Ehmke, T., Krieger, C., & Kulik, M. A. (2017). Vergleichende Messung fachsprachlicher Fähigkeiten in den Domänen Physik und Sport. *Zeitschrift für Didaktik der Naturwissenschaften.* https://doi.org/10.1007/s40573-017-0055-6.

Koch, P., & Oesterreicher, W. (1985). Sprache der Nähe – Sprache der Distanz. Mündlichkeit und Schriftlichkeit im Spannungsfeld von Sprachtheorie und Sprachgeschichte. In O. Deutschmann, H. Flasche, B. König, M. Kruse, W. Pabst & W.-D. Stempel (Hrsg.), *Romanistisches Jahrbuch* (Bd. 36, S. 15–43). Berlin, New York: De Gruyter.

Kulgemeyer, C. (2016). Explaining science: a performance test on physics teachers' explaining skills. In I. Eilks, S. Markic & B. Ralle (Hrsg.), *Science education research and practical work* (S. 205–214). Aachen: Shaker.

Kulgemeyer, C., & Schecker, H. (2012). Physikalische Kommunikationskompetenz – Empirische Validierung eines normativen Modells. *Zeitschrift für Didaktik der Naturwissenschaften, 18,* 29–54.

Langenmayr, A. (1997). *Sprachpsychologie.* Göttingen, Bern, Toronto: Hogrefe.

Leisen, J. (1999). *Methoden-Handbuch.* Bonn: Varus.

Lemke, J. L. (1990). *Talking science.* Westport, Connecticut; London: Ablex Publishing.

Löffler, H. (2010). *Germanistische Soziolinguistik.* Berlin: Erich Schmidt. (C. Lubkoll, U. Schmitz, M. Wagner-Egelhaaf & K.-P. Wegera, Hrsg.)

Loughran, J., Berry, A., & Mulhall, P. (2006). *Professional learning. Understanding and developing science teachers' pedagogical content knowledge.* Rotterdam: Sense Publishers.

Markic, S. (2012). Lesson plans for students language heterogeneity while learning science. In S. Markic, D. di Fuccia, I. Eilks & B. Ralle (Hrsg.), *Heterogeneity and cultural diversity in science education and science education research* (S. 41–52). Aachen: Shaker.

Markic, S. (2017). *Chemistry teachers' pedagogical scientific language knowledge.* Paper presented at the 12th Conference of the European Science Education Research Association (ESERA), Dublin.

Markic, S., Broggy, J., & Childs, P. (2013). How to deal with linguistic issues in the chemistry classroom. In I. Eilks & A. Hofstein (Hrsg.), *Teaching chemistry – a studybook* (S. 127–152). Rotterdam: Sense.

Merzyn, G. (1994). *Physikschulbücher, Physiklehrer und Physikunterricht.* Kiel: Institut für Pädagogik der Naturwissenschaften.

Merzyn, G. (1998). Sprache und naturwissenschaftlicher Unterricht. *Physik in der Schule, 36,* 243–246.

Möhn, D. (1981). Fach- und Gemeinsprache – zur Emanzipation und Isolation der Sprache. In W. v. Hahn (Hrsg.), *Fachsprachen* (S. 172–217). Darmstadt: Wissenschaftliche Buchgesellschaft.

Möhn, D., & Pelka, R. (1984). *Fachsprachen. Eine Einführung.* Tübingen: Niemeyer.

Ortner, H. (2009). Rhetorisch-stilistische Eigenschaften der Bildungssprache. In U. Fix, A. Gardt & J. Knape (Hrsg.), *Rhetorik und Stilistik* (Bd. 31, S. 2227–2240). Berlin, New York: Mouton de Gruyter.

Rincke, K. (2010). Alltagssprache, Fachsprache und ihre besonderen Bedeutungen für das Lernen. *Zeitschrift für Didaktik der Naturwissenschaften*, *16*, 235–260. Zugriff auf http://archiv.ipn.uni-kiel.de/zfdn/pdf/16_Rincke.pdf.

Rincke, K. (2011). It's rather like learning a language: development of talk and conceptual understanding in mechanics lessons. *International Journal of Science Education*, *33*(2), 229–258.

Roelcke, T. (1999). *Fachsprachen*. Berlin: Erich Schmidt. (C. Lubkoll, U. Schmitz, M. Wagner-Egelhaaf & K.-P. Wegera, Hrsg.)

Sekretariat der Ständigen Konferenz der Kultusminister der Länder in der Bundesrepublik Deutschland (Hrsg.). (2005). *Beschlüsse der Kultusministerkonferenz: Bildungsstandards im Fach Physik für den Mittleren Schulabschluss (Jahrgangsstufe 10)*. München, Neuwied: Luchterhand (Wolters Kluwer).

Spillner, B. (2009). Funktionale Varietäten und Stil. In U. Fix, A. Gardt & J. Knape (Hrsg.), *Rhetorik und Stilistik* (Bd. 31.2, S. 1722–1738). Berlin, New York: Mouton de Gruyter.

Strauss, A., & Corbin, J. (1990). *Basics of qualitative research*. Thousand Oaks: SAGE.

Wagenschein, M. (1988). *Naturphänomene sehen und verstehen. Genetische Lehrgänge*. Stuttgart: Klett.

Schülervorstellungen und *Conceptual Change*

Harald Gropengießer und Annette Marohn

4.1 Einführung

Diesterweg (1850) hat den Weg gewiesen: „Ohne die Kenntniß des Standpunktes des Schülers ist keine ordentliche Belehrung desselben möglich." Der pädagogische Psychologe Ausubel (1968, S. vi) formuliert dieses Prinzip so: „The most important single factor influencing learning is what the learner already knows. Ascertain this and teach him accordingly." Diese Sätze können als Ausgangspunkt für die Schülervorstellungsforschung gelten. Schüler verfügen über eine Reihe vielfältiger, deutlich anderer Vorstellungen über Objekte und Ereignisse als die aktuell akzeptierte naturwissenschaftliche Sichtweise. Zu diesen Schülervorstellungen liegt ein umfangreicher Wissensschatz vor, der über eine Bibliografie (Duit 2009), eine Literaturdatenbank (z. B. ERIC) oder wissenschaftliche Suchmaschinen wie *Google scholar* zugänglich ist.

Viele der erfassten Vorstellungen sind widerständig gegen unterrichtliche Änderungsversuche (Wandersee et al. 1994). Das im zweiten Satz des Diktums von Ausubel verlangte, dem Vorwissen angemessene, verstehensfördernde Lehren erweist sich somit als schwierig. Die Herausforderung besteht darin, unterrichtliche Strategien zur Änderung von Vorstellungen zu finden, die Bedingungen zu klären, unter denen dies gelingen kann,

Aus Gründen der besseren Lesbarkeit wird im Text verallgemeinernd das generische Maskulinum verwendet. Diese Formulierungen umfassen gleichermaßen weibliche und männliche Personen; alle sind damit gleichberechtigt angesprochen.

H. Gropengießer (✉)
Didaktik der Biologie, Leibniz Universität Hannover
Hannover, Deutschland
E-Mail: gropengiesser@idn.uni-hannover.de

A. Marohn
Didaktik der Chemie, Westfälische Wilhelms-Universität Münster
Münster, Deutschland
E-Mail: a.marohn@uni-muenster.de

© Springer-Verlag GmbH Deutschland, ein Teil von Springer Nature 2018
D. Krüger et al. (Hrsg.), *Theorien in der naturwissenschaftsdidaktischen Forschung*,
https://doi.org/10.1007/978-3-662-56320-5_4

und den dabei ablaufenden Lernprozess theoretisch gerahmt zu beschreiben. Solche Ansätze werden unter dem Terminus *Conceptual Change* gefasst (Duit und Treagust 2003;
Vosniadou 2008).

4.2   Theoretische Rahmungen zu Schülervorstellungen

Am Beispiel eines Interviews mit Stella, einer Schülerin der Oberstufe, soll erläutert werden, wie aus Äußerungen auf Schülervorstellungen geschlossen wird. Stella, die bereits
Unterricht zum Thema Osmose hatte, werden Kartoffelstückchen vorgelegt. Einige haben
in Salzwasser gelegen, andere in destilliertem Wasser. Die ursprünglich zu gleicher Größe
geschnittenen Kartoffelstückchen zeigen nun unterschiedliche Form und Konsistenz. Dies
soll beschrieben und erklärt werden. Im Verlauf des Interviews äußert Stella u. a. (Schellwald 2015): „Das Salz zieht das Wasser heraus. Salz und Wasser haben ja verschiedene
Moleküle. Vielleicht ziehen sich ja die Moleküle an." An anderer Stelle: „Und wenn die
Konzentration jetzt in der Vakuole höher ist als im Salzwasser, dann streben die Wasserteilchen den Ausgleich an." Später dann: „Dass Wasserteilchen den Ausgleich anstreben,
ist eigentlich nicht korrekt ausgedrückt. Mein Lehrer hat uns immer wieder verbessert, als
wir ‚streben' gesagt haben. Wasser macht das einfach, die Wasserteilchen machen es. Das
ist in deren Natur. Also ‚streben' und ‚wollen' ist eigentlich falsch. Die Teilchen machen
es einfach." Und: „Wasser, die Wasserteilchen, wollen sich nach dem Brownschen Gesetz
immer gleichmäßig verteilen. Nicht wollen, aber sie machen es einfach."

Ein solches, problemzentriertes, offenes und interaktives Interview (Niebert und Gro-
pengiesser 2014; Krüger und Riemeier 2014) bietet tiefe Einblicke in das Denken der
Schülerin. An dem hier gewählten Ausschnitt lassen sich wesentliche Aspekte und Grund-
lagen der Forschung zu Schülervorstellungen verdeutlichen. Zunächst wird das Konstrukt
Schülervorstellungen skizziert, indem der Gegenstand und die grundlegende methodische
Vorgehensweise sowie die theoretische Rahmung umrissen werden.

Die Äußerungen Stellas drücken ihre subjektiven themenspezifischen Vorstellungen
aus. Sie beziehen sich in diesem Fall auf die Kartoffelstückchen, auf deren Zellen und
Zellmembranen, auf die beteiligten Moleküle oder ganz allgemein auf Referenten. In der
Schülervorstellungsforschung sind somit der sprachliche, gedankliche und referenzielle
Bereich im Anschluss an Ogden und Richards (1923) zu unterscheiden. Zentral ist da-
bei der gedankliche Bereich, der den referenziellen und sprachlichen Bereich verbindet
(Gropengiesser 2007a).

Der Sachverhalt wird von Stella mithilfe ihrer verfügbaren Vorstellungen interpretiert.
Fachdidaktiker beschäftigen sich mit den Vorstellungen, den Ideen und den Denkprozes-
sen anderer Menschen, d. h. sie interpretieren die Vorstellungen anderer Menschen aus
deren Äußerungen zu einem Sachverhalt. Kurz: Sie konstruieren Vorstellungen von Vorstellungen. Bezogen auf den Sachverhalt liegt damit eine zweifache Interpretation vor.

Stellas Äußerungen zeigen, dass sie sich Gedanken über osmotische Effekte an Kartoffelstückchen macht. Sie hat allerdings keine Vorstellungen in dem Sinn, dass sie als

fertige Güter in einem Speicher lägen und als solche hervorzuholen wären. Vermutlich entwickelt sie ihre Vorstellungen ad hoc, was besonders in ihren selbstkorrigierenden Äußerungen deutlich wird. Sie konstruiert ihre Vorstellungen in der Auseinandersetzung mit dem Phänomen und den Anregungen der Interviewerin.

Inhaltlich können die Äußerungen als von der wissenschaftlich korrekten Darstellung abweichend gekennzeichnet werden. Als Beschreibung der Ausgangslage für weiteres Lernen ist damit allerdings wenig gewonnen. Eine deutlich andere Perspektive eröffnet sich, wenn versucht wird, aus Stellas Äußerungen ihre Vorstellungen inhaltlich interpretativ zu erschließen und die Denkweise zu verstehen. Aus einer solchen Perspektive ist Stella auf der Suche nach einem Verursacher oder Akteur für das osmotische Phänomen: Das Salz zieht; die Wassersteilchen streben, wollen oder machen das einfach. Der Akteur zeigt auch Volition und macht einfach. Dies ist keineswegs eine Eigentümlichkeit von Stella, vielmehr handelt es sich um einen mehrfach bestätigten empirischen Befund. Beispielsweise antworten zwischen einem Viertel und einem Drittel schriftlich befragter Collegestudenten (n = 250) mit: „[. . .] the molecules want to spread out" oder „They tend to move [. . .]" (Odom und Barrow 1995).

Stella weiß auch, dass sie damit die Sache nicht korrekt ausdrückt, wie sie sagt. Nach der Theorie des erfahrungsbasierten Verstehens (Lakoff und Johnson 1999; Gropengiesser 2007b) ist ihr Sprechen ein Fenster auf das dahinterstehende Denken. Die Kognition gilt als primär und zeigt sich hier als imaginativ, indem dem Salz und den Molekülen Handlungen zugedacht werden. Es ist eine metaphorische Sprech- und v. a. Denkweise, die mit der Metapherntheorie („conceptual metaphor theory"; Lakoff und Johnson 1980, 1999; Gibbs 2008) erklärt werden kann. Danach wird in den Zielbereich (hier das osmotische Phänomen) die Struktur eines Ursprungsbereichs hineingetragen und damit verständlich gemacht. Der Ursprungsbereich, der hier das Denken strukturiert, ist das sog. Handlungsschema. Die Struktur dieses Schemas besteht hauptsächlich aus den Elementen eines Handelnden (Akteur) mit einer Absicht (Intention), der etwas tut (Handlung, Aktion) und zwar an oder mit einem Objekt (Patient) (vgl. Lakoff 1990, S. 54–55).

4.2.1 Das Konstrukt Vorstellung

Die Forschungen zu Schülervorstellungen und deren Rolle beim Lernen und Lehren hat sich zum wichtigsten Zweig naturwissenschaftsdidaktischer Forschung entwickelt. Beginnend in den 1970er-Jahren wurden Vorstellungen zu vielen Themenbereichen wie Kraft, Energie, oder Evolution erkundet. Seit Mitte der 1980er-Jahre kamen Untersuchungen zum naturwissenschaftlichen Denken und Arbeiten hinzu (*Nature of Science*; Duit und Treagust 2003).

Unter Vorstellungen („conceptions") werden subjektive gedankliche Konstruktionen verstanden. Analytisch lassen sich Vorstellungen verschiedener Komplexität (Tab. 4.1) unterscheiden: Begriffe („concepts") sind dabei die einfachsten Vorstellungen. Sie beziehen sich auf Dinge oder Vorgänge oder allgemeine Referenten (Chi et al. 1994) und werden

Tab. 4.1 Deutsche und englische Termini für Vorstellungen unterschiedlicher Komplexität

Vorstellung	„conception"
Weltbild	„world view"
Wissenschaftsphilosophie, Erkenntnistheorie	„philsophy", „epistemology"
Theorie	„theory"
Denkfigur	„principle"
Konzept, Proposition	„construct", „proposition"
Begriff	„concept"

durch Wörter oder Termini ausgedrückt. Wird ein Begriff mit einem oder mehreren Begriffen in Beziehung gesetzt, denken wir ein Konzept. Dies lässt sich durch einen Satz oder eine Behauptung, wie beispielsweise Kartoffeln bestehen aus Zellen, aussagen und bezieht sich auf eben diesen Sachverhalt. Eine Denkfigur und eine subjektive Theorie sind Vorstellungen höherer Komplexität (Gropengiesser 2006, S. 13). Dabei ist zu bedenken, dass sich der Bedeutungsgehalt einzelner Begriffe wie Zelle, Energie oder Molekül aus deren jeweiligen Verknüpfungen mit anderen Begriffen ergibt. Begriffe sind Teile eines kognitiven Systems.

Zu Beginn der Vorstellungsforschung wurden die von den aktuell als korrekt geltenden wissenschaftlichen Vorstellungen abweichenden Schülervorstellungen als Fehl- oder Falschvorstellungen („misconceptions") betrachtet, die zu eliminieren und durch korrekte Vorstellungen zu ersetzen seien. Dieser von vornherein abwertende Blick auf die Schülervorstellungen geriet in den 1980er-Jahren in die Kritik. Waren es doch Vorstellungen und erfahrungsbasierte Erklärungen, mit denen Schüler sich viele natürliche Phänomene verständlich gemacht hatten, die mit einer solchen Bezeichnung missachtet wurden. Zudem sind solche Vorstellungen in alltäglichen und lebensweltlichen Kontexten durchaus angemessen und vernünftig. „Die Sonne geht auf" passt meistens besser als „Die Erde dreht sich aus ihrem Eigenschatten". Als neutrale und respektvolle Bezeichnung bietet sich der Terminus alternative Vorstellungen („alternative conceptions") an (Wandersee et al. 1994, S. 178).

Obwohl die Ergebnisse der Schülervorstellungsforschung vielfältig sind, ist von Wandersee et al. (1994, S. 195) der Versuch unternommen worden, die Ergebnisse in acht Thesen über alternative Vorstellungen von Lernenden der Naturwissenschaften zusammenzufassen:

- These 1: Lernende kommen mit mannigfaltigen alternativen Vorstellungen über natürliche Objekte und Vorgänge in den naturwissenschaftlichen Unterricht.
- These 2: Die alternativen Vorstellungen, mit denen die Lernenden in den naturwissenschaftlichen Unterricht kommen, finden sich in Gruppen jedes Alters, jeder Fähigkeit, jedes Geschlechts und jeder Kultur.
- These 3: Alternative Vorstellungen sind widerständig gegenüber der Auslöschung durch konventionelle Lehrstrategien.

- These 4: Alternative Vorstellungen ähneln oft den Erklärungen, die frühere Generationen von Wissenschaftlern und Philosophen gegeben haben.
- These 5: Alternative Vorstellungen entspringen diversen persönlichen Erfahrungen einschließlich direkter Beobachtung und Wahrnehmung, Kultur und der Sprache von Gleichaltrigen, wie auch den Erklärungen der Lehrperson und des Lehrmaterials.
- These 6: Lehrpersonen verfügen oft über dieselben alternativen Vorstellungen wie ihre Schüler.
- These 7: Das vorunterrichtliche Wissen der Lernenden steht in Wechselwirkung mit dem präsentierten unterrichtlichen Wissen: Dies führt zu diversen unbeabsichtigten Lernergebnissen.
- These 8: Vermittlungsformen, die Vorstellungsänderungen fördern, können effektive unterrichtliche Werkzeuge sein.

Besonders bedeutsam für Lehr- und Lernprozesse sind die allgemeine Verfügbarkeit alternativer Vorstellungen und deren Widerständigkeit gegen Änderung. Dass dies auch Lehrpersonen betrifft erstaunt. Viele dieser Thesen werfen Fragen auf. Einerseits sind dies inhaltsspezifische Fragen, z. B.: Über welche Vorstellungen zu bestimmten Inhaltsbereichen verfügen Lernende vor und nach bestimmten Lernangeboten? Andererseits geht es um kausale Fragen, z. B.: Warum sind die Alltagsvorstellungen widerständig gegenüber der Auslöschung durch konventionelle Lehrstrategien? Die Forschungen wurden und werden entsprechend der jeweiligen Fragestellung, aber v. a. im Anschluss an Entwicklungen in den Kognitionswissenschaften unterschiedlich theoretisch gerahmt.

4.2.2 Piagets Stufenmodell der kognitiven Entwicklung

Jean Piaget (1992) befragte (seine) Kinder in verschiedenem Alter über deren Vorstellungen. Allerdings war Piaget kein Fachdidaktiker, vielmehr zielten seine Forschungen auf die Entwicklung der Erkenntnisfähigkeit und Intelligenz im Lebenslauf, d. h. auf eine genetische Epistemologie. Dazu modifizierte er das aus der Psychiatrie entlehnte klinische Interview. Diese Methode wurde in den frühen Jahren der Vorstellungsforschung am häufigsten angewendet (Niebert und Gropengiesser 2014; Wandersee et al. 1994, S. 200).

Die kognitive Entwicklung vom Säuglings- bis zum Jugendalter beschrieb Piaget als aufeinanderfolgende Stufen oder Phasen: sensomotorische, präoperationale, konkret-operationale und formal-operationale Stufe. Die jeweils vorhergehende Stufe ist Voraussetzung der folgenden und wird in diese integriert (Seel und Hanke 2015, S. 356 f.). Dieses Stufenmodell diente als theoretischer Rahmen, um die Altersabhängigkeit von Schülervorstellungen zu prüfen. Beispielsweise entwickeln sich im Alter von 5 bis 14 Jahren die Vorstellungen zur Verdunstung von Wasser aus einer Untertasse sequenziell von „Wasser verschwindet" über „wird absorbiert", zu „wird überführt" und „wird verteilt in der Luft" (Bar und Galili 1994). Wenngleich solche entwicklungsabhängigen Studien selten geworden sind, wird auch heute noch die Altersabhängigkeit in Untersuchungen zu bereichsübergreifenden Fähigkeiten wie dem naturwissenschaftlichen Denken beachtet (Metz 1995; Scott et al. 2010, S. 33).

Schon Ende der 1970er-Jahre wurde empirisch fundierte Kritik an der starren Einteilung in Stufen oder Phasen vorgetragen. Es zeigte sich, dass formales Denken mit entsprechenden Lernangeboten schon mit deutlich jüngeren Schülern möglich ist, als dies nach der Phaseneinteilung zu erwarten wäre. Somit ist eine generelle altersabhängige Einstufung der Vorstellungen von Lernenden wenig hilfreich. Vielmehr sollten die Lernausgangslagen zum jeweiligen Themenbereich diagnostiziert und Muster der kognitiven Entwicklung beschrieben werden (Driver 1978; Amin et al. 2014).

4.2.3 Die mentalen Modelle der kognitiven Psychologie

Die Forschungen zu themen- und inhaltsspezifischen Vorstellungen werden häufig mit dem Rüstzeug der kognitiven Psychologie theoretisch gerahmt. Die kognitive Psychologie postuliert innere, mentale Strukturen und Prozesse als Erklärung für Verhalten (Anderson 1989; Kap. 5). Im Theorierahmen der kognitiven Psychologie wird die Konzeptbildung abstrakt und ohne den Einfluss von sinnlicher Wahrnehmung, mithin entkörpert modelliert, d. h. die Rolle des menschlichen Körpers wird weitgehend vernachlässigt. Die Begriffe werden aus den Eigenschaften der externen Realität abgeleitet und es wird angenommen, dass die äußere Realität intern objektiv repräsentiert wird. Bei einer so gestalteten Begriffsbildung entscheiden allein die Attribute des externen Gegenstands über die Zugehörigkeit zu einem Begriff. Objekte sollten dann entweder zu einem Begriff gehören oder aber nicht. Diese Positionen der kognitiven Psychologie und besonders der psychologischen Begriffsbildungsforschung stehen im Widerspruch zu den Untersuchungsergebnissen von Rosch (1975), die prototypische Effekte an Begriffen wie Vogel oder Möbel nachwiesen. Beispielsweise wird ein Spatz für ein besseres Beispiel des Begriffs Vogel gehalten als ein Pinguin und ein Stuhl ist ein besseres Beispiel für den Begriff Möbel als ein Teppich. Begriffe sind nur in Ausnahmefällen wohldefiniert. Auch die Mehrdeutigkeit des Worts Ladung zeigt, dass es je nach Kontext seine Bedeutung wechselt. Dies passt eher zu der Auffassung, dass Begriffe in konkreten Situationen und deren sinnlicher Wahrnehmung entstehen (Klein 2006).

4.2.4 Vorstellungen aus Sicht des Konstruktivismus

Die Erkenntnistheorie des radikalen Konstruktivismus (von Glasersfeld 1992) und Erkenntnisse der Neurobiologie (Roth 1994) führten zu einem neuen Verständnis der Vorstellungen. Der Konstruktivismus führt die vom Menschen erlebte Wirklichkeit auf die Leistung des Gehirns zurück. Das Gehirn erzeugt aus den Erregungen der Sinneszellen und Gedächtnisleistungen individuelle Wirklichkeit. Die äußere Realität ist nicht zugänglich. Wahrnehmung dient lediglich der Orientierung in der Umwelt, aber nicht der wahren Erkenntnis der Welt. Die konstruktivistische Naturwissenschaftsdidaktik betont die Subjektivität und Individualität der Vorstellungen und deren kognitiven Charakter. Vorstellungen werden als subjektive gedankliche Prozesse verstanden, die zu einem mentalen Erlebnis führen. Deshalb können Vorstellungen weder weitergegeben noch aufgenommen werden, weil sie keine Stoffe oder Substanzen sind (Riemeier 2007). Durch die starke Fokussierung des radikalen Konstruktivismus auf das Individuum erscheint der Beitrag sozialer Zusammenhänge zur Vorstellungsbildung marginal. Aus didaktischer Perspektive, mit dem Blick auf Unterricht als eine Form des sozialen Lernens, sind individuelle und soziale Aspekte des Lernens gleichermaßen zu beachten (Duit und Treagust 2003). Als gemeinsamen Kern der verschiedenen konstruktivistischen Ansätze identifiziert Duit (1996) vier Annahmen:

(1) Vorstellungen werden von Menschen auf der Basis ihrer bereits existierenden Vorstellungen aktiv konstruiert.
(2) Vorstellungen über Ereignisse und Vorgänge in der Welt oder über die Gedanken anderer Menschen haben einen vorläufigen und hypothetischen Charakter.
(3) Die konstruierten Vorstellungen müssen viabel sein, d. h. sich als brauchbar für diejenigen erweisen, die sie denken.
(4) Obwohl jedes Individuum seine eigenen Vorstellungen konstruiert, geschieht dies in einem sozialen Kontext.

Mit dieser konstruktivistischen Rahmung werden aus erkenntnistheoretischer Perspektive der Vorstellungsbegriff und die Bedingungen für Vorstellungsänderungen umrissen.

4.2.5 *Embodied Cognition*

Mit Vorstellungen tragen wir Bedeutung und Verständnis an Phänomene heran. Für die Schülervorstellungsforschung ist deshalb eine Theorie angemessen, die das Verstehen erklärt und Verstehensschwierigkeiten voraussagbar macht. Diese Verstehenstheorie (Barsalou 2008; Gropengiesser 2007b; Lakoff und Johnson 1980) erklärt, wie unser kognitives System entsteht (*Embodied Cognition*) und wie dieses funktioniert, beispielsweise um Vorstellungen zur Osmose zu konstruieren („conceptual metaphor theory").

Wissenschaftliche Texte können ohne Metaphern nicht auskommen. Metaphern finden sich in (fast) jedem Satz. Im Kern geht es bei einer Metapher darum, eine Sache im Sinn einer anderen Sache zu verstehen: Die Struktur eines Quellbereichs wird imaginativ (zumindest teilweise) auf einen Zielbereich projiziert („mapping"), um diesen denken und verstehen zu können (Lakoff und Johnson 1980, S. 230). Erkennbar wird eine Metapher mithilfe der Metaphernanalyse (Schmitt 2003), wenn Wörter oder Redewendungen in einem über die wörtliche Bedeutung hinausgehendem Sinn gebraucht werden. Wenn z. B. von einem Lernweg oder einem Wissenszuwachs gesprochen wird, dann werden der Weg und das Wachstum im übertragenen Sinn verwendet und Lernen wird als gehen und wachsen verstanden (Marsch 2009).

Der Quell- oder Ursprungsbereich einer Metapher ist meist direkt verständlich, d. h. wir haben sofort eine bildliche Vorstellung, wenn wir ein Wort wie Baum oder Fluss hören und damit Stammbaum oder Energiefluss verstehen. Wir haben auch eine direkte Vorstellung von gehen, die teilweise so spürbar wird, als gingen wir gerade. Solche Basisbegriffe sind aus unseren wiederholten Begegnungen und Interaktionen mit der Welt entstanden. Basisbegriffe gründen in Wahrnehmung, Körperbewegung und Erfahrungen mit der natürlichen sozialen und kulturellen Welt. Die Basiskonzepte werden als verkörpert („embodied") gekennzeichnet, weil deren gedankliche Struktur aus vorgedanklichen körperlichen Erfahrungen erwächst und an diese gebunden bleibt (Lakoff 1990, S. 267 f).

Ein weiterer Quellbereich für Metaphern sind die Schemata („kinesthetic image schemas"; Lakoff 1990, S. 269 f), z. B. Handlung (s. o.), Start-Weg-Ziel, Teil-Ganzes, oben-unten, vorne-hinten oder Mitte-Rand (Johnson 2012; Lakoff 1990, S. 272 f). Wie aus Erfahrung Bedeutung entsteht, soll am Beispiel des Behälterschemas gezeigt werden. In Erfahrungen mit der Nahrungsaufnahme und Ausscheidung oder der Ein- und Ausatmung erleben wir uns selbst als Person mit Grenzen gegenüber der Umwelt. Kleine Kinder legen Gegenstände in Behälter aller Art (Tassen, Töpfe, Kisten, Taschen usw.) und holen sie wieder hervor. In diesen Fällen gibt es eine wiederholbare räumliche und zeitliche Organisation der Situation (Johnson 2012, S. 21). Damit erhält das Behälterschema eine interne Struktur, die aus einer Grenze, dem Innen und dem Außen besteht. Dieses Behälterschema wird z. B. bei der Erklärung des Klimawandels auf die Atmosphäre oder die Vegetation angewendet, die bestimmte Mengen an Kohlenstoff enthalten (Niebert und Gropengiesser 2013).

Verkörperte Schemata und Basisbegriffe bilden die Ursprungsbereiche für die metaphorischen Projektionen auf Zielbereiche (Lakoff 1990, 279 f). Damit sind auch Vorstellungen beispielsweise zur Osmose indirekt erfahrungsbasiert – über imaginative, v. a. metaphorische Projektionen.

4.3   Theoretische Rahmungen zum *Conceptual Change*

Lag der Forschungsfokus in der Naturwissenschaftsdidaktik zunächst auf der *Diagnose* und dem *Verstehen* von Vorstellungen, so rückte zunehmend die Frage nach deren *Veränderung* in den Blick: Auf welche Weise lässt sich eine Veränderung von Vorstellungen initiieren und wie lassen sich geeignete Lernangebote entwickeln? Was kennzeichnet eigentlich einen *Conceptual Change* und durch welche Faktoren wird er beeinflusst?

4.3.1   *Conceptual Change* im Überblick

Trotz jahrzehntelanger Forschung existiert bislang kein Konsens darüber, was eine Vorstellungsänderung kennzeichnet und was genau sich im Verlauf dieses Prozesses verändert (Lin et al. 2016). Dies spiegelt sich auch in den verwendeten Termini wider: Während

Conceptual Change in seiner ursprünglichen Bedeutung den radikalen Wandel einer Vorstellung beschreibt, betonen „conceptual development" und „conceptual growth" die Prozesshaftigkeit und Kleinschrittigkeit einer Vorstellungsentwicklung. Die Begriffe „conceptual reorganisation" bzw. „conceptual reconstruction" legen den Fokus stärker auf die Situiertheit von Vorstellungen sowie deren aktive Konstruktion durch die Lernenden (vgl. Krüger 2007). Trotz dieser unterschiedlichen Perspektiven wird in der Literatur zumeist *Conceptual Change* als übergreifende Bezeichnung verwendet. Es lassen sich vier Ansätze unterscheiden (Tab. 4.2).

Tab. 4.2 Theoretische Rahmungen des *Conceptual Change* im Überblick

Theoretische Beschreibung eines *Conceptual Change*	**Quellen**
Wechsel der Erkenntnisweise – Konzeptveränderung als Wechsel eines Konzepts – Unterscheidung: Assimilation, Akkommodation	Posner et al. 1982
Veränderung der Seinskategorie – Konzeptentwicklung als Zuweisung eines Konzepts zu einer anderen ontologischen Kategorie (Dinge, Prozesse, mentale Zustände) – Unterscheidung: „individual beliefs", „mental models", „categories"	Chi et al. 1994; Chi 2008
Veränderung von Rahmentheorien – Unterscheidung zwischen allgemeinen Rahmentheorien (in sich kohärent, umfassen ontologische und epistemologische Überzeugungen) und inhaltsspezifischen Theorien – Konzeptentwicklung als Anreicherung oder graduelle Revision der entsprechenden Theorie, kombiniert mit einer Reinterpretation des Vorwissens	Vosniadou und Brewer 1987; Vosniadou 2008
„Knowledge in pieces" – Konzeptentwicklung als Aufbau und Vernetzung von „p-prims" (kognitive Schemata, bei Novizen isoliert und nicht kohärent) zu „coordination classes"	diSessa 2002
Einflussfaktoren auf einen *Conceptual Change*	
Einfluss affektiver Faktoren auf die Konzeptentwicklung – Kritik an „cold cognition perspective" – Einfluss von Motivation, Interesse etc.	Pintrich et al. 1993; Sinatra und Pintrich 2003
Kontextabhängigkeit von Vorstellungen – Vorstellungen sind in kognitive, situative und linguistische Kontexte eingebettet	Carravita und Halldén 1994; Halldén 1999
Einfluss epistemologischer Faktoren auf Konzeptentwicklung – Metakonzeptuelles Wissen als Einflussfaktor – Vorstellungen über die Natur des Wissens sowie der naturwissenschaftlichen Erkenntnisgewinnung prägen die Bereitschaft zur Veränderung von Vorstellungen	Qian und Alvermann 1995; Vosniadou und Ionnides 1998; Chi 2008
Einfluss der Argumentationsfähigkeit sowie der Fähigkeit zum logischen Denken – Voraussetzungen für das Erkennen kognitiver Konflikte	Limón 2001; Kang et al. 2004

Tab. 4.2 (Fortsetzung)

Initiierung von Konzeptentwicklungen	
Konzeptwechsel durch kognitiven Konflikt – Bedingungen: Unzufriedenheit, Verständlichkeit; Plausibilität, Fruchtbarkeit	Posner et al. 1982
Konzeptentwicklung durch Auseinandersetzung mit divergierenden Standpunkten – Soziokonstruktivistischer Ansatz/Soziokognitiver Konflikt	Vygotsky 1978
Konzeptentwicklung durch Reflexion der verkörperten Schemata – Schemata erwachsen aus Erfahrungen mit dem eigenen Körper, der sozialen und physischen Umwelt – Verkörperte Schemata werden vom Ursprungsbereich auf abstrakte Zielbereiche übertragen – Strategie: Reflexion und gegebenenfalls Erweiterung oder Veränderung der Schemata	Niebert et al. 2012, 2013; Niebert und Gropengiesser 2015
Konzeptentwicklung durch (sozio-)kognitive Konflikte und kollaborative Argumentation („choice^{2}learn") – Veränderung „elementarer" Vorstellungen durch Auseinandersetzung mit anomalen Daten und divergierenden Standpunkten – Gemeinsames Schlussfolgern und Bewerten von Evidenzen – Metareflexion des Vorgehens mit Bezug zur *Nature of Science*	Marohn 2008a; Egbers 2017
Entwicklung von Lernangeboten	
Didaktische Rekonstruktion – Didaktische Strukturierung durch wechselseitigen Bezug auf fachliche Klärung und Erfassung der Lernerperspektive	Kattmann et al. 1997

Posner et al. (1982) beschreiben in ihrem grundlegenden Beitrag auf Basis der Arbeiten von Piaget (1926) und Kuhn (1976) die Veränderung einer Vorstellung als einen nicht linearen, sondern in größeren Schritten verlaufenden Prozess, der in einem vollständigen Wechsel der Vorstellung resultiert. Ausgelöst wird dieser Prozess durch einen kognitiven Konflikt, d. h. die Konfrontation mit Informationen, die der Erwartung des Individuums widersprechen. Als Bedingungen für einen erfolgreichen Wechsel gelten die Unzufriedenheit mit dem bestehenden Konzept sowie die Verständlichkeit, Plausibilität und Fruchtbarkeit des neuen.

Chi et al. (1994; Chi 2008) gehen davon aus, dass sich im Verlauf der kognitiven Entwicklung eines Menschen drei ontologische Kategorien ausbilden, in denen Denkkonzepte gespeichert werden können: *Dinge*, *Prozesse* und *mentale Zustände*. Schülervorstellungen entstehen hier durch falsche Zuordnung (z. B. Zuordnung des Konzepts *Wärme* zur Kategorie *Dinge* statt *Prozesse*). Eine Konzeptentwicklung bedeutet demnach die Zuordnung eines Konzepts zu einer anderen ontologischen Kategorie. Der kognitive Konflikt eignet sich dabei nur bedingt als Strategie. Den Lernenden müssen vielmehr die Existenz dieser Kategorien sowie die eigenen Zuordnungen bewusst werden, um Vorstellungsänderungen erzielen zu können.

Vosniadou (2008) nimmt an, dass Denkkonzepte stets in theoretische Strukturen eingebettet sind. Dabei unterscheidet sie zwischen allgemeinen Rahmentheorien und inhaltsspezifischen Theorien. Erste umfassen ein relativ kohärentes Gerüst von ontologischen und epistemologischen Überzeugungen, das sich schon in der Kindheit durch Beobachtung und Deutung der Lebenswelt entwickelt. Neue Informationen werden vor dem Hintergrund dieser Überzeugungen interpretiert. Konzeptentwicklungen lassen sich als Anreicherung oder graduelle Revision einer Theorie deuten, wobei sich die Veränderung von allgemeinen Rahmentheorien aufgrund der über Jahre geprägten epistemologischen Vorstellungen als besonders schwierig erweist.

DiSessa (1993, 2002) beschreibt im Gegensatz zu Vosniadou das Wissen von Kindern als inkohärente Bruchstücke, sog. „phänomenological primitives" (p-prims). Diese beruhen auf alltäglichen Erfahrungen und benötigen keine Erklärungen, wie z. B. die Erkenntnis, dass eine größere Anstrengung zu einem größeren Erfolg führt – etwa, wenn man einen schweren Stein anschieben möchte. Zumeist sind diese p-prims wenig miteinander vernetzt, sodass sie in einigen Kontexten abrufbar sind, in anderen dagegen nicht. Bei Experten sind die Wissenselemente stärker vernetzt und bilden sog. „coordination classes" („a model of a certain type of scientific concept"; diSessa 2002, S. 43). Eine Konzeptentwicklung bedeutet in diesem Sinn, dass neue *p-prims* aufgebaut oder miteinander vernetzt werden, sodass komplexere Strukturen entstehen.

4.3.2 Einflussfaktoren auf einen *Conceptual Change*

In den Anfängen der *Conceptual-Change*-Forschung verstand man einen Konzeptwechsel als Prozess, der allein durch kognitive Faktoren beeinflusst wird. Pintrich et al. (1993) kritisieren diese *Cold-Cognition*-Perspektive und betonen die Bedeutung affektiver Faktoren wie etwa Interesse, Intentionen oder (Selbstwirksamkeits-)Erwartungen (vgl. Tab. 4.2). Caravita und Halldén (1994) argumentieren, dass Vorstellungen nicht nur in kognitive, sondern auch situative und linguistische Kontexte eingebettet sind und unterscheiden explizit zwischen Alltagskontext und wissenschaftlichem Kontext (Kap. 12). Die Vorstellung, dass Salz beim Lösen in Wasser scheinbar verschwindet, bildet z. B. für Kinder eine naheliegende Alltagsvorstellung; im wissenschaftlichen Kontext würde man dagegen von einer Hydratisierung von Ionen sprechen (Marohn 2008b; Rott und Marohn 2016). Auch die aktuelle Motivation der Lernenden kann sich auf den Erfolg von Vorstellungsänderungen auswirken; diese umfasst Aspekte wie Interesse, Herausforderung, Misserfolgsbefürchtung und Erfolgserwartung (Rheinberg et al. 2001). Zudem kann sich bei kooperativen Prozessen auch die Zusammensetzung der Gruppe (konfligierende oder einheitliche Vorstellungen) auf den Verlauf von Vorstellungsveränderungen auswirken (Egbers 2017).

Neben affektiven Faktoren rücken zunehmend epistemologische Überzeugungen und metakonzeptuelles Wissen bezüglich der naturwissenschaftlichen Erkenntnisgewinnung in den Blick (z. B. Qian und Alvermann 1995; Vosniadou und Ioannides 1998). Wer z. B. das Wissen als objektiv und absolut betrachtet, ist weniger gewillt, eigene Konzepte zu verändern. Weitere Voraussetzungen für erfolgreiche Vorstellungsentwicklungen bilden die Fähigkeit zum logischen Denken (Kang et al. 2004) sowie Argumentationsfähigkeiten (Limón 2001). Beide gelten als notwendige Bedingungen, um kognitive Konflikte zu erkennen und Schlussfolgerungen daraus abzuleiten.

4.3.3 Initiierung eines *Conceptual Change*

Der auf Posner et al. (1982) zurückgehende Ansatz des kognitiven Konflikts bildet auch heute noch eine zentrale Strategie, um Vorstellungsänderungen zu initiieren (Lin et al. 2016). Der Level des kognitiven Konflikts darf dabei von den Lernenden weder als zu hoch noch als zu niedrig erfahren werden, damit sich dieser tatsächlich als lernwirksam erweist (Lee und Byun 2012). Eine Möglichkeit, einen kognitiven Konflikt auszulösen, bildet die Konfrontation mit anomalen Daten, also die Auseinandersetzung mit Phänomenen oder Informationen, die den Erwartungen der Lernenden widersprechen (Chan 2001). Doch nicht immer führt diese Konfrontation zu einer Veränderung von Vorstellungen. Nach Chinn und Brewer (1993) ist es ebenso möglich, dass der Lernende die unerwarteten Daten ignoriert, sie zurückweist, sie uminterpretiert, oder die Konfliktlösung einfach aufschiebt. Um einzuschätzen, ob Lernende tatsächlich von einer neuen Vorstellung überzeugt sind, kann das Konstrukt des Stützungslevels (Egbers 2017) hilfreich sein: Ein Schüler, der am Ende des Lernprozesses eine veränderte Vorstellung formuliert, diese inhaltlich stützt und alternative Vorstellungen begründet ausschließt, ist vermutlich stärker von seiner Vorstellung überzeugt als ein Schüler, der diese lediglich verbalisiert, ohne sie zu begründen.

Der Ansatz des kognitiven Konflikts wurde auf Basis der Arbeiten von Vygotsky (1978) durch den soziokognitiven Konflikt erweitert, d. h. durch die Auseinandersetzung mit divergierenden Standpunkten in einer Gruppe (Chan 2001). Die Lernenden werden sich eigener Vorstellungen bewusst und müssen gleichzeitig die der anderen überdenken, um neues Wissen zu konstruieren: „The inidividual develops conceptual understanding via the social sharing of meanings and intellectual debate" (Dennick 2016, S. 202).

Lin et al. (2016) zeigen in ihrer Analyse von 116 Studien auf, dass sich neben dem kognitiven Konflikt das kooperative Lernen als zentrale Strategie zur Initiierung von Vorstellungsentwicklungen erwiesen hat. Marohn (2008a) und Egbers (2017) belegen, dass dabei der kollaborativen Argumentation eine besondere Bedeutung zukommt. Diese wird in Anlehnung an Andriessen (2006) als ein Gespräch definiert, das auf Basis von Evidenzen und sozialer Zusammenarbeit erfolgt und die gemeinsame Lösung einer Frage anstrebt. Einen wesentlichen Hinweis auf Kollaboration bildet z. B. das Kokonstruieren von Argumenten (Chan 2001).

Niebert et al. (2013) initiieren Konzeptentwicklungen ausgehend von der Theorie des erfahrungsbasierten Verstehens und der kognitiven Linguistik (Lakoff und Johnson 1999;

Gropengiesser 2007b) durch Reflexion der verkörperten Schemata. Eine Veränderung von Vorstellungen erfordert eine Reflexion der zugrunde liegenden verkörperten Schemata sowie gegebenenfalls eine Erweiterung oder Veränderung des jeweiligen Schemas (Niebert und Gropengiesser 2015).

Widodo und Duit (2005) identifizieren anhand von Publikationen zu konstruktivistisch orientierten Lehr-Lern-Sequenzen, die das Ziel einer Vorstellungsänderung verfolgen, fünf typische Phasen: Die Orientierung, das Erkunden von Schülervorstellungen, die Umstrukturierung von Schülervorstellungen, die Anwendung sowie das Überprüfen und Bewerten der veränderten Vorstellungen.

4.4 Anwendung der Rahmungen

Björn Andersson (1986) war wohl der erste Naturwissenschaftsdidaktiker, der *Embodied Cognition* zur Analyse von Ergebnissen der Schülervorstellungsforschung nutzte. Er identifizierte die Gestalt der Verursachung als gemeinsamen Kern im Denken von Schülern zu so unterschiedlichen Themen wie Siedepunkt, elektrischer Stromkreis oder Sehen. Neuere Arbeiten verwenden die Theorie des erfahrungsbasierten Verstehens (TeV) für eine Reihe von unterschiedlichen Fragen (Gropengiesser 2010). In einer kognitionslinguistischen Analyse von konventionellen Wörtern und Ausdrücken zum Thema Sehen konnten lebensweltliche Vorstellungen erschlossen werden (Dannemann 2015; Gropengiesser 2007a). Die konventionelle Sprache wie auch die Sprache in schriftlichen Befragungen sagt etwas über die Vorstellungen zum Lehren und Lernen (Alger 2009; Gropengiesser 2004; Marsch 2009; Martínez et al. 2001). Das Denken der Schüler kann aus der Perspektive der TeV verständlich gemacht und erklärt werden (Amin 2015; Gropengiesser 2006, 2007b;). Eine wachsende Zahl von Publikationen nutzt die TeV als theoretische Rahmung (Niebert et al. 2012; Lancor 2013; Weitzel und Gropengiesser 2009).

Mit der TeV kann auch begründet werden, warum es so schwierig ist, molekulare chemische Reaktionen, die Zelltheorie (Riemeier und Gropengiesser 2008) oder die Relativitätstheorie (Amin et al. 2012) zu verstehen – es sind Inhaltsbereiche, die lebensweltlich nicht erfahrbar sind und uns in diesem Sinn als abstrakt entgegentreten. Systematisch fassen lassen sich die lebensweltlich erfahrungsbasierten Inhaltsbereiche mit einer von Gerhard Vollmer (1984) vorgeschlagenen Einteilung der realen Welt in Mikrokosmos, Mesokosmos und Makrokosmos. Der Mesokosmos ist dabei die Welt der mittleren Dimensionen von der Haaresbreite bis zum Horizont, von federleicht bis elefantenschwer, vom Nu bis zur Lebensspanne. Es ist auch die Welt an die unser Wahrnehmungssystem angepasst ist, in der wir Erfahrungen gemacht haben, die unser kognitives System geformt haben. Alles, was kleiner ist, gehört dem Mikrokosmos an, alles was größer ist, dem Makrokosmos. Erfahrungen als Grundlage für die Vorstellungsbildung sind dort meist nur mit technischen Geräten im wissenschaftlichen Einsatz möglich. Ein weiterer Bereich aus dem Mesokosmos, in dem üblicherweise kaum Erfahrungen gemacht werden, ist das Innere von Menschen und Tieren (Niebert und Gropengiesser 2015). Für alle Inhaltsbereiche, die lebensweltlich nicht erfahrbar sind, lassen sich mit der TeV Verstehensschwierigkeiten voraussagen.

Ein Beispiel für eine Studie, die verschiedene Einflussfaktoren auf einen *Conceptual Change* in wechselseitige Beziehung setzt, bildet das Projekt „Analyse von Konzeptentwicklungen und Gesprächsprozessen im Rahmen der Unterrichtskonzeption *choice²learn*" (Egbers 2017; Egbers und Marohn 2014). „Choice²learn" initiiert Vorstellungsentwicklungen auf Basis von drei Prinzipien: der Auseinandersetzung mit unterschiedlichen Vorstellungen in einer Gruppe; der Konfrontation mit anomalen Daten in Form von Lernimpulsen; dem kollaborativen Argumentieren (Marohn 2008a; Marohn und Egbers 2011; Egbers et al. 2015). Im Rahmen des Fallstudiendesigns nach Yin (2013) wurden u. a. Zusammenhänge zwischen Vorstellungsentwicklungen, anomalen Daten und kollaborativer Argumentation analysiert. Dabei zeigte sich z. B., dass Schülergruppen, die sich häufiger als andere mit anomalen Daten konfrontiert sehen, tiefer gehende Gespräche (Wells 1999) führen; diese Gespräche resultieren jedoch nicht automatisch in einer erfolgreichen Konzeptentwicklung, sondern können auch zur Uminterpretation der Daten genutzt werden. Eine tief gehende Diskussion stellt somit kein Indiz für eine Vorstellungsveränderung dar. Als wesentliche Faktoren für eine erfolgreiche Vorstellungsentwicklung wurden dagegen Kokonstruktionen und ein interpretativer Gesprächsstil identifiziert.

4.5 Ausblick

Trotz der vielen Studien zum *Conceptual Change* bleiben wichtige Fragen offen, z. B.: Auf welche Weise können die verschiedenen theoretischen Perspektiven konstruktiv zusammengeführt werden? Wie verlaufen Lernprozesse oder Lernpfade, die zu den großen Ideen des Fachs und der Naturwissenschaften führen? Wie können die *Conceptual-Change*-Ansätze erfolgreich in der Unterrichtspraxis implementiert werden? Die Fragen weisen auf Herausforderungen für weiterführende Forschung hin, in der es darum gehen wird, unterrichtliche Strategien zum Aufbau fachlich angemessener Vorstellungen zu finden bzw. zu klären, unter welchen Bedingungen ein entsprechender Lernprozess gelingen kann.

4.6 Literatur zur Vertiefung

Amin, T. G., Smith, C., L., & Wiser, M. (2014). Student conceptions and conceptual change. In N.G. Lederman, & S. K. Abell (Hrsg.), *Handbook of Research on Science Education, Vol. 2* (S. 57–77). New York, Oxon: Routledge.

Dieses Buchkapitel beschreibt den Fortschritt im Verständnis von Schülervorstellungen und deren Änderungen und zeigt die daraus erwachsenden Herausforderungen für effektiveren Unterricht.

Duit, R. H., & Treagust, D. F. (2012). Conceptual Change: Still a Powerful Framework for Improving the Practice of Science Instruction. In K. C. D. Tan, & M. Kim (Hrsg.), *Issues and Challenges in Science Education Research: Moving Forward* (S. 43–54). Springer Netherlands.

Der Beitrag formuliert auf Basis der aktuellen Forschungslage Herausforderungen für die Zukunft der *Conceptual-Change*-Forschung.

Lin, J.-W., Yen, M.-H., Liang, J.-C., Chiu, M.-H., & Guo, C.-J. (2016). Examining the Factors That Influence Students' Science Learning Processes and Their Learning Outcomes: 30 Years of Conceptual Change Research. *Eurasia Journal of Mathematics, Science & Technology Education, 12*(9), 2617–2646.

Der Beitrag bildet eine Metaanalyse von 116 empirischen Studien zum *Conceptual Change* und bietet einen Überblick über instruktionale Ansätze und Einflussfaktoren.

Literatur

Alger, C. L. (2009). Secondary teachers' conceptual metaphors of teaching and learning: changes over the career span. *Teaching and Teacher Education, 25*(5), 743–751.

Amin, T. G. (2015). Conceptual metaphor and the study of conceptual change: research synthesis and future directions. *International Journal of Science Education, 37*(5–6), 966–991.

Amin, T. G., Jeppsson, F., Haglund, J., & Strömdahl, H. (2012). Arrow of time: metaphorical construals of entropy and the second law of thermodynamics. *Science Education, 96*(5), 818–848.

Amin, T. G., Smith, C. L., & Wiser, M. (2014). Student conceptions and conceptual change. In N. G. Lederman & S. K. Abell (Hrsg.), *Handbook of research on science education* (Bd. 2, S. 57–81). New York: Routledge.

Anderson, J. R. (1989). *Kognitive Psychologie*. Heidelberg: Spektrum.

Andersson, B. (1986). The experiential gestalt of causation: a common core to pupils' preconceptions in science. *European Journal of Science Education, 8*(2), 155–171.

Andriessen, J. (2006). Arguing to learn. In R. K. Sawyer (Hrsg.), *The Cambridge handbook of the learning sciences* (S. 443–459). New York: Cambridge University Press. Zugriff am 10.01.2017 unter http://dspace.library.uu.nl/bitstream/handle/1874/30943/Andriessen_06_arguing.pdf?sequence=1.

Ausubel, D. P. (1968). *Educational psychology: a cognitive view*. New York: Holt, Rinehart & Winston.

Bar, V., & Galili, I. (1994). Stages of children's views about evaporation. *International Journal of Science Education, 16*(2), 157–174.

Barsalou, L. W. (2008). Grounded cognition. *Annual Review of Psychology, 59*, 617–645.

Caravita, S., & Halldén, O. (1994). Re-framing the problem of conceptual change. *Learning and Instruction, 4*(1), 89–111.

Chan, C. K. K. (2001). Peer collaboration and discourse patterns in learning from incompatible information. *Instructional Science, 29*, 443–479.

Chi, M. T. H. (2008). Three types of conceptual change: belief revision, mental model transformation, and categorical shift. In S. Vosniadou (Hrsg.), *Handbook of research on conceptual change* (S. 61–82). Hillsdale: Erlbaum.

Chi, M. T. H., Slotta, J. D., & de Leeuw, N. (1994). From things to processes: a theory of conceptual change for learning science concepts. *Learning and Instruction, 4*, 27–43.

Chinn, C. A., & Brewer, W. F. (1993). The role of anomalous data in knowledge acquisition: a theoretical framework and implications for science instruction. *Review of Educational Research, 63,* 1–49.

Dannemann, S. (2015). Schülervorstellungen zur visuellen Wahrnehmung – Entwicklung und Evaluation eines Diagnoseinstruments. In M. Komorek & B. Moschner (Hrsg.), *BzDR Beiträge zur Didaktischen Rekonstruktion* Bd. 46. Oldenburg: Schneider Verlag Hohengehren.

Dennick, R. (2016). Constructivism: reflections on twenty five years teaching the constructivist approach in medical education. *International Journal of Medical Education, 7,* 200–205.

Diesterweg, A. (1850). *Wegweiser zur Bildung für deutsche Lehrer.* Bd. 1. Essen: Bädeker.

diSessa, A. A. (1993). Towards an epistemology of physics. *Cognition and Instruction, 10*(2, 3), 105–225.

diSessa, A. A. (2002). Why „conceptual ecology" is a good idea. In M. Limón & L. Mason (Hrsg.), *Reconsidering conceptual change: issues in theory and practice* (S. 28–60). Dordrecht, Boston, London: Kluwer Academic Publishers.

Driver, R. (1978). When is a stage not a stage? A critique of Piaget's theory of cognitive development and its application to science education. *Educational Research, 21*(1), 54–61.

Duit, R. (1996). The constructivist view in science education. What it has to offer and what should not be expected from it. *Investigações em ensino de ciências, 1*(1), 40–75.

Duit, R. (2009). *Bibliography STCSE – teachers' and students' conceptions and science education.* Kiel: IPN – Leibniz Institute for Science and Mathematics Education. Zugriff am 10.10.2017 unter: http://archiv.ipn.uni-kiel.de/stcse/

Duit, R. H., & Treagust, D. F. (2003). Conceptual change: a powerful framework for improving science teaching and learning. *International Journal of Science Education, 25*(6), 671–688.

Egbers, M. (2017). Konzeptentwicklungs- und Gesprächsprozesse im Rahmen der Unterrichtskonzeption „choice[2]learn". In A. Marohn (Hrsg.), *Lernen in Naturwissenschaften – verstehen und entwickeln* Bd. 1. Münster: Logos.

Egbers, M., & Marohn, A. (2014). Schülervorstellungen verändern – Konzeptentwicklungs- und Gesprächsprozesse im Rahmen der Unterrichtskonzeption „choice[2]learn". In B. Ralle, S. Prediger, M. Hammann & M. Rothgangel (Hrsg.), Lernaufgaben entwickeln, bearbeiten und überprüfen. Ergebnisse und Perspektiven fachdidaktischer Forschung (S. 120–127). Münster: Waxmann.

Egbers, M., Wischerath, K., & Marohn, A. (2015). Lernen über Nature of Science im Rahmen der Unterrichtskonzeption „choice2learn". *Praxis der Naturwissenschaften – Chemie in der Schule, 64*(6), 23–29.

Gibbs, R. W. (Hrsg.). (2008). *The cambridge handbook of metaphor and thought.* Cambridge: Cambridge University Press.

von Glasersfeld, E. (1992). *Wissen, Sprache und Wirklichkeit.* Braunschweig, Wiesbaden: Vieweg.

Gropengiesser, H. (2004). Denkfiguren zum Lehr-Lernprozess. Metaphernanalyse nach der Theorie des erfahrungsbasierten Verstehens. In H. Gropengiesser, A. Janßen-Bartels & E. Sander (Hrsg.), *Lehren fürs Leben* (S. 8–24). Köln: Aulis.

Gropengiesser, H. (2006). Lebenswelten. Denkwelten. Sprechwelten. Wie man Vorstellungen der Lerner verstehen kann. In U. Kattmann (Hrsg.), *BzDR Beiträge zur Didaktischen Rekonstruktion* Bd. 4. Oldenburg: Didaktisches Zentrum, Carl-von-Ossietzky-Universität.

Gropengiesser, H. (2007a). Didaktische Rekonstruktion des „Sehens". Wissenschaftliche Theorien und die Sicht der Schüler in der Perspektive der Vermittlung. In U. Kattmann (Hrsg.), *BzDR Beiträge zur Didaktischen Rekonstruktion* Bd. 1. Oldenburg: Didaktisches Zentrum, Carl-von-Ossietzky-Universität.

Gropengiesser, H. (2007b). Theorie des erfahrungsbasierten Verstehens. In D. Krüger & H. Vogt (Hrsg.), *Theorien in der biologiedidaktischen Forschung* (S. 105–116). Heidelberg: Springer.

Gropengiesser, H. (2010). Biologie unterrichten. In *Markl Biologie Oberstufe, Lehrerbuch* (S. 5–82). Stuttgart, Leipzig: Klett.

Halldén, O. (1999). Conceptual change and contextualization. In W. Schnotz, S. Vosniadou & M. Carretero (Hrsg.), *New perspectives on conceptual change* (S. 53-65). Oxford: Elsevier.

Johnson, M. (2012). *The body in the mind: The bodily basis of meaning, imagination, and reason.* Chicago: University of Chicago Press.

Kattmann, U. (2007). Didaktische Rekonstruktion – eine praktische Theorie. In D. Krüger & H. Vogt (Hrsg.), *Theorien in der biologiedidaktischen Forschung* (S. 93-104). Berlin, Heidelberg: Springer.

Kattmann, U., Duit, R., Gropengiesser, H., & Komorek, M. (1997). Das Modell der Didaktischen Rekonstruktion. *Zeitschrift für Didaktik der Naturwissenschaften, 3*(3), 3–18.

Kang, S., Scharmann, L. C., & Noh, T. (2004). Reexamining the role of cognitive conflict in science concept learning. *Research in Science Education, 34*(1), 71–96.

Klein, P. D. (2006). The challenges of scientific literacy: from the viewpoint of second-generation cognitive science. *International Journal of Science Education, 28*(2–3), 143–178.

Krüger, D. (2007). Die conceptual change-Theorie. In D. Krüger & H. Vogt (Hrsg.), *Theorien in der biologiedidaktischen Forschung* (S. 81–92). Berlin, Heidelberg, New York: Springer.

Krüger, D., & Riemeier, T. (2014). Die qualitative Inhaltsanalyse – eine Methode zur Auswertung von Interviews. In D. Krüger, I. Parchmann & H. Schecker (Hrsg.), *Methoden in der naturwissenschaftsdidaktischen Forschung* (S. 133–145). Berlin, Heidelberg: Springer.

Kuhn, T. S. (1976). *Die Struktur wissenschaftlicher Revolutionen.* Frankfurt am Main: Suhrkamp.

Lakoff, G. (1990). *Women, fire, and dangerous things: what categories reveal about the mind.* Chicago, London: University of Chicago Press.

Lakoff, G., & Johnson, M. (1980). *Metaphors we live by.* Chicago: University of Chicago Press.

Lakoff, G., & Johnson, M. (1999). *Philosophy in the flesh: the embodied mind and its challenge to western thought.* New York: Basic Books.

Lancor, R. A. (2014). Using Student-Generated Analogies to Investigate Conceptions of Energy: A multidisciplinary study, *International Journal of Science Education, 36*(1), 1–23.

Lee, G., & Byun, T. (2012). An explanation of the difficulty of leading conceptual change using a counterintuitive demonstration: the relationship between cognitive conflict and responses. *Research in Science Education, 42*, 943–965.

Limón, M. (2001). On the cognitive conflict as an instructional strategy for conceptual change: a critical appraisal. *Learning and Instruction, 11*(4), 357–380.

Lin, J. W., Yen, M. H., Liang, J. C., Chiu, M. H., & Guo, C. J. (2016). Examining the factors that influence students' science learning processes and their learning outcomes: 30 years of conceptual change research. *Eurasia Journal of Mathematics, Science & Technology Education, 12*(9), 2617–2646.

Marohn, A. (2008a). „choice2learn" – eine Konzeption zur Exploration und Veränderung von Lernervorstellungen im Naturwissenschaftlichen Unterricht. *Zeitschrift für Didaktik der Naturwissenschaften, 14*, 57–83.

Marohn, A. (2008b). Schülervorstellungen zum Lösen und Sieden – Auf der Suche nach ‚elementaren' Vorstellungen. *Mathematisch Naturwissenschaftlicher Unterricht, 61*(8), 451–457.

Marohn, A., & Egbers, M. (2011). Vorstellungen verändern – Lernmaterialien zum Thema „Verdampfen" im Rahmen der Unterrichtskonzeption choice2learn. *Praxis der Naturwissenschaften, Chemie in der Schule, 60*(3), 5–9.

Marsch, S. (2009). *Metaphern des Lehrens und Lernens: vom Denken, Reden und Handeln bei Biologielehrern.* Berlin: Freie Universität Berlin. Veröffentlichte Dissertation

Martínez, M. A., Sauleda, N., & Huber, G. L. (2001). Metaphors as blueprints of thinking about teaching and learning. *Teaching and Teacher Education, 17*(8), 965–977.

Metz, K. E. (1995). Reassessment of developmental constraints on children's science instruction. *Review of Educational Research, 65*(2), 93–127.

Niebert, K., & Gropengiesser, H. (2013). Understanding and communicating climate change in metaphors. *Environmental Education Research, 19*(3), 282–302.

Niebert, K., & Gropengiesser, H. (2014). Understanding the greenhouse effect by embodiment – analysing and using students' and scientists' conceptual resources. *International Journal of Science Education, 36*(2), 277–303.

Niebert, K., & Gropengiesser, H. (2015). Understanding starts in the mesocosm: conceptual metaphor as a framework for external representations in science teaching. *International Journal of Science Education, 37*(5–6), 903–933. https://doi.org/10.1080/09500693.2015.1025310.

Niebert, K., Marsch, S., & Treagust, D. F. (2012). Understanding needs embodiment: a theory-guided reanalysis of the role of metaphors and analogies in understanding science. *Science Education, 96*(5), 849–877.

Niebert, K., Riemeier, T., & Gropengiesser, H. (2013). The hidden hand that shapes conceptual understanding. Choosing effective representations for teaching cell division and climate change. In C.-Y. Tsui & D. Treagust (eds.), *Multiple representations in biological education.* New York: Springer.

Odom, A. L., & Barrow, L. H. (1995). Development and application of a two-tier diagnostic test measuring college biology students' understanding of diffusion and osmosis after a course of instruction. *Journal of Research in Science Teaching, 32*(1), 45–61.

Ogden, C. K., & Richards, I. A. (1923). *The meaning of meaning.* New York: Harcourt, Brace & World.

Piaget, J. (1992). *Das Weltbild des Kindes.* München: Klett-Cotta, dtv. (Orginalwerk veröffentlicht 1926)

Pintrich, P. R., Marx, R. W., & Boyle, R. A. (1993). Beyond cold conceptual change: the role of motivational beliefs and classroom contextual factors in the process of conceptual change. *Review of Educational Research, 63*(2), 167–199.

Posner, G. J., Strike, K. A., Hewson, P. W., & Gertzog, W. A. (1982). Accommodation of a scientific conception: toward a theory of conceptual change. *Science Education, 66*(2), 211–227.

Qian, G., & Alvermann, D. (1995). Role of epistemological beliefs and learned helplessness in secondary school students' learning science concepts from text. *Journal of Educational Psychology, 87,* 282–292.

Rheinberg, F., Vollmeyer, R., & Burns, B. D. (2001). Fragebogen zur Erfassung aktueller Motivation in Lern- und Leistungssituationen. *Diagnostica, 47,* 57–66.

Riemeier, T. (2007). Moderater Konstruktivismus. In D. Krüger & H. Vogt (Hrsg.), *Theorien in der biologiedidaktischen Forschung* (S. 69–79). Berlin, Heidelberg: Springer.

Riemeier, T., & Gropengiesser, H. (2008). On the roots of difficulties in learning about cell division: process-based analysis of students' conceptual development in teaching experiments. *International Journal of Science Education, 30*(7), 923–939.

Rosch, E. (1975). Cognitive representations of semantic categories. *Journal of Experimental Psychology: General, 104*(3), 192–233.

Roth, G. (1994). *Das Gehirn und seine Wirklichkeit.* Frankfurt am Main: Suhrkamp.

Rott, L., & Marohn, A. (2016). Inklusiven Unterricht entwickeln und erproben – Eine Verbindung von Theorie und Praxis im Rahmen von Design-Based Research. *Zeitschrift für Inklusion.* http://www.inklusion-online.net/index.php/inklusion-online/article/view/325/277. Zugegriffen: 10. Jan. 2017.

Schellwald, M. (2015). *Wie erklären Schülerinnen und Schüler Diffusionsphänomene?* Unveröffentlichte Bachelorarbeit, Leibniz Universität Hannover, Hannover.

Schmitt, R. (2003). Methode und Subjektivität in der Systematischen Metaphernanalyse. *Forum Qualitative Sozialforschung*. https://doi.org/10.17169/fqs-4.2.714.

Scott, P., Asoko, H., & Leach, J. (2010). Student conceptions and conceptual learning in science. In S. K. Abell & N. G. Lederman (Hrsg.), *Handbook of research on science education* (S. 31–56). New York: Routledge.

Seel, N. M., & Hanke, U. (2015). *Erziehungswissenschaft*. Berlin, Heidelberg: Springer.

Sinatra, G.M., & Pintrich, P.R. (2003). *Intentional conceptual change*. Mahwah, NJ: Erlbaum.

Vollmer, G. (1984). Mesocosm and objective knowledge. In F. Wuketits (Hrsg.), *Concepts and approaches in evolutionary epistemology* (S. 69–121). Dordrecht: Reidel Publishing Company.

Vosniadou, S. (2008). Conceptual change research: an introduction. In S. Vosniadou (Hrsg.), *International handbook of research on conceptual change* (S. xiii–xxviii). New York: Routledge.

Vosniadou, S., & Brewer, W. (1987). Theories of knowledge restructuring development. *Review of Educational Research, 57*(1), 51–67.

Vosniadou, S., & Ioannides, C. (1998). From conceptual development to science education: a psychological point of view. *International Journal of Science Education, 20*(10), 1213–1230.

Vygotsky, L. (1978). *Mind in society: the development of higher psychological processes*. Cambridge: Harvard University Press.

Wandersee, J.H., Mintzes, J.J., & Novak, J.D. (1994). Research on alternative conceptions. In D. Gabel (Hrsg.), *Handbook of research on science teaching and learning* (S. 177–210). New York: Macmillan.

Weitzel, H., & Gropengiesser, H. (2009). Vorstellungsentwicklung zur stammesgeschichtlichen Anpassung: Wie man Lernhindernisse verstehen und förderliche Lernangebote machen kann. *Zeitschrift für Didaktik der Naturwissenschaften, 15*, 285–303.

Wells, G. (1999). *Dialogic inquiry: towards a sociocultural theory and practice of education*. New York: Cambridge University Press.

Widodo, A., & Duit, R. (2005). Konstruktivistische Lehr-Lern-Sequenzen und die Praxis des Physikunterrichts. *Zeitschrift für Didaktik der Naturwissenschaften, 11*, 131–146.

Yin, R. K. (2013). Case study research. Design and methods. In L. Bickman & D. J. Rog (Hrsg.), *Applied social research methods series* 5. Aufl. Bd. 5. London, Thousand Oaks, New Dehli, Singapore: SAGE.

Mentale Modelle

5

Sandra Nitz und Sabine Fechner

5.1 Einführung

> What is the end result of perception? What is the output of linguistic comprehension? How do we anticipate the world, and make sensible decisions about what to do? What underlies thinking and reasoning? One answer to these questions is that we rely on mental models of the world. Perception yields a mental model, linguistic comprehension yields a mental model, and thinking and reasoning are the internal manipulations of mental models. (Johnson-Laird 2004, S. 179)

Die Theorie der mentalen Modelle stammt aus der Kognitionspsychologie und ist in der Zeit der sog. kognitiven Wende in der Psychologie entstanden (Johnson-Laird 1980, 1983, 2004). Eine historische Einordnung der Theorie ist relevant, um ihr innovatives Potenzial erfassen zu können. Fokussierte man *vor* der kognitiven Wende im Sinn einer behavioristischen Sichtweise darauf, menschliches Verhalten auf sichtbare Reiz-Reaktion-Muster zurückzuführen, in denen interne, kognitive Prozesse als Blackbox aufgefasst wurden, nahm man nun kognitive Prozesse selbst in den Blick. Im Zuge dessen wurde die menschliche Wahrnehmung der Welt und ihre kognitive Verarbeitung fokussiert. Nach Palmer (1978, S. 275 f.) wird die Außenwelt oder „Realwelt" in unserer Innenwelt oder

---

Aus Gründen der besseren Lesbarkeit wird im Text verallgemeinernd das generische Maskulinum verwendet. Diese Formulierungen umfassen gleichermaßen weibliche und männliche Personen; alle sind damit gleichberechtigt angesprochen.

S. Nitz
Biologiedidaktik, Universität Koblenz-Landau
Landau, Deutschland
E-Mail: nitz@uni-landau.de

S. Fechner (✉)
Didaktik der Chemie, Universität Paderborn
Paderborn, Deutschland
E-Mail: sabine.fechner@upb.de

69

Abb. 5.1 Mögliches, externalisiertes mentales Modell der räumlichen und dynamischen Beziehungen zwischen Sonne, Mond und Erde zur Modellierung einer Sonnenfinsternis

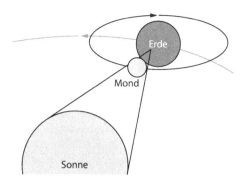

„mentalen Welt" repräsentiert. Mentale Modelle sind eine Form mentaler Repräsentationen, die wir von Phänomenen der Außenwelt erstellen. Als Phänomene können hier sehr unterschiedliche Entitäten aufgefasst werden. Beispielsweise kann es um Gegenstände oder Prozesse gehen (z. B. die Funktionsweise der Spaltöffnungen von Pflanzen oder eine Sonnenfinsternis), aber auch inferenzhaltige Texte[1] und Situationsbeschreibungen werden im Kontext der Theorie hinzugezählt (s. Abschn. 5.3). Nach der Theorie der mentalen Modelle nehmen wir diese Phänomene wahr und überführen sie in ein mentales Modell, das die Struktur und Dynamik des Phänomens mit seinen räumlichen, zeitlichen und kausalen Beziehungen anschaulich macht und uns für kognitive Operationen zur Verfügung steht (Johnson-Laird 2004; Vosgerau 2006; Vosniadou 2002). Dutke (1994, S. 37) bezeichnet die Möglichkeit, das Phänomen und mögliche Veränderungen vor dem geistigen Auge zu betrachten, als Simulationsfähigkeit mentaler Modelle. Mentale Modelle sind „eine Rahmenvorstellung menschlicher Wissensrepräsentation, deren Stärke darin liegt, der Ganzheitlichkeit, Systematik und Dynamik [...] komplexer Sachverhalte Rechnung tragen zu können" (May 2001).

Für das Phänomen einer Sonnenfinsternis kann beispielsweise ein mentales Modell erstellt werden, in dem die räumlichen Beziehungen von Sonne, Erde und Mond zueinander im zeitlichen Verlauf anschaulich gemacht werden (Abb. 5.1). Ein solches funktionales mentales Modell erlaubt uns, das Phänomen Sonnenfinsternis zu verstehen und zu erklären, ohne dass die räumliche Beziehung der Objekte zueinander direkt beobachtbar wäre, was aufgrund der Skala ohnehin nicht möglich ist (Vosgerau 2006, S. 256).

Mentale Modelle helfen, Sachverhalte zu erschließen. Eine wichtige Eigenschaft der mentalen Modelle ist, dass dabei die Struktur des Phänomens mit seinen räumlichen, zeitlichen und kausalen Beziehungen erhalten bleibt (analoge Repräsentation des Phänomens; Johnson-Laird 2004, S. 181). Craik (1943; zit. nach Johnson-Laird 2004) spricht von einem „small-scale model of external reality" (S. 179). Durch diese strukturelle Übereinstimmung zwischen Phänomen und mentalem Modell kann durch Manipulationen des

---

[1] Inferenzen sind logische Schlussfolgerungen. Inferenzen ermöglichen das Sprachverstehen, da z. B. Inferenzregeln angewendet werden müssen, um metaphorische Textteile richtig zu deuten. Unter Inferenz wird ebenfalls das Ableiten von Urteilen (Schließen) verstanden (Wirtz 2017).

mentalen Modells darauf geschlossen werden, wie das reale Phänomen auf eine solche Manipulation reagieren würde. Diese Eigenschaft mentaler Modelle erlaubt mentale Simulationen, über die wir zu neuen Informationen über das Phänomen gelangen (Vosgerau 2006). Eine Externalisierung des Modells, z. B. in Form eines Funktionsmodells oder einer Abbildung (Modellobjekt; s. Kap. 9 und 10), muss dabei nicht stattfinden, d. h. der Prozess der Modellierung und Simulation findet ausschließlich auf mentaler Ebene statt. In Bezug auf naturwissenschaftliche Phänomene erlauben mentale Modelle somit die Vorhersage und die Erklärung von komplexen Gegenständen und Prozessen (Gentner und Stevens 1983). Nach Vosniadou (2002) können mentale Modelle unterschiedliche Funktionen in unserem kognitiven System besitzen, wobei sie die folgenden drei als am relevantesten ansieht: Mentale Modelle sind Hilfsmittel, um Erklärungen zu generieren; sie vermitteln den Erwerb neuer Informationen und können als kognitive Werkzeuge im Rahmen von mentalen Experimenten (Gedankenexperimente; vgl. Nersessian 1999) eingesetzt werden. Menschliches Denken vollzieht sich nach der Theorie der mentalen Modelle als ein Denken in Modellen bzw. in Form von mentalen Simulationen am Modell. Mentale Modelle sind dabei domänenspezifisch (Greca und Moreira 2000), da spezifische Phänomene abgebildet bzw. zu ihrer Erklärung herangezogen werden. Die Theorie der mentalen Modelle ist somit für die Naturwissenschaftsdidaktiken relevant, da sie eine wesentliche Funktion im Lernprozess und beim Verstehen naturwissenschaftlicher Phänomene einnimmt (vgl. Abschn. 5.3 „instructional approach").

5.2 Theoretische Rahmungen im Überblick

Die Theorie der mentalen Modelle wurde in verschiedensten Forschungskontexten angewendet, die von der Kognitionspsychologie (z. B. logisches Schlussfolgern; Johnson-Laird 1983) über die Psycholinguistik (Perrig und Kintsch 1985; van Dijk und Kintsch 1983) bis hin zur Untersuchung künstlicher Intelligenz (Forbus 1984) oder den Naturwissenschaftsdidaktiken (*Conceptual Change*, s. Kap. 4; Analogiebildung, Gentner und Gentner 1983) reichen. So verschieden diese Disziplinen sind, so unterschiedlich ist auch das den jeweiligen Untersuchungen zugrunde liegende Verständnis von mentalen Modellen. Erschwerend kommt hinzu, dass der Begriff mentales Modell teilweise unreflektiert für alle Arten von mentalen Repräsentationen (Abschn. 5.3) genutzt wird, sodass Greca und Moreira (2000, S. 2) sie unter Rückbezug auf Barquero (1995) als „mental muddles" bezeichnen. Tatsächlich wird bei der Konzeptualisierung der mentalen Modelle häufig zwischen zwei unterschiedlichen Theoriepolen, dem „theoretical" und dem „instructional approach" (Abschn. 5.3), unterschieden, die zwar zeitgleich entstanden sind, sich jedoch in den theoretischen Grundannahmen und Anwendungsgebieten unterscheiden (Greca und Moreira 2000; Nersessian 1999; Knauff 2017):

1) „theoretical approach": In dieser Auffassung, die auf Johnson-Laird (1980, 1983) zurückgeht, sind mentale Modelle integrierte Repräsentationen im Arbeitsgedächtnis, die

während der Problemlösung von einer Situation gebildet und darauf anwendet werden. Beforscht wurden in diesem Kontext insbesondere Prozesse des logischen Schlussfolgerns.

2) „instructional approach": Nach Gentner und Stevens (1983) handelt es sich bei mentalen Modellen um sog. subjektive Funktionsmodelle von Gegenständen und Prozessen (Knauff 2017), die im Langzeitgedächtnis gespeichert sind und die wir heranziehen, um komplexe Phänomene zu erklären.

Die Auffassungen unterscheiden sich beispielsweise in so grundlegenden Aspekten wie den Gedächtnisinstanzen, die bei der Verarbeitung mentaler Modelle einbezogen werden oder den Charakteristika, die den mentalen Modellen zugeschrieben werden. Diese sind in Tab. 5.1 überblicksartig zusammengestellt und werden im Abschn. 5.3 genauer beschrieben, da sie grundlegend für die Einordnung theoretischer Konzeptionen sind. Auch die Motive, die hinter diesen beiden Konzeptualisierungen stehen, unterscheiden sich deutlich. Während im „theoretical approach" versucht wird, eine einheitliche Theorie mit hoher Erklärungskraft für bestimmte kognitive Prozesse (z. B. logisches Denken und Diskursverständnis) zu bilden, fokussiert der „instructional approach" eher darauf, Wissen und mentale Prozesse zu charakterisieren, die das Verständnis in komplexen Domänen (z. B. Naturwissenschaften) unterstützen. Hier ist das Ziel, die Funktion mentaler Modelle im Lernprozess zu verstehen, um Konsequenzen für die Vermittlung naturwissenschaftlicher Phänomene herauszuarbeiten (Greca und Moreira 2000; Gentner 2002). Nach Knauff

Tab. 5.1 Gegenüberstellung der beiden Theoriepole zu mentalen Modellen (s. Abschn. 5.3)

	„Theoretical approach"	„Instructional approach"
Theoretische Konzeption von mentalen Modellen	Mentale Modelle sind analoge Repräsentationen im Gedächtnis einer Person, die eine hohe strukturelle Übereinstimmung mit dem repräsentierten Phänomen aufweisen	
Form der mentalen Repräsentation	Mentales Modell (ikonisch mit abstrakten Elementen)	Propositionales Netz (Bezug zur Schematheorie; s. Kap. 4)
Gedächtnisinstanz	Nutzung im Arbeitsgedächtnis	Gespeichert im Langzeitgedächtnis
Charakteristika mentaler Modelle	Situativ, dynamisch, temporär	Langfristige Wissensstrukturen, z. T. resistent gegenüber Veränderungen
Basis der mentalen Modellierung	Phänomen, Situation (empirisches Element)	Phänomen (empirisches Element) und theoretische Grundannahmen (theoretisches Element)
Anwendung mentaler Modelle in kognitiven Prozessen	Mentale Simulation, Denkprozess in drei Phasen (Modellkonstruktion, Modellinspektion, Modellvariation)	Mentale Simulation, Analogiebildung, „structural mapping"
Anwendungsgebiete des Theoriepols	Schlussfolgerndes Denken, Diskursverständnis	Erklärung und Vorhersage komplexer naturwissenschaftlicher Systeme, Gegenstände oder Prozesse

(2017) sollen streng genommen nur solche mentalen Repräsentationen auch als mentale Modelle bezeichnet werden, die sich eindeutig einem dieser beiden Pole zuordnen lassen. Dies ist jedoch häufig nicht der Fall, da Grundannahmen aus beiden Theoriepolen bei der Rahmung empirischer Studien herangezogen werden. Die folgende Gegenüberstellung dieser beiden Pole (Tab. 5.1) soll helfen, Studien bzw. ihre Grundannahmen eindeutiger auf dem Gradienten zwischen beiden Theoriepolen einzuordnen.

5.3 Darstellung der Rahmung

Im Folgenden werden die oben genannten Auffassungen mentaler Modelle, der „theoretical" bzw. „instructional approach", genauer beschrieben.

5.3.1 „Theoretical approach"

Diese Sichtweise ist insbesondere mit Johnson-Laird (1983) verbunden, der in seinem Grundlagenwerk die Theorie der mentalen Modelle veröffentlichte und diese auf das induktive und deduktive Schlussfolgern anwendete. Die vorherrschende Annahme über mentale Prozesse in der Kognitionspsychologie war zur damaligen Zeit, dass schlussfolgerndes Denken auf der Anwendung formaler Inferenzregeln (Regeln für die Umformung von Ausdrücken in der formalen Logik) auf spezifische mentale Repräsentationen (Propositionen) beruht (Theorie der mentalen Logik; Johnson-Laird 2010). Ein einfaches Beispiel von Vosgerau (2006, S. 257) soll dieses verdeutlichen: Für die Sätze „Der Apfel liegt links von der Banane. Die Banane liegt links von der Kirsche." kann die formale Inferenzregel „Wenn aRb und bRc, dann gilt aRc" (mit R als bestimmte Relation und a, b, c als Variablen) angewendet werden, um auf die Lagerelation von Apfel und Kirsche (Der Apfel liegt links von der Kirsche) zu schließen. Im Gegensatz hierzu ist für das Denken in mentalen Modellen kein Wissen über logische Regeln bzw. spezifisches Vorwissen nötig, vielmehr konstruieren wir mentale Modelle von Situationen im Arbeitsgedächtnis auf Grundlage unserer Wahrnehmung dieser Situation, die selbst auf unserem Vorwissen und Vorstellungen beruht (Johnson-Laird 1983; Nersessian 1999; Vosgerau 2006). Am Beispiel der obigen Sätze erstellen wir ein mentales Modell der Situationsbeschreibung, aus dem wir die Relation der Objekte Apfel und Kirsche zueinander direkt erkennen können.

Johnson-Laird (2004, S. 187) unterscheidet grundlegend drei Arten mentaler Repräsentationen (vgl. Paivos „dual coding theory", Verweis Multimedia Lernen):

1) Mentale Propositionen („propositional representations"): Zeichenfolgen, ähnlich unserer Verbalsprache, auf die formale syntaktische Regeln angewendet werden müssen, um Schlussfolgerungen zu ziehen.
   „Der Apfel liegt links von der Banane. Die Banane liegt links von der Kirsche."

2) Mentale Bilder („images"): Zweidimensionale bildliche Repräsentationen des Phänomens von einer bestimmten Perspektive, die eine hohe Ähnlichkeit mit dem repräsentierten Phänomen aufweisen.
   Eine bildliche Vorstellung eines Apfels, einer Banane und einer Kirsche auf einem
   Tisch. Mentale Bilder zeichnen sich insbesondere durch ihre Konkretheit aus. Es han-
   delt sich um einen bestimmten Apfel (so wie sich das jeweilige Individuum einen Apfel
   vorstellt), der in einem bestimmten Abstand von den anderen Objekten liegt.
3) Mentale Modelle: Analoge Repräsentationen, bei denen die Struktur und Dynamik des
   Phänomens erhalten bleibt, die auf Grundlage des präsentierten Phänomens (i. e. S. in-
   ferenzhaltiger Text, Denkproblem) im Arbeitsgedächtnis erstellt werden. Mentale Modelle sind dabei so ikonisch wie möglich, d. h. die Struktur der Repräsentation korre-
   spondiert mit der Struktur des Phänomens, sie können aber auch abstrakte Elemente
   enthalten.
   Ein mentales Modell (in seiner externalisierten Form) der Lagebeziehung der Objekte.
   Dieses Modell enthält abstrakte Elemente (Pfeile), der Abstand der Objekte zueinan-
   der kann beliebig variiert werden.

In Bezug auf die Trennschärfe dieser Einteilung sowie auf die Frage, welches Format
mentale Modelle haben, besteht im Forschungsdiskurs kein Konsens (Nersessian 1999).
Einig ist man sich jedoch darüber, dass mentale Modelle eine hohe strukturelle Übereinstimmung zum repräsentierten Sachverhalt aufweisen (Isomorphie; Vosgerau 2006,
S. 268), sodass mentale Simulationen ermöglicht werden und die Schlussfolgerung direkt im Modell gesehen werden kann (Greca und Moreira 2000; Held et al. 2006). Neue
Informationen über den Sachverhalt können in mentale Modelle integriert werden, d. h.
mentale Modelle sind dynamische Repräsentationen und in hohem Maß adaptiv (Greca
und Moreira 2000). Dies ist insbesondere für das Diskursverständnis relevant (Johnson-
Laird 1983).

Entsprechend dieser Konzeptualisierung der Theorie der mentalen Modelle verläuft ein
Denkprozess in drei Phasen (Held et al. 2006; Knauff 2017). In der *Modellkonstruktions-*
phase wird ein mentales Modell (oder mehrere) auf Basis der gegebenen Informationen
und des spezifischen Vorwissens zu einem Sachverhalt konstruiert. In der *Modellinspek-*
tionsphase werden im mentalen Modell neue, nicht gegebene Informationen identifiziert.
Eine vorläufige Schlussfolgerung wird somit ermöglicht. Diese Schlussfolgerung wird in
der *Modellvariationsphase* auf ihre Gültigkeit überprüft. Hier werden alternative mentale
Modelle (alternative Interpretationen der gegebenen Informationen) berücksichtigt. Falls
kein alternatives mentales Modell der gegebenen Informationen gefunden wird, das die
Schlussfolgerung widerlegt, wird diese als wahr angesehen. Hierbei werden, wie oben
beschrieben, keine formalen Inferenzregeln angewendet.

5.3.2 „Instructional approach"

Im selben Jahr wie Johnson-Laird veröffentlichten Gentner und Stevens (1983) ihr Buch *Mental Models*. Forschung in diesem Kontext nutzt mentale Modelle v. a. dazu, Wissensstrukturen und mentale Prozesse zu charakterisieren, die uns ein Verständnis komplexer Domänen ermöglichen, und um zu analysieren, wie sich dieses konzeptuelle Verständnis entwickelt (Gentner 2002). Mentale Modelle sind nach dieser Auffassung subjektive Funktionsmodelle, die zur Erklärung komplexer Sachverhalte und Prozesse herangezogen und im Langzeitgedächtnis gespeichert werden (Knauff 2017). Mentale Modelle repräsentieren auch hier die qualitativen Eigenschaften und Strukturen von Objekten und Prozessen (Systemen), wobei häufig nur die für eine bestimmte Aufgabe relevanten Informationen berücksichtigt werden, d. h. sie sind vereinfachte Repräsentationen (Knauff 2017; Gentner und Gentner 1983). Gentner und Gentner (1983) charakterisieren diese Wissensstrukturen als „propositional network of nodes and predicates" (S. 102), die Ausgangspunkt für mentale Simulationen sein können. Die Hauptfunktion mentaler Modelle in dieser theoretischen Konzeption ist, dass wir sie anwenden, um komplexe Systeme zu erklären und Vorhersagen zu treffen (Greca und Moreira 2000). Die Anwendung des Modells erfolgt dabei auf mentaler Ebene und muss keine Entsprechung in der Außenwelt in Form eines Modellobjekts haben. Je nach Passung zwischen Modell und System kommt es dann zu korrekten oder inkorrekten Erklärungen und Vorhersagen (Gentner 2002).

Dabei müssen mentale Modelle nicht unbedingt den wissenschaftlichen Auffassungen über den Sachverhalt entsprechen (Gentner 2002). Barquero (1995; zit. nach Greca und Moreira 2000) beschreibt mentale Modelle als

> a type of knowledge representation which is implicit, incomplete, imprecise, incoherent with normative knowledge in various domains, but it is a useful one, since it results in a powerful explicative and predictive tool for the interaction of subjects with the world, and a dependable source of knowledge, for it comes from the subjects' own perceptive and manipulative experience with this world. (S. 12)

Auch Norman (1983, S. 8) charakterisiert mentale Modelle mit den folgenden Attributen: Sie sind unvollständig, instabil (insofern, als dass wir das Modell bzw. Teile des Modells vergessen, wenn wir es nicht regelmäßig anwenden), haben keine klar gezogenen Grenzen, sodass wir ähnliche Sachverhalte oder Prozesse miteinander vermischen, sie sind nicht wissenschaftlich und entsprechen eher unseren domänenspezifischen Überzeugungen. Nach Vosniadou (2002) beeinflussen unsere ontologischen und epistemologischen Grundannahmen (Überzeugungen darüber, welche Entitäten existieren und wie sie beschaffen sind bzw. wie Wissen entsteht und welche Natur es hat) die Bildung mentaler Modelle. Mentale Modelle ähneln in dieser Auffassung *Schemata* (generelle Überzeugungssysteme) oder *Skripts* (Handlungsschemata, die Ereignisabfolgen in einer spezifischen Situation bestimmen) und werden ähnlich angewendet wie *naive Theorien* oder *Alltagstheorien*, wobei sie jedoch spezifischer sind (Gentner 2002, S. 9684). Im Kontext der Naturwissenschaftsdidaktik können mentale Modelle in dieser theoretischen Konzeptualisierung in Bezug zu Schüler- bzw. Alltagsvorstellungen gesetzt werden, die als subjektive gedankliche Konstrukte aufgefasst werden (Gropengießer 2001) und sie können ebenfalls in der *Conceptual-Change*-Forschung verortet werden (Kap. 4). Gentner (2002, S. 9683) hebt hervor, dass die Analyse fachwissenschaftlich nicht korrekter mentaler Modelle insbesondere relevant ist, um Aussagen über den Lernprozess zu treffen und durch Kenntnis typischer mentaler Modelle entsprechende Lernmaterialien zu gestalten.

Bei der Konstruktion mentaler Modelle spielt insbesondere die Analogiebildung eine wesentliche Rolle (Gentner und Gentner 1983; Jones et al. 2011; Knauff 2017). Um ein unbekanntes Phänomen (Zieldomäne, Zielsystem) zu erklären, greifen wir auf das mentale Modell eines bekannten Sachverhalts zurück (Ursprungsdomäne, Ursprungsziel), den wir als ähnlich wahrnehmen, und übertragen seine konzeptuelle Struktur auf dieses Phänomen („structure mapping"; Collins und Gentner 1987; Gentner und Gentner 1983). So können wir beispielsweise für die Erklärung physikalischer Vorgänge, wie der Stromstärke im elektrischen Stromkreis, das Wasserstromkreismodell heranziehen (Gentner und Gentner 1983; Schwedes und Dudeck 1993). Das Wasserstromkreismodell steuert dabei nicht nur, wie wir über den Stromkreis sprechen („surface terminology hypothesis"), sondern beeinflusst tatsächlich unser Denken über das Zielsystem („generative analogy hypothesis"; Collins und Gentner 1987; Gentner und Gentner 1983). Wenn das Zielsystem strukturell konsistent mit dem mentalen Modell ist, kann die Anwendung des mentalen Modells das Verstehen des Zielsystems erleichtern (Gentner 2002). Analogiebildung wird insbesondere im Bereich der Naturwissenschaftsdidaktik als Lern- und Lehrstrategie diskutiert (vgl. Aubusson et al. 2006).

5.3.3 Zusammenfassung

Die beiden beschriebenen Theoriepole unterscheiden sich fundamental in ihren theoretischen Grundannahmen bezüglich der Charakteristika mentaler Modelle (Greca und Moreira 2000; Jones et al. 2011). Zum einen werden unterschiedliche Formen der mentalen Repräsentation angenommen (Greca und Moreira 2000): Johnson-Laird unterscheidet mentale Modelle von Propositionen und mentalen Bildern und nimmt an, dass durch die dem mentalen Modell inhärenten strukturellen Ähnlichkeiten zum repräsentierten Phänomen Schlussfolgerungen direkt abzulesen sind, ohne dass formale Inferenzregeln angewendet werden müssen. Die Form der mentalen Repräsentation spielt in diesem Ansatz eine wesentliche Rolle, da dadurch u. a. die Erklärungskraft der Theorie argumentiert wird. Im „instructional approach" werden mentale Modelle eher als Menge propositionaler Repräsentationen in Netzwerkstruktur aufgefasst, auf die wiederum kausale Manipulationsregeln angewendet werden. In diesem Ansatz wird eher die Funktion der mentalen Modelle im Lernprozess in den Mittelpunkt gestellt und die Form ist ihr nachgeordnet. Zum anderen ordnen beide Ansätze mentale Modelle unterschiedlichen Gedächtnisinstanzen zu, die unterschiedliche Funktionen bedingen: Temporäre Modelle im Arbeitsgedächtnis oder Wissensstrukturen im Langzeitgedächtnis. Allerdings wird in vielen Studien diese

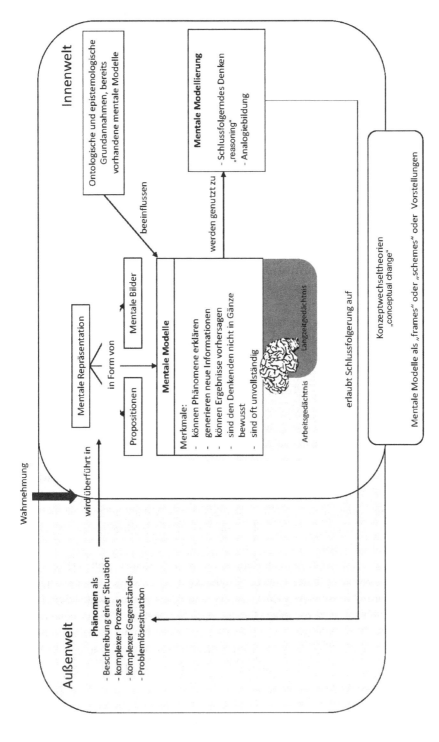

Abb. 5.2 Zusammenfassende Darstellung der theoretischen Annahmen zu mentalen Modellen

Unterscheidung nicht streng vorgenommen, so nimmt Vosniadou (2002) beispielsweise an, obwohl sie sich auf Johnson-Laird (1980, 1983) bezieht, dass einige mentale Modelle im Langzeitgedächtnis gespeichert werden. Auch Nersessian (2002) beschreibt, dass langfristig gespeicherte Wissensstrukturen im Langzeitgedächtnis genutzt werden, um die Bildung mentaler Modelle im Arbeitsgedächtnis zu unterstützen.

Die beiden theoretischen Ansätze können also vielmehr als Strömungen gesehen werden, die eher der kognitionspsychologischen bzw. der instruktionalen Tradition entspringen. Obwohl sie unterschiedliche Annahmen zugrunde legen, trennen aktuelle empirische Studien oft nicht scharf zwischen diesen Ansätzen, sondern beziehen sich auf Aspekte, die in verschiedenen Theoriepolen zu finden sind. Beiden theoretischen Rahmungen ist gemein, dass sie mentale Modelle als analoge Repräsentationen von Phänomenen der Außenwelt auffassen, die uns durch einen Prozess der mentalen Modellierung helfen, diese Phänomene zu erschließen (Abb. 5.2).

5.4 Anwendung der Rahmungen auf ausgewählte empirische Studien

Betrachtet man die Merkmale mentaler Modelle, die in den theoretischen Ausführungen postuliert werden, so wird deutlich, dass eine empirische Annäherung nicht trivial ist. Die alleinige Tatsache, dass die eigentlich individuell und persönlich konstruierten mentalen Modelle nun zum Zweck der Forschung kommuniziert und externalisiert werden müssen, schränkt ihre Beschreibung ein (Harrison und Treagust 2000). Mit dem Ziel der Erfassung von Evidenz müssen die mentalen Konstrukte in Form von Zeichnungen kommuniziert oder durch verbale Äußerungen gedeutet werden und können sich allein durch diesen äußeren Modus ändern (vgl. Gilbert et al. 2000, S. 12). Für die empirische Erhebung bedeutet dies, dass man diese Wechselwirkung zwischen dem mentalen Modell und der Erhebung des Modells so gering wie möglich halten muss, indem man etwa Gütekriterien an die Erhebung formuliert (Vosniadou und Brewer 1992, 1994; Studie II) oder durch die Erhebung verschiedener Datenquellen sicherstellt, dass das mentale Modell adäquat abgebildet ist (Studie I). Laut Gilbert et al. (2000) stehen mentale Modelle mit externen Modellen in Beziehung, die jedoch meist einem anderen Zweck dienen (Kap. 9) und sich zudem noch einer Vielzahl verschiedener Arten von Repräsentationen bedienen können (Kap. 10). Es könnte also sein, dass die erfassten externen Modelle nur der Ausdruck einer komplexeren und auch andersartig konstituierten Denkstruktur sind. Viele Autoren kritisieren daher in diesem Zusammenhang, dass mentale Modelle an sich nicht dem Zweck dienen, visualisiert oder externalisiert zu werden und dass sie aus diesem Grund empirisch schwer zu fassen sind (Harrison und Treagust 2000; Coll 2006). Überspitzt gesagt, stellen sie Modelle von Modellen dar, die durch den empirischen Zugang und die Deutung der jeweiligen Befragten bzw. Forschenden entstanden sind (Norman 1983). Auf der anderen Seite ist die Bedeutsamkeit mentaler Modelle als Werkzeug für den Erkenntnisgewinn beim naturwissenschaftlichen Denken, Arbeiten und Lernen unumstritten, sodass die Notwendigkeit der empirischen Annäherung zur Beschreibung ihrer Funktion im Lernprozess nie gänzlich infrage gestellt wurde.

In empirischen Studien zu mentalen Modellen werden diese anhand von Methoden untersucht, die externalisierte Modelle in Form von Visualisierung oder Sprache hervorbringen und interpretative Rückschlüsse auf die mental genutzten Modelle zulassen. Die gewählten Methoden umfassen meist qualitative Verfahren, die entweder eine detaillierte verbale Beschreibung zulassen (z. B. Interview, lautes Denken) oder anhand von Visualisierungen ein Bild des Modells zulassen (z. B. Zeichnungen in Dokumenten oder im Interview). Oft werden insbesondere im Rahmen von Interviews auch Objekte vorgegeben, zu denen verbal – aber auch zeichnerisch – Stellung bezogen werden soll und die manipuliert werden dürfen. Die Herausforderung in der Durchführung der Verfahren besteht darin, durch geschickte Aufgaben- oder Fragestellung einer generierenden und umfassenden Antwort Raum zu geben („generative questions"; Vosniadou 2002). Unter generierend wird hier verstanden, dass die Fragestellung weniger eine reproduktive Antwort zulässt als die Lösung eines Problems anhand des Vorwissens ermöglichen soll. Die Herausforderung in der Auswertung besteht in der Interpretation der sprachlich und zeichnerisch umgesetzten mentalen Modelle (Carley und Palmquist 1992).

Empirische Studien zu mentalen Modellen setzen an den theoretischen Ausführungen der Kognitionspsychologie an, entwickeln dann aber meist ihre eigenen weiterführenden und auf ihr Thema zugeschnittenen theoretischen Rahmungen. Um zu verdeutlichen, wie die Theoriepole zu mentalen Modellen in der Forschung genutzt wurden, werden im Weiteren zwei Studien vorgestellt. Sie wurden ausgewählt, weil sie sich zum einen mit dem empirischen Unterschied der verschiedenen mentalen Repräsentationen, die Johnson-Laird (1983) postuliert, und den daraus folgenden Definitionen beschäftigen (Greca und Moreira 1997) und zum anderen als Vorreiter zum umfangreichen Korpus der Forschung zu Schülervorstellungen im naturwissenschaftlichen Unterricht (Kap. 4) beigetragen haben, die für die Naturwissenschaftsdidaktiken von großer Bedeutung ist (Vosniadou und Brewer 1994). In der Diskussion um die zweite Studie spielt insbesondere das generierende Merkmal von mentalen Modellen (vorhersagend und erklärend) eine Rolle, da ihre Funktion im Lernprozess hier insbesondere auf das Generieren neuer Informationen fokussiert ist.

5.4.1 Studie zu mentalen Repräsentationen

Greca und Moreira (1997) setzen sich in ihrer Studie mit der Frage auseinander, welche Rolle unterschiedliche mentale Repräsentationen beim problemlösenden Lernen im Bereich des physikalischen Feldkonzepts (z. B. elektromagnetisches Feld) spielen. Sie berufen sich hierbei explizit auf Johnson-Lairds Theorie der mentalen Modelle und seine Differenzierung in die drei kognitiven Konstrukte des mentalen Modells, der Proposition und des Bilds (s. o.). Dabei beziehen sich die Autoren auf folgende Definition (Johnson-Laird 1983, S. 165):

[...] propositional representations which are strings of symbols that correspond to natural language, mental models which are structural analogues of the world, and images which are the perceptual correlates of models from a particular point of view.

Propositionen werden im vorgestellten Themenbereich als mathematische Formeln oder physikalische Prinzipien angesehen, die in knapper Symbolsprache ausgedrückt werden können; Bilder wiederum visualisieren einen Prozess oder einen Zustand. Ein mentales Modell kann nun von beiden oder einem ausgedrückt werden und eine strukturelle oder funktionale Ähnlichkeit aufweisen sowie einen direkten Bezug zur Realität besitzen (Greca und Moreira 1997). Die Autoren weisen darauf hin, dass die alleinige Kenntnis einer Formel oder das Zeichnen eines Bilds noch nicht bedeutet, dass sich ein kohärentes mentales Modell des Prinzips gebildet hat. Die Lernenden müssen fähig sein, auf der Grundlage der Propositionen oder Bilder physikalische Situationen zu erklären oder auch vorherzusagen. Für ihre Studie bedeutet dies, dass sie Situationen beobachten wollen, in denen anhand des Umgangs mit den jeweiligen Repräsentationen ersichtlich wird, dass die Lernenden ein kohärentes mentales Modell ausgebildet haben. Die Autoren gehen in diesem Rahmen der Frage nach, inwiefern sich qualitative Unterschiede der verschiedenen mentalen Repräsentationsformen beim Problemlösen im Themenbereich des elektromagnetischen Felds empirisch zeigen und ob diese Unterschiede mit der Problemlösekompetenz sowie dem Fachwissen der Studierenden zusammenhängen.

Um sich den Fragen zu nähern, wurden Studierende im zweiten Studienjahr während ihres Kurses zum Thema Elektrizität und Magnetismus beobachtet sowie nach Beendigung des Kurses interviewt. Die Forschenden achteten darauf, dass zum Zweck der Beobachtung viele Situationen entstanden, in denen interaktiv Probleme aus dem Themenbereich diskutiert und dokumentiert werden konnten. Als Datengrundlage dienten hauptsächlich schriftlich fixierte Antworten, wie die Abgabe der Dokumentation der Problemlösung, die Prüfungsleistungen der Veranstaltung und zum Thema angefertigte „concept maps", aber auch die beobachteten Problemlöseprozesse in den jeweiligen Sitzungen.

In ihrer Auswertung unterscheiden die Autoren in Studierende, die eher propositionale (mathematische) oder analoge (bildlich dargestellte) Arten von Repräsentationen zur Problemlösung anwenden. Zur Differenzierung identifizierten die Forscher Momente in den erhobenen Daten, an denen die Studierenden ihre Erklärungen anhand mathematischer Formeln oder Abhängigkeiten begründeten (propositional) oder auf einfache Bilder wie etwa die Form der Linien bei der Darstellung eines elektromagnetischen Felds zurückgriffen (analog). Um sich der Qualität des jeweiligen mentalen Modells zu nähern, setzten die Autoren eine sog. „model variable" fest, die den Grad der konzeptuellen Nutzung der jeweiligen Repräsentationsform in Bezug auf die zu erklärenden Phänomene bestimmt. Diese Variable besitzt einen hoch interpretativen Charakter, der auf der Triangulation der verschiedenen Datenquellen beruht.

Ihre Ergebnisse zeigen, dass Studierende, die primär propositionale Arten nutzen zwar auch gute Problemlöser sind, allerdings weniger ausgeprägte mentale Modelle zeigen. Im Gegensatz dazu zeigen Studierende, die flexibel mit den jeweiligen Repräsentationen, also Propositionen und bildlichen Darstellungen argumentieren, ein höheres Konzeptverständnis auf. In Bezug auf die ursprünglichen Fragestellungen können die Autoren somit qualitative Unterschiede in der Nutzung der Repräsentationsformen (bildlich und/oder propositional) beim Problemlösen im Bereich feststellen und daraus Auswirkungen auf das Konzeptverständnis ableiten. Die von den Autoren bestimmte Qualität des jeweiligen mentalen Modells korreliert hier hoch mit dem erhobenen Konzeptverständnis, da sie die Fähigkeit der Studierenden bestimmt, die Repräsentationsformen mit dem konzeptuellen Wissen in Beziehung zu setzen. Schlussfolgernd sehen sie ihren Ansatz als einen Hinweis darauf an, dass die von Johnson-Laird (1983) theoretisch postulierten Unterschiede im kognitiven Gebrauch von mentalen Repräsentationen empirisch als bedeutend nachgewiesen werden konnten.

5.4.2 Studie zu mentalen Modellen des Tag-Nacht-Zyklus

Vosniadou und Brewer (1994) setzen in ihrer Untersuchung ebenfalls an der Theorie der mentalen Modelle nach Johnson-Laird (1980, 1983) an, indem sie die Beschreibung und Charakterisierung von mentalen Modellen (s. o.) als theoretische Grundlage annehmen, diese jedoch mit Ausführungen anderer Autoren anreichern. Im Vergleich mit der ersten Studie steht für Vosniadou und Brewer (1994) die Eigenschaft von mentalen Modellen, durch ontologische und epistemologische Vorannahmen beeinflusst zu sein, im Vordergrund. Sie gehen grundlegend davon aus, dass die individuelle Wahrnehmung der äußeren Welt als analoge Struktur in die Entwicklung von mentalen Modellen eingeht. Initiale mentale Modelle, also mentale Modelle, die auf unseren Alltagserfahrungen gründen, werden so stetig weiterentwickelt. Sie tragen mit ihren Ausführungen einen erheblichen Teil zur Erkenntnis im Bereich der Schülervorstellungsforschung (Kap. 4) bei. Zusammenfassend wird im Rahmen der vorgestellten Studie theoretisch angenommen, dass mentale Modelle

a. eine analoge Struktur zu den Teilen der Welt, die sie repräsentieren, aufweisen;
b. mental manipuliert werden können, um Vorhersagen über kausale Zusammenhänge in der Welt treffen zu können;
c. Erklärungen von Phänomenen liefern können und
d. dynamische Systeme darstellen, die spontan generiert werden können, um Problemsituationen zu lösen (nach Vosniadou und Brewer 1994, S. 125):

Die Autoren nehmen insbesondere bei den theoretischen Annahmen a und d explizit Bezug auf den „theoretical approach", indem sie den Aspekt der analogen Struktur und die Merkmale der Dynamik und Spontanität aufnehmen. Die Aspekte b und c machen es notwendig, die theoretische Rahmung auf domänenspezifische Überlegungen des „instructional approach" zu erweitern, wie sie etwa bei Gentner und Gentner (1983) in Bezug auf den Elektrizitätsbegriff zu finden sind.

Als Ziel ihrer Untersuchung geben die Autoren an, dass sie eine Anzahl an konsistent genutzten mentalen Modellen zum Tag-Nacht-Zyklus identifizieren wollen und überprüfen möchten, inwiefern die explizierten Modelle wissenschaftlich anerkannten gleichen. Sie möchten hiermit ihre vorausgehenden Untersuchungen zur Gestalt der Erde (Vosniadou und Brewer 1992) an einem weiteren Beispiel überprüfen. Die frühere Studie hatte ergeben, dass es konsistente Modelle zur Gestalt der Erde gibt, diese aber im Verlauf des Lernprozesses auch in Kombination miteinander (synthetisch) genutzt werden.

Die Autoren führen leitfadengestützte Interviews durch, in deren Verlauf Lernende des dritten bis fünften Jahrgangs offene Fragen zur ihrer Vorstellung über den Tag-Nacht-Zyklus in Worten oder Zeichnungen beantworteten. Die Fragen wurden so formuliert, dass sie offene Erklärungen der Lernenden zum Phänomen zuließen („generative question").

Die Ergebnisse zeigen, dass eine Vielzahl von konsistenten mentalen Modellen entwickelt wird, die mehr oder weniger als analoge Struktur zu sichtbaren Erfahrungen aufzufassen sind (initiales Modell, z. B. *„Die Sonne verschwindet unter/hinter dem Meer"*) oder wissenschaftlichen Modellen entsprechen. Angelehnt an ihre erste Studie können die Autoren synthetische Modelle identifizieren, die Strukturelemente beider Erklärungsmuster enthalten. Ein besonderer Auswertungsschwerpunkt wird auf die Veränderung gelegt, die in Richtung der wissenschaftlich tragfähigen Modelle tendiert, allerdings immer Elemente der lebensweltlich bedingten analogen Erklärungen enthält.

Interessant sind bei den Studien von Vosniadou und Brewer (1992, 1994) die von ihnen angelegten Gütekriterien an die Identifizierung von mentalen Modellen. Sie legen hier die Maßgaben *Exaktheit*, *logische Konsistenz* und *Einfachheit* an und messen die Güte der extrahierten Modelle daran. Im Rahmen der *Exaktheit* müssen die Modelle auf der Grundlage des Wissens und der Beobachtung der Kinder exakt sein. Dies bedeutet, dass die Argumentation für das Modell direkt auf die eigene Beobachtung und das bereits erworbene Wissen zurückgeführt werden kann. Die *logische Konsistenz* überprüft, ob die Kinder zu verschiedenen Aspekten des Themas (hier: Sonnenuntergang, Bewegung des Monds, Wechsel von Tag und Nacht, Verschwinden der Sterne am Tag) ihr mentales Modell konsistent nutzen und nicht zwischen verschiedenen Modellen wechseln. *Einfachheit* bezieht sich auf die Tendenz, eine Erklärung zu generalisieren und vereinfacht auf ein vermeintlich ähnlich beobachtetes Phänomen zu übertragen (z. B. Bewegung von Sonne und Mond), obwohl unterschiedliche Erklärungen notwendig sind.

Die Ergebnisse lassen Rückschlüsse auf die theoretisch formulierten Charakteristika von mentalen Modellen zu. Insbesondere die gefundenen initialen mentalen Modelle zeigen, dass eine Argumentation zur Erklärung von Phänomenen auf der Grundlage von zuvor eigens beobachteten Phänomenen und Erfahrungen stattfindet (Aspekt a). Weiterführend zeigen die empirischen Ergebnisse aber auch, dass eine Manipulation der mentalen Struktur möglich ist (Aspekt b) und sie zur Erklärung von Phänomenen herangezogen werden (Aspekt c). Aspekt d gewinnt insbesondere in den Situationen Relevanz, in denen initiale und instruierte Modelle gegeneinanderstehen und sich die Befragte für ein Argumentationsmuster entscheiden muss. Dies tritt insbesondere bei einem Konflikt von initialen und wissenschaftlichen Modellen auf.

Im Fall von Vosniadou und Brewer entsteht im Folgenden aus den empirischen Ergebnissen eine neue eigene Theorie der Autoren, in die sowohl Annahmen des „theoretical
approach" als auch des „instructional approach" eingehen (*Framework Theory*; Vosniadou
1994) und die einen Schwerpunkt auf die Relevanz von Schülervorstellungen im Lernprozess legt, allerdings nie wirklich von der Annahme mentaler Modelle – im Weiteren
„frames" – abweicht. Da sich die Autoren spezifisch mit der Veränderung von mentalen
Modellen im Lernprozess auseinandersetzen und hieraus eine eigene Theorie (Kap. 4)
entwickeln, gestaltet sich ein genauer Abgleich mit der Urtheorie der mentalen Modelle schwierig. Dennoch können die Schwierigkeiten der Definition und Charakterisierung
von mentalen Modellen in der empirischen Annäherung an diesem Beispiel gut diskutiert werden. Die empirischen Daten liefern hier Interpretationsspielraum für mehr als ein
theoretisch angenommenes Konstrukt.

5.4.3 Mentale Modelle und Schülervorstellungen

Eine genaue Abgrenzung der theoretischen und empirischen Annäherungen an mentale
Modelle und Schülervorstellungen ist schon aus dem Grund unmöglich, da die Theori-
en der mentalen Modelle die Forschung zu Schülervorstellungen („student conceptions",
„conceptual change") hochgradig beeinflusst haben und in ihr aufgegangen sind (vgl. Literatur Vosniadou). Der im deutschsprachigen Raum viel selbstverständlicher genutzte
Begriff der Vorstellungen, wie er u. a. in der Literatur zur didaktischen Rekonstruktion
(Gropengießer 2001; Kattmann et al. 1997) genutzt wird, deckt sich in weiten Teilen mit
dem der mentalen Modelle, wenn man eine Definition als „subjektive, gedankliche Konstrukte" (Gropengießer 2001, S. 31) annimmt (Kap. 4).

5.5 Weiterführende Entwicklungen in der Forschung

In der weiteren Forschung zu mentalen Modellen werden daher auch komplexere Systeme in den Blick genommen, die unter dem Begriff „system thinking" – dem systemischen
Denken – zu verorten sind (Bell 2004; Brandstädter et al. 2012). Nicht nur im Rahmen dieser Studien kann ein Trend gesehen werden, den Prozess des Modellierens beim Lernen
wieder mehr in den Blick zu nehmen. Insbesondere aufgrund der Tatsache, dass inzwischen mehr Möglichkeiten zur digitalen Datenerfassung und Programme zur Modellierung zur Verfügung stehen, werden vermehrt wieder mentale Modellierungsprozesse beim
Lernen beobachtet und in Bezug auf die Wirksamkeit für das Verständnis von Naturwissenschaften in verschiedenen Settings ausgewertet (Gijlers et al. 2013; van Joolingen et al.
2015). In diesem Zusammenhang ist der Begriff des „modelling" in der aktuellen Literatur häufig zu finden und wird meist durch die methodische Annäherung spezifiziert (z. B.
„drawing-based modelling", „computer-supported modelling"). Durch die Anreicherung
neuer Zugänge erfährt die Forschung zur Rolle von mentalen Modellen im Lernprozess ei-

ne Renaissance. Einschränkend ist allerdings anzumerken, dass sich aktuell die wenigsten Autoren explizit auf eine der ursprünglichen theoretischen Rahmungen beziehen.

Zusammenfassend kann festgehalten werden, dass die Theorie zu mentalen Modellen für die Naturwissenschaften eine fundamentale Erkenntnisgrundlage bildet und für die Vermittlung naturwissenschaftlicher Phänomene unerlässlich ist. In der empirischen Umsetzung hat sich allerdings gezeigt, dass insbesondere die unscharfe Begriffsdefinition oft dazu führt, nur ungenau auf Theorien zu verweisen oder diese zum eigenen Zweck weiter zu interpretieren. Auf diese Weise sind aktuell weitaus sichtbarere Strömungen entstanden, die sich insbesondere in den Bereich der modellbasierten Schülervorstellungsforschung, Studien zum Umgang mit externen Repräsentationen und multimodalen Ausdrucksformen beim Lernen mit Texten aufgliedern lassen.

5.6 Literatur zur Vertiefung

Aubusson, P. J., Harrison, A. G., & Ritchie, S. M. (Hrsg.) (2006). *Metaphor and analogy in science education*. Berlin/Heidelberg: Springer.

In diesem Buch werden Rolle und Funktion von Analogien und der Analogiebildung für das Lehren und Lernen von naturwissenschaftlichen Phänomenen ausführlich diskutiert.

Gentner, D., & Stevens, A. L. (Hrsg.) (1983). *Mental models*. Hillsdale, N.J: Lawrence Erlbaum Associates.

In diesem Buch wird die grundlegende Theorie der mentalen Modelle aus Sicht des „instructional approach" beschrieben.

Johnson-Laird, P. N. (2004). The history of mental models. In Manktelow, K., & Chung, M. C. (Hrsg.), *Psychology of reasoning: Theoretical and historical perspectives* (S. 179–212). New York: Psychology Press.

Dieses Kapitel stellt die historische Genese der Theorie der mentalen Modelle aus kognitionspsychologischer Sicht dar.

Literatur

Aubusson, P. J., Harrison, A. G., & Ritchie, S. M. (Hrsg.). (2006). *Metaphor and analogy in science education*. Berlin, Heidelberg: Springer.

Barquero, B. (1995). *La representacion de estados mentales en la comprension de textos desde el eforque teorico de los modelos mentales*. Doctoral thesis, Universidad Autonoma de Madrid, Madrid.

Bell, T. (2004). Komplexe Systeme und Strukturprinzipien der Selbstregulation – Konstruktion grafischer Darstellungen, Transfer und systemisches Denken. *Zeitschrift für Didaktik der Naturwissenschaften, 10*, 183–204.

Brandstädter, K., Harms, U., & Großschedl, J. (2012). Assessing system thinking through different concept-mapping practices. *International Journal of Science Education, 34*, 2147–2170. https://doi.org/10.1080/09500693.2012.716549.

Carley, K., & Palmquist, M. (1992). Extracting, representing, and analyzing mental models. *Social Forces, 70*, 601–636.

Coll, R. K. (2006). The role of models, mental models and analogies in chemistry teaching. In P. J. Aubusson, A. G. Harrison & S. M. Ritchie (Hrsg.), *Metaphor and analogy in science education* (S. 65–77). Berlin, Heidelberg: Springer.

Collins, A., & Gentner, D. (1987). How people construct mental models. In D. Holland & N. Quinn (Hrsg.), *Cultural models in language and thought* (S. 243–266). Cambridge: Cambridge University Press.

Dutke, S. (1994). Mentale Modelle: Konstrukte des Wissens und Verstehens. Kognitionspsychologische Grundlagen für die Software-Ergonomie. In M. Frese & H. Oberquelle (Hrsg.), *Praxisorientierte Beiträge aus Psychologie und Informatik*. Göttingen: Verlag für Angewandte Psychologie.

Forbus, K. D. (1984). *Qualitative process theory*. Cambridge: Massachusetts Institute of Technology.

Gentner, D. (2002). Psychology of mental models. In N. J. Smelser & P. B. Bates (Hrsg.), *International encyclopedia of the social & behavioral sciences* (S. 9683–9687). Amsterdam: Elsevier.

Gentner, D., & Gentner, D. R. (1983). Flowing waters of teeming clouds: mental models of electricity. In D. Gentner & A. L. Stevens (Hrsg.), *Mental models* (S. 99–129). Hillsdale: Lawrence Erlbaum.

Gentner, D., & Stevens, A. L. (Hrsg.). (1983). *Mental models*. Hillsdale: Lawrence Erlbaum.

Gijlers, H., Weinberger, A., van Dijk, A. M., Bollen, L., & van Joolingen, W. (2013). Collaborative drawing on a shared digital canvas in elementary science education; the effects of script and task awareness support. *International Journal of Computer-Supported Collaborative Learning, 8*, 427–453. https://doi.org/10.1007/s11412-013-9180-5.

Gilbert, J. K., Boulter, C. J., & Elmer, R. (2000). Positioning models in science education and in design and technology education. In J. K. Gilbert & C. Boulter (Hrsg.), *Developing models in science education* (S. 3–17). Berlin, Heidelberg: Springer.

Greca, I. M., & Moreira, M. A. (1997). The kinds of mental representations—models, propositions and images—used by college physics students regarding the concept of field. *International Journal of Science Education, 19*, 711–724. https://doi.org/10.1080/0950069970190607.

Greca, I. M., & Moreira, M. A. (2000). Mental models, conceptual models, and modelling. *International Journal of Science Education, 22*, 1–11. https://doi.org/10.1080/095006900289976.

Gropengießer, H. (2001). *Didaktische Rekonstruktion des Sehens: Wissenschaftliche Theorien und die Sicht der Schüler in der Perspektive der Vermittlung*. Oldenburg: Didaktisches Zentrum.

Harrison, A. G., & Treagust, D. F. (2000). A typology of school science models. *International Journal of Science Education, 22*, 1011–1026. https://doi.org/10.1080/095006900416884.

Held, C., Knauff, M., & Vosgerau, G. (2006). General introduction: current developments in cognitive psychology of mind. In C. Held, M. Knauff & G. Vosgerau (Hrsg.), *Mental models and the mind. Current developments in cognitive psychology, neuroscience, and philosophy of mind*. Amsterdam, Boston: Elsevier.

Johnson-Laird, P. N. (1980). Mental models in cognitive science. *Cognitive Science, 4*, 71–115.

Johnson-Laird, P. N. (1983). *Mental models*. Cambridge: Harvard University Press.

Johnson-Laird, P. N. (2004). The history of mental models. In K. Manktelow & M. C. Chung (Hrsg.), *Psychology of reasoning: theoretical and historical perspectives* (S. 179–212). New York: Psychology Press.

Johnson-Laird, P. N. (2010). Mental models and human reasoning. *Proceedings of the National Academy of Sciences of the United States of America, 107*, 18243–18250. https://doi.org/10.1073/pnas.1012933107.

Jones, N. A., Ross, H., Lynam, T., Perez, P., & Leitch, A. (2011). Mental models: an interdisciplinary synthesis of theory and methods. *Ecology and Society, 16*, 46.

van Joolingen, W. R., Aukes, A. V. A., Gijlers, H., & Bollen, L. (2015). Understanding elementary astronomy by making drawing-dased models. *Journal of Science Education and Technology, 24*, 256–264. https://doi.org/10.1007/s10956-014-9540-6.

Kattmann, U., Duit, R., Gropengießer, H., & Komorek, M. (1997). Das Modell der Didaktischen Rekonstruktion – Ein Rahmen für naturwissenschaftsdidaktische Forschung und Entwicklung. *Zeitschrift für Didaktik der Naturwissenschaften, 3*, 3–18.

Knauff, M. (2017). Mentales Modell. In M. A. Wirtz (Hrsg.), *Dorsch – Lexikon der Psychologie*. Zugriff am 05.11.2017 unter https://m.portal.hogrefe.com/dorsch/mentales-modell/.

May, M. (2001). Mentale Modelle. In *Lexikon der Psychologie* (S. 49–50). Heidelberg: Spektrum.

Nersessian, N. J. (1999). Model-based reasoning in conceptual change. In L. Magnani, N. J. Nersessian & P. Thagard (Hrsg.), *Model-based reasoning in scientific discovery*. New York: Kluwer Academic Publishers.

Nersessian, N. J. (2002). The cognitive basis of model-based reasoning in science. In P. Carruthers, S. Stich & M. Siegal (Hrsg.), *The cognitive basis of science* (S. 133–153). Cambridge: Cambridge University Press.

Norman, D. A. (1983). Some observations on mental models. In D. Gentner & A. L. Stevens (Hrsg.), *Mental models* (S. 7–14). Hillsdale: Lawrence Erlbaum.

Palmer, S. (1978). Fundamental aspects of cognitive representation. In E. Rosch & B. Lloyd (Hrsg.), *Cognition and categorization* (S. 295–303). Hillsdale: Lawrence Erlbaum.

Perrig, W., & Kintsch, W. (1985). Propositional and situational respresentations of text. *Journal of Memory and Language, 24*, 503–518.

Schwedes, H., & Dudeck, W. G. (1993). Lernen mit der Wasseranalogic. Eine Einführung in die elementare Elektrizitätslehre. *Unterricht Physik, 4*, 16–23.

van Dijk, & Kintsch, W. (1983). *Strategies of discourse comprehension*. New York: Academic Press.

Vosgerau, G. (2006). The perceptual nature of mental models. In C. Held, M. Knauff & G. Vosgerau (Hrsg.), *Mental models and the mind. Current developments in cognitive psychology, neuroscience, and philosophy of mind* (S. 255–275). Amsterdam, Boston: Elsevier.

Vosniadou, S. (1994). Capturing and modeling the process of conceptual change. *Learning and Instruction, 4*, 45.

Vosniadou, S. (2002). Mental models in conceptual development. In L. Magnani & N. J. Nersessian (Hrsg.), *Model-based reasoning. Science, Technology, Values* (S. 353–368). Boston: Springer.

Vosniadou, S., & Brewer, W. F. (1992). Mental models of the earth: a study of conceptual change in childhood. *Cognitive Psychology, 24*, 535–585.

Vosniadou, S., & Brewer, W. F. (1994). Mental models of the day/night cycle. *Cognitive Science, 18*, 123–183. https://doi.org/10.1016/0364-0213(94)90022-1.

Wirtz, M. A. (2017). Dorsch – Lexikon der Psychologie. https://portal.hogrefe.com/dorsch/inferenz/. Zugegriffen: 9. Nov. 2017.

Argumentieren im naturwissenschaftlichen Unterricht

Claudia von Aufschnaiter und Helmut Prechtl

6.1 Einführung

Nimm einen Schirm mit, es wird heute sicher noch regnen. Wie kommst du darauf? Der Himmel ist doch fast wolkenlos!

Wusstest du, dass blaues Licht die Melatoninausschüttung verringert? Melatonin ist ein Hormon, das müde macht. Ich denke, man sollte deshalb auf keinen Fall abends an einem Tablet lesen!

Argumentationen sind ständiger Begleiter in unseren Alltagskonversationen. Wir versuchen, andere von unserer Meinung zu überzeugen oder stellen deren Behauptungen infrage. In einer Argumentation sollen Behauptungen begründet bzw. belegt werden, es geht also nicht nur darum, zu äußern, *was* man denkt, sondern auch, *warum* man so denkt (u. a. Osborne 2010). In den Beispielen oben wird behauptet, dass es „sicher noch regnen" wird und dass man „auf keinen Fall abends an einem Tablet lesen" sollte. Warum nehmen die Personen, die diese Behauptung aufgestellt haben, an, dass die Behauptungen gültig oder wahr sind? Gerade das erste Beispiel zeigt ja, dass sich die Behauptung durchaus anzweifeln lässt. Die Möglichkeit des Anzweifelns ist ebenso kennzeichnend für eine Argumentation wie die Begründung: Eine Argumentation lässt in ihrer Grund-

---

Aus Gründen der besseren Lesbarkeit wird im Text verallgemeinernd das generische Maskulinum verwendet. Diese Formulierungen umfassen gleichermaßen weibliche und männliche Personen; alle sind damit gleichberechtigt angesprochen.

C. von Aufschnaiter (✉)
Institut für Didaktik der Physik, Justus-Liebig-Universität Gießen
Gießen, Deutschland
E-Mail: Claudia.von-Aufschnaiter@didaktik.physik.uni-giessen.de

H. Prechtl
Institut für Biochemie und Biologie, Universität Potsdam
Potsdam-Golm, Deutschland
E-Mail: prechtl@uni-potsdam.de

© Springer-Verlag GmbH Deutschland, ein Teil von Springer Nature 2018
D. Krüger et al. (Hrsg.), *Theorien in der naturwissenschaftsdidaktischen Forschung*,
https://doi.org/10.1007/978-3-662-56320-5_6

anlage *Kontroversen* zu oder lädt sogar dazu ein. Sie soll also dazu führen, dass in einem *inhaltsbezogenen Diskurs* miteinander ausgehandelt wird, warum eine bestimmte Behauptung Gültigkeit hat, aber auch, was die Gültigkeit einer Behauptung möglicherweise einschränkt und welche alternativen Behauptungen aufgestellt werden können. Nicht immer lässt sich in diesem Diskurs Einigkeit erzielen. Das kann Streitigkeiten auslösen, sollte idealerweise aber dazu führen, sich weiteren empirischen Untersuchungen oder Recherchen zuzuwenden, um eine Position besser zu stützen oder deutlichere Gründe für deren Widerlegung zu identifizieren.

Argumentationen[1] spielen nicht nur im Alltag eine bedeutsame Rolle, ihnen kommt auch als wissenschaftliche Denk- und Arbeitsweise eine tragende Funktion zu. Sie dienen auf der einen Seite dazu, aus Beobachtungen und theoretischen Überlegungen Schlussfolgerungen abzuleiten, haben also eine *epistemische Funktion* (wissensgenerierende Argumentationen; Jiménez-Aleixandre und Erduran 2008). Auf der anderen Seite bilden sie das zentrale Kernelement der verbalen und schriftlichen Kommunikation wissenschaftlicher Erkenntnisse, von deren Gültigkeit andere Personen *überzeugt* werden sollen (persuasive Argumentationen; Jiménez-Aleixandre und Erduran 2008; s. a. Osborne 2010). Zentrale Wissensbestände, die wir heute als gültig ansehen, sind durch solche Argumentationen entstanden: Welche Belege haben wir dafür, dass wir davon ausgehen, dass sich die Erde um ihre eigene Achse dreht? Wie sind Naturwissenschaftler dazu gelangt, anzunehmen, dass sich die Erde um die Sonne und nicht etwa die Sonne um die Erde dreht?

> Critique is not, therefore, some peripheral feature of science, but rather it is core to its practice, and without argument and evaluation, the construction of reliable knowledge would be impossible. (Osborne 2010, S. 464)

Aufgrund ihrer tragenden Rolle in Wissenschaft und Alltag sollen Argumentationen und der Prozess des Argumentierens auch im naturwissenschaftlichen Unterricht zum Gegenstand gemacht werden (z. B. Jiménez-Aleixandre und Erduran 2008; Osborne 2010). Entsprechende Kompetenzen finden sich (implizit und explizit) in den Bildungsstandards für den mittleren Schulabschluss (KMK 2005a, 2005b, 2005c): Im Kompetenzbereich Erkenntnisgewinnung sind Argumentationen z. B. Bestandteil der zielgerichteten Auswahl von Daten und Informationen sowie der Beurteilung der Gültigkeit von Ergebnissen und Verallgemeinerungen. Sie werden im Kompetenzbereich Kommunikation u. a. für die Dokumentation von Ergebnissen benötigt und sind zentrales Element von Bewertungsprozessen (Kap. 16), die im Kompetenzbereich Bewertung adressiert werden. In diesem Sinn bildet die Fähigkeit zum Argumentieren eine Kompetenz, die einen für Naturwissenschaften typischen Arbeitsprozess abbildet. Das Erfassen der tragenden Rolle von Argumentationen in naturwissenschaftlichen Erkenntnisprozessen ist zudem ein Element des Verständnisses der *Nature of Science* (Lederman 2006; Kap. 7); damit wird

---

[1] Zu den verwendeten Begriffen: Argumentation bezeichnet einen Typus, Argumentationen sind Realsierungen des Typus (auch im Singular als eine Argumentation), Argumentieren bezieht sich auf eine Handlung.

das Spezifische naturwissenschaftlicher Zugänge – insbesondere die Suche nach empirischen Belegen für Behauptungen – verdeutlicht. Zuletzt ist davon auszugehen, dass sich durch das fachbezogene Argumentieren im Sinn einer wissensgenerierenden Funktion auch fachinhaltliches Wissen im Unterricht aufbauen lässt (Bricker und Bell 2008; Osborne 2010). Gerade die Diskussion darüber, warum eine bestimmte fachliche Schlussfolgerung zulässig ist, eine andere aber nicht, kann den Lernenden helfen, einen Sachverhalt inhaltlich besser zu verstehen (z. B. von Aufschnaiter et al. 2008; Osborne et al. 2004a). Diese Prozesse können durch Lehrkräfte unterstützt werden, indem sie entsprechende Rückfragen stellen – also nicht nur auf die richtige Antwort fokussieren, sondern auch Begründungen für die Entscheidung einfordern – und selbst systematisch Begründungen für fachinhaltliche Schlussfolgerungen abgeben. Umgekehrt ist auch davon auszugehen, dass inhaltsbezogenes Vorwissen eine Voraussetzung für das Argumentieren darstellt, weshalb es Lernenden schwerfallen kann, angemessen zu argumentieren, bevor sie zentrale Aspekte des jeweiligen Gegenstands der Argumentation erfasst haben (z. B. von Aufschnaiter et al. 2008).

6.2   Beschreibungen von Argumentation im Überblick

Es ist nicht verwunderlich, dass sich aufgrund der hohen Relevanz von Argumentationen sowohl im Alltag als auch als wichtiger Bestandteil naturwissenschaftlicher Grundbildung ein relativ breites Forschungsfeld damit befasst (Rönnebeck et al. 2016). Die Forschung ist dabei nicht nur auf den naturwissenschaftlichen Unterricht bezogen. Das ist ein Grund, warum sich zwar ein gewisser Grundkonsens bezüglich der Beschreibung von Argumentationen finden lässt, in vielen Punkten aber auch unterschiedliche Ansätze verfolgt werden (u. a. Bricker und Bell 2008; Rapanata et al. 2013; Rönnebeck et al. 2016; van Emeeren 2003). Vergleichsweise hohe Einigkeit zeigt sich in Bezug auf die folgenden Punkte:

- Eine Argumentation umfasst immer ein Konstrukt aus *Behauptung* oder *Schlussfolgerung* (im Englischen als „claim" und „conclusion" bezeichnet) und *Begründung* („justification", „grounds", „reasons", „evidence"). Begründungen können dabei sowohl empirischer als auch theoretischer Natur sein (Jiménez-Aleixandre und Erduran 2008; Sampson und Clark 2008). *Schlussfolgerungen* werden in einer wissensgenerierenden Argumentation aus empirischen Daten abgeleitet. Bei einer persuasiven Argumentation wird eine aufgestellte *Behauptung* mit einer *Begründung* gerechtfertigt.
- Es wird meistens davon ausgegangen, dass Argumentationen in sozialen Kontexten stattfinden und eine dialogische Anlage haben (u. a. Sampson und Clark 2008). Die dialogische Anlage kann dabei umfassen, dass eine Argumentation in einem kritischen „Dialog" mit sich selbst stattfindet, z. B. in der Abwägung von Pro- und Kontraargumenten, oder dass eine Argumentation verschriftlicht wird, damit andere Personen sich damit auseinandersetzen und darauf reagieren können (Riemeier et al. 2012).

- Einhergehend mit der dialogischen Anlage wird oft betont, dass sich Argumentationen dadurch von anderen Diskursformen, wie z. B. Erklärungen oder Austausch über persönliche Erlebnisse und Erfahrungen, abgrenzen, dass mit ihnen eine *Überzeugungsabsicht* bzw. *Positionseinnahme* einhergeht. Diese Überzeugungsabsicht kann sich sowohl darauf beziehen, dass die in wissensgenerierenden Argumentationen abgeleitete Schlussfolgerung tatsächlich stimmig oder plausibel ist, als auch, dass die aufgestellte Behauptung zutrifft, wahr oder richtig ist. Durch die Überzeugungsabsicht entsteht das bereits oben hervorgehobene zentrale Anliegen der Ermöglichung von Kontroversen (u. a. Osborne 2010). Abgrenzungen von anderen Diskursformen sind v. a. dort notwendig, wo grundsätzlich im Diskurs argumentative Strukturen entstehen können, es aber nicht zwingend um die Einnahme einer Position mit der Absicht geht, andere von der Gültigkeit zu überzeugen (Abschn. 6.4). Das betrifft auf der einen Seite die begründete Angabe von Vorlieben, z. B. „Ich trinke keinen Alkohol", über deren Gültigkeit keine sinnvolle Argumentation angestrebt werden kann. Auf der anderen Seite haben Erklärungen oft eine argumentative Struktur, ihr Anliegen ist aber nicht, andere Personen von der Schlussfolgerung zu überzeugen, sondern diese inhaltlich nachvollziehbar zu machen (Osborne und Patterson 2011; Riemeier et al. 2012).

- Es wird häufig zwischen dem *Prozess* des Argumentierens („argumentation") und dem dabei entstehenden *Produkt*, der Argumentation („argument"), unterschieden (u. a. Jiménez-Aleixandre und Erduran 2008; van Emeeren 2003). Während die englischen Begriffe vergleichsweise trennscharf erscheinen und in diesem Sinn manchmal auch im Deutschen genutzt werden, sind die deutschen Begrifflichkeiten mehrdeutig: Argumentation kann sowohl den Prozess des Argumentierens als auch das entstandene Produkt umfassen, Argument wird manchmal für das gesamte Produkt (Behauptung plus Begründung), teilweise aber auch für einzelne Elemente daraus verwendet. Entlang des deutschen Sprachgebrauchs schlagen wir vor, Argumentation als eine übergreifende Beschreibung aufzufassen, die sich sowohl auf den Prozess als auch auf das Produkt bezieht (Fleischhauer 2013, S. 5; Riemeier et al. 2012), Argumentieren als expliziten Verweis auf den Prozess zu nutzen und Argumentationselemente, um auf einzelne Bestandteile einer Argumentation zu verweisen. Den mehrdeutigen und im Deutschen weniger gebräuchlichen Begriff des Arguments verwenden wir nicht.

Die hier aufgeführten zentralen Gemeinsamkeiten sind in Abb. 6.1 in das Zentrum der Darstellung über theoretische Rahmungen des Konstrukts Argumentation gerückt. Unterschiede in den Beschreibungsansätzen finden sich insbesondere im Hinblick auf die grundlegende theoretische Perspektive auf das Argumentieren (Abb. 6.1 oben), die teilweise festlegt, welche Argumentation als zulässig bzw. vernünftig angesehen wird und was die Funktion einer Argumentation ist bzw. sein sollte. Auch die Frage, wie einzelne Argumentationen inhaltlich und formal klassifiziert werden könnten (Abb. 6.1 vorletzte

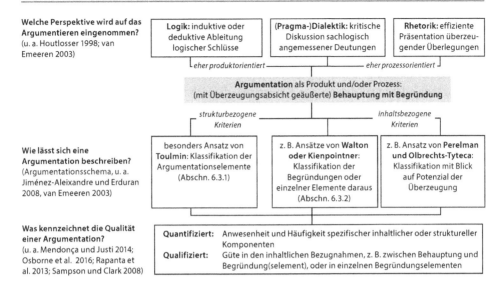

Abb. 6.1 Überblick über Beschreibungsansätze für Argumentation

Zeile) und wie ihnen Qualität zugeschrieben wird (Abb. 6.1 letzte Zeile), wird durch die theoretische Perspektive mitbestimmt.

In den Naturwissenschaftsdidaktiken wird in Bezug auf die theoretische Perspektive überwiegend ein pragmatischer Zugang verfolgt, weil eine naturwissenschaftliche Argumentation oft strittige Fakten (empirische Daten oder theoretische Annahmen) umfasst, während in der Logik die Fakten als unstrittig angenommen werden. Aus der Perspektive der Logik entwickelte Argumentationen lassen sich zudem nur auf existierende Wissensbestände anwenden (Jiménez-Aleixandre und Erduran 2008). Die Einnahme einer rhetorischen Perspektive wird häufig nicht favorisiert, weil diese, analog zur Logik, zu sehr an formalen Strukturen orientiert ist (insbesondere im Sinn von Kommunikationsmustern). In Anlehnung an die Rhetorik werden dennoch auch in pragmatischen Ansätzen zur Klassifikation der Elemente einer Argumentation und ihrer Qualität strukturbezogene Kriterien genutzt (Toulmin-Schema; Abschn. 6.3.1 sowie Abb. 6.2). Hier zeigt sich, dass sich jenseits der drei in der ersten Zeile von Abb. 6.1 genannten theoretischen Perspektiven unterschiedliche und die Perspektiven verbindende Auslegungen finden lassen. Klassifikationen von Argumentationen, die einen inhaltlichen Fokus einnehmen (z. B. der Ansatz von Kienpointner; Abschn. 6.3.2) sind seltener zu finden, aus naturwissenschaftlicher Sicht aber relevant, weil über sie der Bezug zu fachinhaltlichen Aspekten hergestellt werden kann. Es werden deshalb im folgenden Abschnitt beide Ansätze – Toulmin und Kienpointer – etwas ausführlicher diskutiert und auch Hinweise zur Beschreibung von Qualität der Argumentation mithilfe dieser Ansätze gegeben.

6.3   Zwei ausgewählte Rahmungen zur Beschreibung einer Argumentation

Theoretische Rahmungen von Argumentationen umfassen in der Regel Sätze von strukturbezogenen oder inhaltsbezogenen Kategorien, die sich für die Klassifikation einer Argumentation oder einzelner ihrer Elemente nutzen lassen. Das Anliegen dabei ist zumeist, die Argumentation zu erfassen und zu beschreiben sowie darüber hinaus Aussagen über ihre Qualität zu treffen (Abb. 6.1). Beides sind wichtige Zugänge, um Lernende zielgerichtet beim Aufbau von Argumentationskompetenz unterstützen zu können. Unter den auf die Klassifikation von Strukturen bezogenen Ansätzen bildet das Modell von Toulmin, ursprünglich für Argumentationen vor Gericht entwickelt, einen weit verbreiteten Ansatz (Abschn. 6.3.1). Die Analyse inhaltsbezogener Strukturen ist weniger weit verbreitet, hier finden sich verschiedene Zugänge (Abb. 6.2), von denen wir exemplarisch den Ansatz von Kienpointner vorstellen (Abschn. 6.3.2).

6.3.1   Strukturbezogene Beschreibung: Toulmin

Im Modell von Toulmin wird eine Argumentation in verschiedene Argumentationselemente aufgeschlüsselt, die in spezifischer Weise miteinander verbunden sind (Toulmin 1996; Abb. 6.2). Es wird in diesem Zusammenhang oft von *Toulmin's Argument Pattern* gesprochen (u. a. Jiménez-Aleixandre und Erduran 2008). Es muss aber betont werden, dass die in den verschiedenen Forschungsprojekten genannten Elemente etwas unter-

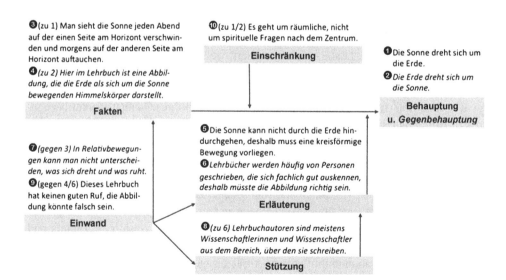

Abb. 6.2 Struktur einer Argumentation. (In Anlehnung an Toulmin 1996; s. a. Osborne 2010, S. 464) sowie ein Beispiel; die Zahlen deuten die Reihenfolge der Elemente in der Argumentation an (*kursiv*: gegenläufige Argumentationselemente)

schiedlich ausfallen (Sampson und Clark 2008), sowohl in Bezug auf die Zahl der angeführten Elemente als auch in Bezug auf die Auslegung, was die einzelnen Elemente bedeu-
ten. Somit kann, genau genommen, nicht von *dem* Modell von Toulmin gesprochen werden. Die folgende Aufstellung zentraler Elemente (nach Fleischhauer 2013, Abschn. 5.1.2;
Riemeier et al. 2012) kann deshalb nur eine Orientierung über mögliche Elemente und ihre
Bedeutung in einer Argumentation geben (Abb. 6.2); eine Anpassung je nach Forschungskontext kann aber erforderlich sein und sollte auch vorgenommen werden.

Behauptung („claim") Kennzeichnet die Positionseinnahme einer Person, aus der eine
Überzeugungsabsicht im Sinn von „dies ist ein/der gültige/r Schluss" oder „diese Aussage
gilt" deutlich wird. Behauptungen stellen häufig den Startpunkt einer Argumentation dar,
können aber auch aus der Zusammenführung von anderen Elementen (s. u.) im Sinne einer
Schlussfolgerung abgeleitet werden.

Gegenbehauptung („counter-claim") Kennzeichnet die Einnahme einer widersprechen-
den oder alternativen Position. Gegenbehauptungen müssen in diesem Sinn nicht zwingend beinhalten, dass die zuvor aufgestellte Behauptung nicht gültig ist.

Fakten („data") Fakten sind typischerweise empirische Daten bzw. Befundlagen, es können aber auch als geteilt angenommene theoretische Überlegungen oder ethische und
normative Aussage die Funktion von Fakten einnehmen. In einer logisch aufgebauten
Argumentation werden Fakten und Erläuterungen (s. u.) häufig als *Prämissen* bezeichnet,
da sie die Voraussetzung für abgeleitete Schlussfolgerungen bilden. In einer naturwissenschaftlichen Argumentation wird ganz besonderes Gewicht auf empirische Daten als
Fakten gelegt, weil sie als ein Kennzeichen einer auf Beobachtungen und Experimenten
beruhenden Wissenschaft angesehen werden.

Erläuterungen („warrant") Die Angabe einer Behauptung und einem Faktum oder mehreren Fakten, die diese Behauptung (bzw. die Gegenbehauptung) stützen oder widerle-
gen, sind zwar bereits elementare Bausteine einer Argumentation, es fehlt jedoch noch
eine explizite Verbindung zwischen diesen beiden Elementen. Warum oder inwiefern
stützt bzw. widerlegt das Faktum die Behauptung? Erläuterungen stellen hier die Verbindung her und bilden deshalb eine zentrale Komponente (auch als Schlussregel bezeichnet;
Abschn. 6.3.2), die auch in Überlegungen zur Qualität einer Argumentation eine wichtige Rolle spielt. Eine Erläuterung liefert einen über die Behauptung und das Faktum bzw.
die Fakten hinausgehenden inhaltlichen Aspekt, der Behauptung und Faktum miteinander verknüpft: Faktum und Erläuterung bilden eine *Evidenz*, die das Faktum allein nicht
bilden kann.

Einwand („rebuttal") Der für Argumentation wichtige Aspekt der Kontroverse wird
nicht nur durch die Option einer Gegenbehauptung ermöglicht, sondern kann sich auch
in Form der Kritik an geäußerten Fakten, Erläuterungen oder Stützungen (s. u.) entfalten.
Einwände stellen diese Elemente infrage und können damit auch den Startpunkt einer

neuen Argumentation markieren, in dem das Element, gegen den der Einwand vorgebracht wird, wie eine Behauptung behandelt wird. Hier deutet sich schon an, dass nicht immer eindeutig festzulegen ist, was eine Argumentation ist (wo beginnt und endet sie; Fleischhauer 2013, Kap. 5).

Stützung („backing") Im Sinn der Konstruktion einer möglichst überzeugenden Argumentation können zuvor genannte Fakten, Erläuterungen oder Einwände durch inhaltlich stärkende Aussagen gestützt werden. Ähnlich der Erläuterung liefern Stützungen über das gestützte Element hinaus einen inhaltlichen Aspekt, der plausibel macht, warum das Element gültig ist.

Einschränkung („qualifier") Einschränkungen bilden eine Art abgeschwächten Einwand, der sich auf alle Elemente beziehen kann und eine Aussage darüber trifft, unter welchen Randbedingungen das Element nur gültig sein kann. Im ursprünglichen Ansatz von Toulmin sind Einschränkungen primär auf die Behauptungen bezogen (Abb. 6.2). Da aber auch Einschränkungen aller anderen Elemente potenziell denkbar sind und empirisch beobachtet werden können (Fleischhauer 2013, Abschn. 5.1.2), scheint es sinnvoll, einen etwas breiteren Ansatz zu wählen.

Die aufgeführten Elemente müssen nicht alle in einer Argumentation enthalten sein. Damit diese aber als Argumentation gilt, sollte es mindestens eine Behauptung und ein Faktum geben. Erläuterungen als einen weiteren konstituierenden Bestandteil einzufordern, ist insofern problematisch, als dass gerade Schüler diese nicht immer explizieren, ihre Argumentationen aber darauf hindeuten, dass Erläuterungen implizit vorhanden sind oder das Faktum so formuliert wird, dass die intendierte Verbindung zur Behauptung erkennbar ist (Fleischhauer 2013, Abschn. 5.1.2; Weiß 2016).

Das Modell von Toulmin wird gelegentlich missverstanden als eine situationsübergreifende bzw. personenunabhängige Beschreibung von Argumentationen; dies trifft aber nicht die Intentionen von Toulmin (Bricker und Bell 2008). Was als ein Faktum zählt, hängt z. B. von dem Kreis von Personen ab, an den die Argumentation gerichtet ist. Inhaltsgleiche Aussagen werden deshalb nicht immer gleich klassifiziert (z. B. mal als Behauptung, mal als Faktum). Es ist zudem wichtig anzumerken, dass die Suche nach Signalwörtern wie „weil" oder „darum" die Identifikation einzelner Elemente einer Argumentation zwar erleichtern kann, eine inhaltsspezifische Betrachtung aber unverzichtbar ist, da u. a. Zirkelschlüsse vorliegen können: „Die Erde dreht sich um die Sonne, weil die Erde eine Kreisbahn um die Sonne vollzieht."

Das *Toulmin Argument Pattern* lässt sich in mindestens zweifacher Hinsicht für die Forschung und den Unterricht nutzen:

1. Es bildet die Basis für die Beschreibung vorliegender Argumentationen und eignet sich auch für Aussagen über deren Qualität (Mendonça und Justi 2014; Sampson und Clark 2008). Qualität könnte sich z. B. in der Nutzung höherwertiger Elemente wie

Erläuterungen oder Einschränkungen zeigen oder in der expliziten Nennung von Widersprüchen als Gegenbehauptungen und Einwände. Auch die Zahl der auftretenden Elemente, z. B. die Nutzung verschiedener, eine Behauptung stützender Fakten kann ein Zeichen höherer Qualität sein.

2. Die Beschreibungen von Elementen sowie ihres Zusammenwirkens (Abb. 6.2) helfen, Schüler dafür zu sensibilisieren, welche Elemente eine fundierte Argumentation ausmachen (gegebenenfalls im Sinn einer etwas reduzierten Zahl oder Differenziertheit der Elemente) oder wo in ihrer Argumentation Elemente fehlen, die sinnvoll eingebracht werden können (Rapanta et al. 2013, S. 491 f. zum Bereich „metacognitive assessment mode").

6.3.2 Inhaltsbezogene Beschreibung: Kienpointner

Für die Analyse von Schülerargumentationen lassen sich neben der Komplexität oder Vollständigkeit hinsichtlich ihrer Struktur nach Toulmin auch die verwendeten *Erläuterungen* (Abb. 6.2; bei Kienpointner 1992, S. 45 als *Schlussregeln* bezeichnet) sowie die *Plausibilität* einer Argumentation inhaltlich betrachten. Hinsichtlich der Erläuterungen unterscheidet Kienpointner (1992) sog. *Argumentationsmuster* danach, in welcher Weise eine Erläuterung eingesetzt wird und von welcher Art diese ist (Walton 1996). Diese Argumentationsmuster sind drei Großklassen zugeordnet und werden von uns im Folgenden mit (fachlich angemessenen und unangemessenen) evolutionsbiologischen Beispielen veranschaulicht (verändert nach Basel 2015) sowie auf die Toulmin-Klassifikation bezogen.

Großklasse I: Schlussregelbenutzende Argumentationsmuster
(1) *Einordnungsmuster*: Zusammenfassung von Mustern, die auf einer Einordnung von Einheiten z. B. durch Genus-Spezies- oder Ganzes-Teil-Relationen beruhen.
    Beispiel: Der Mensch ist eine biologische Art (Faktum) und wird daher weiteren evolutiven Veränderungen unterliegen (Behauptung). Wenn alle biologischen Arten der Evolution unterliegen, dann gilt das auch für die menschliche Spezies (Erläuterung).
(2) *Vergleichsmuster*: Argumentationsmuster, die auf einem Vergleich von Einheiten beruhen.
    Beispiel: Die heute lebenden Affenarten sind aus Arten hervorgegangen, die ausgestorben sind (Faktum). Für den Menschen muss eine Abstammung von denselben oder verwandten Arten angenommen werden (Behauptung). Menschen und Menschenaffen sind sich biologisch sehr ähnlich (Erläuterung).
(3) *Gegensatzmuster*: Argumentationen (Einwände) beruhen auf Gegensätzen.
    Beispiel: Es gibt nur eine Menschenart, aber z. B. viele verschiedene Affenarten (Faktum). Daher lässt sich aus der Evolution von Affen nicht auf die Evolution des Menschen schließen (Behauptung). Wenn die Evolution von Affen und Menschen nach den gleichen Gesetzmäßigkeiten verlaufen wäre, müssten auch die Ergebnisse der Evolution gleichartig sein (Erläuterung).

(4) *Ursache-Wirkungs-Muster*: Zusammenfassung von kausalen Argumentationsmustern. Beispiel: Jedes Lebewesen erfährt Mutationen seines Erbguts (Faktum). Daher verändert sich auch die menschliche Spezies im Lauf der Zeit (Behauptung). Mutationen können über die Keimbahnzellen an die Nachkommen weitergegeben werden, sodass sie sich über Generationen aufsummieren und zu bedeutsamen Veränderungen des Erbguts führen können (Erläuterung).

(5) *Handlungs-Folge-Muster*: Hierunter wird der besondere kausale Zusammenhang der Folgen motivierter, absichtsvoller Handlungen gemeint.
Beispiel: Gott schuf die Tiere, ein jedes nach seiner Art, und er schuf den Menschen nach seinem Ebenbild (Schöpfungserzählung als Faktum). Der Mensch soll über das Vieh herrschen (Behauptung). Gott wollte, dass der Mensch sich die Erde untertan mache (Erläuterung).

Die schlussregelbenutzenden Argumentationsmuster entsprechen nur formal der Deduktion in der formalen Logik, also der Begründung einer Schlussfolgerung mit einer gültigen Regel. Diese Gültigkeit ist in der informellen Logik aber nicht absolut.

Großklasse II: Schlussregeletablierende Argumentationsmuster

(6) *Induktives Beispielmuster*: Beispiele werden genutzt, um auf einen allgemeinen Satz (eine Erläuterung) zu schließen. Es handelt sich also um eine induktive Argumentation.
Beispiel: Die unterschiedlichen Schnabelformen der verschiedenen Arten von Darwinfinken entsprechen deren jeweiligen Ernährungsweisen (Beobachtung als Faktum). Die Schnabelformen müssen sich also im Lauf der Evolution als Anpassung an die Umweltbedingungen entwickelt haben (Behauptung). Alle Arten sind an ihre Lebensbedingungen evolutiv angepasst (Erläuterung).

Großklasse III: Weitere Argumentationsmuster

(7) *Illustratives Beispielmuster*: Im Gegensatz zum induktiven Beispielmuster wird kein allgemeiner Satz hergeleitet, sondern eine Behauptung mit einem zutreffenden Beispiel illustriert.
Beispiel: Die Gestalt von Lebewesen ist eine evolutiv erworbene Anpassung an die Umweltbedingungen (Behauptung). So ist die Fischflosse an die Eigenschaften des Wassers angepasst (Beispiel).

(8) *Analogiemuster*: Bei Analogien wird eine Gleichheit von zwei Fällen vorausgesetzt, wobei die beiden Fälle unterschiedlichen Realitätsbereichen entspringen.
Beispiel: Dinosaurier haben sich im Lauf der Evolution verändert (Faktum). Daher verändert sich die menschliche Art auch (Behauptung). Menschen und Dinosaurier unterliegen den gleichen evolutiven Mechanismen (Erläuterung).

(9) *Autoritätsmuster*: Zur Stützung der Konklusion werden unterschiedliche Arten von Autoritäten eingesetzt (z. B. Lehrer, Informationsmedien; Abb. 6.2 Punkt 6).
Beispiel: Die unterschiedlichen Schnabelformen der verschiedenen Arten von Darwinfinken entsprechen deren jeweiligen Ernährungsweisen (Beobachtung als Faktum). Die Schnabelformen müssen sich also im Lauf der Evolution als Anpassung an

die Umweltbedingungen entwickelt haben (Behauptung). Dieser Schluss wurde von Charles Darwin im Zuge seiner Evolutionstheorie gezogen (Erläuterung).

Bei allen Argumentationsmustern wird deutlich, dass ein Konsens zwischen den an einer Argumentation Beteiligten bezüglich der Gültigkeit einer verwendeten Erläuterung vorausgesetzt wird. Erläuterungen sind – wie alle Strukturelemente einer Argumentation – grundsätzlich anzweifelbar. Toulmin führt daher das Argumentationselement der Stützung an und richtet dieses typischerweise auf die Erläuterung (Abschn. 6.3.1).

Die Argumentationsmuster nach Kienpointner sind einerseits universell, also feldunspezifisch anwendbar, lassen aber andererseits vergleichende Betrachtungen in verschiedenen Domänen in Bezug auf feldspezifische Unterschiede zu. Damit wird ein Zugang eröffnet, um Schülerargumentationen fachspezifisch zu charakterisieren und zu vergleichen (Abschn. 6.4.2). Die fachspezifische und inhaltsbezogene Analyse impliziert allerdings noch keine Wertung der inhaltlichen Qualität einer Argumentation. Es stellt sich also die Frage, wie Argumentationen nicht nur nach Mustern charakterisiert, sondern auch in ihrer Qualität bewertet werden können. Dazu ziehen mehrere Autoren das Kriterium der Plausibilität heran (z. B. Kienpointner 1992; Nussbaum 2011; Walton 1996).

In Anlehnung an Rescher (1976, zit. nach Nussbaum 2011, S. 90) bemisst Nussbaum die Plausibilität einer Argumentation nach der Zuverlässigkeit der Quelle, die einer Beobachtung oder einer Aussage, die als Schlussregel (Erläuterung) dient, zugrunde liegt. Die Zuverlässigkeit kann durch Beobachtungen oder Aussagen, die Expertise einer Person o. ä. bestimmt werden. Walton (1996) schlägt in diesem Zusammenhang *kritische Fragen* vor, die dazu dienen können, jedes Argumentationsschema auf seine Plausibilität hin zu überprüfen (Nussbaum 2011). So kann z. B. hinterfragt werden, wie groß das Maß der tatsächlichen Expertise eines Experten (Autorität) für einen bestimmten Sachverhalt ist, wie gut sich ein angeführtes Beispiel für eine bestimmte Argumentation eignet, wie ausgeprägt und wie generalisierbar ein herangezogener Kausalzusammenhang ist oder wie wahrscheinlich die vermuteten Folgen einer Handlung sind. So lautet in Abb. 6.2 eine der beiden Erläuterungen: „Lehrbücher werden häufig von Personen geschrieben, die sich fachlich gut auskennen, deshalb müsste die Abbildung richtig sein". Eine kritische Frage dazu wäre: Handelt es sich dabei wirklich um Personen, die sich fachlich gut auskennen? Eine Antwort auf diese kritische Frage könnte die Stützung sein: „Lehrbuchautoren sind meistens Wissenschaftler aus dem Bereich, über den sie schreiben" (Abb. 6.2). Ein hochwertiger Argumentationsprozess würde von den Beteiligten die Klärung solcher kritischer Fragen erfordern. Das Produkt, die ausgearbeitete Argumentation, beinhaltet die Fragen und die Antworten darauf.

Mit der Ergänzung der strukturellen Qualität (nach Toulmin) durch die Klassifizierung von inhaltsbezogenen Argumentationsmustern nach den verwendeten Schlussregeln (nach Kienpointner) sowie durch die Auseinandersetzung mit deren Plausibilität mithilfe von kritischen Fragen (nach Walton) liegt ein mehrdimensionales Instrumentarium zur Bestimmung der Qualität von Argumentationen vor. Dieses wurde für einen Vergleich von Schülerargumentationen in den Fächern Biologie und Religion eingesetzt (Abschn. 6.4.2).

6.4 Anwendung: Strukturelle und inhaltliche Argumentationsanalysen

In den folgenden beiden Abschnitten wird beschrieben, wie die zuvor erläuterten Rahmungen (Toulmin und Kienpointner) in der fachdidaktischen Forschung für die Analyse von Diskursprozessen von Schülern genutzt wurden. Für Toulmin wird dies am Beispiel von Gruppenarbeitsprozessen von Schülern in der Physik (verschiedene Themenfelder) erläutert, für Kienpointner am Beispiel von Schülerargumentationen zu Evolution und Schöpfungsgeschichte (Verzahnung von Biologie und Religion).

6.4.1 Argumentieren und fachinhaltliches Lernen

Der Rahmen von Toulmin wird insbesondere genutzt, um die Argumentationen von Schülern in solchen Situationen zu untersuchen, in denen sie explizit zum Argumentieren aufgefordert bzw. dazu angeregt werden (z. B. Abb. 6.3, adaptiert nach Osborne et al. 2004b). Die Identifikation von Elementen nach Toulmin wird in diesen Fällen dadurch erleichtert, dass die Behauptung durch die Aufgabe vorgegeben ist. Sind die Argumentationen vor dem Hintergrund des Rahmenmodells klassifiziert, können Parameter untersucht werden, die einen Einfluss auf die Struktur und Qualität haben können, wie z. B. vorlaufende Instruktionen zu Argumentationen, gegebenenfalls sowohl für Lehrkräfte als auch für Schüler (z. B. Osborne et al. 2004a, 2004b). Einfluss auf die Struktur könnten auch Personenmerkmale haben, zu denen Geschlecht, Vorerfahrungen mit Argumentation, allgemeine kognitive Fähigkeiten oder auch fachinhaltliche Kenntnisse zählen. In fachdidaktischen Studien liegt ein besonderes Augenmerk auf dem Zusammenwirken von fachinhaltlichem Vorwissen und Argumentationen, sowohl im Sinn der Wirkung von Vorerfahrungen auf Struktur und Qualität von Argumentationen (v. Aufschnaiter et al. 2008; Riemeier et al. 2012) als auch im Sinn von durch Argumentationen generierten neuen oder vertieften Fachwissens (Zohar und Nemet 2002; in Verbindung mit Argumentationstrainings). Soll Argumentieren mit fachinhaltlichen Aspekten verbunden werden, reicht der Rahmen von Toulmin nicht aus. Es ist hier erforderlich, zusätzlich Fachwissenstests zu nutzen und/oder Verfahren zu entwickeln, um die fachinhaltliche Qualität der Argumentationsprozesse zu erfassen.

Die Annäherung an Struktur und Qualität von Argumentationen über spezifische Argumentationsaufgaben (Abb. 6.3), die Untersuchung der auf diese Prozesse Einfluss nehmenden Parameter bzw. die Wirkung dieser Prozesse auf fachliches Lernen kann nicht klären, ob und wenn ja, unter welchen Bedingungen, Lernende (oder Forschende) von sich aus argumentieren. Zu den offenen Fragen gehört auch, wie sich Argumentationsprozesse und andere Diskursformen, insbesondere das (Er-)Klären eines Sachverhalts, wechselseitig bedingen. Einige Projekte befassen sich deshalb mit Argumentationen während fachinhaltlicher Lernprozesse. Diese Zugänge sind exemplarisch für alle Untersuchungen, die im Kern einen anderen Gegenstand als Argumentation haben, z. B. die Analyse von

Diskutiert, welche der beiden folgenden Behauptungen ihr für zutreffend haltet:

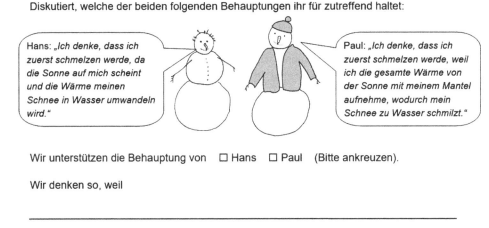

Hans: „Ich denke, dass ich zuerst schmelzen werde, da die Sonne auf mich scheint und die Wärme meinen Schnee in Wasser umwandeln wird."

Paul: „Ich denke, dass ich zuerst schmelzen werde, weil ich die gesamte Wärme von der Sonne mit meinem Mantel aufnehme, wodurch mein Schnee zu Wasser schmilzt."

Wir unterstützen die Behauptung von ☐ Hans ☐ Paul (Bitte ankreuzen).

Wir denken so, weil

Abb. 6.3 Beispiel eines Argumentationsanlasses

Unterricht durch Lehrkräfte oder die Entwicklung von Fragestellungen, die in Experimenten geprüft werden sollen. Sie zielen darauf ab, zu erfassen, wann Argumentationen durch die Probanden genutzt bzw. aktiviert werden und wie dies mit dem Prozess verbunden ist, der im Zentrum der Untersuchung steht. Auch wenn grundsätzlich klar ist, wie Argumentationen beschrieben werden sollen, z. B. mit dem Rahmenmodell nach Toulmin, ergibt sich sofort eine Schwierigkeit: Woran kann im Prozess erkannt werden, dass aktuell argumentiert wird bzw. wann die Argumentation zu Ende ist? Der empirische Zugang zu dieser Frage stellt neben der Entwicklung eines Kodiermanuals für die Identifikation einzelner Argumentationselemente (s. Beschreibung oben sowie Fleischhauer 2013, Abschn. 5.1; Riemeier et al. 2012) eine besondere Herausforderung dar.

Argumentationen, die ohne explizite Anregung z. B. beim fachinhaltlichen Lernen auftreten, können nur erfasst werden, wenn die Überzeugungsabsicht bzw. die Positionseinnahme zu einem die Argumentation identifizierenden Merkmal wird. Positionseinnahmen lassen sich aber nicht ausschließlich an den verbalen oder schriftlichen Formulierungen erkennen. Oft wird erst in der Berücksichtigung der Intonation der Aussage deutlich, ob eine Überzeugungsabsicht oder eher eine Fragehaltung im Sinn des (Er-)Klärens vorliegt, weshalb sich Video- oder zumindest Audioaufnahmen als Erhebungsmethode anbieten.

Für die Auswertung gerade eher umfangreicher Daten zu Diskursprozessen, in denen auch, aber nicht nur Argumentationen enthalten sind, hat sich ein zweistufiger Zugang bewährt (z. B. Riemeier et al. 2012): In einem ersten Schritt werden z. B. mithilfe eines reduzierten Kategoriensystems alle Argumentationsprozesse in den Diskursen der Lernenden auf der Basis kategorialer Zuschreibungen identifiziert. In der Reduzierung kann zunächst zwischen (a) Behauptungen mit Gegenbehauptung, (b) Behauptungen mit stützender bzw. kontroverser Begründung sowie (c) (Er-)Klärungsprozessen unterschieden werden. In einem zweiten Schritt können dann die Argumentationsprozesse mit den von Toulmin beschriebenen Argumentationselementen erfasst werden.

Die Befunde der verschiedenen Studien deuten an, dass sich Argumentationsfähigkeiten trainieren lassen, die Qualität der Argumentationen danach insbesondere in naturwissenschaftlichen Kontexten insgesamt aber nicht immer hoch ist (wenig verschiedene
Elemente, wenig höherwertige Elemente wie Erläuterungen, eher einseitig als kontrovers;
z. B. Osborne et al. 2004a; Riemeier et al. 2012). Schüler argumentieren zwar auch ohne
durch spezifische Aufgaben angeregt zu werden, es zeigt sich aber, dass begonnene Argumentationen in (Er-)Klärungsprozesse übergehen können – die Positionseinnahme wird
aufgegeben – und sich auch andersrum aus (Er-)Klärungsprozessen Argumentationen ergeben können (u. a. Fleischhauer 2013, S. 72 ff.).

6.4.2 Analyse fachspezifischer Schülerargumentationen

Von einer interdisziplinären Arbeitsgruppe aus der Biologiedidaktik und der Religions-
pädagogik wurden Schülerargumentationen auf mögliche fach- oder kontextspezifische
Unterschiede hin untersucht. Als Argumentationsgegenstand wurde das Thema Evolution
und Schöpfung gewählt, da die Evolution als biologische Theorie sowie im potenziellen
Konflikt zur Schöpfungslehre die Anforderung der Strittigkeit erfüllt (Hermann 2008).
Fach und Kontext wurden variiert, indem sowohl im Religionsunterricht als auch im
Biologieunterricht der gymnasialen Oberstufe Schüler aufgefordert wurden, zum Thema
Evolution und Schöpfung schriftlich entweder als Biologin bzw. Biologe für die Evoluti-
onstheorie oder als Theologin bzw. Theologe für die Schöpfungserzählung zu argumen-
tieren (Basel 2015; Weiß 2016). In den Schülerargumentationen wurden die Argumen-
tationsstruktur (nach Toulmin), die Argumentationsmuster (nach Kienpointner) und die
Plausibilität (nach Walton) analysiert.

In der Auswertung der Texte konnten unterschiedlich komplexe Argumentationsstrukturen (nach Toulmin) unterschieden werden, insgesamt war jedoch die Strukturkomple-
xität fach- und kontextunabhängig gering. Erst in der Analyse der Argumentationsmuster
(nach Kienpointner) wurden kontextspezifische Unterschiede festgestellt: Argumentationen zur Evolutionstheorie (naturwissenschaftlicher Kontext) enthielten v. a. Ursache-Wirkungs-Muster, Einordnungsmuster und illustrative Beispielmuster. Argumentationen zur
Schöpfungserzählung (theologischer Kontext) enthielten v. a. Handlungs-Folge-Muster,
Vergleichsmuster und (induktive) Beispielmuster.

In weiteren Analyseschritten konnten bei der Bestimmung der Plausibilität der Schülerargumentationen mithilfe kritischer Fragen (nach Walton) drei Niveaus unterschieden
werden. Diese wurden danach bestimmt, ob Aussagen, die als Fakten oder als Erläuterungen herangezogen wurden, fachlich angemessen oder unangemessenen waren (z. B.
„Bipedie [Fortbewegung auf zwei Beinen] erwies sich unter bestimmten Umweltbedingungen als vorteilhaft." bzw. „Biologen glauben an die Evolutionstheorie.") und ob diese
Aussagen für die Schlussfolgerung relevant waren oder nicht („Bipedie verhalf zu besseren Überlebens- und Fortpflanzungschancen" bzw. „Naturwissenschaft und Glaube sind
gleichberechtigt").

Zusätzliche Analysen unterschieden noch zwischen zustimmenden und ablehnenden Argumenten gegenüber Evolutionstheorie und Schöpfungserzählung sowie zwischen deskriptiver (wissensbasierter) und normativer (wertebasierter) Argumentation (Sadler und Zeidler 2005). Im Ergebnis waren die Schülerargumentationen zur Evolutionstheorie umfangreicher als die zur Schöpfungserzählung, dabei in größerem Umfang deskriptiv, zugleich aber auch überwiegend ablehnend. Argumentationen gegenüber der Schöpfungserzählung waren überwiegend normativ.

Im Gesamtbild erbrachte die Analyse von Schülerargumentationen in der Kombination mehrerer theoretischer Ansätze einen Zugewinn an Differenzierungsmöglichkeiten und Erkenntnissen. Eine Diskussion dieser Befunde sowie ein Vorschlag für ein Instrument zur Bewertung von Schülerargumentationen finden sich in Basel (2015).

6.5 Desiderata für Forschung zu Argumentation

Aus dem gegenwärtigen Forschungsstand zu Argumentationen lassen sich mindestens zwei Bereiche ableiten, in denen auch aktuell noch Forschungsbedarf besteht:

Differenzierte Beschreibung (der Qualität) einer Argumentation: Argumentationen werden zumeist mit strukturbezogenen Kriterien erfasst (z. B. Ansatz von Toulmin), seltener wird deren inhaltlicher Aufbau analysiert (z. B. Ansatz von Kienpointner). Kombinationen beider Zugänge finden sich selten; wenn, dann ist diese Kombination eher additiv als integrativ (z. B. Basel 2015). Die Qualität von Argumentationen wird aber möglicherweise geeigneter erfasst, wenn die Rahmungen zu einem übergeordneten Konstrukt integriert werden, indem z. B. für jedes Argumentationselement und für bestimmte Kombinationen von Elementen fachinhaltliche Unterscheidungen benannt werden. Die Weiterführung bestehender Ansätze könnte deshalb substanziell auf die Integration verschiedener Rahmungen ausgerichtet sein, anstatt auf – wenn überhaupt – deren parallele Nutzung.

Darüber hinaus sind Ansätze zur strukturellen oder inhaltlichen Qualitätsbeschreibung noch relativ wenig differenziert. Osborne et al. (2016) beschränken ihre Beschreibung einer Stufung im Lernen von Argumentation („learning progression"; Kap. 13) im Wesentlichen darauf, dass Lernende zunehmend mehr Elemente generieren und vernetzen können. Es wäre aber auch vorstellbar, dass sich das Verständnis davon weiterentwickelt, was eine Erläuterung ausmacht oder wie man Behauptungen so formuliert, dass sie möglichst allgemein gültig sind. Lernen im Sinne einer Qualitätsentwicklung würde dann (auch) dadurch sichtbar, dass sich die Ausdeutung und Nutzung einzelner Elemente verändert. Es müsste somit (zunächst) für jedes Element geprüft werden, ob sich nicht Graduierungen beschreiben (und empirisch nachweisen) lassen. Hier ergeben sich dann möglicherweise auch Ansätze, Argumentationen mit niedriger Qualität weiter zu differenzieren.

Argumentieren als grundlegende Denk- und Arbeitsweise, auch über den naturwissenschaftlichen Unterricht hinaus: Die bisherige Forschung zu Argumentation setzt besonders dort an, wo Aufgaben offensichtlich das Argumentieren provozieren, z. B. bei der Bewertung oder bei der Auseinandersetzung mit widersprüchlichen fachinhaltlichen Zusammenhängen (Abb. 6.2; Kap. 16). Gemäß den eingangs in diesem Kapitel aufgestellten Überlegungen hat das Argumentieren aber ein viel breiteres Einsatzfeld und ist oft Mittel zum Zweck: Im naturwissenschaftlichen Unterricht sollen z. B. Schlussfolgerungen aus Experimenten gezogen oder Quellen bewertet werden. In der Lehrerbildung kann das Argumentieren ein wichtiges Element bei der fallbasierten Unterrichtsanalyse darstellen; auch hier müssen (angehende) Lehrkräfte ihre Behauptungen über die Qualität des Unterrichts begründen und darin, idealerweise, theoretische Überlegungen aus der Ausbildung einfließen lassen. Die Weiterentwicklung theoretischer Zugänge wird auch dadurch befruchtet, dass neue Forschungsfelder erschlossen werden, die (besonders) dort zu liegen scheinen, wo das Argumentieren mit anderen Kompetenzen verbunden werden soll, sowohl für Lernende im naturwissenschaftlichen Unterricht als auch für deren Lehrkräfte.

6.6   Literatur zur Vertiefung

Bricker, L. A., & Bell, P. (2008). Conceptualizations of argumentation from science studies and the learning sciences and their implications for the practices of science education. *Science Education, 92*(3), 473–498.

Der Beitrag befasst sich mit der Breite verschiedener Rahmungen von Argumentationen in unterschiedlichen Disziplinen und erörtert, welche Erträge sich für die Naturwissenschaftsdidaktik ergeben.

Jiménez-Aleixandre, M. P., & Erduran, S. (2008). Argumentation in science education: An overview. In S. Erduran, & M. P. Jiménez-Aleixandre (Hrsg.), *Argumentation in science education. Perspectives from classroom-based research* (S. 3–25). Dordrecht: Springer.

Der Beitrag gibt einen Überblick über Gründe für das Argumentieren im naturwissenschaftlichen Unterricht sowie grundsätzliche theoretische Überlegungen.

Osborne, J. F., & Patterson, A. (2011). Scientific argument and explanation: A necessary distinction? *Science Education, 95*(4), 627–638.

Der Beitrag diskutiert strukturelle Gemeinsamkeiten und Unterschiede von Erklärungen und Argumentationen kritisch.

Rapanta, C., Garcia-Mila, M., & Gilabert, S. (2013). What is meant by argumentative competence? An integrative review of methods of analysis and assessment in education. *Review of Educational Research, 83*(4), 483–520.

Ausgehend von einer Literaturanalyse wird ein Modell argumentativer Kompetenz entworfen, das drei Hauptebenen argumentativer Kompetenz umfasst: eine metakognitive, eine metastrategische und eine epistemologische Ebene.

Sampson, V. D., & Clark, D. B. (2008). Assessment of the ways students generate arguments in science education: Current perspectives and recommendations for future directions. *Science Education, 92*(3), 447–472.

Der Beitrag gibt einen Überblick über Verfahren der Unterscheidung und Klassifizierung von Argumentationen.

Literatur

Aufschnaiter, C. v., Erduran, S., Osborne, J. F., & Simon, S. (2008). Arguing to learn and learning to argue: case studies of how students' argumentation relates to their scientific knowledge. *Journal of Research in Science Teaching, 45*(1), 101–131.

Basel, N. (2015). *Schülerargumente zu Evolution und Schöpfung. Eine Untersuchung zur Entwicklung eines fächerübergreifenden Modells von Argumentationsfähigkeit.* Dissertation zur Erlangung des Doktorgrades der Mathematisch-Naturwissenschaftlichen Fakultät der Christian-Albrechts-Universität zu Kiel.

Bricker, L. A., & Bell, P. (2008). Conceptualizations of argumentation from science studies and the learning sciences and their implications for the practices of science education. *Science Education, 92*(3), 473–498.

van Eemeren, F. H. (2003). A glance behind the scenes: the state of the art in the study of argumentation. *Studies in Communication. Sciences, 3*(1), 1–23.

Fleischhauer, J. (2013). *Wissenschaftliches Argumentieren und Entwicklung von Konzepten beim Lernen von Physik.* Berlin: Logos.

Hermann, R. S. (2008). Evolution as a controversial issue: a review of instructional approaches. *Science & Education, 17*(8–9), 1011–1032.

Jiménez-Aleixandre, M. P., & Erduran, S. (2008). Argumentation in science education: An overview. In S. Erduran & M. P. Jiménez-Aleixandre (Hrsg.), *Argumentation in science education. Perspectives from classroom-based research* (S. 3–25). Dordrecht: Springer.

Kienpointner, M. (1992). *Alltagslogik: Struktur und Funktion von Argumentationsmustern.* Stuttgart, Bad Cannstatt: Frommann-Holzboog.

KMK (2005a). *Bildungsstandards im Fach Biologie für den mittleren Bildungsabschluss.* München Neuwied: Luchterhand.

KMK (2005b). *Bildungsstandards im Fach Chemie für den mittleren Bildungsabschluss.* München Neuwied: Luchterhand.

KMK (2005c). *Bildungsstandards im Fach Physik für den Mittleren Schulabschluss.* München, Neuwied: Luchterhand.

Lederman, N. G. (2006). Nature of science: past, present, and future. In S. K. Abell & N. G. Lederman (Hrsg.), *Handbook of research on science education* (S. 831–879). Mahwah: Lawrence Erlbaum.

Mendonça, P. C. C., & Justi, R. (2014). An instrument for analyzing arguments produced in modeling-based chemistry lessons. *Journal of Research in Science Teaching, 51*(2), 192–218.

Nussbaum, E. M. (2011). Argumentation, dialogue theory, and probability modeling: alternative frameworks for argumentation research in education. *Educational Psychologist, 46*(2), 84–106.

Osborne, J. F. (2010). Arguing to learn in science: the role of collaborative, critical discourse. *Science, 328*, 463–466.

Osborne, J. F., & Patterson, A. (2011). Scientific argument and explanation: a necessary distinction? *Science Education, 95*(4), 627–638.

Osborne, J. F., Erduran, S., & Simon, S. (2004a). Enhancing the quality of argumentation in school science. *Journal of Research in Science Teaching, 41*(10), 994–1020.

Osborne, J. F., Erduran, S., & Simon, S. (2004b). *Ideas, evidence and argument in science [In-service Training Pack, Resource Pack and Video]*. London: Nuffield Foundation.

Osborne, J. F., Henderson, J. B., MacPherson, A., Szu, E., Wild, A., & Yao, S.-Y. (2016). The development and validation of a learning progression for argumentation in science. *Journal of Research in Science Teaching, 53*(6), 821–846.

Rapanta, C., Garcia-Mila, M., & Gilabert, S. (2013). What is meant by argumentative competence? An integrative review of methods of analysis and assessment in education. *Review of Educational Research, 83*(4), 483–520.

Riemeier, T., Aufschnaiter, C. von, Fleischhauer, J., & Rogge, C. (2012). Argumentationen von Schülern prozessbasiert analysieren: Ansatz, Vorgehen, Befunde und Implikationen. *Zeitschrift für Didaktik der Naturwissenschaften, 18*, 141–180.

Rönnebeck, S., Bernholt, S., & Ropohl, M. (2016). Searching for a common ground – a literature review of empirical research on scientific inquiry activities. *Studies in Science Education, 52*(2), 161–197.

Sadler, T. D., & Zeidler, D. L. (2005). Patterns of informal reasoning in the context of socioscientific decision making. *Journal of Research in Science Teaching, 42*(1), 112–138.

Sampson, V. D., & Clark, D. B. (2008). Assessment of the ways students generate arguments in science education: current perspectives and recommendations for future directions. *Science Education, 92*(3), 447–472.

Toulmin, S. (1996). *Der Gebrauch von Argumenten* (2. Aufl.). Weinheim: Beltz.

Walton, D. (1996). *Argumentation schemes for presumptive reasoning*. Mahwah: Lawrence Erlbaum.

Weiß, T. (2016). *Fachspezifische und fachübergreifende Argumentation am Beispiel von Schöpfung und Evolution. Theoretische Grundlagen – Empirische Analysen – Jugendtheologische Konsequenzen*. Göttingen: V&R unipress.

Zohar, A., & Nemet, F. (2002). Fostering students' knowledge and argumentation skills through dilemmas in human genetics. *Journal of Research in Science Teaching, 39*(1), 35–62.

Nature of Science

Peter Heering und Kerstin Kremer

7.1 Was ist *Nature of Science*?

Der Begriff *Nature of Science* (NOS)[1] wurde ursprünglich im Kontext der Wissenschafts-theorie und -philosophie etabliert. Er wurde dann in der fachdidaktischen Diskussion um naturwissenschaftliche Bildung aufgegriffen und Ende der 1990er-Jahre zu einem zentralen Diskussionsgegenstand (Allchin 2011; Lederman 2007; McComas 1998). Mit der naturwissenschaftsdidaktischen Verwendung des Begriffs NOS soll die Bedeutung der Entwicklung eines Verständnisses der Naturwissenschaften in Bildungsprozessen hervorgehoben werden (Kap. 2). Hierzu zählt u. a. ein Verständnis über naturwissenschaftliche Erkenntnisgewinnung, über soziale Strukturen innerhalb der Naturwissenschaften und über den epistemischen Status naturwissenschaftlicher Aussagen. Die Lernenden sollen sich damit in einer durch Naturwissenschaften geprägten Gesellschaft und Berufswelt orientieren können (Höttecke 2001a; Hößle et al. 2004). NOS umfasst „Einsichten in die

---

[1] Im deutschen Sprachraum finden sich Bezeichnungen wie Natur der Naturwissenschaften, Wissen über Naturwissenschaften oder Kultur der Naturwissenschaften; letztlich besteht aber kein Konsens, weshalb hier weiter die englische Bezeichnung genutzt wird.

Aus Gründen der besseren Lesbarkeit wird im Text verallgemeinernd das generische Maskulinum verwendet. Diese Formulierungen umfassen gleichermaßen weibliche und männliche Personen; alle sind damit gleichberechtigt angesprochen.

P. Heering (✉)
Physik und ihre Didaktik und Geschichte, Europa-Universität Flensburg
Flensburg, Deutschland
E-Mail: peter.heering@uni-flensburg.de

K. Kremer
Leibniz Institut für die Pädagogik der Naturwissenschaften und Mathematik, Universität Kiel
Kiel, Deutschland
E-Mail: kremer@ipn.uni-kiel.de

© Springer-Verlag GmbH Deutschland, ein Teil von Springer Nature 2018   105
D. Krüger et al. (Hrsg.), *Theorien in der naturwissenschaftsdidaktischen Forschung*,
https://doi.org/10.1007/978-3-662-56320-5_7

fachliche, erkenntnistheoretische, historische, soziale und kulturelle Tragweite von naturwissenschaftlichem Wissen sowie ein Verständnis der Denk- und Arbeitsmethoden der
naturwissenschaftlichen Disziplinen und der Wertebasis, auf der naturwissenschaftliche
Entscheidungen gründen." (Hofheinz 2008, S. 9). Damit ist die Diskussion darüber, welche Dimensionen NOS ausmachen, notwendigerweise ein offenes und interdisziplinäres
Feld mit Beiträgen u. a. aus wissenschaftshistorischer, -soziologischer und -philosophi-
scher Perspektive (McComas et al. 1998). Offene Fragestellungen in der Diskussion sind
beispielsweise „Was unterscheidet naturwissenschaftliche von anderen wissenschaftlichen
Praktiken?", „Welchen erkenntnistheoretischen Status haben naturwissenschaftliche Aussagen?" oder „Werden naturwissenschaftliche Ideen erfunden oder entdeckt?". Die verschiedenen disziplinären Perspektiven bedingen, dass entsprechende Ansätze zur theoretischen Fundierung von naturwissenschaftsdidaktischen Forschungsarbeiten im Bereich
NOS verschiedenartig strukturiert sein können. Insofern ist es wesentlich zu berücksichtigen, dass nicht nur eine Rahmung möglich ist. Gleichzeitig liegt gerade in der Vielfalt
dieser Ansätze ein hohes Potenzial für eine breite Forschung, die zur Erfassung der unterschiedlichen Perspektiven auf NOS auch erforderlich ist. Aus diesem Grund ist es
notwendig, aus den existierenden verschiedenen Ansätzen sich bewusst einen auszuwählen, der für die eigenen Ziele besonders geeignet erscheint. In diesem Beitrag werden
insgesamt vier Ansätze mit ihren Potenzialen kurz vorgestellt und gegeneinander abgegrenzt.

7.1.1   Relevanz von *Nature of Science* für Bildungsprozesse

Für Didaktiker sowie Lehrkräfte in den Naturwissenschaften sind insbesondere diejenigen
Aspekte von NOS bedeutsam, die sowohl eine den Fächern entsprechende Kompetenzentwicklung, aber auch affektive Aspekte beeinflussen. Die NOS-Ansätze gehen dabei über
die auf eine Grundbildung im Sinn von *Scientific Literacy* abzielenden Ansätze hinaus
und beinhalten insbesondere wissenschaftspropädeutische Aspekte. Damit zielen NOS-
Ansätze nicht nur auf ein Wissen in den Naturwissenschaften, sondern gerade auch auf
ein Wissen *über* die Naturwissenschaften (Hodson 2008, 2014). International stellt hierfür
das von McComas (1998) herausgegebene Buch *The Nature of Science in Science Education – Rationales and Strategies* einen zentralen Referenzpunkt dar. Ziel und Verdienst
dieser Aufsatzsammlung ist die erstmalige strukturierte Zusammenführung verschiedener
Dimensionen aus den unterschiedlichen NOS-relevanten Disziplinen. Grundlegend für die
weitere Diskussion ist eine in diesem Band enthaltene Textanalyse von damals aktuellen
bildungspolitischen Dokumenten (Standards und Curricula) aus dem anglo-amerikani-
schen Sprachraum (McComas und Olson 1998) sowie eine Diskussion von implizit im
Unterricht vermittelten NOS-Mythen.

Die curriculare Relevanz greifen neben der bereits erwähnten Textanalyse von McComas und Olson (1998) die Delphi-Studie von Osborne et al. (2003) sowie eine weitere Arbeit von Lederman et al. (2002) auf. Gerade letztgenannte Arbeit schlägt dann auch Forschungsinstrumente zur Erhebung des NOS-Verständnisses vor; insofern kann diese Arbeit als richtungsweisend charakterisiert werden. In der Folge wurden die verschiedenen Aspekte von NOS ausdifferenziert und später strukturiert. So beschreiben Neumann und Kremer (2013, S. 215) in Anlehnung an die Arbeit von Osborne et al. (2003), welche Aspekte von NOS im Hinblick auf naturwissenschaftliche Methoden, Eigenschaften naturwissenschaftlichen Wissens und Organe und soziale Aspekte der Naturwissenschaften für die Bildungsprozesse von Bedeutung sind. Vergleichbare Darstellungen finden sich etwa in Koska und Krüger (2012) und Kampourakis (2016).

Wissen und Vorstellungen über NOS haben eine Nähe zu allen in den deutschen Bildungsstandards verankerten prozeduralen Kompetenzen (vgl. KMK 2005a, 2005b, 2005c), insbesondere im Bereich Erkenntnisgewinnung (Mayer 2007). Auch in den Bereichen Kommunikation und Bewertung werden Kompetenzanforderungen formuliert, die besonders durch einen an NOS-Aspekten orientierten Unterricht gefördert werden können (Heering 2015; Hößle und Lude 2004).

In verschiedenen ausländischen Curricula wird die NOS-Vermittlung als Element von „scientific literacy" (McComas und Olson 1998; Gräber et al. 2002) schon seit vielen Jahrzehnten explizit thematisiert. Der Gedanke fußt auch auf älteren Konzepten wie beispielsweise der Wissenschaftspropädeutik (von Falkenhausen 1985; Litt 1959; Meyling 1990; Pukies 1979). Die *Next Generation Science Standards* der USA (*NGSS* Lead States 2013) betonen das Lernen über „scientific practices", die sich nicht auf Laborpraxen beschränken, sondern beispielsweise auch soziale Praktiken der Konsensfindung beinhalten. In Deutschland erfolgte die curriculare Verankerung bisher eher implizit als Teil prozeduraler Kompetenzen.

7.2 Theoretische Rahmungen für *Nature of Science*

Der um die Jahrtausendwende erreichte NOS-Konsens für die Schule (Lederman et al. 2002) diente als zentraler Ausgangspunkt für zahlreiche empirische Untersuchungen, die das Lehren und Lernen von NOS thematisierten (Chang et al. 2010). Gleichzeitig bildet der Konsens einen kritischen Reibungspunkt für neuere Ansätze und Re-Konzeptualisierungen (Allchin 2012, 2013; Erduran und Dagher 2014; Lederman et al. 2014). Um den aktuellen Stand der Diskussion nachzuzeichnen, werden an dieser Stelle vier Ansätze dargestellt: *Nature of Scientific Knowledge* (Lederman und Lederman 2014; Lederman et al. 2002), *Nature of Whole Science* (Allchin 2011), *Family Resemblance* (Erduran und Dagher 2014; Irzik und Nola 2011, 2014) und der *Narrative Ansatz* (Adúriz-Bravo 2013a, 2013b).

7.2.1 *Nature of Scientific Knowledge* und verwandte Rahmungen

Angelehnt an die Kriterien von McComas (1998) ging von einer Wissenschaftlergruppe um Lederman der Versuch aus, in einem Konsensansatz bedeutsame NOS-Aspekte für den schulischen Wissenserwerb zu benennen. Sie sollten folgende Kriterien erfüllen:

1. Verstehbarkeit und Erlernbarkeit in der Schule;
2. generelle Einigkeit und
3. Bedeutsamkeit für künftige Bürger (Lederman 2006, S. 304, zit. nach Neumann und Kremer 2013, S. 212).

Auf diese Weise identifizierten Lederman et al. sieben alltags- und schülerrelevante Eigenschaften von naturwissenschaftlichem Wissen (vgl. Erduran und Dagher 2014, S. 5):

1. Vorläufigkeit von naturwissenschaftlichem Wissen: Naturwissenschaftliches Wissen ist trotz seiner Glaubwürdigkeit und Dauerhaftigkeit niemals absolut sicher. Dieses Wissen, inklusive Fakten, Theorien und Gesetze, ist vorläufig.
2. Beobachtungen, Schlussfolgerungen und theoretische Einheiten in den Naturwissenschaften: Beobachtungen sind beschreibende Aussagen über Naturphänomene, die der sinnlichen Wahrnehmung direkt oder indirekt durch Hilfsmittel zugänglich sind. Schlussfolgerungen sind Aussagen über Naturphänomene, die den Sinnen nicht direkt zugänglich sind.
3. Theoriebezogenheit von naturwissenschaftlichem Wissen: Theoretische und disziplinäre Prägungen, Überzeugungen, Vorwissen, Ausbildung, Erfahrungen und Erwartungen beeinflussen die Arbeit von Naturwissenschaftlern.
4. Kreativität und Vorstellungskraft als Element naturwissenschaftlichen Wissens: Naturwissenschaft ist eine empirische Wissenschaft. Dennoch erfordert der naturwissenschaftliche Erkenntnisprozess menschliche Vorstellungskraft und Kreativität.
5. Soziale und kulturelle Eingebundenheit von naturwissenschaftlichem Wissen: Naturwissenschaften werden von Menschen gemacht. Diese Praxis ist durch Kulturen beeinflusst und die Naturwissenschaftler sind durch die Kultur geprägt.
6. Naturwissenschaftliche Theorien und Gesetze: Naturwissenschaftliche Theorien sind etabliert, substanziell und internal konsistente Erklärungssysteme. Gesetze sind beschreibende Aussagen über Zusammenhänge zwischen beobachtbaren Phänomenen. Theorien und Gesetze sind unterschiedliche Wissensbestände und können nicht wechselseitig auseinander abgeleitet werden.
7. Mythos der einen Methode: Der Mythos der *einen* naturwissenschaftlichen Methode bezieht sich auf die Vorstellung, dass es eine rezeptähnliche Schrittfolge geben könnte, der Naturwissenschaftler im naturwissenschaftlichen Erkenntnisprozess folgen. (vgl. Lederman et al. 2002, S. 500 ff.)

Diese sieben Eigenschaften werden in dem zitierten Beitrag ausgeführt und erläutert. Auf dieser Basis entwickelten Lederman et al. den *Views about Nature of Science Ques-*

tionnaire (VNOS), der zu einem Standardinstrument in der empirischen Forschung zu NOS geworden ist. Allerdings wurden in der Rezeption dieser Arbeit gerade im Hinblick auf die Erläuterungen der Eigenschaften diese wiederholt kritisch hinterfragt (vgl. Erduran und Dagher 2014, S. 6 f.).

Schwartz et al. (2008) differenzieren insbesondere zwischen den verwandten Konzepten *Nature of Scientific Knowledge* und *Nature of Scientific Inquiry (NOSI)*. Ersteres bezieht sich auf das Produkt des naturwissenschaftlichen Forschungsprozesses, also das naturwissenschaftliche Wissen, letzteres auf den Forschungsprozess. In Übereinstimmung mit den *Next Generation Science Standards* (*NGSS* Lead States 2013) haben Lederman et al. (2014) essenzielle Aspekte eines Verständnisses von *Scientific Inquiry* als *Views about Scientific Inquiry (VASI)* weiter ausgeschärft. Hierbei werden wiederum Aspekte formuliert, die in der Arbeit auch jeweils weiter ausgeführt werden (vgl. Lederman et al. 2014, S. 68–71):

1. Naturwissenschaftliche Untersuchungen beginnen mit einer Fragestellung, überprüfen aber nicht notwendigerweise eine Hypothese.
2. Es gibt nicht die *eine* bestimmte Abfolge von Schritten, der alle naturwissenschaftlichen Untersuchungen folgen (d. h. es gibt nicht *die* naturwissenschaftliche Methode).
3. Vorgehensweisen bei naturwissenschaftlichen Untersuchungen werden durch die Fragestellung bestimmt.
4. Naturwissenschaftler, die dieselben Untersuchungsverfahren anwenden, erhalten nicht notwendigerweise auch dieselben Ergebnisse.
5. Naturwissenschaftliche Untersuchungsverfahren können die Ergebnisse beeinflussen.
6. Schlussfolgerungen aus naturwissenschaftlicher Forschung müssen mit den gesammelten Daten vereinbar sein.
7. Naturwissenschaftliche Daten sind nicht dasselbe wie naturwissenschaftliche Belege.
8. Naturwissenschaftliche Erklärungen werden aus einer Kombination von gesammelten Daten und bereits bestehendem Wissen entwickelt.

Kennzeichnend für das Vorgehen der Gruppe um Ledermann ist, dass Aspektlisten aus der Theorie abgeleitet werden, die dann als Basis für die Formulierung eines Messinstruments dienen. Dabei sind diese Aspektlisten durchaus an den jeweils gültigen (nordamerikanischen) Curricula orientiert. Die jeweiligen Aspektlisten wurden in situativ eingebettete, offene Aufgabenstellungen überführt. Als damit verbundenes Forschungsinstrument wurden jeweils Fragebögen entwickelt, die in entsprechenden Interventionsstudien eingesetzt werden können und mittlerweile international adaptiert worden sind. Der VNOS (Lederman et al. 2002) liegt heute in verschiedenen Formen vor und kann sowohl zur Erhebung der Ansichten bzw. Vorstellungen von Schülern als auch von angehenden und praktizierenden Lehrkräften eingesetzt werden (z. B. Schwartz et al. 2004; Kishfe und Abd-El-Khalick 2002). Der VASI (Lederman et al. 2014) wird in internationalen Vergleichsstudien zur Erfassung von Schülerperspektiven zur naturwissenschaftlichen Erkenntnisgewinnung eingesetzt (Lederman et al. 2017). Die Auswertung der Fragen erfolgt holistisch, d. h.

das Verständnis der VNOS- bzw. VASI-Aspekte wird über alle Items hinweg codiert. In Postinterviews mit einem Teil der Befragten wird das Ergebnis der Erhebung inhaltlich validiert (Schwartz et al. 2012). Insgesamt ist kennzeichnend für den gesamten Ansatz, dass hier ein empirisch-analysierendes Vorgehen die Forschung prägt.

7.2.2 Nature of Whole Science

Der *Nature-of-Whole-Science*-Ansatz wurde durch Allchin (2013) in didaktischer Absicht formuliert und als eine Erweiterung, aber auch als Alternative zu den bisherigen NOS-Ansätzen beschrieben. Grundsätzlich wird das von McComas et al. (1998) entwickelte NOS-Verständnis in diesen Ansatz integriert, allerdings insbesondere um die durch Kolstø (2001) vorgeschlagenen sozialen Dimensionen der Naturwissenschaften erweitert. Durch diese Erweiterung bringt Allchin etwa mit Verweis auf die Arbeiten Latours eine wissenssoziologische Dimension in die Analyse der Naturwissenschaften ein.

Insgesamt kommt Allchin (2013) zu einem nach seiner Auffassung breiteren Ansatz, den er mit dem Begriff *Whole Science* charakterisiert. Hierbei betont er, dass die bisherigen Ansätze oftmals nur Teilaspekte thematisiert hätten, die aber gerade als Ganzes verstanden werden sollen. Ihm geht es in seiner Diskussion nicht nur um das Verständnis naturwissenschaftlichen Wissens und dessen epistemischen Status. Vielmehr soll auch ein Verständnis von der Produktion dieses Wissens und der Faktoren, die den Aufbau und die Entstehung beeinflussen, entwickelt werden. Deutlich wird dies etwa an der Betonung von drei Aspekten, der Nichtabgeschlossenheit, der Unvollständigkeit und des Durcheinanders, die in der Wissenschaft auftreten können. Insofern ist es folgerichtig, dass Allchin insbesondere die Prozesshaftigkeit der Naturwissenschaften und ihrer Erkenntnis betont (Allchin 2013, S. 27).

Allchins theoretischer Ansatz umfasst drei Komponenten, die unauflösbar miteinander verbunden sind: Neben dem naturwissenschaftlichen Inhalt und der Reflexion der NOS-Aspekte gehört zum *Whole-Science*-Ansatz auch die Fähigkeit, naturwissenschaftliche Prozesse zu verstehen. Dieser Ansatz bringt Allchin dazu, eine Reihe von Fallstudien zu entwickeln, mit denen er explizite Reflexionen über die damit verbundenen Inhalte, NOS-Aspekte und die Prozesse leistet. Insofern kann seine Rahmung als eine konzeptionell-entwickelnde bezeichnet werden. In den Fallstudien wird deutlich, dass sein Ansatz nicht nur breit angelegt ist, sondern auch, dass unterschiedliche Dimensionen (konzeptuell, empirisch und soziokulturell) miteinander verknüpft sind und nicht isoliert betrachtet werden können.

Deutlich wird die Breite seines Ansatzes etwa an der Diskussion der Dimensionen im Hinblick auf die Glaubwürdigkeit, die Naturwissenschaft und ihren Aussagen zugeschrieben werden kann (Allchin 2013, S. 24): Neben der empirischen Dimension (zu der Beobachtungen und Messungen, Experimente sowie Instrumente zählen) und der konzeptuellen Dimension (zu der Argumentationsstrukturen, historische Dimensionen und menschliche Perspektiven zählen) gibt es auch die soziokulturelle Dimension (zu der Institutionen, individuelle Präferenzen, ökonomische Randbedingungen und Kommunikation zählen).

Ein wesentliches Kennzeichen des *Whole-Science*-Ansatzes ist dessen historische Kontextualisierung. Allchin untermauert die theoretischen Konstrukte und Aussagen mithilfe historischer Fallstudien. Er vertritt die Auffassung, dass gerade durch die Verwendung historischer Fallstudien ein Verständnis im NOS-Bereich gefördert werden kann (Allchin et al. 2014). Allchin betont das Thematisieren der Prozesshaftigkeit und der Offenheit der historischen Situation, aus der heraus ein Verständnis für naturwissenschaftliches Wissen, aber auch der mit der Schaffung dieses Wissens verbundenen Praktiken entwickelt werden kann. Hierbei betont Allchin, dass dies nur gelingen kann, wenn die Fallstudien auch historisch reflektiert sind und nicht pseudohistorische Mythen aufgreifen bzw. reproduzieren (Allchin 2003, 2004, 2017).

Ein weiteres Kennzeichen, dass aber stärker für die unterrichtliche Umsetzung zum Tragen kommt, besteht in der engen Verbindung des *Whole-Science*-Ansatzes mit einem forschenden Ansatz wie dem *Inquiry Based Learning* (vgl. Heering und Höttecke 2014; Hofstein und Lunetta 2004).

7.2.3 Family Resemblance Approach

Der *Family Resemblance Approach (FRA)* wurde von Erduran und Dagher (2014) aus den Arbeiten von Irzik und Nola (2011, 2014) für den naturwissenschaftsdidaktischen Bereich adaptiert. Dabei wurden einige Änderungen im Hinblick auf den fachdidaktischen Gebrauch vorgenommen. In Anlehnung an Wittgenstein schauen Irzik und Nola (2014, S. 1000; Erduran und Dagher 2014, S. 20) auf naturwissenschaftliche Disziplinen und beschreiben diese wie die Mitglieder einer Familie, die sich ähnlich, jedoch niemals vollkommen gleich sind („family resemblance"). Als Beispiel wird u. a. die Disziplin Astronomie herangezogen. Astronomie kann keine Experimente durchführen, da Sternenkörper nicht manipulierbar sind. Dennoch weist Astronomie Eigenschaften auf, die sie zur Familie der Naturwissenschaften zugehörig werden lassen, z. B. das schlussfolgernde Denken oder das hypothetisch-deduktive Testen (Irzik und Nola 2014, S. 1013). Damit bietet der FRA einen disziplinübergreifenden Rahmen für die Charakterisierung von NOS. Ähnlichkeiten und Unterschiede verschiedener Disziplinen können beschrieben und miteinander in Beziehung gesetzt werden (Erduran und Dagher 2014). Gleichzeitig leistet dieser Ansatz einen Beitrag zu einem Verständnis der jeweiligen Fachkulturen, indem auch die Spezifika der jeweiligen Disziplinen (wie etwa der Astronomie) in Abgrenzung zu den Gemeinsamkeiten deutlich werden.

Die Vielfalt naturwissenschaftlicher Praktiken, Methoden, Ziele und Werte wird als Einheit – als ein kognitiv-epistemisches und als sozial-institutionelles System – betrachtet (Tab. 7.1; Erduran und Dagher 2014). Auf diese Weise versteht sich der FRA-Ansatz ebenso wie der von Allchin als Alternative zum Konsensansatz (Abschn. 7.2.1; Erduran und Dagher 2014, S. 20). Ähnlich wie beim *Whole-Science*-Ansatz sind die beschriebenen

Tab. 7.1 Der *Family Resemblance Approach.* (Erduran und Dagher 2014, S. 23)

Naturwissenschaft als kognitiv-epistemisches System				Naturwissenschaft als sozial-institutionelles System			
Prozess der Erkenntnis-gewinnung	Ziele und Werte	Methoden und metho-dologische Regeln	Naturwis-senschaft-liches Wissen	Professio-nelle Akti-vitäten	Naturwis-senschaft-licher Ethos	Soziale Ein-ordnung und Weitergabe von Wissen	Soziale Werte

Dimensionen nicht trennbar, sondern müssen als in Beziehung stehende Eigenschaften aufgefasst werden (Tab. 7.1).

In der Überkategorie Naturwissenschaft als kognitiv-epistemisches System diskutieren Irzik und Nola vier Kategorien. Hierbei bezieht sich *Prozess der Erkenntnisgewinnung* auf die Formulierung naturwissenschaftlicher Fragen, das Beobachten oder das Planen von Experimenten (Irzik und Nola 2014, S. 1007). *Ziele und Werte* umfassen u. a. die epistemischen Gütekriterien naturwissenschaftlichen Arbeitens, wie etwa Reproduzier-barkeit, Konsistenz oder Vorhersagbarkeit. *Methoden und methodologische Regeln* bezieht sich auf die Vielfalt der systematischen Ansätze und Regeln, die in der Naturwissenschaft angewendet werden. Hierzu zählen beispielsweise das induktive oder deduktive Schluss-folgern sowie das Beachten von Kontrollansätzen beim Testen von kausalen Hypothesen. Schließlich bezieht sich die Komponente *naturwissenschaftliches Wissen* auf die Produkte naturwissenschaftlicher Forschung, also Gesetze, Modelle und Theorien, aber auch Be-obachtungsdaten. Die Überkategorie Naturwissenschaft als sozial-institutionelles System fasst ebenfalls vier Kategorien zusammen: *Professionelle Aktivitäten* bezeichnet Aktivitä-ten, die Naturwissenschaftler zur Kommunikation ihrer Forschungsergebnisse durchfüh-ren (Tagungen, Publikationen, Drittmittelanträge). *Naturwissenschaftlicher Ethos* bezieht sich auf Haltungen und Normen, die Naturwissenschaftler bei ihrer eigenen Arbeit oder in der Interaktion mit Kollegen anwenden. Hierzu gehören Skeptizismus, Ehrlichkeit und Respekt gegenüber dem Forschungssubjekt. Die *soziale Einordnung* (also Bestätigung oder Ablehnung) *und Weitergabe von Wissen* bezieht sich auf das Prinzip des *Peer Review* als soziale Qualitätskontrolle. Damit bildet die soziale Einordnung eine Ergänzung zur epistemischen Qualitätskontrolle. *Soziale Werte* betreffen beispielsweise die Freiheit der Forschung oder den sozialen Nutzen, der sich aus der Verantwortlichkeit von Naturwis-senschaftlern ergibt (Erduran und Dagher 2014, S. 20 f.). Mit dem FRA wird der Anspruch erhoben, sowohl eine konzeptionell-entwickelnde als auch eine empirisch-analysierende Forschung fundieren zu können.

7.2.4 Narrativer Ansatz

Ein stärker kulturwissenschaftlich angelehnter Ansatz ist insbesondere durch Adúriz-Bra-vo entwickelt worden. Zentral ist hierbei, dass durch die Verwendung von entsprechenden Kurzgeschichten ein NOS-Verständnis entwickelt werden soll (Adúriz-Bravo 2013a). Dieser Ansatz ist ebenso wie der *Whole-Science*-Ansatz als konzeptionell-entwickelnd aufzufassen; hierbei soll insbesondere wissenschaftliche Forschungspraxis abgebildet werden.

Adúriz-Bravo geht dabei von wissenschaftstheoretischen Ansätzen aus, die er als postkuhnianisch bezeichnet. Mit dieser Kennzeichnung spricht er Arbeiten an, in denen Naturwissenschaften eher prozess- als produktorientiert beschrieben werden. Dabei geht es ihm insbesondere darum, modellhaft zu erschließen, wie naturwissenschaftliche Evidenz geschaffen werden kann und in unterschiedlichen Situationen zu einer Problemlösung beiträgt. Adúriz-Bravo (2013a) beschreibt dabei wissenschaftliche Untersuchungen als ein modellhaftes Vorgehen mit vier wesentlichen Aktivitäten, die die Entwicklung und Ausschärfung des Vorgehens forcieren: Beobachtungen, Interventionen, Erklärungen und Voraussagen. Dieses zentrale prozedurale Vorgehen, das repetitiv ist, wird von Adúriz-Bravo mit dem Bild der Aktivitäten als die vier Flügel einer Mühle (*The Mill*) metaphorisch dargestellt (Adúriz-Bravo 2013a, S. 289).

Diese vier Aktivitäten macht er selbst an der Analyse von Texten deutlich. Dabei sind die Texte oftmals fiktiv, können aber auch Darstellungen aktueller oder historischer Ereignisse sein. Beispielhaft sei hier eine von ihm als Illustration verwendete Kurzgeschichte von Roald Dahl (*The Landlady*) angesprochen. Diese endet in einer offenen Situation, bei der der Protagonist vermutlich (!) vergiftet worden ist. Dieser Befund wäre bereits eine modellbasierte Voraussage (das theoretische Modell hierbei wäre, dass die zweite Figur, die Wirtin, psychopathisch ist). Zu den Beobachtungen zählt dann, dass der Tee bitter schmeckt, als Intervention käme infrage, den Tee auf Blausäure zu untersuchen, die Erklärung besteht darin, dass die Wirtin junge Männer vergiftet.

7.3 Vergleichende Betrachtung der Ansätze

Wenn die vorgestellten theoretischen Rahmungen miteinander verglichen werden, dann lassen sich zunächst zwei Cluster erkennen. Ähnlichkeiten existieren zwischen dem FRA und den Modellen, die den Instrumenten VNOS und VASI (Abschn. 7.2.1) zugrunde liegen. Dabei berücksichtigen Erduran und Dagher im Gegensatz zu den von der Gruppe um Lederman etablierten Modellen auch soziale und soziologische Komponenten. Hiermit beanspruchen sie die sonst eher generalisierende Beschreibung von NOS jetzt disziplinenspezifisch differenzieren zu können. Beide Ansätze zeichnen sich durch ein strukturierendes und kategorisierendes Herangehen aus. Sie können bezüglich der Forschungsperspektive als deduktiv bezeichnet werden. Die theoretische Rahmung schafft jeweils eine abstrahierte Setzung, welche Aspekte das angestrebte NOS-Verständnis ausmachen.

Im Gegensatz dazu gehen der *Whole-Science*-Ansatz und der narrative Ansatz eher induktiv vor. So kommt insbesondere bei Allchin den individuellen Fallstudien eine hohe Bedeutung zu. Aus diesen wird im Lernprozess ein situiertes NOS-Verstehen konstruiert. Vergleichbar verwendet auch Aduríz-Bravo verschiedene Geschichten, wobei hier die vier

Perspektiven Beobachtung, Intervention, Erklärung und Voraussage jeweils angewandt werden. Beide Ansätze sind prozessorientiert.

Allerdings ist die Abgrenzbarkeit der jeweiligen Ansatzpaare keinesfalls vollständig möglich. Praktisch alle Arbeiten beziehen die Konsensliste (Abschn. 7.2.1) mit ein. Daneben beziehen sowohl der FRA und der *Whole-Science*-Ansatz soziale Komponenten in die Beschreibung mit ein.

Es gibt darüber hinaus zwischen Allchin (2011, 2012) und der Gruppe um Lederman (Schwartz et al. 2012) explizite Konflikte, die insbesondere in der Fachzeitschrift *Science Education* ausgetragen wurden: Ein zentraler Konfliktpunkt bezieht sich auf die Rolle der von Lederman angeführten Charakteristika von NOS in der Konsensliste. Diese Liste birgt nach Allchin die Gefahr, in dekontextualisierter Form verstanden zu werden. Dies würde dann lediglich zu deklarativem Wissen führen, bei dem die Listenpunkte zwar gelernt werden, allerdings die Fähigkeit, das Wissen anzuwenden, nicht entwickelt wird.

Daraus ergeben sich als zweiter Konfliktpunkt die Fragen, was eigentlich mit den von Lederman und anderen entwickelten NOS-Testinstrumenten (z. B. VNOS) untersucht wird und wie aussagekräftig diese Untersuchungen sind. Allchin argumentiert, dass mit den Items lediglich deklaratives Wissen erhoben werden könne. Lederman und Kollegen entgegnen hierzu, dass Items der entsprechenden Tests neben dekontextualisierten Abfragen („Was ist ein Experiment?") ergänzend auch Wissen angebunden an Szenarien zu naturwissenschaftlichen Untersuchungen oder Inhalten abfragen. Das NOS-Verständnis wird in Ledermans Sinn über alle Einzelfragen hinweg holistisch in den Blick genommen und die Ergebnisse und Interpretationen werden zusätzlich durch Interviews abgesichert. Letzteres ist ein wesentlicher Punkt: Wenn der VNOS-Test, wie vorgesehen, als eine Kombination aus Datenerhebung mittels Fragebogen und damit verbundenen Interviews zur Validierung der Interpretation der Ergebnisse durchgeführt wird, dann ist die Kritik der rein deklarativen Wissensabfrage sicherlich ungerechtfertigt. Allerdings besteht beim Einsatz des VNOS-Tests als Standardinstrument – wenn nur Teile des Tests verwendet werden – die Gefahr, dass simplifizierende Schlussfolgerungen getroffen werden. Dann wiederum wäre die Kritik Allchins Ernst zu nehmen. Insofern legt der Disput nahe, bei Forschungsstudien zum Lernzuwachs über NOS genau zu prüfen und durch Validierungsstudien sicherzustellen, ob das gewählte Assessment eine Aussage über ein konzeptuelles Verständnis von NOS zulässt. In der Folge dieses Disputs gibt es eine Reihe weiterer Beiträge, die diesen thematisieren und zu integrieren suchen (Leden et al. 2015) oder sich zu einer der Seiten positionieren.

7.4   Anwendungen in der Forschung

In der Gruppe um Lederman ist eine Reihe von Testinstrumenten entwickelt worden, von denen sich einige (VNOS, VOSI, VASI; Abschn. 7.2.1) zu Standardinstrumenten entwickelt haben. Beispielsweise wurde in einer Studie (Khishfe und Abd-El-Khalick 2002) mithilfe des VNOS herausgearbeitet, dass im Rahmen eines experimentell forschenden Unterrichts lediglich die explizite und durch die Lehrkraft angeleitete Reflexion von NOS-Aspekten zu einer messbaren Veränderung des Verständnisses führte (Kremer 2010, S. 12). Zu bedenken ist allerdings, dass die mit diesen Instrumenten getroffenen Aussagen auch nur im Hinblick auf das mit ihnen verbundene Konstrukt Gültigkeit beanspruchen können.

Außerdem ist hier einerseits anzumerken, dass die im FRA zusätzlich vorhandenen Aspekte nicht entsprechend eingebunden sein können. Andererseits gibt es einen weiteren Kritikpunkt, den Allchin (2011, 2012) formuliert: Danach zielt ein so ermitteltes NOS-Konzept ausschließlich auf eine kognitive Facette. Dagegen lasse sich der von ihm verwendete *Whole-Science*-Ansatz in Richtung einer NOS-Kompetenz interpretieren. Hier besteht jedoch das Problem, dass ein entsprechend valides Erhebungsinstrument für Allchins Perspektiven fehlt. Insofern besteht ein zukünftiges Forschungspotenzial in einer Kombination des eher induktiven, prozesshaften Vorgehens Allchins und der deduktiv, wissensbasiert angelegten Forschung der Lederman-Gruppe.

7.5 Ausblick

In Deutschland sind der von Lederman und seiner Gruppe vertretene Ansatz und die damit verbundenen Instrumente bereits vor geraumer Zeit aufgegriffen worden (Henke 2016; Höttecke 2001b; Kremer et al. 2009; Kremer und Mayer 2013). Perspektivisch scheinen diese Ansätze besonders geeignet zu sein, die Einbettung von NOS in ein umfassendes Bildungsverständnis weiter zu entwickeln (Kap. 2). Wenn naturwissenschaftliche Allgemeinbildung im Sinn einer *Scientific Literacy* als kulturelle Errungenschaft gedacht wird, dann sind Ansätze wie der *Whole-Science*-Ansatz oder FRA künftig bedeutsam in Hinblick auf die theoriegeleitete Beantwortung der Frage, welche Inhalte und Praktiken Lernende grundsätzlich verstehen sollen, um als Bürger in einer durch Naturwissenschaft und Technik geprägten Gesellschaft Entscheidungen kompetent treffen zu können.

7.6 Literatur zur Vertiefung

Allchin, D. (2013). *Teaching the nature of science: perspectives & resources.* Saint Paul: Ships Education Press.

Der Band führt in die praktische NOS-Didaktik Allchins ein, die anhand historischer und aktueller Fallbeispiele Charakteristika naturwissenschaftlichen Wissens und der Wissensgenese erfahrbar macht.

Allchin, D. (2017). *Sacred Bovines.* Oxford: Oxford University Press.

Der Band stellt eine Sammlung von Essays zu historischen Fallbeispielen dar und reflektiert diese in Hinblick auf alltägliche NOS-Vorstellungen. Die Aufbereitung erfolgt unterhaltsam und kann zur Reflexion im naturwissenschaftlichen Unterricht eingesetzt werden.

Erduran, S., & Dagher, Z. R. (2014). *Reconceptualizing the Nature of Science for Science Education. Scienitifc Knowledge, Practices and Other Family Categories.* New York: Springer.

Der Band schafft aufbauend auf der wissenschaftsphilosophischen Position von Irzik und Nola zur „family resemblance" eine neue Referenz und Diskussionsgrundlage für Forschung zu NOS.

Gebhard, U., Höttecke, D., & Rehm, M. (2017). *Pädagogik der Naturwissenschaften: ein Studienbuch.* Wiesbaden: Springer.

In diesem Band werden an konkreten Beispielen u. a. Themen aus NOS und zu Schülerperspektiven auf Naturwissenschaften vorgestellt.

McComas, W. F. (Hrsg.) (1998). *The Nature of Science in Science Education: Rationales and Strategies.* Dordrecht: Kluwer Academic Publishers.

Der Band stellt einen zentralen Ausgangspunkt des Forschungsfelds in Hinblick auf einen schulrelevanten Konsens zu NOS dar, der aus curricularer, wissenschaftsphilosophischer und schulpraktischer Perspektive begründet wird.

Literatur

Adúriz-Bravo, A. (2013a). School science as intervention: conceptual and material tools and the nature of science. In P. Heering, S. Klassen & D. Metz (Hrsg.), *Enabling scientific understanding through historical instruments and experiments in formal and non-formal learning environments* (S. 283–301). Flensburg: Flensburg University Press.

Adúriz-Bravo, A. (2013b). A 'semantic' view of scientific models for science education. *Science & Education, 22*(7), 1593–1611.

Allchin, D. (2003). Scientific myth-conceptions. *Science Education, 87*(3), 329–351.

Allchin, D. (2004). Pseudohistory and pseudoscience. *Science & Education, 13*(3), 179–195.

Allchin, D. (2011). Evaluating knowledge of the nature of (whole) science. *Science Education, 95,* 518–542.

Allchin, D. (2012). Towards clarity on whole science and KNOWS. *Science Education, 96*(4), 693–700.

Allchin, D. (2013). *Teaching the nature of science: perspectives & resources.* Saint Paul: Ships Education Press.

Allchin, D. (2017). *Sacred bovines.* Oxford: Oxford University Press.

Allchin, D., Andersen, H. M., & Nielsen, K. (2014). Complementary approaches to teaching nature of science: integrating student inquiry, historical cases, and contemporary cases in classroom practice. *Science Education, 98,* 461–486.

Chang, Y., Chang, C., & Tseng, Y. (2010). Trends of science education research: an automatic content analysis. *Journal of Science Education and Technology, 19,* 315–332.

Erduran, S., & Dagher, Z. R. (2014). *Reconceptualizing the nature of science for science education. Scienitifc knowledge, practices and other family categories.* New York: Springer.

v. Falkenhausen, E. (1985). *Wissenschaftspropädeutik im Biologieunterricht.* Köln: Aulis Verlag Deubner.

Gräber, W., Nentwig, P., Koballa, T., & Evans, R. H. (Hrsg.). (2002). *Scientific literacy: der Beitrag der Naturwissenschaften zur allgemeinen Bildung.* Opladen: Leske + Budrich.

Heering, P. (2015). Potenziale historischer Zugänge für Bildungsprozesse in der Physik. *Praxis der Naturwissenschaften – Physik in der Schule, 64*(6), 5–9.

Heering, P., & Höttecke, D. (2014). Historical-Investigative Approaches in Science Teaching. In M. R. Matthews (Hrsg.), *International handbook of research in history, philosophy and science teaching* (S. 1473–1502). Dordrecht: Springer.

Henke, A. (2016). Lernen über die Natur der Naturwissenschaften – Forschender und historisch orientierter Physikunterricht im Vergleich. *Zeitschrift für Didaktik der Naturwissenschaften, 22*(1), 123–145.

Hodson, D. (2008). *Towards scientific literacy*. Rotterdam: SensePublishers.

Hodson, D. (2014). Learning science, learning about science, doing science: different goals demand different learning methods. *International Journal of Science Education, 36*(15), 2534–2553.

Hofheinz, V. (2008). Erwerb von Wissen über „Nature of Science" – Eine Fallstudie zum Potenzial impliziter Aneignungsprozesse in geöffneten Lehr-Lern-Arrangements am Beispiel von Chemieunterricht. Dissertation (Universität Siegen). http://dokumentix.ub.uni-siegen.de/opus/volltexte/2008/357/pdf/hofheinz.pdf. Zugegriffen: 9. Nov. 2017.

Hofstein, A., & Lunetta, V. N. (2004). The laboratory in science education: foundations for the twenty-first century. *Science Education, 88*(1), 28–54.

Hößle, C., & Lude, A. (2004). Bioethik im naturwissenschaftlichen Unterricht – ein Problemaufriss. In C. Hößle, D. Höttecke & E. Kircher (Hrsg.), *Lehren und Lernen ber die Natur der Naturwissenschaften* (S. 23–42). Baltmansweiler: Schneider Verlag Hohengehren.

Hößle, C., Höttecke, D., & Kircher, E. (Hrsg.). (2004). *Lehren und Lernen über die Natur der Naturwissenschaften*. Baltmansweiler: Schneider Verlag Hohengehren.

Höttecke, D. (2001a). *Die Natur der Naturwissenschaften historisch verstehen: Fachdidaktische und wissenschaftshistorische Untersuchungen*. Berlin: Logos.

Höttecke, D. (2001b). Die Vorstellungen von Schülern und Schülerinnen von der „Natur der Naturwissenschaften". *Zeitschrift für Didaktik der Naturwissenschaften, 7*, 25–32.

Irzik, G., & Nola, R. (2011). A family resemblance approach to the nature of science. *Science & Education, 20*, 591–607.

Irzik, G., & Nola, R. (2014). New directions for nature of science research. In M. Matthews (Hrsg.), *International handbook of research in history, philosophy and science teaching* (S. 999–1021). Dordrecht: Springer.

Kampourakis, K. (2016). The "General Aspects" Conceptualization as a Pragmatic and Effective Means to Introducing Students to Nature of Science. *Journal of Research in Science Teaching, 53*, 667–682.

Khishfe, R., & Abd-El-Khalick, F. (2002). Influence of explicit and reflective versus implicit inquiry-oriented instruction on sixth graders' views of nature of science. *Journal of Research in Science Teaching, 39*, 551–578.

KMK (2005a). *Beschlüsse der Kultusministerkonferenz – Bildungsstandards im Fach Biologie für den mittleren Bildungsabschluss (Beschluss vom 16. Dezember 2004)*. München: Wolters Kluwer. Zugriff am 02.01.2017 unter https://www.kmk.org/fileadmin/Dateien/veroeffentlichungen_beschluesse/2004/2004_12_16-Bildungsstandards-Biologie.pdf

KMK (2005b). *Beschlüsse der Kultusministerkonferenz – Bildungsstandards im Fach Chemie für den mittleren Bildungsabschluss (Beschluss vom 16. Dezember 2004)*. München: Wolters Kluwer. Zugriff am 02.01.2017 unter https://www.kmk.org/fileadmin/Dateien/veroeffentlichungen_beschluesse/2004/2004_12_16-Bildungsstandards-Chemie.pdf

KMK (2005c). *Beschlüsse der Kultusministerkonferenz – Bildungsstandards im Fach Physik für den mittleren Bildungsabschluss (Beschluss vom 16. Dezember 2004)*. München: Wolters Kluwer. Zugriff am 02.01.2017 unter https://www.kmk.org/fileadmin/Dateien/veroeffentlichungen_beschluesse/2004/2004_12_16-Bildungsstandards-Physik-Mittleren-SA.pdf

Kolstø, S. D. (2001). Scientific literacy for citizenship: tools for dealing with the science dimension of controversial socioscientific issues. *Science Education*, *85*(3), 291–310.

Koska, J., & Krüger, D. (2012). Nature of Science-Perspektiven von Studierenden – Schritte zur Entwicklung eines Testinstruments. *Erkenntnisweg Biologiedidaktik*, *11*, 115–127.

Kremer, K. H. (2010). Die Natur der Naturwissenschaften verstehen – Untersuchungen zur Struktur und Entwicklung von Kompetenzen in der Sekundarstufe I (Dissertation, Universität Kassel). https://kobra.bibliothek.uni-kassel.de/handle/urn:nbn:de:hebis:34-2010091734623. Zugegriffen: 9. Nov. 2017.

Kremer, K., & Mayer, J. (2013). Entwicklung und Stabilität von Vorstellungen über die Natur der Naturwissenschaften. *Zeitschrift für Didaktik der Naturwissenschaften (ZfDN)*, *19*, 77–101.

Kremer, K., Urhahne, D., & Mayer, J. (2009). Naturwissenschaftsverständnis und wissenschaftliches Denken bei Schülerinnen und Schülern der Sek. I. In U. Harms & A. Sandmann (Hrsg.), *Lehr- und Lernforschung in der Biologiedidaktik* (Bd. 3, S. 29–43). Innsbruck: Studienverlag.

Leden, L., Hansson, L., Redfors, A., & Ideland, M. (2015). Teachers' ways of talking about nature of science and its teaching. *Science & Education*, *24*, 1141–1172.

Lederman, N. G. (2006). Syntax of nature of science within inquiry and science instruction. In L. B. Flick & N. G. Lederman (Hrsg.), *Scientific inquiry and nature of science: implications for teaching, learning and teacher education* (S. 301–317). Dordrecht: Springer.

Lederman, N. G. (2007). Nature of science: past, present, future. In S. Abell & N. Lederman (Hrsg.), *Handbook of research on science education* (S. 831–879). Mahwah: Lawrence Erlbaum.

Lederman, N. G., & Lederman, J. S. (2014). Research on teaching and learning of nature of science. In N. G. Lederman & S. K. Abell (Hrsg.), *Handbook of research on science education* (Bd. II, S. 600–620). New York: Routledge.

Lederman, J. S., Lederman, N. G., Bartos, S. A., Bartels, S. L., Meyer, A. A., & Schwartz, R. S. (2014). Meaningful assessment of learners' understandings about scientific inquiry – the views about scientific inquiry (VASI) questionnaire. *Journal of Research in Science Teaching*, *51*(1), 65–83.

Lederman, J. S., Lederman, N. G., Bartels, S., Pavez, J. J., Lavonen, J., Blanquet, E., et al. (2017). Understandings of scientific inquiry: an international collaborative investigation of seventh grade students. http://keynote.conference-services.net/resources/444/5233/pdf/ESERA2017_1541_paper.pdf. Zugegriffen: 9. Nov. 2017.

Lederman, N. G., Abd-El-Khalick, F., Bell, R., & Schwartz, R. (2002). Views of nature of science questionnaire: toward valid and meaningful assessment of learner' conceptions of nature of science. *Journal of Research in Science Teaching*, *39*, 497–521.

Litt, T. (1959). *Naturwissenschaft und Menschenbildung*. Heidelberg: Quelle & Meyer.

Mayer, J. (2007). Erkenntnisgewinnung als wissenschaftliches Problemlösen. In D. Krüger & H. Vogt (Hrsg.), *Theorien in der biologiedidaktischen Forschung* (S. 177–186). Berlin, Heidelberg: Springer.

McComas, W. F. (Hrsg.). (1998). *The nature of science in science education: rationales and strategies*. Dordrecht: Kluwer Academic Publishers.

McComas, W. F., & Olson, J. K. (1998). The nature of science in international science education standards documents. In W. F. McComas (Hrsg.), *The nature of science in science education: rationales and strategies* (S. 41–52). Dordrecht: Kluwer Academic Publishers.

McComas, W. F., Clough, M. P., & Almazroa, H. (1998). The role and character of the nature of science in science education. In W. F. McComas (Hrsg.), *The nature of science in science education: rationales and strategies* (S. 3–40). Dordrecht: Kluwer Academic Publishers.

Meyling, H. (1990) Wissenschaftstheorie im Physikunterricht der gymnasialen Oberstufe. Das wissenschaftstheoretische Schülerverständnis und der Versuch seiner Änderung durch explizit wissenschaftstheoretischen Unterricht. Bremen: Dissertation.

Neumann, I., & Kremer, K. (2013). Nature of Science und epistemologische Überzeugungen – Ähnlichkeiten und Unterschiede. *Zeitschrift für Didaktik der Naturwissenschaften, 19,* 209–232.

NGSS Lead States (2013). Next generation science standards: For states, by states. Appendix H. http://www.nextgenscience.org/next-generation-science-standards. Zugegriffen: 9. Nov. 2017.

Osborne, J., Collins, S., Ratcliffe, M., Millar, R., & Duschl, R. (2003). What "Ideas about Science" should be taught in school science? A Delphi study of the expert community. *Journal of Research in Science Teaching, 40*(7), 692–720.

Pukies, J. (1979). *Das Verstehen der Naturwissenschaften.* Braunschweig: Westermann.

Schwartz, R., Lederman, N. G., & Crawford, B. A. (2004). Developing views of nature of science in an authentic context: an explicit approach to bridging the gap between nature of science and scientific inquiry. *Science Education, 88*(4), 610–645.

Schwartz, R., Lederman, N. G., & Lederman, J. S. (2008). *An instrument to assess views of scientific inquiry: the VOSI questionnaire.* Paper presented at the annual meeting of National Association for Research in Science Teaching, Baltimore.

Schwartz, R., Lederman, N. G., & Abd-El-Khalick, F. (2012). A series of misrepresentations: a response to Allchin's whole science approach to assessing nature of science understandings. *Science Education, 96*(4), 685–692.

Experimentelle Kompetenz

Christoph Gut-Glanzmann und Jürgen Mayer

8.1 Einführung

Die Gestaltung von Lernumgebungen mit Experimenten und deren Lernwirkungen werden seit den 1980er-Jahren vonseiten der naturwissenschaftlichen Fachdidaktiken, der Kognitions- und Entwicklungs- sowie der pädagogischen Psychologie erforscht. Darüber hinaus sind Wissen und Fähigkeiten des Experimentierens als ein bedeutsamer Teil naturwissenschaftlicher Bildung (*Scientific Literacy*) Gegenstand von Curriculum-Evaluationen und Schulleistungsvergleichen. Die theoretischen Zugänge zum teils disziplinär unterschiedlich geprägten Konzept der experimentellen Kompetenz sind demgemäß vielfältig.

In den empirischen Wissenschaften versteht man unter einem Experiment ein wiederholbares, nach expliziten Regeln gestaltetes Verfahren zur Erkenntnisgewinnung. Dabei wird unter kontrollierbaren Bedingungen ein ausgewählter Ausschnitt der Natur gezielt manipuliert, um aus der Reaktion der Natur Daten zu gewinnen. Diese werden dann zum Zweck der Hypothesengewinnung oder -bestätigung vor dem Hintergrund angenommener Modelle und Theorien interpretiert. Das Experimentieren wird bei diesem Zugang als spezifische Form der hypothetisch-deduktiven Erkenntnisgewinnungsmethode und somit Teil

---

Aus Gründen der besseren Lesbarkeit wird im Text verallgemeinernd das generische Maskulinum verwendet. Diese Formulierungen umfassen gleichermaßen weibliche und männliche Personen; alle sind damit gleichberechtigt angesprochen.

C. Gut-Glanzmann (✉)
Pädagogische Hochschule Zürich
Zürich, Schweiz
E-Mail: christoph.gut@phzh.ch

J. Mayer
Didaktik der Biologie, Universität Kassel
Kassel, Deutschland
E-Mail: jmayer@uni-kassel.de

© Springer-Verlag GmbH Deutschland, ein Teil von Springer Nature 2018
D. Krüger et al. (Hrsg.), *Theorien in der naturwissenschaftsdidaktischen Forschung*,
https://doi.org/10.1007/978-3-662-56320-5_8

des naturwissenschaftlichen Denkens verstanden. Ziel des Experimentierens ist die Gewinnung oder Bestätigung von Hypothesen über kausale Zusammenhänge (Schulz et al. 2012).

Ein fachdidaktischer Zugang zum Experimentieren betont die notwendige handelnde Auseinandersetzung mit der beobachtbaren und manipulierbaren Natur. Zur handelnden Auseinandersetzung werden dabei auch Methoden gezählt, die sich vom Experimentieren im Sinne eines Eingriffs in die Natur unterscheiden, wie das in der Biologie wichtige gezielte Beobachten und Vergleichen (Wellnitz und Mayer 2016). In der Chemie spielen verfahrensbasierte Tests eine große Rolle (Emden und Sumfleth 2012) und in der Physik das technisch-konstruktive Herstellen einer Messvorrichtung (Schreiber et al. 2014).

Die Zugänge zum Experimentieren werden im Folgenden unter dem Begriff der experimentellen Kompetenz zusammengefasst und diskutiert. Experimentelle Kompetenz umfasst dabei das Wissen und die Fähigkeit, durch gezielte handelnde Auseinandersetzung mit der Natur Daten zu gewinnen, diese vor dem Hintergrund von Modellen und Theorien zu interpretieren und dadurch Wissen und Erkenntnisse über die Natur abzuleiten. Die Basis dieser Kompetenz ist die hypothetisch-deduktive Erkenntnismethode in den empirischen Wissenschaften in ihren unterschiedlichen Ausprägungen, wie Experimentieren, Beobachten, Vergleichen und Modellieren (Gut 2012; Wellnitz und Mayer 2016). Experimentelle Kompetenz ist Teil des Kompetenzbereichs Erkenntnisgewinnung der Bildungsstandards (Kultusministerkonferenz 2005a, 2005b, 2005c) und insofern mit Naturwissenschaftsverständnis (*Nature of Science*: Kremer et al. 2014; Kap. 7) sowie mit dem Modellieren (Kap. 9) und dem evidenzbasierten Argumentieren (Kap. 6) verbunden.

8.2 Theoretische Rahmungen experimenteller Kompetenz

Theoretische Rahmungen werden stets im Hinblick auf die spezifischen Ziele und Fragestellungen einer Studie ausgewählt. Der Fokus einer Studie zum Experimentieren kann z. B. auf der Beschreibung, Entwicklung und Wirkungsanalyse von Lernumgebungen (z. B. Arnold et al. 2014; Gott und Duggan 1995; Koenen 2014; Millar et al. 1999; Schwichow et al. 2016a), in der Modellierung und Messung von Schülerkompetenzen (z. B. von Aufschnaiter und Rogge 2010; Emden und Sumfleth 2012; Gut et al. 2014; Meier und Mayer 2012; Theyßen et al. 2016) oder in der Untersuchung von Professionswissen von Lehrkräften (z. B. Hartmann et al. 2015) liegen. Die gewählte Rahmung ist jeweils auf eine bestimmte lernpsychologische Konzeption des Experimentierens bezogen, z. B. Anwendung von „concepts of evidence", „scientific reasoning", „problem solving" oder Anwendung von „inquiry skills" (Abschn. 8.2.1). Das gilt ebenso für die konkrete Beschreibung und Modellierung eines auf dieser Konzeption basierenden Konstrukts mithilfe einer Spezifizierung des Kompetenzumfangs (Abschn. 8.2.2), einer inneren Differenzierung von Teilkompetenzen (Abschn. 8.2.3) sowie der Art der Beschreibung und Modellierung von Kompetenzausprägungen (Abschn. 8.2.4). Mit der jeweiligen

Konzeption und Modellierung sind für eine Studie Setzungen a priori verbunden, die die Interpretation empirischer Daten und somit die Validität der Kompetenzmessung mitbestimmen.

8.2.1 Psychologische Grundlagen des Experimentierens

Aus psychologischer Perspektive wird experimentelle Kompetenz als spezifische Ausformung allgemeinpsychologischer Konstrukte wie Wissensarten und Denkprozesse beschrieben. Fundamental ist die Unterscheidung von deklarativem und prozeduralem Wissen. Das deklarative Wissen umfasst das experimentbezogene Wissen über inhaltliche (z. B. Fotosynthese, elektrische Spannung) sowie über methodische Konzepte (z. B. Messwiederholung, Variablenisolation). Das prozedurale Wissen bezieht sich dagegen auf die Ausführung der einzelnen Schritte des Experimentierens, z. B. die konkrete Umsetzung der Variablenkontrollstrategie (immer nur eine Einflussgröße zurzeit ändern) und den Umgang mit Versuchsgeräten. So beruht die verbale Beschreibung der Planung eines Experiments auf deklarativem Wissen; die Fähigkeiten und Fertigkeiten (sog. „skills"), die Planung zu realisieren, auf prozeduralem Wissen (Tab. 8.1).

Ein zweites Element psychologischer Modelle ist die Differenzierung unterschiedlicher Denkprozesse wie konzeptuelles Verstehen („conceptual understanding"), Schlussfolgern („reasoning") sowie Problemlösen („problem solving"; Tab. 8.1). Allerdings lassen sich die unterschiedlichen Wissensarten und Denkprozesse aufgrund inhaltlicher Überschneidungen und gegenseitiger Abhängigkeiten in der Handlungsanalyse nur schwer trennen. So kann die Methodendiskussion eines Experiments sowohl als Anwendung von Methodenverständnis (Gott und Duggan 1996) wie auch als ein Teilprozess allgemeinen wissenschaftlichen Denkens sowie des Problemlösens (Klahr 2000) aufgefasst werden. Zusammenfassend ergeben sich vier zu differenzierende Konzeptionen des Experimentierens, denen wiederum unterschiedliche Ansätze für theoretische Rahmungen experimenteller Kompetenz zugeordnet werden können (Tab. 8.1).

8.2.2 Spezifizierung experimenteller Kompetenz

Eine theoretische Rahmung für die fachdidaktische Lehr- und Lernforschung erfordert die Beschreibung experimenteller Kompetenz als psychometrisch handhabbares Konstrukt, d. h. das Konstrukt muss für empirische Untersuchungen klar umrissen werden. Dazu gehören die Beschreibung von Problemstellungen oder Anforderungssituationen, die es zu lösen bzw. zu meistern gilt, die Eingrenzung der fachlichen Kontexte, in denen entsprechende Problemstellungen gestellt werden, die Beschreibung von Handlungen und Dispositionen, die bei der Problemlösung erwartet werden, und letztlich die Zusammenstellung von Wissensbeständen, die sich in den experimentellen Handlungen manifestieren sollen (Abschn. 8.2.1). Dabei muss festgelegt werden, was zum Konstrukt gezählt wird und was

Tab. 8.1 Theoretische Ansätze im Zusammenhang mit experimenteller Kompetenz geordnet nach der zugrundeliegenden lernpsychologischen Konzeption von Experimentieren

Ansätze theoretischer Rahmungen	Charakteristik	Quellen
„Scientific reasoning"		
„Scientific thinking"	Ausgehend von Piaget und Arbeiten von Carey werden einzelne Aspekte (z. B. Variablenkontrolle) experimenteller Kompetenz untersucht	Carey 1989; Sodian 2001; Zimmerman 2007
Theorie-Evidenz-Koordination	„Scientific reasoning" wird als Koordination von Hypothesen/Theorie und Evidenz analysiert	Schauble 1990; Kuhn 1991; Koslowski 1996
„Skills"		
„Inquiry skills"	In Curricula werden verschiedene „inquiry skills" als Elemente des „inquiry cycle" differenziert	White und Frederiksen 1998
„Process skills"	Teilprozesse der hypothetisch-deduktiven Erkenntnisgewinnung werden als Teilkompetenzen einer übergeordneten Kompetenz unterschieden	Lock 1989; Germann 1996
Erfassung in „large-scale assessment"	Im Rahmen von Schulleistungsuntersuchungen wird wissenschaftliches Denken in Teilkompetenzen differenziert und gemessen	Harmon et al. 1997; Wellnitz et al. 2012; Theyßen et al. 2016
„Problem solving"		
Scientific-Discovery-as-Dual-Search(*SDDS*)-Modell	„Discovery" wird als Suchprozess in unterschiedlichen Problemräumen modelliert (Hypothesenraum und Experimentierraum)	Klahr und Dunbar 1988; Schunn und Klahr 2000; Hammann et al. 2007; Emden 2011
„Problem solving approach" („practical skills")	Experimentieren wird als praktische Problemlöseaufgabe im Rahmen von Laborübungen konzipiert und untersucht	Ruiz-Primo und Shavelson 1996; Schreiber 2012; Gut et al. 2014
„Practical assessments"	Im Rahmen von Schulleistungsuntersuchungen wird die praktische Ausführung des Experimentierens analysiert	Stecher et al. 2000; Gut 2012
„Conceptual understanding"		
„Knowledge-based approach"	Relevante methodische Konzepte des Experimentierens („concepts of evidence", z. B. Messwiederholung, Kontrollgruppe) werden als „procedural understanding" modelliert	Millar et al. 1994; Gott und Duggan 1996

nicht dazugehören soll. Beispielsweise muss im Rahmen einer Studie entschieden werden, inwieweit das modellierte Konstrukt auch mathematische, grafische oder statistische Auswertungen von Daten umfassen soll.

8.2.3 Innere Differenzierung experimenteller Kompetenz

Mit der Beschreibung experimenteller Kompetenz als psychometrisch handhabbares Konstrukt werden i. d. R. Teilkonstrukte im Sinn von Facetten oder Teilkompetenzen unterschieden. In der fachdidaktischen Forschung werden v. a. zwei Ansätze – der Teilprozess- und der Problemtypenansatz – verfolgt, um die experimentelle Kompetenz strukturell zu modellieren.

Der *Teilprozessansatz* basiert auf der Idee, dass der naturwissenschaftliche Erkenntnisgewinnungsprozess im Sinn des wissenschaftlichen Denkens in Teilprozesse wie das Generieren von Fragestellung und Hypothese, die Planung, die Durchführung von Experimenten, die Datenauswertung und -interpretation sowie die Reflexion zerlegt werden kann (Emden 2011; Abschn. 8.3.1 und 8.4.1). Eine belastbare Erkenntnis resultiert aus der adäquaten und korrekten Ausführung der einzelnen Teilprozesse. Den verschiedenen Teilprozessen werden spezifische Prozessfähigkeiten („skills") zugeordnet (z. B. Hammann et al. 2007; Millar und Driver 1987), wobei zwischen rein kognitiven und kognitiv-manipulativen Teilprozessen unterschieden wird (Grube 2010; Mayer 2007; Wellnitz et al. 2012). Die Unterscheidung von Teilprozessen ist aus der Praxis in schulischen und universitären Experimentalpraktika motiviert (z. B. Nawrath et al. 2011) und ist der am breitesten empirisch erforschte Ansatz. Jedoch fehlen bislang empirische Belege dafür, dass die beim Experimentieren involvierten Denkprozesse mit den Teilprozessen des Experimentierens korrespondieren.

Beim *Problemtypenansatz* wird das Experimentieren als integraler Problemlöseprozess aufgefasst. Teilfähigkeiten werden im Gegensatz zum Teilprozessansatz nicht als sequenziell zu denkende Prozessfähigkeiten unterschieden (die auch als Zirkel laufen können), sondern als Fähigkeit, unterschiedliche experimentelle Problemstellungen (*Problemtypen*; Gut et al. 2014) lösen zu können (Abschn. 8.3.2 und 8.4.2). Dazu zählen neben klassischen Erkenntnisgewinnungsaufgaben, wie die Untersuchung kausaler Zusammenhänge, auch technische, konstruktive oder verfahrensbasierte Aufgaben wie das Vergleichen von Objekten, das Testen bestimmter Eigenschaften, das Klassifizieren von Objekten oder das Herstellen eines Produkts (Gut 2012; Ruiz-Primo und Shavelson 1996). Obwohl verschiedene nationale und internationale „large-scale performance assessments" mit Experimentieraufgaben unterschiedlicher Problemtypen arbeiten (z. B. Harmon et al. 1997), ist der Ansatz noch kaum systematisch erforscht (Gut et al. 2014; Ruiz-Primo und Shavelson 1996; Stecher et al. 2000).

Obwohl der Teilprozess- und der Problemtypenansatz auf konzeptionell unterschiedlichen Ideen aufbauen, lassen sich beide Ansätze in einer übergeordneten Rahmung zusammenführen (Abb. 8.1) und in Testentwicklungen auch umsetzen (z. B. Nehring et al. 2016; Wellnitz 2012). Dies gelingt unter der Annahme, dass den Teilprozessen in Experimentieraufgaben zu einem bestimmten Problemtyp unterschiedlich viel Bedeutung zukommt (Nawrath et al. 2011). Bei der Entwicklung von Experimentieraufgaben im Sinn von Testinstrumenten für experimentelle Kompetenz stellen sich daher in Anlehnung an die übergeordnete Rahmung stets drei Fragen: Welcher Problemtyp wird modelliert? In

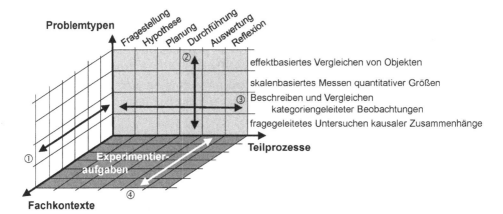

Abb. 8.1 Übergeordnete theoretische Rahmung für die Entwicklung von Testinstrumenten. Beispiele von Problemtypen. (Nach Gut et al. 2014)

welchen Fachkontext wird das Problem eingebettet? Welche Teilprozesse sind bei der konkreten Problemlösung relevant und sollen unterschieden werden?

Daraus ergeben sich vier allgemeine Validitätsfragen hinsichtlich der Modellierung und Messung experimenteller Kompetenz:

1) Inwiefern lässt sich die Problemlösefähigkeit zu einem Problemtyp auf Aufgaben verschiedener Fachkontexte übertragen? Diese Frage betrifft eine Kernbedingung für das Vorliegen einer themen- und kontextübergreifenden experimentellen Kompetenz bzw. ihrer Unabhängigkeit von Fachwissen (z. B. Gut 2012).
2) Inwiefern werden experimentelle Problemlösefähigkeiten von einem Problemtyp auf einen anderen transferiert? Die Klärung dieser Frage bedingt u. a. die Klärung der Abhängigkeit der Problemlösefähigkeit von problemtypenspezifischem Methodenwissen (z. B. Gut et al. 2014).
3) Inwiefern lassen sich innerhalb eines Problemtyps Teilprozesse unterscheiden und entsprechende Prozesskompetenzen messen (z. B. Gut 2012; Theyßen et al. 2016; Wellnitz et al. 2012)?
4) Inwiefern werden Prozesskompetenzen auf verschiedene Fachkontexte transferiert? Die Beantwortung dieser Frage betrifft die Fachwissensabhängigkeit von Prozesskompetenzen (z. B. Theyßen et al. 2016).

8.2.4 Ausprägungen experimenteller Kompetenz

Wenn mit dem Konstrukt experimentelle Kompetenz nicht nur Fähigkeiten *beschrieben*, sondern auch *bewertet* werden sollen, ist eine Modellierung der Progression im Sinn einer Beschreibung von Stufungen bzw. Niveaus oder einer Entwicklung der Kompetenzauspragungen erforderlich (Mayer und Wellnitz 2014). Grundsätzlich kann dies auf zwei Arten erfolgen: Die Progression kann über Merkmale der Anforderungssituation (Stimulus, Aufgaben- und Problemstellung) und über die Merkmale der Bewältigung solcher Anforderungssituationen (Reaktion, Handlungsmuster, Lösungsqualität) modelliert werden. Die Art der Progressionsmodellierung ist dabei eng mit Fragen der Testkonstruktion verknüpft. Bei einer Modellierung über die Variation der Anforderungssituationen wird ein Messinstrument mit einer großen Zahl an Testitems unterschiedlicher theoretisch angenommener Schwierigkeiten benötigt. Der Vergleich der theoretischen Itemschwierigkeiten mit den gemessenen Schwierigkeiten erlaubt dann die Überprüfung der Modellierung. Obwohl Ideen für A-priori-Modellierungen der Anforderungssituationen beim Experimentieren existieren (Gott und Duggan 1995; Gut et al. 2014), fehlen bislang wegen des Umfangs des erforderlichen Testinstruments und des entsprechend großen Testaufwands Umsetzungen dieses Ansatzes mit Experimentier- und Simulationstests. Existierende Tests basieren ausschließlich auf der Beurteilung der Qualität des Experimentierprozesses, wobei darauf geachtet wird, dass die Experimentieraufgaben vergleichbare, standardisierte Anforderungssituationen (Stimuli) darstellen (Stecher et al. 2000). Die Beschreibungen von Kompetenzprogressionen mithilfe von Merkmalen der Anforderungssituation und mithilfe von Merkmalen der Bewältigung können auch miteinander verknüpft werden. Dies kommt insbesondere bei der Beschreibung von Standards experimenteller Kompetenz zur Anwendung (z. B. Schecker et al. 2016).

8.3 Ausgewählte Rahmungen des Experimentierens

Im folgenden Abschnitt werden theoretische Rahmungen besprochen, die die handelnde Auseinandersetzung mit der beobachtbaren und manipulierbaren Natur beim Experimentieren betonen. Die Ansätze unterscheiden sich hinsichtlich der zugrundeliegenden lernpsychologischen Konzeption (Tab. 8.1) und der inneren Differenzierung von experimentellen Teilkompetenzen (Abb. 8.1 in Abschn. 8.2.3).

8.3.1 Experimentieren als wissenschaftliches Denken

Eine Möglichkeit der theoretischen Rahmung experimenteller Kompetenz besteht darin, die zugrunde liegenden kognitiven Prozesse als wissenschaftliches Denken („scientific reasoning") zu beschreiben.

Dabei werden als zentrale Schritte eines Experiments bzw. der kognitiven Prozeduren angesehen: (1) Fragestellungen und Hypothesen generieren, (2) Untersuchungen planen und durchführen sowie (3) Daten auswerten und interpretieren. Aus fachdidaktischer Perspektive wird darüber hinaus oftmals (4) die Durchführung einer Untersuchung als eigenständige Teilkompetenz konzipiert und differenziert (Dickmann 2016; Gut et al. 2014; Meier und Mayer 2012; Schecker et al. 2016; Schmidt 2016; Abb. 8.2). Diese Teilkom-

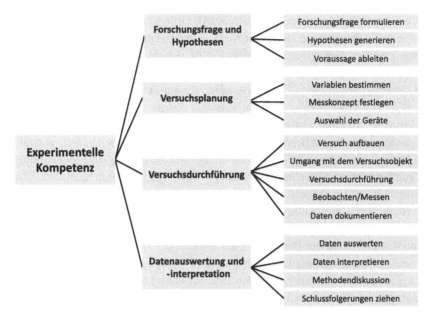

Abb. 8.2 Teilprozesse experimenteller Kompetenz

petenzen werden in den unterschiedlichen Modellen und Studien ausdifferenziert und teilweise durch weitere ergänzt. Wesentlich ist dabei die Grundidee, wissenschaftliches Denken in verschiedene Teilprozesse zu zerlegen, um es differenzierter analysieren zu können. Welche und wie viele der Teilprozesse jeweils modelliert und gemessen werden, hängt von den Nutzungszielen der jeweiligen Modellierung ab. So konzentrieren sich psychologische Studien vornehmlich auf wenige Teilprozesse, fachdidaktische Studien nehmen dagegen eine stärkere Differenzierung vor. Damit zusammenhängend stellt sich die Frage, ob experimentelle Kompetenz ein mehr- oder eindimensionales Konstrukt darstellt (Nehring 2014, S. 34 f.; Wellnitz et al. 2017). Da die unterschiedlichen Teilkompetenzen hoch miteinander korrelieren, gelingt die valide Trennung von Teilprozessen bzw. Teilkompetenzen oftmals nur bedingt. Dies gilt umso mehr, je stärker experimentelle Kompetenz ausdifferenziert wird. Gleichwohl erscheint aus Gründen der externen Validität eine differenzierte fachdidaktische Analyse sinnvoll.

Die Konzeption und Messung der kognitiven Facetten experimenteller Kompetenz erfordert die Abgrenzung und Verknüpfung von allgemeinen und fachspezifischen Konstrukten in einem nomologischen Netzwerk. Damit können die Forschungsbefunde mit denen anderer Domänen und ähnlicher Konstrukte in Beziehung gesetzt und Messinstrumente diskriminant validiert werden. Darüber hinaus können theoriebasiert Hypothesen zum Einfluss allgemeiner Lernermerkmale, wie kognitive Fähigkeiten und Arbeitsgedächtniskapazität („cognitive load") geprüft werden. Wie bei naturwissenschaftlichen Kompetenzen generell korrelieren kognitive Fähigkeiten (z. B. KFT-Test; Heller und Perleth 2000) im mittleren Bereich mit experimenteller Kompetenz (z. B. Gehlen 2016; Wellnitz 2012) sowie deutlich geringer mit dem Fachwissen. Zu Interesse, Motivation und Selbstkonzept besteht nur eine geringe Korrelation (z. B. Kampa 2012; Nehring 2014; Wellnitz 2012). Experimentelle Kompetenz wird daher letztlich als ein eigenständiges Konstrukt bestätigt. Gleichwohl klären die allgemeinen Leistungsvariablen – wie bei den meisten Kompetenzmessungen – etwa 40–50 % der Leistungsvarianz bei der Messung der kognitiven Prozeduren des Experimentierens auf.

Grundlage der Modellierung der kognitiven Prozesse bzw. Teilkompetenzen experimenteller Kompetenz bildet oftmals das sog. *Scientific-Discovery-as-Dual-Search*-Modell (*SDDS*-Modell von Klahr 2000: z. B. Emden 2011; Hammann et al. 2007; Klos et al. 2008). Darin werden verschiedene Teilprozesse des naturwissenschaftlichen Erkenntnisprozesses als Produkt einer dualen gedanklichen Suche im sog. Hypothesen- und Experimentierraum verstanden (Hammann 2007).

Die theoretische Rahmung experimenteller Kompetenz mithilfe der – vorwiegend psychologisch geprägten – Konstrukte wissenschaftlichen Denkens und Problemlösens weist naturgemäß Limitationen auf. So legen fachdidaktische Konzeptionen im Hinblick auf zu fördernde Teilkompetenzen eine größere Differenzierung nahe und das Methodenwissen, wie z. B. das Verständnis von Messwiederholung, Variablenkontrolle und Datenauswertung, wurde erst durch fachdidaktische Arbeiten stärker pointiert (Arnold 2015; Mayer et al. 2008; Meier 2016) und damit um das Konstrukt „concepts of evidence" (Gott und Duggan 1996) erweitert. Eine weitere Einschränkung liegt darin, dass das Konzept des wissenschaftlichen Denkens i. d. R. weniger Teilprozesse experimenteller Kompetenz umfasst als für fachdidaktische Untersuchungen meist nötig sind. Allerdings lassen sich die aus fachdidaktischer Sicht differenzierten Teilkompetenzen nur bedingt empirisch trennen (Nehring et al. 2016; Vorholzer et al. 2016). Ein weiteres limitierendes Element des Konzepts wissenschaftlichen Denkens ist dessen Fokussierung auf kognitive Elemente experimenteller Kompetenz. Damit werden die praktischen und handlungsbezogenen Aspekte experimenteller Kompetenz, die im Lernprozess eine maßgebliche Rolle spielen (Meier und Mayer 2012; Schreiber et al. 2014), ausgeklammert.

Trotz der genannten Limitationen lässt sich der theoretische Rahmen des wissenschaftlichen Denkens für die Erforschung fachdidaktischer Fragen nutzen. Als Beispiele seien die folgenden Fragen genannt:

- Welche Ausprägung und Zusammenhänge zeigen einzelne Prozesse des wissenschaftlichen Denkens im Rahmen experimenteller Kompetenz? (z. B. Gehlen 2016; Schwichow et al. 2016b; Wellnitz 2012).
- In welchem Zusammenhang stehen Methodenwissen und experimentelle Fähigkeiten beim Erwerb experimenteller Kompetenz? (z. B. Arnold 2015; Hof 2011; Schmidt 2016).
- Wie lassen sich die unterschiedlichen Teilkompetenzen experimenteller Kompetenz fördern? (z. B. Arnold 2015; Koenen 2014; Vorholzer 2016).
- Inwieweit lässt sich experimentelle Kompetenz in einem nomologischen Netzwerk von anderen Konstrukten trennen (z. B. Fachwissen und kognitive Fähigkeiten), um valide Tests zu entwickeln? (Emden 2011; Klos et al. 2008; Nehring 2014).

8.3.2 Experimentieren als Lösen experimenteller Probleme

Die praktische Durchführung eines naturwissenschaftlichen Experiments zum Generieren einer Theorie oder zur Überprüfung einer Hypothese konfrontiert Forschende üblicherweise mit einer Vielzahl von Problemstellungen. Nicht nur muss festgelegt werden, welche Beobachtungen und Messungen unter welchen Bedingungen gemacht werden, es müssen auch die Skalenniveaus der zu messenden Größen geklärt werden. Es müssen Verfahren festgelegt werden, um die relevanten Größen zu bestimmen und die Bedingungen des Experiments zu kontrollieren. Dementsprechend müssen Experimentier- und Messanordnungen entwickelt, aufgebaut und optimiert werden, die sich für die Reproduktion des zu untersuchenden Phänomens und die Kontrolle der Bedingungen (Experimentieranordnung) sowie für die Beobachtung, den Vergleich oder die Messung der relevanten Größen (Messanordnung) eignen. Letztlich muss man bereits während des Experiments Beobachtungen und Daten interpretieren, dabei Deutungs- und Messunsicherheiten erkennen und vor dem Hintergrund der Experimentier- und Messanordnung bewerten und auswerten. Losgelöst von der übergeordneten Fragestellung eines Experiments ergeben sich bei dessen Umsetzung isolierte wiederkehrende Problemstellungen wie beispielsweise das Entwickeln und Optimieren von Test- und Vergleichsprozeduren, das Beobachten und Beschreiben von Objekten und Situationen nach Kategorien, das nominale Vergleichen und Klassifizieren von Situationen und Prozessen nach Kriterien, das qualitative und quantitative Vergleichen von Objekteigenschaften oder das präzise Messen quantitativer Größen mit metrischen Skalen. Um diese Problemstellungen zu bewältigen, greifen Forschende auf standardisierte naturwissenschaftliche Methoden im Sinn von „concepts of evidence" zurück, z. B. die Messwiederholung oder die Extrapolation von Messergebnissen.

Theoretische Rahmungen, die auf dem Problemlöseansatz aufbauen, beschreiben experimentelle Kompetenz als die Fähigkeit, eine Vielzahl an experimentellen Problemstellungen, wie oben beschrieben, isoliert oder auch in Kombination lösen zu können. Kompetenzbeschreibungen fokussieren bei diesem Ansatz auf die Arten des zu lösenden Problems, wobei sich eine experimentelle Problemstellung dadurch charakterisiert, dass mithilfe der Manipulation von Experimentiermaterial in einer realen oder virtuellen Umgebung nicht vorhersehbare, neue Informationen (Daten) generiert werden können, die zusammen mit bereits bekannten Informationen (Vorwissen) zur Lösung des Problems beitragen. Durch Beschreibungen definierter experimenteller Problemstellungen, sog. *Problemtypen*, die über die oben beschriebene Gemeinsamkeit hinausgehen, wird schließlich eine konkrete Modellierung der experimentellen Kompetenz in ihren Facetten erreicht.

Der Ansatz geht davon aus, dass mit der Unterscheidung voneinander abgrenzbarer Problemtypen auch eine innere Differenzierung experimenteller Teilkompetenzen gelingt (Abb. 8.2). Theoretische Ansätze für die Abgrenzung von Problemtypen beziehen sich entweder auf die Art der mit der Lösung des Problems einhergehenden Erkenntnis, auf die Bewertungskriterien der Performanz in Testsituationen (Ruiz-Primo und Shavelson 1996), auf das für das Problemverständnis notwendige Konzeptwissen (Millar et al. 1996) oder auf das für die Problemlösung erforderliche deklarative und prozedurale Methodenwissen (Gott und Duggan 1996; Gut et al. 2014).

Eine Abgrenzung von Problemtypen wurde von der Gruppe um Shavelson aufgrund einer Analyse bestehender Experimentiertests gemacht. Dabei wurden verschiedene Aufgabentypen identifiziert, die in „performance assessments" regelmäßig zur Anwendung kommen. Darunter fallen auch drei Aufgabentypen, „comparative task", „component identification" und „observation", die bei der Durchführung von Experimenten im Sinn von Problemtypen grundsätzlich eine Rolle spielen könnten. Die Unterscheidung der Aufgabentypen wird bei Ruiz-Primo und Shavelson (1996) u. a. mit der Feststellung begründet, dass die Performanz bei unterschiedlichen Aufgabentypen nach unterschiedlichen aufgabenspezifischen Kategorien und Kriterien bewertet wird.

Die Beobachtung, dass unterschiedliche Experimentieraufgaben unterschiedliches Problemverständnis und unterschiedliche Problemlösemethoden erfordern, führt zu einer weiteren Abgrenzung von Problemtypen nach Wissensinhalten im Sinn von „concepts of evidence". Auf dieser Grundlage wurden im Rahmen der Entwicklung eines interdisziplinären Large-scale-Experimentiertests vier in Tab. 8.2 genannte Problemtypen modelliert (Gut et al. 2014).

Obwohl mit der Lösung eines experimentellen Problemtyps immer ein Wissenszuwachs über die Natur verbunden ist, handelt es sich bei den Problemtypen nicht um alternative Beschreibungen von Erkenntnismethoden (Wellnitz und Mayer 2016), wie sie z. B. für die Biologie als Beobachten, Vergleichen und Experimentieren in Wellnitz und Mayer (2013) modelliert werden. Während mit Erkenntnismethoden die prinzipiellen Prozesse und Zugänge zu Erkenntnis unterschieden werden, sollen mit Problemtypen isolierte typische Aufgabenstellungen modelliert werden, die sich bei der praktischen Umsetzung eines Experiments und der damit verbundenen Anwendung von Methoden im Sinn von „concepts of evidence" ergeben. Problemtypen tangieren daher nicht nur induktive und deduktive Erkenntnisgewinnungsprozesse, sondern umfassen auch konstruktive und konstruktiv-technische Problemstellungen wie das Entwickeln einer Experimentieranordnung zum effektbasierten Vergleich von Objekten.

Experimentelle Problemlöseansätze bieten sich besonders für die Modellierung und Messung von Experimentierfähigkeit in wenig vorstrukturierten, authentischen, jedoch wohldefinierten experimentellen Problemsituationen an. Sie bilden in diesem Sinn ein theoretisches Fundament diverser internationaler und nationaler „performance assessments" (z. B. TIMSS: Harmon et al. 1997; HarmoS: Gut 2012). Die Ansätze ermöglichen es zudem, das schulische Experimentieren fachdisziplinübergreifend und in seiner facettenreichen Vielfalt zu erfassen (Gut et al. 2014). Dazu gehören neben dem Experimentieren als hypothetisch-deduktive Erkenntnisgewinnungsmethode auch das Ex-

Tab. 8.2 Beispiele von Problemtypen unterschieden nach Problemstellung, Problemverständnis, Methodenwissen und Art der Erkenntnis. (Gut et al. 2014)

		Problem-stellung	Zur Lösung erfordertes Problemver-ständnis	Zur Lösung erfordertes Methoden-wissen	Art der „Erkenntnis"
Problemtypen	Kategorien-geleitetes **Beobachten**	Phänomene anhand gegebener Kategorien (Aufgabe) beschreiben und vergleichen	Unterscheidung von subjektiver Interpretation und objektiver Beschreibung eines Phänomens	Verwendung einheitlicher Fachsprache *als Strategie*, subjektive Interpretationen zu verhindern	Nominale oder ordinale Einordnung von Merkmals-ausprägungen
	Effektbasiertes **Vergleichen**	Objekte anhand einer gegebenen Eigenschaft experimentell (ohne direkte Messung) vergleichen	Fairer Vergleich als „Gleiches mit Gleichem auf immer die gleiche Weise zu vergleichen"	Standardisierung von Vergleichsprozeduren *als Strategie*, belastbare Vergleiche zu ermöglichen	Qualitative Rangfolge von Merkmals-ausprägungen, Möglichkeit einer entsprechenden, quantifizierbaren Skala
	Skalenbasiertes **Messen**	Quantitative Größen mit gegebenen Messinstrumenten (Skala) genau messen	Prinzipielle Unsicherheit bei Messungen aufgrund zufälliger Fehler	Messwiederholung und Mittelwertbildung *als Strategie*, Messunsicherheiten zu verringern	Quantitative Bestimmung von Merkmals-ausprägung
	Fragegeleitetes **Untersuchen**	Zusammenhänge zwischen gegebenen Variablen (Frage) untersuchen	Zusammenhänge als Abhängigkeit einer abhängigen Variable von unabhängigen Variablen	Variablen-kontrolle *als Strategie*, einfache Abhängigkeiten zu isolieren und zu untersuchen	Qualitative Ausprägung von Merkmalszusammenhängen

perimentieren als induktive hypothesengenerierende Vorgehensweise oder das technische Experimentieren als Konstruktion und Erfindung.

Trotz dieser Möglichkeiten ist der Ansatz noch wenig erforscht. Dies trifft sowohl auf Analysen des theoretischen Fundaments zu, die eine systematische Abgrenzung und Unterscheidung von Studien zum Problemlöseansatz erlauben würden, wie auch auf die Untersuchung empirischer Zusammenhänge, die Aussagen zur strukturellen und externen Validität von Kompetenztests zuließen (Abschn. 8.4.2).

8.4 Erforschung experimenteller Kompetenz

Im folgenden Abschnitt werden zu den beiden im Abschn. 8.3 dargestellten theoretischen Rahmungen exemplarische Studien vorgestellt.

8.4.1 Erwerb experimenteller Kompetenz

In einer Studie von Arnold (2015) wurde u. a. untersucht, inwieweit Lernunterstützungen zu den Schritten des Experimentierens (als wissenschaftliches Denken) und des Methodenwissens (als „concepts of evidence") beim Experimentieren geeignet sind, experimentelle Kompetenz sowie das Fachwissen zu fördern und die kognitive Belastung zu reduzieren (Arnold et al. 2014). In einer zwei-mal-zwei-quasiexperimentellen Interventionsstudie (Jahrgangsstufe elf, Biologie, N = 220, Dauer acht Wochen) wurden zur Unterstützung beim Experimentieren Lernhilfen für das Methodenwissen eingesetzt – sog. „concept cartoons" – sowie Forschertipps als gestufte Lernhilfen zur Förderung der experimentellen Fähigkeiten. Diese wurden mit drei Teilkompetenzen operationalisiert: (1) Fragestellungen und Hypothesen, (2) Planung, (3) Interpretation. Das Methodenwissen bezog sich z. B. auf die Funktion von Hypothesen, Variablenkontrolle, Messwiederholung und Messgenauigkeit. Der Lerngewinn wurde mit schriftlichen Tests zum wissenschaftlichen Denken und Methodenwissen sowie zum Fachwissen gemessen.

Die Befunde bestätigen zunächst, dass (deklaratives) Methodenwissen und (prozedural-)experimentelle Fähigkeiten unterschiedliche Konstrukte ($r = 0{,}43^*$) darstellen (Abschn. 8.2.1) und jeweils valide gemessen werden können. Zudem sind die Zusammenhänge beider Konstrukte mit dem Fachwissen gering ($0{,}38^* < r < 0{,}44^*$). Die Lernzuwächse nehmen in der Reihenfolge (1) experimentelle Fähigkeit, (2) Fachwissen und (3) Methodenwissen ab. Dabei erweisen sich beide Lernhilfen als lerneffektiv – allerdings nur in Bezug auf experimentelle Fähigkeiten. Differenziert man diesen Befund, verzeichnen die Lernenden mit Forschertipps höhere Lernzuwächse beim Hypothesenformulieren und Datenauswerten, die Lernenden mit „concept cartoons" bei der Planung von Experimenten. Nicht zuletzt zeigen die Befunde, dass die beiden Formen der Lernunterstützung die kognitive Belastung der Lernenden gegenüber der Vergleichsgruppe signifikant reduzieren (Effektstärken $0{,}72 < d < 1{,}40$).

Die Befunde der Studie bestätigen die Lerneffektivität des unterstützt-experimentierenden Lernens („guided inquiry") für die Vermittlung experimenteller Kompetenz. Dabei scheint der systematischen Lernunterstützung entsprechender Teilkompetenzen (z. B. Hypothesen, Planung, Dateninterpretation) sowie der Reduzierung der kognitiven Belastung eine besondere Bedeutung zuzukommen. Die Befunde der Studie weisen zudem darauf hin, dass experimentelle Fähigkeiten durch die Instruktion und Lernunterstützung stärker gefördert wurden als das Methodenwissen. Einschränkend muss allerdings festgehalten werden, dass die Studie auf die kognitive Dimension experimenteller Kompetenz fokussiert; über die Förderung ausführungsbezogener Aspekte, insbesondere auf die praktische Durchführung der Experimente, können keine Aussagen gemacht werden.

In Hinblick auf die theoretische Rahmung experimenteller Kompetenz erweist sich im Sinn des Kompetenzbegriffs die Differenzierung experimenteller Fähigkeiten und Methodenwissen als fruchtbar, da sich die jeweiligen Erwerbprozesse unterscheiden. Zugleich dient die innere Differenzierung experimenteller Kompetenz einer differenzierten Analyse von Lernprozessen, da nicht alle Teilkompetenzen in gleichem Maß und mit den gleichen Maßnahmen gefördert werden.

8.4.2   Messung experimenteller Kompetenz

Obwohl der Gedanke naheliegt, Experimentierfähigkeiten von Schülern in authentischen Experimentiersituationen zu erfassen, führt die Umsetzung dieser Idee in der Praxis zu Problemen mit der Testreliabilität. Die Performanz von Schülern bei Tests variiert stark und individuell auf unterschiedliche Art zwischen Aufgaben und Testzeitpunkten (Webb et al. 2000). Um eine reliable Kompetenzmessung erreichen zu können (Ruiz-Primo und Shavelson 1996), müssen die Testpersonen eine relativ große Zahl an Experimentieraufgaben bearbeiten. Um die aus der Interaktion von Testperson und Testaufgabe entstehende Varianz zu minimieren, wird die Standardisierung der Anforderungen von Experimentieraufgaben innerhalb eines Kompetenztests vorgeschlagen (Stecher et al. 2000). Das lässt sich z. B. mit der Unterscheidung experimenteller Problemtypen erreichen (Abschn. 8.3.2).

Diese Idee wurde im Rahmen der Entwicklung eines zwölf Aufgaben umfassenden Experimentiertests (u. a. Gut et al. 2014) für vier interdisziplinäre Problemtypen (Tab. 8.2) umgesetzt. Dabei wurde jede Aufgabe zu einem Problemtyp in Teilaufgaben mit ansteigenden Anforderungen gegliedert. Entsprechend wurden Standards für die Qualität der Schülerlösungen festgelegt und deren Erreichen dichotom gescort (0 oder 1). Die Summe aller Scores wurde als „partial credit" in einer Rasch-Skalierung verwendet.

Bei zwei Erhebungen mit insgesamt 465 Schülern unterschiedlicher Jahrgänge (Jahrgang sieben bis neun) und Schulformen – getestet wurden alle nichtgymnasialen Schulniveaus – wurde für jede Aufgabe gezeigt, dass sich die Jahrgangs- und Schulformkohorten in der Häufigkeit, mit der bestimmte Standards erreicht werden, nicht unterscheiden. Dieselben Standards erweisen sich demnach über alle Aufgaben (Kontexte), Jahrgangsstufen und Schulformen hinweg als schwierig bzw. leicht erreichbar. Die Häufigkeitsverteilungen korrespondieren dabei mit der durch die Teilaufgaben vorgegebenen Stufung. Die Rasch-skalierten Aufgaben erreichen zudem gute psychometrische Kennwerte und messen zusammen als Gesamttest ein eindimensionales Konstrukt experimenteller Kompetenz. Das Vorhandensein von Teilkompetenzen differenziert nach Problemtypen ließ sich somit empirisch nicht belegen. Für das Erreichen einer Reliabilität von $\alpha = 0{,}65$ müssen die Testpersonen jedoch acht Aufgaben lösen. Abgesehen vom erforderten Testaufwand, eignet sich die Rahmung experimenteller Kompetenzen nach Problemtypen damit als Testentwicklungsgrundlage.

8.5 Desiderate für die Erforschung und Nutzung theoretischer Rahmungen zur experimentellen Kompetenz

Experimentelle Kompetenz hat als zentrales Bildungsziel im Rahmen von Bildungsstandards (z. B. Kultusministerkonferenz 2005a, 2005b, 2005c; Schweizerische Konferenz der kantonalen Erziehungsdirektoren 2011; National Research Council 2013) in den vergangenen Jahren zunehmend an Bedeutung gewonnen. Zahlreiche naturwissenschaftsdidaktische Forschungsarbeiten haben Kompetenzmodelle erarbeitet und validiert. Desiderate beim aktuellen Forschungsstand sind:

- Die Differenzen in der Messung mithilfe schriftlicher, praktischer und virtueller Tests sind noch nicht hinreichend theoretisch differenziert und empirisch analysiert.
- Die gegenwärtigen Modelle experimenteller Kompetenz stellen im Wesentlichen Strukturmodelle dar (Abschn. 8.2.3). Niveau- und v. a. Entwicklungsmodelle experimenteller Kompetenz sind anzustreben (Abschn. 8.2.4).
- Experimentelle Kompetenz ist v. a. in Form von Messinstrumenten operationalisiert, die nur Aussagen darüber zulassen, welche Kompetenzen Schüler haben und welche sie nicht haben. Für die Schulpraxis werden aber auch diagnostische Instrumente benötigt, mit deren Hilfe Schwierigkeiten im Lernprozess und deren Ursachen (z. B. Verständnisprobleme) identifiziert werden können. Dies wiederum erfordert Modellierungen von Lernprozessen im Sinn von „learning progressions" (Alonzo et al. 2012; Kap. 13).
- Beispielsweise liegen aus zahlreichen Studien Befunde zu spezifischen Defiziten experimenteller Kompetenz bzw. Fehlern beim Experimentieren vor (Hammann et al. 2006), z. B. zum Umgang mit unerwarteten Daten (Chinn und Malhorta 2002). Diese spezifischen, unterrichtsrelevanten Aspekte sind bislang in den Modellen experimenteller Kompetenz nur ungenügend abgebildet.
- Experimentelle Kompetenz ist in ein Netzwerk von weiteren fachspezifischen Kompetenzen (z. B. Fachwissen, Modellieren, Umgang mit Diagrammen) sowie allgemeinen kognitiven Fähigkeiten eingebunden (Abschn. 8.2.1). Die theoretischen wie empirischen Zusammenhänge bzw. Abgrenzungen zu diesen Konstrukten müssen eingehender analysiert werden, um experimentelle Kompetenz als handhabbares Konstrukt ausschärfen und valider als bisher messen zu können (Abschn. 8.2.2).

8.6   Literatur zur Vertiefung

Gott, R., & Duggan, S. (1995). *Investigative work in the science curriculum*. Buckingham: Open University Press.

Das Buch widmet sich dem Assessment von Schülerleistungen beim praktischen Experimentieren und stellt theoretische Grundlagen und empirische Ergebnisse (u. a. aus dem Projekt APU) zur Modellierung von Experimentieraufgaben zusammen.

Gut, C., Metzger, S., Hild, P., & Tardent, J. (2014). Problemtypenbasierte Modellierung und Messung experimenteller Kompetenzen von 12- bis 15-jährigen Jugendlichen. *Phy-Did B 2014*.

In diesem Beitrag werden der Problemtypenansatz als theoretische Rahmung für Experimentieren und dessen konkrete Umsetzung in einem Experimentiertest für Large-scale-Erhebungen (Projekts ExKoNawi) vorgestellt.

Rieß, W., Wirtz, M., Barzel, B., & Schulz, A. (Hrsg.) (2012). *Experimentieren im mathematisch-naturwissenschaftlichen Unterricht*. Münster: Waxmann.

In dem Buch werden die theoretischen Grundlagen und Ergebnisse des interdisziplinären Promotionskollegs exMNU beschrieben. Die einzelnen Beiträge decken das Thema Experimentieren breit ab und der Sammelband bietet einen guten Überblick über aktuelle Forschung.

Wellnitz, N., & Mayer, J. (2016). Methoden der Erkenntnisgewinnung im Biologieunterricht. In A. Sandmann, & P. Schmiemann (Hrsg.), *Erkenntnisse biologiedidaktischer Forschung. Schwerpunkte und Forschungsstände* (Biologie lernen und lehren, Bd. 1, S. 61–82). Berlin: Logos.

In dem Buchbeitrag werden die Teilprozesse und die Methoden (Beobachten, Vergleichen, Experimentieren) naturwissenschaftlicher Erkenntnisgewinnung sowie die Forschungsbefunde zu den entsprechenden Schülerfähigkeiten beschrieben.

Literatur

Alonzo, A., Gotwals, A. C., & Wenk, A. (Hrsg.). (2012). *Learning progressions in science. Current challenges and future directions*. Rotterdamm: Sense Publishers.

Arnold, J. (2015). *Die Wirksamkeit von Lernunterstützungen beim Forschenden Lernen: Eine Interventionsstudie zur Förderung des Wissenschaftlichen Denkens in der gymnasialen Oberstufe*. Berlin: Logos.

Arnold, J., Kremer, K., & Mayer, J. (2014). Understanding students' experiments – what kind of support do they need in inquiry tasks? *International Journal of Science Education, 36*(16), 2719–2749.

von Aufschnaiter, C., & Rogge, C. (2010). Wie lassen sich Verläufe von Entwicklung von Kompetenz modellieren? *Zeitschrift für Didaktik der Naturwissenschaften, 16*, 95–114.

Carey, S. (1989). 'An experiment is when you try it and see if it works': a study of grade 7 students' understanding of the construction of scientific knowledge. *International Journal of Science Education*, *11*(special issue), 514–529.

Chinn, C. A., & Malhorta, B. A. (2002). Children's responses to anomalous scientific data: how is conceptual change impeded? *Journal of Educational Psychology*, *94*(2), 327–343.

Dickmann, M. (2016). *Messung von Experimentierfähigkeiten – Validierungsstudie zur Qualität eines computerbasierten Testverfahrens*. Berlin: Logos.

Emden, M. (2011). *Prozessorientierte Leistungsmessung des naturwissenschaftlich-experimentellen Arbeitens. Eine vergleichende Studie zu Diagnoseinstrumenten zu Beginn der Sekundarstufe I.* Berlin: Logos.

Emden, M., & Sumfleth, E. (2012). Prozessorientierte Leistungsbewertung des experimentellen Arbeitens – Zur Eignung einer Protokollmethode für die Bewertung von Experimentierprozessen. *Der mathematische und naturwissenschaftliche Unterricht*, *65*(2), 68–75.

Gehlen, C. (2016). *Kompetenzstruktur naturwissenschaftlicher Erkenntnisgewinnung im Fach Chemie*. Berlin: Logos.

Germann, P. J. (1996). Identifying patterns and relationships among the responses of seventh-grade students to the science process skill of designing experiments. *Journal of Research Science Teaching*, *33*(1), 79–99.

Gott, R., & Duggan, S. (1995). *Investigative work in the science curriculum*. Buckingham: Open University Press.

Gott, R., & Duggan, S. (1996). Practical work: its role in the understanding of evidence in science. *International Journal of Science Eduaction*, *18*(7), 791–806.

Grube, C. (2010). *Kompetenzen naturwissenschaftlicher Erkenntnisgewinnung – Untersuchung der Struktur und Entwicklung des wissenschaftlichen Denkens bei Schülerinnen und Schülern der Sekundarstufe I.* Kassel: Universität Kassel.

Gut, C. (2012). *Modellierung und Messung experimenteller Kompetenz – Analyse eines large-scale Experimentiertests*. Berlin: Logos.

Gut, C., Metzger, S., Hild, P., & Tardent, J. (2014). Problemtypenbasierte Modellierung und Messung experimenteller Kompetenzen von 12- bis 15-jährigen Jugendlichen. *PhyDid B*, *2014*, 9.

Hammann, M. (2007). Das scientific discovery as dual search-Modell. In D. Krüger & H. Vogt (Hrsg.), *Handbuch der Theorien in der biologiedidaktischen Forschung* (S. 177–186). Berlin, Heidelberg: Springer.

Hammann, M., Phan, T. T. H., Ehmer, M., & Bayrhuber, H. (2006). Fehlerfreies Experimentieren. *Der mathematische und naturwissenschaftliche Unterricht*, *59*(5), 292–299.

Hammann, M., Phan, T. H., & Bayrhuber, H. (2007). Experimentieren als Problemlösen: Lässt sich das SDDS-Modell nutzen, um unterschiedliche Dimensionen beim Experimentieren zu messen? *Zeitschrift für Erziehungswissenschaften, Sonderheft*, *8*, 33–49.

Harmon, M., Smith, T. A., Martin, M. O., Kelly, D. L., Beaton, A. E., Mullis, I. V. S., & Orpwood, G. (1997). *Performance assessment in IEA's third international mathematics and science study*. Chestnut Hill: Boston College.

Hartmann, S., Upmeier zu Belzen, A., Krüger, D., & Pant, H. A. (2015). Scientific reasoning in higher education: constructing and evaluating the criterion-related validity of an assessment of pre-service science teachers' competencies. *Zeitschrift für Psychologie*, *223*, 47–53.

Heller, K. A., & Perleth, C. (2000). *Kognitiver Fähigkeitstest für 4. bis 12. Klasse, Revision*. Göttingen: Hogrefe.

Hof, S. (2011). *Wissenschaftsmethodischer Kompetenzerwerb durch Forschendes Lernen*. Kassel: university press.

Kampa, N. (2012). *Aspekte der Validierung eines Tests zur Kompetenz in Biologie.* Dissertation. Berlin: Humboldt Universität.

Klahr, D. (2000). *Exploring science: the cognition and exploring of dicovery process.* Cambridge: MIT Press.

Klahr, D., & Dunbar, K. (1988). Dual space search during scientific reasoning. *Cognitive Science, 12,* 1–48.

Klos, S., Henke, C., Kieren, C., Walpuski, M., & Sumfleth, E. (2008). Naturwissenschaftliches Experimentieren und chemisches Fachwissen – zwei verschiedene Kompetenzen. *Zeitschrift für Pädagogik, 54*(3), 304–321.

Koenen, J. (2014). *Entwicklung und Evaluation von experimentunterstützten Lösungsbeispielen zur Förderung naturwissenschaftlich-experimenteller Arbeitsweisen.* Berlin: Logos.

Koslowski, B. (1996). *Theory and evidence.* Cambridge: MIT Press.

Kremer, K., Specht, C., Urhahne, D., & Mayer, J. (2014). The relationship in biology between the nature of science and scientific inquiry. *Journal of Biological Education, 48*(1), 1–8.

Kuhn, D. (1991). *The skills of argument.* Cambridge: Cambridge University Press.

Kultusministerkonferenz (2005a). *Bildungsstandards im Fach Biologie für den Mittleren Schulabschluss.* München: Wolters Kluwer.

Kultusministerkonferenz (2005b). *Bildungsstandards im Fach Chemie für den Mittleren Schulabschluss.* München: Wolters Kluwer.

Kultusministerkonferenz (2005c). *Bildungsstandards im Fach Physik für den Mittleren Schulabschluss.* München: Wolters Kluwer.

Lock, J. (1989). Assessment of practical skills. Part 1. The relationships between component skills. *Research in Science and Technological Education, 7*(2), 221–233.

Mayer, J. (2007). Erkenntnisgewinnung als wissenschaftliches Problemlösen. In D. Krüger & H. Vogt (Hrsg.), *Handbuch der Theorien in der biologiedidaktischen Forschung* (S. 177–186). Berlin, Heidelberg: Springer.

Mayer, J., & Wellnitz, N. (2014). Die Entwicklung von Kompetenzstrukturmodellen. In D. Krüger, I. Parchmann & H. Schecker (Hrsg.), *Methoden in der naturwissenschaftsdidaktischen Forschung* (S. 19–29). Berlin: Springer.

Mayer, J., Grube, C., & Möller, A. (2008). Kompetenzmodell naturwissenschaftlicher Erkenntnisgewinnung. In U. Harms & A. Sandmann (Hrsg.), *Lehr- und Lernforschung in der Biologiedidaktik* (Bd. 3, S. 63–79). Innsbruck: Studienverlag.

Meier, M. (2016). *Entwicklung und Prüfung eines Instruments zur Diagnose der Experimentierkompetenz von Schülerinnen und Schülern.* Berlin: Logos.

Meier, M., & Mayer, J. (2012). Experimentierkompetenz praktisch erfassen. Entwicklung und Validierung eines anwendungsbezogenen Aufgabendesigns. In U. Harms & F. X. Bogner (Hrsg.), *Lehr- und Lernforschung in der Biologiedidaktik* (Bd. 5, S. 81–98). Innsbruck: Studienverlag.

Millar, R., & Driver, R. (1987). Beyond processes. *Studies in Science Education, 14,* 33–62.

Millar, R., Lubben, F., Gott, R., & Duggan, S. (1994). Investigating in the school science laboratory: conceptual and procedural knowledge and their influence on performance. *Research Papers in Education, 9*(2), 207–248.

Millar, R., Gott, R., Lubben, F., & Duggan, S. (1996). Children's performance of investigative tasks in science: a framework for considering progression. In M. Hughes (Hrsg.), *Progression in learning* (S. 82–102). Clevedon: Multilingual Matters.

Millar, R., Le Maréchal, J.-F., & Tiberghien, A. (1999). 'Mapping' the domain. Varieties of practical work. In J. Leach & A. C. Paulsen (Hrsg.), *Practical work in science education – recent research studies* (S. 33–59). Roskilde, Dorderecht: Roskilde University Press, Kluwer.

National Research Council (2013). *Next generation science standards. for states, by states.* Washington D.C.: National Academic Press.

Nawrath, D., Maiseyenka, V., & Schecker, H. (2011). Experimentelle Kompetenz. Ein Modell für die Unterrichtspraxis. *Physik in der Schule*, *60*(6), 42–48.

Nehring, A. (2014). *Wissenschaftliche Denk- und Arbeitsweisen im Fach Chemie. Eine kompetenzorientierte Modell- und Testentwicklung für den Bereich der Erkenntnisgewinnung*. Berlin: Logos.

Nehring, A., Stiller, J., Nowak, K. H., Upmeier zu Belzen, A., & Tiemann, R. (2016). Naturwissenschaftliche Denk- und Arbeitsweisen im Chemieunterricht – eine modellbasierte Videostudie zu Lerngelegenheiten für den Kompetenzbereich der Erkenntnisgewinnung. *Zeitschrift für Didaktik der Naturwissenschaften*, *22*(1), 77–96.

Ruiz-Primo, M. A., & Shavelson, R. J. (1996). Rhetoric and reality in science performance assessments: an update. *Journal of Research in Science Teaching*, *33*(10), 1045–1063.

Schauble, L. (1990). Belief revision in children: the role of prior knowledge and strategies for generating evidence. *Journal of Experimental Child Psychology*, *49*, 31–57.

Schecker, H., Neumann, K., Theyßen, H., Eickhorst, B., & Dickmann, M. (2016). Stufen experimenteller Kompetenz. *Zeitschrift für Didaktik der Naturwissenschaften*, *22*(1), 197–213.

Schmidt, D. (2016). *Modellierung experimenteller Kompetenz sowie ihre Diagnostik und Förderung im Biologieunterricht*. Berlin: Logos.

Schreiber, N. (2012). *Diagnostik experimenteller Kompetenz. Validierung technologiegestützter Testverfahren im Rahmen eines Kompetenzstrukturmodells*. Berlin: Logos.

Schreiber, N., Theyßen, H., & Schecker, H. (2014). Diagnostik experimenteller Kompetenz: Kann man Realexperimente durch Simulationen ersetzen? *Zeitschrift für Didaktik der Naturwissenschaften*, *20*, 161–173.

Schulz, A., Wirtz, M., & Starauschek, E. (2012). Das Experiment in den Naturwissenschaften. In W. Rieß, M. Wirtz, B. Barzel & A. Schulz (Hrsg.), *Experimentieren im mathematisch-naturwissenschaftlichen Unterricht* (S. 15–38). Münster: Waxmann.

Schunn, C. D., & Klahr, D. (2000). Multiple-space search in a more complex discovery microworld. In D. Klahr (Hrsg.), *Exploring science: the cognition and development of discovery processes* (S. 161–199). Cambridge: MIT Press.

Schweizerische Konferenz der kantonalen Erziehungsdirektoren (2011). Grundkompetenzen für die Naturwissenschaften. Nationale Bildungsstandards. http://edudoc.ch/record/96787/files/grundkomp_nawi_d.pdf. Zugegriffen: 1. Sept. 2017.

Schwichow, M., Croker, S., Zimmerman, C., Höffler, T., & Härtig, H. (2016a). Teaching the control-of-variable strategy: a meta-analysis. *Developmental Review*, *39*, 37–63.

Schwichow, M., Zimmerman, C., Croker, S., & Härtig, H. (2016b). What students learn from hands-on activities. *Journal of Research in Science Teaching*, *53*(7), 980–1002.

Sodian, B. (2001). Wissenschaftliches Denken. In D. H. Rost (Hrsg.), *Handwörterbuch Pädagogische Psychologie* (2. Aufl. S. 789–794). Weinheim: Beltz.

Stecher, B. M., Klein, S. P., Solano-Flores, G., McCaffrey, D., Robyn, A., Shavelson, R. J., & Haertel, E. (2000). The effects of content, format, and inquiry level on science performance assessment scores. *Applied Measurement in Education*, *13*(2), 139–160.

Theyßen, H., Schecker, H., Neumann, K., Eickhorst, B., & Dickmann, M. (2016). Messung experimenteller Kompetenz – ein computergestützter Experimentiertest. *PHyDid A, Physik und Didaktik in Schule und Hochschule*, *15*(1), 26–48.

Vorholzer, A. (2016). *Wie lassen sich Kompetenzen des experimentellen Denkens und Arbeitens fördern? Eine empirische Untersuchung eines expliziten und eines impliziten Instruktionsansatzes*. Berlin: Logos.

Vorholzer, A., von Aufschnaiter, C., & Kirschner, S. (2016). Entwicklung und Erprobung eines Tests zur Erfassung des Verständnisses experimenteller Denk- und Arbeitsweisen. *Zeitschrift für Didaktik der Naturwissenschaften*, *22*(1), 25–41.

Webb, N. M., Schlackman, J., & Sugrue, B. (2000). The dependability and interchangeability of assessment methods in science. *Applied Measurement in Education, 13*(3), 277–301.

Wellnitz, N. (2012). *Kompetenzstruktur und -niveaus von Methoden naturwissenschaftlicher Erkenntnisgewinnung*. Berlin: Logos.

Wellnitz, N., & Mayer, J. (2013). Erkenntnismethoden in der Biologie – Entwicklung und Evaluation eines Kompetenzmodells. *Zeitschrift für Didaktik der Naturwissenschaften, 19*, 315–345.

Wellnitz, N., & Mayer, J. (2016). Methoden der Erkenntnisgewinnung im Biologieunterricht. In A. Sandmann & P. Schmiemann (Hrsg.), *Erkenntnisse biologiedidaktischer Forschung. Schwerpunkte und Forschungsstände. Biologie lernen und lehren* (Bd. 1, S. 61–82). Berlin: Logos.

Wellnitz, N., Fischer, H. E., Kauertz, A., Mayer, J., Neumann, I., Pant, H. A., Sumfleth, E., & Walpuski, M. (2012). Evaluation der Bildungsstandards – eine fächerübergreifende Testkonzeption für den Kompetenzbereich Erkenntnisgewinnung. *Zeitschrift für Didaktik der Naturwissenschaften, 18*, 261–291.

Wellnitz, N., Hecht, M., Heitmann, P., Kauertz, A., Mayer, J., Sumfleth, E., & Walpuski, M. (2017). Modellierung des Kompetenzteilbereichs naturwissenschaftliche Untersuchungen. *Zeitschrift für Erziehungswissenschaft, 20*(4), 556–584.

White, B. Y., & Frederiksen, J. R. (1998). Inquiry, modeling, and metacognition: making science accessible to all students. *Cognition and Instruction, 16*(1), 3–118.

Zimmerman, C. (2007). The development of scientific thinking skills in elementary and middle school. *Developmental Review, 27*, 172–223.

Modelle und das Modellieren in den Naturwissenschaften

9

Dirk Krüger, Alexander Kauertz und Annette Upmeier zu Belzen

9.1 Einführung

Modelle sind die zentralen Arbeits- und Hilfsmittel in den Naturwissenschaften. Einerseits werden sie als Werkzeuge für die Gewinnung neuer Erkenntnisse genutzt, andererseits werden sie als Medien für die Kommunikation bereits bekannter Fakten eingesetzt (Giere et al. 2006; Gilbert und Justi 2016; Gouvea und Passmore 2017; Passmore et al. 2014). In Anlehnung an Dobzhanskys Essaytitel (1973) zur Bedeutung der Evolutionstheorie könnte man sagen: „Nothing in science makes sense except in the light of models". Die wissenschaftliche Bedeutung von Modellen erklärt auch ihre Präsenz in den naturwissenschaftlichen Bildungsdokumenten für die Schulen in Deutschland (z. B. KMK 2005) und im Ausland (z. B. NGSS Lead States 2013).

Bei dieser Bedeutung von Modellen erstaunt es möglicherweise, dass allgemeingültige Klassifikationssysteme für Modelle in fachübergreifenden Diskursen nicht vorliegen

---

Aus Gründen der besseren Lesbarkeit wird im Text verallgemeinernd das generische Maskulinum verwendet. Diese Formulierungen umfassen gleichermaßen weibliche und männliche Personen; alle sind damit gleichberechtigt angesprochen.

D. Krüger (✉)
Didaktik der Biologie, Freie Universität Berlin
Berlin, Deutschland
E-Mail: dirk.krueger@fu-berlin.de

A. Kauertz
Physikdidaktik und Techniklehre, Universität Koblenz–Landau
Koblenz, Deutschland
E-Mail: kauertz@uni-landau.de

A. Upmeier zu Belzen
Fachdidaktik und Lehr-/Lernforschung Biologie, Humboldt-Universität zu Berlin
Berlin, Deutschland
E-Mail: annette.upmeier@biologie.hu-berlin.de

© Springer-Verlag GmbH Deutschland, ein Teil von Springer Nature 2018
D. Krüger et al. (Hrsg.), *Theorien in der naturwissenschaftsdidaktischen Forschung*,
https://doi.org/10.1007/978-3-662-56320-5_9

(Mittelstraß 2005) und selbst innerhalb der Naturwissenschaftsdidaktiken unterschiedliche Klassifikationen von Modellen vorgeschlagen werden (z. B. Crawford und Cullin 2005 [Biologie]; Justi und Gilbert 2002 [Chemie]; Kircher 2015, S. 804 ff. [Physik]). In Bezug auf den Modellbegriff besteht die Gemeinsamkeit, dass Modelle subjekt-, zweck- und zeitbezogen sind (Giere 2010; Stachowiak 1973). Modelle lassen sich demnach im Urteil von Personen als Repräsentationen von Originalen bzw. Phänomenen oder Systemen einer Erfahrungswelt auffassen, die diese Phänomene für einen bestimmten Zweck und zeitlich befristet beschreiben oder erlauben, über die Erfahrungswelt Hypothesen aufzustellen und diese zu untersuchen. Aspekte eines Originals (z. B. Klima) mit relevanten Einflussvariablen bilden die Grundlage für die Herstellung des Modells (z. B. Computersimulation von Wärmeströmungen), das in der Programmierung Strukturen des Originals aufgreift und in der Anwendung dynamische Eigenschaften der Systembeziehungen darstellt sowie das Systemverhalten voraussagen kann. Aus der Notwendigkeit, Modelle immer wieder zu prüfen und weiterzuentwickeln, folgt, dass kein Modell Alleingültigkeit beanspruchen kann und Modelle damit nur begrenzte Aussagekraft und einen eingegrenzten Anwendungsbereich besitzen.

Während die Biologie als Teil der modernen Lebenswissenschaften heute eine wissenschaftliche Nutzung von weitgehend theoretischen Modellierungen in interdisziplinären Forschungskontexten verfolgt, wurden Modelle in der Zeit, als die Biologie eine vorwiegend beschreibende Wissenschaft war, als Hilfsmittel bzw. Ersatz für nicht handhabbare Originale eingesetzt (Gropengießer 1981). Demgegenüber ist der Modelleinsatz in der Physik und Chemie bereits traditionell durch eine hohe Abstraktheit charakterisiert. Um den fachlichen Perspektiven auf die wissenschaftliche Arbeit mit Modellen gerecht zu werden, bietet der vorliegende Beitrag ausgehend von einem übergreifenden Modellbegriff eine theoretische Rahmung an, die über eine ontologische, am Repräsentationscharakter der Modelle (z. B. ikonisch, symbolisch, gegenständlich) orientierte Perspektive hinausgeht und eine epistemologische, an der Funktion von Modellen und ihrer Einsatzweise zum Erkenntnisgewinn ausgerichtete Perspektive entwickelt. Diese epistemologische Perspektive setzt sich in Bildungsprozessen in aktuellen Standards und Curricula ebenfalls zunehmend durch. Das bedeutet, dass neben dem Erwerb von Fachwissen durch die Nutzung von Modellen auch die Auseinandersetzung mit den Funktionen und dem Status des Werkzeugs Modell selbst zum Ziel von Bildungsbemühungen wird.

9.2   Allgemeine theoretische Erwägungen

9.2.1   Aspekte des Modellbegriffs

Trotz der Anerkennung der wissenschaftlichen Bedeutung von Modellen und des Modellierens liegt weder eine einheitliche Definition des Modellbegriffs in den Naturwissenschaften vor (Agassi 1995; Gilbert und Justi 2016), noch existiert eine einheitliche Theorie der Modellierung (Ritchey 2012). Mittelstraß (2005, S. 65) liefert eine allgemeine Rahmenvorstellung: „Modelle sind Nachbildungen eines realen oder imaginären Gegenstandes mit dem Ziel, etwas über diesen oder mit diesem zu lernen". Dabei weist Mittelstraß sowohl auf die beschreibende als auch die forschende Funktion der Modellierung hin. Spezielle Zugänge zum Modellbegriff bieten die Kognitionspsychologie (z. B. Johnson-Laird 1983; Nersessian 2008), die Philosophie (z. B. Bailer-Jones 2003; Giere 2010; Knuuttila 2011), die Informatik (z. B. Mahr 2012, 2015) und die Fachdidaktik (z. B. Gilbert und Justi 2016; Gouvea und Passmore 2017; Upmeier zu Belzen 2013). In ihren Modelldefinitionen werden unterschiedliche Begriffe verwendet, z. B. mentales Modell (Nersessian 2008; Kap. 5), Repräsentation (Giere 2004; Kap. 10), Denkmodell (Upmeier zu Belzen 2013), Referent oder Analogie (Oh und Oh 2011). So definiert Nersessian (2008, S. 93) ein mentales Model als „structural, behavioral, or functional analog representation of a real-world or imaginary situation, event, or process". In der frühen Sicht Gieres (2004) werden Modelle als für einen bestimmten Zweck entwickelte Repräsentationen von natürlichen Objekten, Prozessen oder Phänomenen beschrieben, die in einem Ähnlichkeitsverhältnis zum Repräsentierten stehen. Werden solche Modelle auf die Welt bezogen, entstehen Hypothesen über die Passung eines Modells zu einem spezifischen Ausschnitt der Welt. In der jüngeren Diskussion (u. a. Mahr 2015) tritt diese ontologische, am Sein des repräsentierten Modellobjekts orientierte Definition des Modellbegriffs in den Hintergrund und es wird eine epistemologische Position eingenommen, bei der es darum geht, wie Modelle genutzt werden, um die Erfahrungswelt zu verstehen (Saam und Gautschi 2015). So schreibt Giere (2010, S. 269): „Agents intend to use model M to represent a part of the world W for some purpose P." In dieser Definition wird die Rolle des Modellierers bedeutsam, womit ein Gegenstand nicht Modell ist, sondern als Modell genutzt wird. Die Sichtweise lässt zwei Folgerungen zu: Es kann zweckabhängig mehrere Modelle für ein Phänomen geben und unterschiedliche Anwendungen erlauben es, ein und dieselbe Repräsentation für unterschiedliche Zwecke zu nutzen (Gilbert und Justi 2016, S. 21). Um dieser erkenntnistheoretischen Funktion von Modellen Rechnung zu tragen, sollten Modelle weniger als Repräsentationen betrachtet werden, die danach beurteilt werden, inwiefern sie dem jeweiligen Phänomen entsprechen. Vielmehr sollte der Charakter von Modellen als Werkzeug im Erkenntnisprozess betont werden. Gouvea und Passmore (2017) empfehlen dafür von „models for" (als Werkzeuge) statt von „models of" (als Medien) zu sprechen. Nach Gilbert und Justi (2016, S. 21) hilft es, Modelle als „substitute systems" (Mäki 2005) aufzufassen, oder wie Ritchey (2012), Modelle als „epistemic tools" zu bezeichnen. Auf diese Weise wird der Werkzeugcharakter der Modelle für ein Erkunden herausgestellt (Gouvea und Passmore 2017; Passmore et al. 2014).

In der philosophischen (Black 1962; Stachowiak 1973) und der fachdidaktischen Literatur (Boulter und Buckley 2000; Gilbert und Osborne 1980; Harrison und Treagust 2000; Ornek 2008) gibt es eine Reihe von Ansätzen, dem Modellbegriff mit Typologien näherzukommen. Beispielsweise sprechen Harrison und Treagust (2000) im Spannungsfeld von abstrakt bis konkret von „analogical models" („scale, pedagogical analogical, iconic and symbolic, mathematical, theoretical, concept-process models, simulations, maps, diagrams and tables") sowie von „mental" und „synthetic models". Buckley und Boulter

(2000) unterscheiden auf zwei Ebenen einerseits nach der Art („mode") der Repräsentation (konkret, sprachlich, visuell, mathematisch, gestisch) und andererseits nach den Eigenschaften („attributes") der Repräsentation zwischen quantitativen und qualitativen, statischen und dynamischen sowie deterministischen und probabilistischen Modellen. Diese phänomenologisch (Ritchey 2012) bzw. ontologisch (Oh und Oh 2011) geprägten, also an der Art der Repräsentation orientierten Kategorisierungen liefern ein auf ein Kriterium bezogenes Ordnungssystem, ohne dabei etwas über die erkenntnisgewinnende Funktion dieser Modelle auszusagen.

9.2.2   Modellieren als zyklischer Prozess

Das Modellieren ist ein komplexer Prozess mit grundlegender Bedeutung für die wissenschaftliche Erkenntnisgewinnung sowie für menschliche Problemlösungen (z. B. Greca und Moreira 2000; Nersessian 2008). Verschiedene Autoren beschreiben die auf einen Zweck bezogene Konstruktion sowie das entsprechende Testen und Ändern von (mentalen) Modellen aus verschiedenen Perspektiven, beispielsweise kognitionspsychologisch (z. B. Nersessian 2013), auf den schulischen Kontext Naturwissenschaften bezogen (z. B. Fleige et al. 2012; Gilbert und Justi 2016; Hestenes 1992) oder bezogen auf die Lehr-Lern-Prozesse in der Mathematik (Blum und Leiss 2007).

Grundsätzlich entzieht sich der Ablauf einer Modellierung einer strengen prozeduralen Beschreibung und Festlegung bestimmter Regeln, weil das Modellieren eher einer Kunst mit kreativen Elementen gleicht (Morrison und Morgan 1999). So bestimmen nicht nur Theorie oder Daten die Modellierung, sondern wie beim hypothetisch-deduktiven Vorgehen in der Erkenntnisgewinnung hängt die Modellierung auch von der Intuition und Erfahrung des Modellierers ab (Clement 1989). Dennoch lassen sich wiederkehrende Elemente identifizieren, die idealtypisch angeordnet einer Forschungslogik folgen (Popper 1994), die auch in anderen Arbeitsweisen umgesetzt werden, z. B. einer wissenschaftlichen Beobachtung oder einem Experiment. Demnach ist der Ausgangspunkt eines Modellierungsprozesses ein beobachtetes Phänomen, das unter Berücksichtigung des Zwecks, den das Modell erfüllen soll, des Vorwissens und der Erfahrungen einer modellierenden Person zu einem ersten Entwurf eines Modells führt, in dem die relevanten Variablen des Phänomens repräsentiert werden. Dieser Schritt wird als die Konstruktion eines mentalen (Nersessian 2008), initialen Modells (Clement 1989) bzw. als „proto-model" (Gilbert und Justi 2016, S. 33) bezeichnet und vollzieht sich auf einer gedanklichen Ebene. Dabei wird zunächst versucht, auf der Grundlage eines aus der Beobachtung entstandenen Situationsmodells ein bekanntes passendes oder analoges (fachliches) Modell zu identifizieren. Gelingt dies nicht oder nicht ausreichend, werden davon ausgehend neue Modellelemente und -verknüpfungen generiert. Bei der Entwicklung des Modells wird die interne Konsistenz und Passung zum Phänomen geprüft. Der Prozess mündet in einer oder mehreren wie auch immer gearteten Externalisierungen, die als Modellobjekt(e) bezeichnet werden können (Mahr 2015). Das Modellobjekt kann als Medium ausgewählte

Variablen des Systems veranschaulichen (Modell *von* etwas). Darüber hinaus lassen sich aus dem gedanklichen Modell bzw. Modellobjekt Hypothesen darüber ableiten, wie sich das System unter bestimmten Bedingungen verhält. Experimentelle Untersuchungen oder systematische Beobachtungen führen zu Ergebnissen, die betrachtete Hypothesen bestätigen oder falsifizieren (Krell et al. 2016).

Die Messung einer komplexen abgeleiteten Größe (z. B. Energie) erfordert ein Messmodell (Jockisch und Rosendahl 2010). In dieser besonderen Art der Modellierung werden theoretisch begründete Beziehungen zwischen Variablen gebildet, die auf mess- und beobachtbare Größen zurückzuführen sind (z. B. Temperatur oder Masse). Dabei soll die Messung möglichst präzise, also mit geringer Messunsicherheit, und einfach sein, also mit vorhandenen und optimierten Geräten möglich werden. Annahmen über die Verteilung von Messwerten und ihren Unsicherheiten werden berücksichtigt, da diese vorgeben, wie sich die Verteilungen im Rahmen der Fehlerfortpflanzung verändern (z. B. Tipler et al. 2015). Auf der Basis zuvor vereinbarter Signifikanzniveaus wird dann entschieden, ob die Messwerte den zuvor berechneten Werten hinreichend nahekommen und somit von einer Passung zwischen Messmodell und System ausgegangen werden kann. Moderne Messverfahren in Chemie und Physik setzen oft komplexe Messmodelle ein, stets mit dem Ziel, möglichst exakt und störungsarm messen zu können.

Wenn experimentelle Störquellen ausgeschlossen werden können und die vom Modell abgeleiteten Hypothesen im Widerspruch zu den Daten stehen, wird daraus auf eine fehlende Passung zwischen Modell und System geschlossen. Dann muss das Modell optimiert oder die Vorstellung über das modellierte Phänomen verändert werden. Dies erfordert eine erneute Testung und verdeutlicht den zyklischen Charakter der Modellbildung. Im hypothesengeleiteten Vergleich zwischen theoretischer Modellwelt und materieller Erfahrungswelt (Giere et al. 2006; Leisner-Bodenthin 2006) werden die Funktionen des Modellierens als Methode zur naturwissenschaftlichen Erkenntnisgewinnung erkennbar (Modell *für* etwas).

Somit wird die besondere Bedeutung des Modellierens (Abb. 9.1) deutlich, wenn erkannt wird, dass sich das Modellieren auf naturwissenschaftliche Arbeitsweisen wie das Beobachten, Vergleichen, Ordnen oder Experimentieren (Godfrey-Smith 2006; Mäki 2005; Morgan 2005) beziehen lässt. Während beim Modellieren die Variablenisolation und -manipulation auf theoretischer Ebene in der Modellwelt erfolgt (Clement 2009; Abb. 9.1), folgt beim Experimentieren die Isolation und Manipulation ausgewählter Variablen in einer materiellen Umsetzung (Mäki 2005). Damit wird eine empirische Prüfung von Voraussagen in der Erfahrungswelt möglich, die aus einer Modellierung abgeleitet wurden (Giere et al. 2006; Abb. 9.1).

Wie zuvor erläutert, gibt es unterschiedliche Ansätze, die Modellierung zu beschreiben. Bisher wurde der Ablauf des Modellierens eher allgemein beschrieben. Einen Versuch, hierfür eine einheitliche Theorie zu entwickeln, unternimmt Ritchey (2012). Er definiert zunächst, dass ein wissenschaftliches Modell aus wenigstens zwei mentalen Konstrukten (z. B. Beleuchtungsstärke als physikalische Variable und Fotosyntheseleistung als chemisch-biologische Variable) bestehen muss, die sich als Variablen bzw. Dimensionen

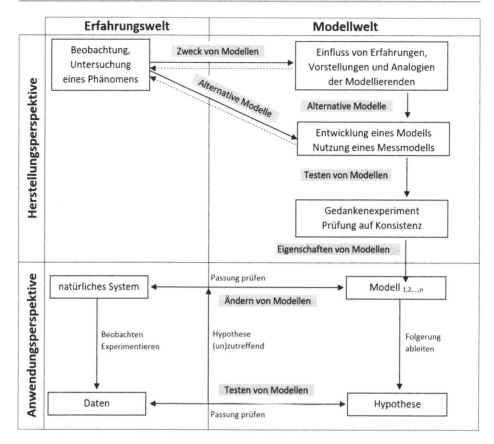

Abb. 9.1 Prozessschema naturwissenschaftlicher Erkenntnisgewinnung durch Modellieren (Krell et al. 2016). *Graue Kästen* weisen auf die Bedeutung von Teilkompetenzen hin, wenn bestimmte Abläufe durchlaufen werden (Tab. 9.1 und Abschn. 9.3.1)

auffassen lassen und experimentell untersucht werden können. Die beschriebenen Konstrukte oder ihre Ausprägungen müssen in Beziehungen zueinander stehen. Darüber hinaus charakterisiert Ritchey (2012) fünf Eigenschaften einer Modellierung: Die Konstrukte können Werte annehmen oder nur nominal (ohne Wert) sein, die Zusammenhänge zwischen den Konstrukten sind gerichtet oder ungerichtet, deren Beziehungen lassen sich quantifizieren oder nicht, die Beziehungen sind zyklisch oder azyklisch und der Typ der Beziehungen ist mathematisch/funktional, probabilistisch, quasi-kausal oder nicht kausal (logisch, normativ). Obwohl Ritchey (2012) einräumt, weitere Attribute einem Modellierungsprozess zuschreiben zu können (z. B. kontinuierlich/diskret), belässt er es bei diesen fünf Eigenschaften und identifiziert in spezifischen Kombinationen dieser Eigenschaften verschiedene Typen des Modellierens.

Unter Berücksichtigung von Bildungsprozessen über Modelle und Modellierungsprozesse ist es bedeutsam, eine epistemologische Perspektive durch die Nutzung von Modellen in der Wissenschaft einzunehmen. So generiert die Wissenschaft durch die Anwendung und Testung von Modellen neues Wissen. In diesem Sinn nehmen Modelle die Funktion von Werkzeugen zur Erkenntnisgewinnung ein. Indem Wissenschaftler ihr gedankliches Modell in Form eines Modellobjekts externalisieren, sind sie gleichzeitig in der Lage, ihre darin enthaltenen Vorstellungen über ein Phänomen zu kommunizieren und mit anderen zu diskutieren. Modelle fungieren hierbei v. a. als Medien, die den Stand der Forschung transportieren und vermitteln. Beide Funktionen sind gleichermaßen relevant für das schulische Lernen, wobei traditionell die mediale Perspektive stärker ausgeprägt ist (Krell et al. 2016). Insofern stellt der vorliegende Beitrag eine theoretische Grundlage für die epistemologische Perspektive vor.

9.3 Ausgewählte theoretische Rahmungen

In den Naturwissenschaftsdidaktiken wird das Verstehen von Modellen und das Reflektieren über den Prozess des Modellierens („meta-modelling knowledge"; Schwarz und White 2005) als Teil des Wissenschaftsverständnisses angesehen (Gobert et al. 2011; Matthews 2012; Reinisch und Krüger 2014). Dieses Verständnis wird konzeptualisiert als „a type of nature of science understanding" und umfasst „how models are used, why they are used, and what their strengths and limitations are, in order to appreciate how science works and the dynamic nature of knowledge that science produces" (Schwarz et al. 2009, S. 634 f.). Damit werden Aspekte von Modellkompetenz beschrieben, wobei es darum geht, mit Modellen zweckbezogen Erkenntnisse zu gewinnen, über Modelle mit Bezug auf ihren Zweck urteilen zu können und über den Prozess der Erkenntnisgewinnung durch Modelle und Modellierungen zu reflektieren (Upmeier zu Belzen und Krüger 2010).

9.3.1 Der Modellbegriff als Modellsein

Vermehrt nähern sich Autoren dem Modellbegriff aus einer epistemologischen Perspektive (Gilbert und Justi 2016; Knuuttila 2011; Mahr 2015; Passmore et al. 2014). Dabei wird etwas zu einem Modell, wenn es von einem Subjekt als Modell genutzt (Giere 2010), entwickelt (Ritchey 2012) beziehungsweise aufgefasst (Mahr 2015) wird. Eine konsequent epistemologische Perspektive wird im folgenden Ansatz mit dem Modell des Modellseins nach Mahr (2015) vorgestellt. Sein Ansatz kann als Basis genutzt werden, Niveaus in der Entwicklung einer Modellkompetenz theoretisch zu begründen (Upmeier zu Belzen und Krüger 2010).

Mahr (2015) verzichtet wegen der vielfältigen Bedeutungen des Begriffs Modell als Homonym (z. B. für Menschen in der Modebranche oder Kunst, maßstabsgetreue Plastiken von Organen, mathematische Gleichungssysteme, Architekturentwürfe oder Kartenzeichnungen) darauf, nach ontologischen Merkmalen eines Modells zu suchen und zu definieren, was ein Modell ist. Er versucht vielmehr epistemologisch zu klären, wodurch es begründet ist, einen Gegenstand als Modell aufzufassen. Dabei unterscheidet er zwischen einem gedachten (mentalen) Modell (z. B. Klimawandel) und einem im weitesten Sinn gegenständlichen, das Modell repräsentierenden Modellobjekt (Computersimulation des Klimas). Nach Mahr (2015) wird also das mentale Modell durch das Modellobjekt repräsentiert, wobei das Modellobjekt in der Auffassung eines Subjekts in zwei Beziehungen steht: Es ist sowohl Modell *von* etwas als auch Modell *für* etwas (Gouvea und Passmore 2017). Diese konstruktiven Beziehungen, von etwas ein Modell zu sein (Herstellungsperspektive bzw. Modell als Abbild), und für etwas ein Modell zu sein (Anwendungsperspektive bzw. Modell als Vorbild), rechtfertigen das Urteil des Modellseins (Mahr 2015). Mit dieser Definition liefert Mahr (2015) Bedingungen, die losgelöst von inhärenten, dem Modellobjekt dauerhaft zugehörigen Merkmalen dazu führen, ein Objekt als Modell aufzufassen, indem es zu einem Zeitpunkt zweckgerichtet von einer Person oder Gruppe als Modell von etwas und für etwas genutzt wird. Die benannten Aspekte, also das Modellobjekt, das unter einer Herstellungsperspektive Modell von etwas (Repräsentant eines Originals oder Phänomens) und unter einer Anwendungsperspektive Modell für etwas ist (Medium in Vermittlungssituation oder Werkzeug im Prozess der Erkenntnisgewinnung), können zur Beschreibung von Niveaus bei der Kompetenzentwicklung im Denken über Modelle genutzt werden. Hierbei spielt auch die Beziehung zwischen einer Person, die das Modell bildet oder nutzt, und dem Modell selbst eine zentrale Rolle (Kircher 2015).

Giere (2010) bezeichnet das Subjekt als „agent" und diese Person entscheidet über die fokussierten Ähnlichkeitsbeziehungen („intend") sowie über den Zweck dieser Fokussierung („purpose"). Auch Mahr (2012, 2015) denkt in seinem Ansatz des Modellseins („model-being") das Subjekt konsequent mit, wenn er zwischen dem mentalen Modell und dem Modellobjekt, also dem vom Subjekt externalisierten mentalen Modell, sowie der Herstellung und Anwendung des Modellobjekts unterscheidet. Die Aspekte des Modellseins (Modellobjekt, Modell von etwas, Modell für etwas) lassen sich für Beschreibungen von Kompetenzausprägungen nutzen. Sie basieren darauf, diese Aspekte in problemhaltigen Situationen beim Bilden und Umgehen mit Modellen berücksichtigen zu können und zu wollen (Upmeier zu Belzen und Krüger 2010).

9.3.2 Modellkompetenz als Fähigkeit, über Modelle und das Modellieren zu reflektieren

Modellkompetenz ist Teil des Kompetenzbereichs Erkenntnisgewinnung in den Bildungsstandards aller drei naturwissenschaftlichen Fächer für den mittleren Schulabschluss (KMK 2005). Aufgabe der Fachdidaktiken ist es, hierfür theoretisch fundierte und empirisch gesicherte Kompetenzmodelle anzubieten (Helmke und Hosenfeld 2004).

Aufbauend auf verschiedenen Strukturierungsansätzen aus dem Bereich der Naturwissenschaftsdidaktiken (z. B. Crawford und Cullin 2005; Grosslight et al. 1991; Justi und Gilbert 2003; Meisert 2008) haben Upmeier zu Belzen und Krüger (2010) zwischen fünf

Teilkompetenzen von Modellkompetenz unterschieden (Tab. 9.1). Diese Strukturierung unterscheidet zwischen kognitiven Facetten in den Teilkompetenzen Eigenschaften von Modellen, alternative Modelle, Zweck von Modellen, Testen von Modellen sowie Ändern von Modellen (Krell et al. 2016). Die jeweiligen Graduierungen (Niveaus) der fünf Teilkompetenzen gehen auf die oben beschriebenen Aspekte des Modellseins zurück. Die vorgeschlagene Struktur wird umfangreich untersucht (Krell et al. 2016), muss aber bis zur abschließenden empirischen Bestätigung zunächst als nominales Kategoriensystem interpretiert werden (Kauertz et al. 2010). Die Niveaus (Tab. 9.1) werden wie folgt theoretisch beschrieben:

- Niveau I: Fähigkeit, das Erscheinungsbild des Modellobjekts unter ästhetischem Gesichtspunkt oder technischer Funktionalität zu beurteilen, ohne – ausgenommen in seiner Eigenschaft als Kopie oder beim Zweck der Veranschaulichung – das Phänomen in Beziehung mit dem Modellobjekt zu setzen; das Modellobjekt als solches wird beurteilt (Tab. 9.1).
- Niveau II: Fähigkeit, den Herstellungsprozess und hier vorrangig die mediale Funktion des Modellobjekts als mehr oder weniger akkurate Repräsentation des Originals oder des Phänomens zu beurteilen; mit dem Modellobjekt als Modell von etwas wird bekanntes naturwissenschaftliches Wissen repräsentiert.
- Niveau III: Fähigkeit, das Modell in einer Anwendung als Werkzeug und Arbeitsmittel zum Untersuchen zu nutzen und damit seine Produktivität zu beurteilen; das Modellobjekt als Modell für etwas führt zur Bearbeitung neuer, bisher ungeklärter naturwissenschaftlicher Fragen.

Tab. 9.1 Teilkompetenzen und Stufen der Modellkompetenz

	Niveau I	Niveau II	Niveau III
Eigenschaften von Modellen	Modelle sind Kopien von etwas	Modelle sind idealisierte Repräsentationen von etwas	Modelle sind theoretische Rekonstruktionen von etwas
Alternative Modelle	Unterschiedliche Konstruktion führt zu unterschiedlichen Modellobjekten	Ausgangsobjekt ermöglicht Herstellung unterschiedlicher Modelle	Verschiedene Hypothesen führen zu unterschiedlichen Modellen
Zweck von Modellen	Modellobjekt zur Beschreibung von etwas einsetzen	Bekannte Zusammenhänge von Variablen im Ausgangsobjekt erklären	Zusammenhänge von Variablen für zukünftige neue Erkenntnisse voraussagen
Testen von Modellen	Modellobjekt überprüfen	Parallelisieren mit dem Ausgangsobjekt; Modell von etwas testen	Überprüfen von Hypothesen bei der Anwendung; Modell für etwas testen
Ändern von Modellen	Mängel am Modellobjekt beheben	Modell als Modell von etwas durch neue Erkenntnisse oder zusätzliche Perspektiven revidieren	Modell für etwas aufgrund falsifizierter Hypothesen revidieren

Die Teilkompetenzen und ihre Graduierungen sind bereits im Detail beschrieben (Krell et al. 2016; Upmeier zu Belzen und Krüger 2010). Bei *Eigenschaften von Modellen* wird das Ähnlichkeitsverhältnis zwischen Modell und Phänomen beurteilt; bei *Alternative Modelle*, inwiefern es mehrere Modelle für ein Original bzw. Phänomen geben kann. Der *Zweck von Modellen* ist leitend für den jeweiligen Prozess der Modellbildung. Dabei wird Modellen mit didaktischer Intention (Beschreiben, Erklären) eine mediale Funktion zugeschrieben, erst im Voraussagen werden sie zu einem Werkzeug der Erkenntnisgewinnung. Unter Berücksichtigung des Zwecks geht es beim *Testen von Modellen* und *Ändern von Modellen* unter medialer Perspektive um Optimierungen durch Bezüge zu bekannten Aspekten des Phänomens bzw. beim Überprüfen aufgestellter Hypothesen um neu zu entdeckende Aspekte des Phänomens.

Die hier dargestellten Teilkompetenzen stellen Reflexionsebenen dar, die ihre Bedeutung nicht nur in einer abstrakten, kognitiven Reflexion über den Modellbegriff erhalten, sondern unter einer Kompetenzbetrachtung in problemhaltigen Situationen zu unterschiedlichen Lösungen im zyklischen Prozess des Modellierens (Abb. 9.1) führen können.

9.3.3 Modellkompetenz als Fähigkeit Modelle zu entwickeln und anzuwenden

Kircher (2015) charakterisiert Modelle über ihre Produktivität. Damit ist gemeint, dass Modelle (für Wissenschaftler) weitergehende Erkenntnisse erwarten lassen, indem sie zukünftig auf weitere Bereiche angewendet werden (Gouvea und Passmore 2017). In den Naturwissenschaften, insbesondere in der Physik und Chemie, werden oft direkt als Modelle bezeichnet: Teilchen-, Orbital-, Massepunkt-, Strahlen-, Wellen- bzw. Elementarmagnetmodell. Mit nahezu jedem dieser Modelle sind bestimmte mathematisierende Überlegungen verbunden (z. B. zum Zweck der Vereinfachung und Vorhersagbarkeit; Justi und Gilbert 2006) und bestimmte Visualisierungen verknüpft (Treagust et al. 2017). Diese Modelle sind wiederum Grundlage und Ausgangspunkt, um auf spezifische Phänomene angewandt zu werden und dort durch Anpassung, Erweiterung, Umdeutung der Größen und Ähnliches für eine Mathematisierung der Phänomene genutzt zu werden (Gilbert und Justi 2016, S. 32). Dies kann sogar aus der eigentlichen Physik herausführen: So können etwa Verkehrsflüsse in einem Teilchenmodell mit abstoßenden Kräften modelliert werden, ähnlich wie sich geladene Teilchen gegenseitig beeinflussen würden.

Modelle dienen daher als Analogien oder sind deren Grundlage (Gouvea und Passmore 2017). Dem Erkennen und Nutzen von Analogien für die Modellierung kommt daher eine große Bedeutung zu (Krell et al. 2016; Podolefsky und Finkelstein 2006). Dies kommt insbesondere zum Tragen, weil in der Physik und auch der Chemie fast ausnahmslos Phänomene modelliert werden, die sich selbst der unmittelbaren Erfahrung aufgrund ihrer Größenordnungen entziehen. Dazu zählen z. B. kosmische Vorgänge oder Reaktionen auf atomarer Ebene (Mikelskis-Seifert und Fischler 2003), zu deren Beschreibung mikro- oder makrokosmische Größen genutzt werden (z. B. Elektronen, schwarze Löcher etc.) oder deren Beschreibung prozesshaft bzw. systemisch und nur in ihren Auswirkungen mesoskopisch erfahrbar sind (z. B. Kraftwirkung, Energieaustausch).

Anwendungsbereiche für Modelle können Probleme sein, die in einer stark spezifizierten Situation auftreten, die also zusätzlich durch zahlreiche Merkmale charakterisiert wird, die nicht mit dem Modell abgebildet werden. Dabei handelt es sich um kontextualisierte Probleme (Kap. 12), bei denen im naturwissenschaftlichen Sinn eine Lösung gesucht wird. Blum und Leiss (2007) beschreiben Modellieren in der Mathematik daher als Kreislauf, bei dem Situationsmodelle in mathematische Modelle und damit die mathematische Welt übersetzt und die sich daraus ergebenden Lösungen wieder in den Rest der Welt, der dem Begriff der Erfahrungswelt (Abb. 9.1) entspricht, rückübersetzt werden.

Wie stark naturwissenschaftliche und für die Problemlösung relevante Zusammenhänge oder Konzepte bereits in der semantischen Struktur der Situationsbeschreibung für die Lernenden erkennbar sind, hat einen Einfluss auf die Modellierung (Löffler 2016). Hier ist v. a. die Anfangsphase der Herstellungsperspektive (Abb. 9.1) beeinflusst, in der durch Analogien und bekannte Modelle ein Ansatzpunkt zur Modellierung gesucht wird, also ein Übergang vom Rest der Welt in die fachliche Welt angestrebt wird (Krell et al. 2016). Die Fähigkeit bei geringer Ähnlichkeit zwischen semantischer Struktur und naturwissenschaftlicher Beschreibung Analogien zu erkennen und mit naturwissenschaftlichen Modellen zu verbinden, charakterisiert daher ebenfalls Modellkompetenz (Löffler 2016).

9.4 Empirische Untersuchung modellbezogener Kompetenzen

Das theoretisch erarbeitete Kompetenzmodell zur Reflexionsfähigkeit über Modelle (Tab. 9.1) wurde und wird empirisch untersucht und weiterentwickelt (Krell et al. 2016). So stützt sich das Modell auf qualitative Interviewstudien zu Vorstellungen von Schülern sowie Lehrkräften zum Modellbegriff, zur Strukturierung der Modellkompetenz und zur Rolle von Modellen im Erkenntnisprozess (z. B. Crawford und Cullin 2005; Grosslight et al. 1991; Trier et al. 2014). Ferner wurden mithilfe von Aufgaben im offenen Format bei Schülern in den Teilkompetenzen *Alternative Modelle* sowie *Testen von Modellen* und *Ändern von Modellen* über die im Modell (Tab. 9.1) dargestellten Niveaus als basal bezeichnete Niveaus identifiziert, auf denen mehrere Modelle für ein Original abgelehnt und Modelle nicht getestet oder geändert werden (Grünkorn et al. 2014).

Mithilfe quantitativer Verfahren wurde geprüft, inwiefern sich die erarbeitete Struktur (Dimensionen, Teilkompetenzen) und die angedachte Entwicklung (Niveaus) empirisch bestätigen lassen (Terzer et al. 2013). Aus didaktischer Sicht hat die Strukturierung in fünf Teilkompetenzen ein großes diagnostisches Potenzial (Fleige et al. 2012). Empirisch ist bislang jedoch nicht abschließend geklärt, ob Modellkompetenz als fünf- oder eindimensionales Konstrukt angesehen werden kann (Krell 2013; Terzer 2013). Dagegen ließ sich die Annahme ordinaler Niveaus außer in der Teilkompetenz *Testen von Modellen* bestätigen (Krell 2013; Terzer 2013).

Die Überprüfung des Kompetenzmodells als Entwicklungsmodell erfolgte im echten Längsschnitt bislang über drei Messzeitpunkte. Das Ergebnis zeigt, dass die Modellkompetenz von Schülern zwar signifikant, aber mit geringer Effektstärke ansteigt (Patzke et al. 2015). Auch bei (Lehramts-)Studierenden in den Fächern Biologie, Chemie und Physik zeigt sich in den Teilkompetenzen *Zweck von Modellen*, *Testen von Modellen* und *Ändern von Modellen* im Verlauf des gesamten Studiums eine Kompetenzentwicklung (Hartmann et al. 2015; Mathesius et al. 2014).

9.5 Forschungsdesiderate

Wiederholt findet man Hinweise, dass das Denken über Modelle bei Schülern vom jeweils betrachteten Modell (Krell et al. 2014b) und der jeweiligen Bezugsdisziplin (z. B. Biologie, Chemie oder Physik) abhängt (Krell et al. 2014a). Es steht eine Prüfung aus, inwieweit sich der spezifische Kontext als schwierigkeitserzeugendes Aufgabenmerkmal (Hartig und Frey 2012; Prenzel et al. 2002) systematisch erfassen lässt und damit die Bearbeitung der Aufgaben beeinflusst (Krell et al. 2014b). Es gilt dabei zu klären, wie Fachkenntnisse, die Kenntnis bestimmter Modelle und das Metawissen zu Modellen hinsichtlich ihrer Anwendung auf Probleme zusammenhängen. Aufbauend auf diesen Ansätzen aus fachlicher Perspektive sollte auch die Klassifikation aus Schülerperspektive untersucht werden (Krell et al. 2014c; Meisert 2008).

Ferner besteht ein Bedarf prozessbezogener Forschung (Louca und Zacharia 2012; Nicolaou und Constantinou 2014), in der nicht nur mit Paper-pencil-Tests das Konstrukt Modellkompetenz erfasst wird, sondern das Problemlöseverhalten beim handelnden Umgang mit Modellen untersucht wird (Koch et al. 2015; Krell et al. 2017; Orsenne 2016).

9.6 Literatur zur Vertiefung

Gilbert, J. K., & Justi, R. (2016). *Modelling-based Teaching in Science Education.* Vol. 9. Switzerland: Springer.

Buch in einer Serie bei Springer, das den aktuellen Stand der Diskussion um Modelle und Modellieren gut zusammenfasst.

Krell, M., Upmeier zu Belzen, A., & Krüger, D. (2016). Modellkompetenz im Biologieunterricht. In A. Sandmann, & P. Schmiemann (Hrsg.), *Biologiedidaktische Forschung: Band 1. Schwerpunkte und Forschungsstände* (S. 83–102). Berlin: Logos.

Aktueller Forschungsstand zur Modellkompetenz mit zusammenfassender Darstellung der empirischen Befundlage.

Mahr, B. (2015). Modelle und ihre Befragbarkeit: Grundlagen einer allgemeinen Modelltheorie. *Erwägen Wissen Ethik 26*(3), 329–342.

In diesem Beitrag werden die epistemologischen Grundlagen moderner Auffassungen von Modellen, insbesondere der Gedanke Modell von Etwas und Model für Etwas ausgeführt.

Passmore, C., Gouvea, J. S., & Giere, R. N. (2014). Models in science and in learning science: Focusing Scientific Practice on Sense-Making. In M. R. Matthews (Hrsg.), *International handbook of research in history, philosophy and science teaching* (S. 1171–1202). Dordrecht: Springer.

Beitrag, der die Perspektiven von Modellen als mediale Repräsentationen und empirische Werkzeuge deutlich macht.

Literatur

Agassi, J. (1995). Why there is no theory of models? In W. Herfel, W. Krajewski, I. Niiniluoto & R. Wójcicki (Hrsg.), *Theories and models in scientific processes*. Proceedings of AFOS '94 workshop, August 15–26, Madralin and IUHPS '94 conference, Warszawa, 27–29. August. (S. 17–26). Amsterdam, Atlanta: Rodopi.

Bailer-Jones, D. (2003). When scientific models represent. *International Studies in the Philosophy of Science, 17*(1), 59–74.

Black, M. (1962). *Models and metaphors. Studies in language and philosophy*. Ithaca, New York: Cornell University Press.

Blum, W., & Leiss, D. (2007). How do students' and teachers deal with modelling problems? In C. Haines & al (Hrsg.), *Mathematical modelling: education, engineering and economics* (S. 222–231). Chichester: Horwood.

Boulter, C. J., & Buckley, B. C. (2000). Constructing a typology of models for science education. In J. K. Gilbert & C. J. Boulter (Hrsg.), *Developing models in science education* (S. 41–57). Dodrecht: Kluwer Academic Publishers.

Buckley, B. C., & Boulter, C. J. (2000). Investigating the role of representations and expressed models in building mental models. In J. K. Gilbert & C. J. Boulter (Hrsg.), *Developing models in science education* (S. 119–135). Dordrecht: Kluwer Academic Publishers.

Clement, J. (1989). Learning via model construction and criticism. In J. Glover, C. Reynolds & R. Royce (Hrsg.), *Handbook of creativity* (S. 341–381). Berlin: Springer.

Clement, J. (2009). *Creative model construction in scientists and students*. Dordrecht: Springer.

Crawford, B., & Cullin, M. (2005). Dynamic assessments of preservice teachers' knowledge of models and modelling. In K. Boersma, M. Goedhart, O. de Jong & H. Eijkelhof (Hrsg.), *Research and the quality of science education* (S. 309–323). Dordrecht: Springer.

Dobzhansky, T. (1973). Nothing in biology makes sense except in the light of evolution. *American Biology Teacher, 35*(3), 125–129.

Fleige, J., Seegers, A., Upmeier zu Belzen, A., & Krüger, D. (2012). Förderung von Modellkompetenz im Biologieunterricht. *Der mathematische und naturwissenschaftliche Unterricht, 65*, 19–28.

Giere, R. (2010). An agent-based conception of models and scientific representation. *Synthese, 172*(2), 269–281. https://doi.org/10.1007/s11229-009-9506-z.

Giere, R. N. (2004). How models are used to represent reality. *Philosophy of Science, 71*(5), 742–752.

Giere, R. N., Bickle, J., & Mauldin, R. F. (2006). *Understanding scientific reasoning* (5. Aufl.). Belmont: Thomson.

Gilbert, J., & Osborne, R. (1980). The use of models in science and science teaching. *International Journal of Science Education*, 2(1), 3–13.

Gilbert, J. K., & Justi, R. (2016). *Modelling-based teaching in science education*. Bd. 9. Cham: Springer.

Gobert, J., O'Dwyer, L., Horwitz, P., Buckley, B. C., Levy, S., & Wilensky, U. (2011). Examining the relationship between students' understanding of the nature of models and conceptual learning in biology, physics, and chemistry. *International Journal of Science Education*, 33(5), 653–684.

Godfrey-Smith, P. (2006). The strategy of model-based science. *Biology & Philosophy*, 21(5), 725–740. https://doi.org/10.1007/s10539-006-9054-6.

Gouvea, J., & Passmore, C. (2017). 'Models of' versus 'Models for'. *Science & Education*, 26(1–2), 49–63. https://doi.org/10.1007/s11191-017-9884-4.

Greca, I. M., & Moreira, M. A. (2000). Mental models, conceptual models, and modelling. *International Journal of Science Education*, 22(1), 1–11.

Gropengießer, H. (1981). Vom Original zum Modell: Modellentwicklung am Beispiel Osmose. *Unterricht Biologie*, 5(60/61), 28–33.

Grosslight, L., Unger, C., Jay, E., & Smith, C. (1991). Understanding models and their use in science: conceptions of middle and high school students and experts. *Journal of Research in Science Teaching*, 28(9), 799–822.

Grünkorn, J., Upmeier zu Belzen, A., & Krüger, D. (2014). Assessing students' Understandings of Biological Models and their Use in Science to Evaluate a Theoretical Framework. *International Journal of Science Education*, 36(10), 1651–1684.

Harrison, A. G., & Treagust, D. F. (2000). A typology of school science models. *International Journal of Science Education*, 22(9), 1011–1026.

Hartig, J., & Frey, A. (2012). Konstruktvalidierung und Skalenbeschreibung in der Kompetenzdiagnostik durch die Vorhersage von Aufgabenschwierigkeiten. *Psychologische Rundschau*, 63, 43–49.

Hartmann, S., Upmeier zu Belzen, A., Krüger, D., & Pant, H. (2015). Scientific reasoning in higher education. *Zeitschrift für Psychologie*, 223, 47–53.

Helmke, A., & Hosenfeld, I. (2004). Vergleichsarbeiten – Standards – Kompetenzstufen: Begriffliche Klärung und Perspektiven. In M. Wosnitza, A. Frey, R. Jäger & P. Nenniger (Hrsg.), *Lernprozess, Lernumgebung und Lerndiagnostik: Wissenschaftliche Beiträge zum Lernen im 21. Jahrhundert* (S. 56–75). Landau: Empirische Pädagogik.

Hestenes, D. (1992). Modeling games in the Newtonian World. *American Journal of Physics*, 60(8), 732–748.

Jockisch, M., & Rosendahl, J. (2010). Klassifikation von Modellen. In G. Bandow & H. Holzmüller (Hrsg.), *„Das ist gar kein Modell!"* (S. 23–52). Wiesbaden: Gabler.

Johnson-Laird, P. N. (1983). *Mental models: towards a cognitive science of language, inference and consciousness*. Cambridge: Cambridge University Press.

Justi, R., & Gilbert, J. (2006). The role of analog models in the understanding in the nature of models in chemistry. In P. Aubusson, A. Harrison & S. Ritchie (Hrsg.), *Metaphor and analogy in science education* (S. 119–130). Dordrecht: Springer.

Justi, R., & Gilbert, J. K. (2002). Philosophy of chemistry in university chemical education: the case of models and modelling. *Foundations of Chemistry*, 4(3), 213–240.

Justi, R. S., & Gilbert, J. K. (2003). Teachers' view on the nature of models. *International Journal of Science Education*, 25(11), 1369–1386.

Kauertz, A., Fischer, H., Mayer, J., Sumfleth, E., & Walpulski, M. (2010). Standardbezogene Kompetenzmodellierung in den Naturwissenschaften der Sekundarstufe I. *Zeitschrift für Didaktik der Naturwissenschaften*, 16, 135–153.

Kircher, E. (2015). Modellbegriff und Modellbildung in der Physikdidaktik. In E. Kircher, R. Girwidz & P. Häußler (Hrsg.), *Physikdidaktik: Theorie und Praxis* (3. Aufl. S. 783–807). Berlin, Heidelberg: Springer.

KMKa,b,c [Sekretariat der Ständigen Konferenz der Kultusminister der Länder in der BRD] (2005). *Bildungsstandards im Fach (a) Biologie, (b) Chemie, (c) Physik für den Mittleren Schulabschluss*. München & Neuwied: Wolters Kluwer.

Knuuttila, T. (2011). Modelling and representing: an artefactual approach to model-based representation. *Studies in History and Philosophy of Science*, 42(2), 262–271.

Koch, S., Krell, M., & Krüger, D. (2015). Förderung von Modellkompetenz durch den Einsatz einer Blackbox. *Erkenntnisweg Biologiedidaktik*, 14, 93–108.

Krell, M., Reinisch, B., & Krüger, D. (2014a). Analyzing students' understanding of models and modeling referring to the disciplines biology, chemistry, and physics. *Research in Science Education*, 45(3), 367–393.

Krell, M., Upmeier zu Belzen, A., & Krüger, D. (2014b). Context-Specificities in Students' Understanding of Models and Modelling: An Issue of Critical Importance for Both Assessment and Teaching. In C. Constantinou, N. Papadouris & A. Hadjigeorgiou (Hrsg.), *E-Book proceedings of the ESERA 2013 conference. Science education research for evidence-based teaching and coherence in learning. Part 6*. Nicosia: European Science Education Research Association. Verfügbar unter http://www.esera.org/media/esera2013/Moritz_Krell_07Feb2014.pdf.

Krell, M., Upmeier zu Belzen, A., & Krüger, D. (2014c). How year 7 to year 10 students categorise models: moving towards a student-based typology of biological models. In D. Krüger & M. Ekborg (Hrsg.), *Research in Biological Education. 2009. (S. 117–131)*. Berlin: Freie Universität.

Krell, M., Upmeier zu Belzen, A., & Krüger, D. (2016). Modellkompetenz im Biologieunterricht. In A. Sandmann & P. Schmiemann (Hrsg.), *Biologiedidaktische Forschung: Band 1. Schwerpunkte und Forschungsstände* (S. 83–102). Berlin: Logos.

Krell, M., Walzer, C., Hergert, S., & Krüger, D. (2017). Development and application of a category system to describe preservice science teachers' activities in the process of scientific modelling. *Research in Science Education*. https://doi.org/10.1007/s11165-017-9657-8.

Krell, M. (2013). *Wie Schülerinnen und Schüler biologische Modelle verstehen* (Dissertation). Berlin: Logos.

Leisner-Bodenthin, A. (2006). Zur Entwicklung von Modellkompetenz im Physikunterricht. *Zeitschrift für Didaktik der Naturwissenschaften*, 12, 91–109.

Löffler, P. (2016). Modellanwendung in Problemlöseaufgaben: Wie wirkt Kontext? In E. Sumfleth & H. Fischler (Hrsg.), *Studien zum Chemie- und Physiklernen* Bd. 205. Berlin: Logos.

Louca, L., & Zacharia, Z. (2012). Modeling-based learning in science education: cognitive, meta-cognitive, social, material and epistemological contributions. *Educational Review*, 64(4), 471–492.

Mahr, B. (2012). On the epistemology of models. In G. Abel & J. Conant (Hrsg.), *Rethinking epistemology*. Berlin studies in knowledge research, (Bd. 1, S. 301–352). Berlin, Boston: De Gruyter.

Mahr, B. (2015). Modelle und ihre Befragbarkeit: Grundlagen einer allgemeinen Modelltheorie. *Erwägen Wissen Ethik*, 26(3), 329–342.

Mäki, U. (2005). Models are experiments, experiments are models. *Journal of Economic Methodology*, 12, 303–315.

Mathesius, S., Upmeier zu Belzen, A., & Krüger, D. (2014). Kompetenzen von Biologiestudierenden im Bereich der naturwissenschaftlichen Erkenntnisgewinnung: Entwicklung eines Testinstruments. *Erkenntnisweg Biologiedidaktik*, 13, 73–88.

Matthews, M. (2012). Changing the focus: from nature of science (NOS) to features of science (FOS). In M. Khine (Hrsg.), *Advances in nature of science research* (S. 3–26). Dordrecht: Springer.

Meisert, A. (2008). Vom Modelwissen zum Modelverständnis. *Zeitschrift für Didaktik der Natur-wissenschaften, 14*, 243–261.

Mikelskis-Seifert, S., & Fischler, H. (2003). Die Bedeutung des Denkens in Modellen bei der Entwicklung von Teilchenvorstellungen: Empirische Untersuchung zur Wirksamkeit der Unterrichtskonzeption. *Zeitschrift für Didaktik der Naturwissenschaften, 9*, 89–103.

Mittelstraß, J. (2005). Anmerkungen zum Modellbegriff. In *Modelle des Denkens: Streitgespräch in der Wissenschaftlichen Sitzung der Versammlung der Berlin-Brandenburgischen Akademie der Wissenschaften am 12. Dezember 2003* (S. 65–67).

Morgan, M. (2005). Experiments versus models: new phenomena, inference and surprise. *Journal of Economic Methodology, 12*(2), 317–329.

Morrison, M., & Morgan, M. (1999). Introduction. In M. Morgan & M. Morrison (Hrsg.), *Models as mediators: perspectives on natural and social science* (S. 1–9). Cambridge: Cambridge.

Nersessian, N. J. (2008). *Creating scientific concepts*. Cambridge: MIT Press.

Nersessian, N. J. (2013). Mental modeling in conceptual change. In S. Vosniadou (Hrsg.), *International handbook of research on conceptual change* (2. Aufl. S. 395–411). New York: Taylor & Francis.

NGSS Lead States (2013). *Next generation science standards: for states, by states*. Washington, D.C.: National Academies Press.

Nicolaou, C., & Constantinou, C. (2014). Assessment of the modeling competence. *Educational Research Review, 13*, 52–73.

Oh, P., & Oh, S. (2011). What teachers of science need to know about models: an overview. *International Journal of Science Education, 22*, 1109–1130.

Ornek (2008). Models in science education: applications of models in learning and teaching science. *International Journal of Environmental & Science Education, 3*(2), 35–45.

Orsenne, J. (2016). *Aktivierung von Schülervorstellungen zu Modellen durch praktische Tätigkeiten der Modellbildung* (Dissertation). Humboldt Universität zu Berlin. Verfügbar unter http://edoc.hu-berlin.de/dissertationen/orsenne-juliane-2015-11-26/PDF/orsenne.pdf

Passmore, C., Gouvea, J. S., & Giere, R. N. (2014). Models in science and in learning science: focusing scientific practice on sense-making. In M. R. Matthews (Hrsg.), *International handbook of research in history, philosophy and science teaching* (S. 1171–1202). Dordrecht: Springer.

Patzke, C., Krüger, D., & zu Belzen, U. A. (2015). Entwicklung von Modellkompetenz im Längsschnitt. In M. Hammann, J. Mayer & N. Wellnitz (Hrsg.), *Lehr- und Lernforschung in der Biologiedidaktik* (S. 43–58). Innsbruck: Studienverlag.

Podolefsky, N. S., & Finkelstein, N. D. (2006). Use of analogy in learning physics: the role of representations. *Physical Review Special Topics-Physics Education Research, 2*(2), 20101.

Popper, K. (1994). *Logik der Forschung*. Tübingen: Mohr.

Prenzel, M., Häußler, P., Rost, J., & Senkbeil, M. (2002). Der PISA-Naturwissenschaftstest: Lassen sich die Aufgabenschwierigkeiten vorhersagen? *Unterrichtswissenschaft, 30*, 120–135.

Reinisch, B., & Krüger, D. (2014). Vorstellungen von Studierenden über Gesetze, Theorien und Modelle in der Biologie. *Erkenntnisweg Biologiedidaktik, 13*, 41–56.

Ritchey, T. (2012). Outline for a morphology of modelling methods: contribution to a general theory of modelling. *Acta Morphologica Generalis, 1*, 1–20.

Saam, N. J., & Gautschi, T. (2015). Modellbildung in den Sozialwissenschaften. In N. Braun & N. J. Saam (Hrsg.), *Handbuch Modellbildung und Simulation in den Sozialwissenschaften* (S. 15–60). Wiesbaden: Springer.

Schwarz, C., & White, B. (2005). Metamodeling knowledge: developing students' understanding of scientific modeling. *Cognition and Instruction, 23*(2), 165–205.

Schwarz, C., Reiser, B., Davis, E., Kenyon, L., Achér, A., Fortus, D., et al. (2009). Developing a learning progression for scientific modeling. *Journal of Research in Science Teaching*, *46*(6), 632–654.

Stachowiak, H. (1973). *Allgemeine Modelltheorie*. Wien: Springer.

Terzer, E., Hartig, J., & Upmeier zu Belzen, A. (2013). Systematisch Konstruktion eines Tests zur Modellkompetenz im Biologieunterricht unter Berücksichtigung von Gütekriterien. *Zeitschrift für Didaktik der Naturwissenschaften*, *19*, 51–76.

Terzer, E. (2013). *Modellkompetenz im Kontext Biologieunterricht* (Dissertation). Humboldt Universität zu Berlin. Verfügbar unter http://edoc.hu-berlin.de/dissertationen/terzer-eva-2012-12-19/PDF/terzer.pdf

Tipler, P. A., Mosca, G., & Wagner, J. (2015). *Physik für Wissenschaftler und Ingenieure* (7. Aufl.). Heidelberg: Springer.

Treagust, D. F., Duit, R., & Fischer, H. E. (Hrsg.). (2017). *Multiple representations in physics education*. Bd. 10. Berlin, Heidelberg: Springer.

Trier, U., Krüger, D., & Upmeier zu Belzen, A. (2014). Students' versus scientists' conceptions of models and modelling. In D. Krüger & M. Ekborg (Hrsg.), *Research in biological education* (S. 103–115). Verfügbar unter http://www.bcp.fu-berlin.de/biologie/arbeitsgruppen/didaktik/eridob_2012/eridob_proceeding/7-Students_Versus.pdf?1389177503.

Upmeier zu Belzen, A. (2013). Unterrichten mit Modellen. In H. Gropengießer, U. Harms & U. Kattmann (Hrsg.), *Fachdidaktik Biologie* (S. 325–334). Hallbergmoos: Aulis.

Upmeier zu Belzen, A., & Krüger, D. (2010). Modellkompetenz im Biologieunterricht. *Zeitschrift für Didaktik der Naturwissenschaften*, *16*, 41–57.

Lernen mit externen Repräsentationen

10

Olaf Krey und Julia Schwanewedel

10.1 Einführung

Für das Denken und Kommunizieren der Menschen spielen Repräsentationen (lat. „repraesentare" für darstellen, vertreten) als Externalisierung gegebenenfalls auch Materialisierung mehr oder weniger abstrakter Gedanken in Form von Gesten, Gegenständen, Bildern und Zeichen sowie Sprache (Kap. 3) eine zentrale Rolle (Ainsworth 2006; Belenky und Schalk 2014; Schnotz 2001). Das Blatt eines Laubbaums zeichnen, ein Experiment zur Schwimmfähigkeit von Materialien in einem Text erklären, den Aufbau des menschlichen Skeletts an einem Modell beschreiben, den Temperaturverlauf aus einem Diagramm ablesen, den Zusammenhang zwischen einer Fuchs- und Hasenpopulation mithilfe einer mathematischen Gleichung aufzeigen oder sich den Wasser- oder Kohlenstoffkreislauf anhand einer Schemazeichnung erschließen – auch beim Lernen von und über Naturwissenschaften kommt Repräsentationen eine wichtige Funktion zu. Der Umgang mit multiplen fachspezifischen Repräsentationen kann als integraler Teil fachspezifischer Kommunikationskompetenz verstanden werden (Norris und Phillips 2003), denn ohne fachspezifische Repräsentationsformen sind naturwissenschaftliche Ideen und Gedanken nur eingeschränkt zu verarbeiten, zu formulieren und zu kommunizieren. Das

Aus Gründen der besseren Lesbarkeit wird im Text verallgemeinernd das generische Maskulinum verwendet. Diese Formulierungen umfassen gleichermaßen weibliche und männliche Personen; alle sind damit gleichberechtigt angesprochen.

O. Krey (✉)
Didaktik der Physik, Martin-Luther-Universität Halle-Wittenberg
Halle, Deutschland
E-Mail: olaf.krey@physik.uni-halle.de

J. Schwanewedel
Didaktik des Sachunterrichts – Schwerpunkt Naturwissenschaften, Humboldt-Universität zu Berlin
Berlin, Deutschland
E-Mail: schwanewedel@ipn.uni-kiel.de

© Springer-Verlag GmbH Deutschland, ein Teil von Springer Nature 2018
D. Krüger et al. (Hrsg.), *Theorien in der naturwissenschaftsdidaktischen Forschung*,
https://doi.org/10.1007/978-3-662-56320-5_10

Erschließen von Informationen aus unterschiedlichen Repräsentationen sowie die Interpretation, Konstruktion und Transformation unterschiedlicher Repräsentationen sind für Lernende grundlegend für den Aufbau eines konzeptuellen Verständnisses naturwissenschaftlicher Inhalte und deren Kommunikation (Lemke 2004; Nitz et al. 2014; Yore und Hand 2010). Repräsentationen beeinflussen nicht nur, was wir wie kommunizieren, sondern auch was wir wie denken können. Sofort einsichtig wird das am Beispiel des Lösens einer Gleichung, beispielsweise in der Ökologie, Reaktionskinetik oder Kinematik, denn ohne die Darstellung (externe Repräsentation, Materialisierung) der geltenden Zusammenhänge durch Zeichen und ihrer dadurch erst möglichen Manipulation (im wahrsten Sinn des Worts) müssten größere kognitive Ressourcen für das Lösen der Gleichung verwendet werden (Fischer 2006; Zhang und Wang 2009).

10.2 Theoretische Rahmungen im Überblick

Für das Lernen mit Repräsentationen muss zwischen *internen*, d. h. *mentalen Repräsentationen* (Kap. 5) und *externen Repräsentationen* unterschieden werden. In einer kognitionspsychologischen Perspektive wird dabei zwischen dem kognitiven System und der Umwelt unterschieden. In der Umwelt wahrgenommene Sachverhalte werden mental repräsentiert, um mit ihnen gedanklich umzugehen (interne Repräsentation). Bereits vorhandene interne Repräsentationen beeinflussen diesen Prozess. Gleichzeitig sind interne Repräsentationen Voraussetzung für die Konstruktion von externen Repräsentationen, die ihrerseits wiederum als Objekte der Umwelt Ausgangspunkt für die Konstruktion interner Repräsentationen sein können. Die Bedeutung dieser Wechselbeziehung wird z. B. im Rahmen der „distributed cognition" (Zhang 1997, 2000) expliziert.

Im vorliegenden Kapitel wird die Bezeichnung „Repräsentation" konsequent für *externe Repräsentationen* verwendet. Interne Repräsentationen sind als mentale Modelle in Kap. 3 Gegenstand der Betrachtung. Eine ausführlichere Darstellung der Verarbeitung von Informationen aus unterschiedlichen externen Repräsentationen im Zusammenhang mit Multimedia erfolgt zudem im Kap. 11. In diesem Beitrag sollen drei Rahmungen vorgestellt werden, die die Funktionen von Repräsentationen in naturwissenschaftlichen Lernprozessen beleuchten. Um die Funktionen beschreiben zu können, muss zunächst Ordnung in die Vielfalt von Repräsentationen gebracht werden. Dazu werden in der ersten Rahmung Ansätze zur Klassifikation vorgestellt. Die zweite Rahmung fokussiert Prozesse im Umgang mit Repräsentationen und strukturiert diese unter dem Konstrukt der Repräsentationskompetenz. Abschließend wird in der dritten Rahmung das Lernen mit multiplen externen Repräsentationen beleuchtet. Anhand der Ergebnisse zweier empirischer Untersuchungen zum Umgang mit (spezifischen) Repräsentationen im naturwissenschaftlichen Unterricht wird die Anwendung der ausgewählten drei Ansätze beschrieben und diskutiert.

Der Begriff der Repräsentation verweist auf eine mehrstellige Relation: Etwas wird durch etwas von und für jemanden dargestellt. Es gibt also mindestens einen Original-bereich, einen Bildbereich und ein konstruierendes oder interpretierendes Subjekt, das wie oben angedeutet interne und (gegebenenfalls mehrere) externe Repräsentationen mit-einander in Beziehung setzt. Hier zeigen sich Überschneidungen mit dem Modellbegriff (Kap. 9), der ebenfalls auf ein Subjekt verweist, das ein Modell zweckorientiert kon-struiert und dabei zwischen Erfahrungs- und Modellwelt wechselt. Semiotische Theorien weisen ebenfalls Ähnlichkeiten auf, insofern, als hier ein Zeichen für einen Gegenstand oder Sachverhalt steht und eine geistige Idee hervorruft (*Interpretant;* z. B. Eco 1977). Nachfolgend werden unter (externen) Repräsentationen Darstellungen verstanden, die als kognitive Werkzeuge dem Verstehen von und dem Umgang mit mehr oder weniger ab-strakten Konzepten dienen (z. B. Ainsworth 2008; Gilbert und Treagust 2009). Für eine detaillierte Klassifikation von Repräsentationen gibt es bisher keine universell akzeptierte Taxonomie (Ainsworth 2006). Es existieren vielmehr unterschiedliche Kategorisierungs-ansätze, die als erste Rahmung in Abschn. 10.3.1 vorgestellt werden.

Zwei Unterscheidungen sind hilfreich, um sich in der Forschungslandschaft zur Rolle von Repräsentationen beim Lehren und Lernen von Naturwissenschaften zu orientieren. Eine erste Unterscheidung nehmen Waldrip und Prain (2012) vor. Ihnen zufolge wer-den einerseits zielorientiert erstellte Repräsentationen Lernenden vorgelegt, um aus ihrer Interaktion mit einer Darstellungsform Rückschlüsse auf Faktoren zu ermöglichen, die den Lernerfolg beeinflussen (z. B. Ainsworth 1999; Gilbert et al. 2008). Andererseits ste-hen von Lernenden selbsterstellte Repräsentationen im Mittelpunkt (Tytler et al. 2006). Diese Perspektiven ergänzen sich im naturwissenschaftlichen Unterricht, weil Lernen-de fachspezifische Repräsentationen sowohl interpretieren als auch konstruieren können müssen (Norris und Phillips 2003). Zweitens lassen sich Perspektiven, die eine Repräsen-tationskompetenz eher als eigenes Ziel ansehen (z. B. „metarepresentational competence"; diSessa 2004) von solchen unterscheiden, die eine instrumentelle Rolle von Repräsenta-tionen für das Lernen naturwissenschaftlicher Konzepte betonen (Hettmannsperger 2015; Hubber et al. 2010). Die zweite Rahmung (Abschn. 10.3.2) setzt hier an und ordnet die vielseitigen interpretierenden, konstruierenden, übersetzenden Prozesse als Aspekte von Repräsentationskompetenz.

Bei der zuletzt angesprochenen Unterscheidung handelt es sich um die Betonung von Schwerpunktsetzungen, nicht etwa um unvereinbare Gegensätze. Im Gegenteil, einige Autoren betonen explizit die Inadäquatheit der hier angedeuteten Trennung zwischen dem Lernen von Konzepten und dem Erlernen des Umgangs mit spezifischen Repräsen-tationsformen (Hubber et al. 2010, S. 8) und verweisen auf Studien, die einen engen Zusammenhang zwischen dem Verstehen multipler Repräsentationen und dem Lernen von naturwissenschaftlichen Konzepten aufzeigen (Hubber et al. 2010; Treagust und Tsui 2013; Waldrip et al. 2006). Das Lernen mit kombinierten, sog. *multiplen externen Reprä-sentationen* (meR) wird als eine dritte Rahmung vorgestellt (Abschn. 10.3.3).

10.3 Darstellung ausgewählter Rahmungen

10.3.1 Kategorisierung von externen Repräsentationen

Will man Funktionen von Repräsentationen und das Lernen mit Repräsentationen be-schreiben, so müssen diese zunächst charakterisiert bzw. klassifiziert werden. Externe Repräsentationsformen, wie sie hier Gegenstand sind, lassen sich auf verschiedene Art klassifizieren. Fachübergreifend bekannt ist v. a. eine Einteilung Bruners (1966), die Teil der von ihm formulierten Lerntheorie ist. Er unterscheidet enaktive, ikonische und symbo-lische Repräsentationen. In der enaktiven Darstellungsform wird eine Handlung vollzogen (z. B. zwei Personen spielen Gegenstand und Spiegelbild). Die ikonische Form verwendet bildhafte Darstellungen, wie Abbildungen und Zeichnungen (z. B. der Strahlenverlauf bei Reflexion an einer glatten Oberfläche). Die symbolische Darstellungsform schließlich ver-wendet Sprache und Zeichen mit besonderer Bedeutung, z. B. Ziffern oder Formelzeichen (z. B. „Einfallswinkel ist gleich Ausfallswinkel").

Weit verbreitet und aus kognitionspsychologischer Perspektive besonders relevant ist die Unterscheidung in depiktionale (bildliche) und deskriptionale (textliche) Repräsenta-tionen. Im Rahmen des integrativen Modells des Text- und Bildverstehens (Schnotz und Bannert 1999, 2003) wird angenommen, dass depiktionale und deskriptionale Repräsen-tationen auf unterschiedlichen Wegen verarbeitet werden (Kap. 5). Zu den deskriptionalen Repräsentationen werden z. B. gesprochene oder geschriebene Texte und mathematische Gleichungen gezählt (Schnotz und Bannert 2003). Deskriptionen beschreiben einen Sach-verhalt auf Basis von Symbolen, die eine beliebige Struktur aufweisen (Schnotz 2001; Schnotz und Bannert 2003). Die Symbole weisen insofern eine beliebige Struktur auf, als sie durch Regeln, die auf Konventionen beruhen, Objekte und Beziehungen zwischen Ob-jekten darstellen. In depiktionalen Repräsentationen hingegen werden ikonische Zeichen verwendet, die eine strukturelle Ähnlichkeit mit dem zu repräsentierenden Sachverhalt haben. Je nach dem Ausmaß der Ähnlichkeit zwischen dem realen Objekt und einer zu-gehörigen Repräsentation kann zwischen realistischen Bildern (z. B. Fotos, Zeichnungen) und logischen Bildern (z. B. Diagramme) unterschieden werden. Letztere müssen keine optische Ähnlichkeit zum realen Objekt aufweisen, sondern können in einer Analogiere-lation zu diesem stehen, sodass Relationen zwischen Merkmalen des realen Objekts auch Relationen zwischen Bestandteilen der Repräsentation entsprechen (Schnotz und Bannert 2003, S. 143). Bei der Darstellung der Zusammensetzung der Luft in einem Kreisdia-gramm entspricht z. B. der Anteil der Flächeninhalte der einzelnen Kreissektoren an der gesamten Kreisfläche den Anteilen der Stoffe in der Luft (logisches Bild). Ein Beispiel für die Unterscheidung von realistischen und logischen Bildern ist in Abb. 10.1 dargestellt.

Aufbauend auf Schnotz unterscheiden Nitz et al. (2012) verbalsprachliche, bildliche und symbolische Repräsentationen. Sie differenzieren damit die deskriptionalen Reprä-sentationen in verbalsprachliche und symbolische Repräsentationen. Zu letzteren zählen

Abb. 10.1 Beispiel für realistisches und logisches Bild.
(Tipler 2004, aus Kulgemeyer
und Schecker 2009, S. 329)

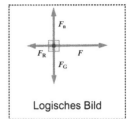

Realistisches Bild   Logisches Bild

mathematische Gleichungen, chemische Reaktionsgleichungen oder Summen- und Struk-
turformeln (Nitz et al. 2012).

Ein weiterer, in der deutschen Naturwissenschaftsdidaktik verbreiteter Klassifikations-
ansatz stammt von Leisen (1998a). Er spricht von Abstraktionsebenen von Repräsentationen und unterscheidet nach Abstraktionsgrad aufsteigend geordnet die gegenständliche,
bildliche, sprachliche, symbolische und mathematische Ebene. Leisen spricht auch von
einer Klassifizierung von Repräsentationen auf verschiedenen Ebenen (Leisen 1998b,
S. 9 ff.): der Phänomen-, Modell- und Theorieebene, wobei Darstellungen auf den einzelnen Ebenen in der genannten Reihenfolge abstrakter, weniger anschaulich und formaler
werden. Zum Beispiel kann das Ohmsche Gesetz auf der Theorieebene formuliert und
auf der Modellebene interpretiert werden (z. B. Wasser- oder Elektronengasmodell), wobei an konkrete Erfahrungen auf der Phänomenebene (Wasserkreislauf in Heizung oder
Wassertransport in Gartenschlauch) angeknüpft wird.

Eine weitere Unterscheidung, die ebenfalls Abstraktionsebenen in den Blick nimmt,
findet sich in der internationalen Literatur. Hiernach werden „macro" oder „phänomenological type", „submicro" oder „model type" und „symbolic" oder „symbolic type" voneinander unterschieden (Gilbert und Treagust 2009). Diese Einteilung geht auf Johnstone
(1982) zurück und ist seitdem mehrfach reinterpretiert und adaptiert worden (kritische
Aufarbeitung aus Perspektive der Chemie von Talanquer 2011; Erweiterungen vgl. Mahaffy 2006; Taber 2013). Das der Einteilung zugrunde liegende Kriterium bezieht sich also
auf die Zugehörigkeit des Dargestellten zu einer bestimmten Art naturwissenschaftlichen
Wissens, nicht auf Charakteristika der Darstellung selbst. Schematische Zeichnungen können z. B. sowohl die Leitfähigkeit eines Kupferstabs darstellen wie auch die Modellvorstellung des Elektronengases visualisieren, sich auf die Ebene der Beobachtungen in der
Erfahrungswelt („macro, phänomenological type") wie auf die Ebene der Erklärungen
(„submicro, model type") beziehen.

Für Lernprozesse lässt sich aus der Vielzahl der beschriebenen Repräsentationsformen,
Repräsentationsebenen und Klassifikationen ableiten, dass das Lernen mit Repräsentationen unterschiedliche Fähigkeiten erfordert, die im folgenden Ansatz als Repräsentationskompetenz beschrieben werden.

10.3.2 Repräsentationskompetenz

Der Umgang mit Repräsentationen wird in der Literatur als komplexe Kompetenz beschrieben, die konstruktive und interpretative Fähigkeiten (für jede der vorgestellten Repräsentationsarten), das Übersetzen zwischen verschiedenen Repräsentationen, das Auswählen, Vergleichen, Koordinieren, aber auch Kritisieren und Bewerten von Repräsentationsformen verlangt. Einen Überblick gibt Nitz (2012), die eine Gegenüberstellung und Synthese zweier verbreiteter Ansätze vornimmt. Verglichen wird die Konzeption der „representational competence" (Kozma und Russell 1997, 2005) mit der Konzeption der „meta-representational competence" (diSessa 2004; diSessa und Sherin 2000). Während „meta-representational competence" eher als domänenübergreifendes Konzept verstanden wird, handelt es sich bei „representational competence" um ein bereichsspezifisches Konzept (ursprünglich für den Bereich Chemie). Die Tab. 10.1 stellt die beiden Ansätze in ihren Grundelementen sowie die von Nitz (2012) vorgeschlagene Synthese dar. Bei mehreren Facetten der Repräsentationskompetenz bestehen Bezüge zur Modellkompetenz (Kap. 9).

Personen, die verschiedene Repräsentationen interpretieren, konstruieren, vergleichen sowie über diese reflektiert kommunizieren und mit diesen argumentieren können, um Phänomene zu erklären, Behauptungen zu unterstützen, Probleme zu lösen und Vorhersagen zu machen, besitzen laut Kozma und Russell (2005), diSessa (2004) und Nitz (2012) demnach eine hoch ausgeprägte Repräsentationskompetenz. Repräsentationen werden dabei immer semantisch, also mit Rückbezug zum dargestellten Phänomen, Konzept oder Prozess, interpretiert bzw. konstruiert. Eine geringe Ausprägung dieser Kompetenz zeichnet sich hingegen durch einen ausschließlich auf Oberflächenmerkmale basierenden Umgang mit Repräsentationen aus (Kozma und Russell 2005). Die Ausdifferenzierung der Repräsentationskompetenz motiviert Studien, die Teilaspekte genauer in den Blick nehmen, im Bereich Physik z. B. die Übersetzung zwischen verschiedenen Darstellungsformen funktionaler Zusammenhänge (Geyer und Pospiech 2017) oder die Versprachlichung von physikalischen Gleichungen (Janßen und Pospiech 2015). Eine Anwendung dieser Rahmung im Bereich Biologie wird in Abschn. 10.4.1 vorgestellt.

10.3.3 Lernen mit multiplen Repräsentationen

Dem Umgang mit multiplen externen Repräsentationen (meR) kommt eine besondere Bedeutung beim Lernen naturwissenschaftlicher Konzepte zu. Eine meR liegt dann vor, wenn mehrere Repräsentationen, die das gleiche Bezugsobjekt besitzen, gemeinsam dargestellt werden, z. B. mindestens zwei Texte bzw. Bilder oder eine Kombination von Text und Bild. Bild-Text-Kombinationen stellen eine besonders typische und gebräuchliche Art der meR dar (Ainsworth 2006). Informationen innerhalb meR können auf verschiedene Wei-

Tab. 10.1 Gegenüberstellung und Synthese der Konzeptionen „representational competence". (Kozma und Russell 1997, 2005) und „meta-representational competence" (diSessa 2004; diSessa und Sherin 2000; nach Nitz 2012, S. 9)

„Representational competence" (Kozma und Russell 1997, 2005)	Integrierende Kategorie (Nitz, 2012)	„Meta-representational competence" (diSessa 2004)
Merkmale und Eigenschaften von Repräsentationen identifizieren und beschreiben Repräsentationen nutzen, um Konzepte zu beschreiben	Interpretation	Repräsentationen erläutern und erklären
Eine angemessene Repräsentation auswählen und/oder konstruieren	Konstruktion	Entwicklung und Design neuer Repräsentationen
Verschiedene Repräsentationen miteinander verbinden, ineinander überführen und die Beziehung zwischen ihnen erklären	Translation	Kritischer Vergleich verschiedener Repräsentationen und ihrer Angemessenheit
Angemessenheit und Zweckmäßigkeit von Repräsentationen erklären Verschiedene Repräsentationen und ihre Aussagekraft beschreiben und miteinander vergleichen	Vergleich und Kritik	Kritischer Vergleich verschiedener Repräsentationen und ihrer Angemessenheit
Epistemologische Sichtweise einnehmen, dass Repräsentationen mit Konzepten korrespondieren, aber distinkt von ihnen sind	Epistemologie und Funktionsweise	Verständnis des Zwecks von Repräsentationen generell und in bestimmten Kontexten sowie der Art und Weise, wie Repräsentationen ihre Funktion erfüllen
Repräsentationen und ihre Merkmale als Evidenz nutzen, um im sozialen Diskurs Behauptungen zu unterstützen, Schlussfolgerungen zu ziehen und Vorhersagen über Relationen zu treffen	Argumentation	–

sen auf die einzelnen Repräsentationen verteilt sein. Die Extremfälle komplett identisch (vollständige Redundanz)[1], und komplett verschieden (gar keine Redundanz) stellen dabei die Pole eines Spektrums dar. Im Normalfall wird es inhaltliche Überschneidungen (partielle Redundanz) zwischen zwei Repräsentationen mit gleichem Bezugsobjekt geben (Ainsworth 2006; Levie und Lentz 1982). Auch wenn also inhaltsgleiche Repräsentatio-

---

[1] Vollständige inhaltliche Redundanz bleibt eher eine technische Kategorie, die aber z. B. bei der Konstruktion von Testaufgaben relevant wird und häufig dadurch umgesetzt wird, dass die Anzahl von Informationen zur Lösung einer Aufgabe in zwei oder mehreren Repräsentationen gleichermaßen enthalten ist.

nen denkbar sind, ist davon auszugehen, dass sich selbst diese, sofern sie nicht identisch sind, hinsichtlich der Zugänglichkeit einzelner Aspekte des Inhalts mindestens graduell unterscheiden. Beispielsweise könnte man sich auf den Standpunkt stellen, dass eine Tabelle mit Messwerten aus einem Experiment und das daraus entstandene Diagramm inhaltsgleich sind. Ob es sich allerdings um einen linearen Zusammenhang zwischen den gemessenen Größen handelt, lässt sich anhand der grafischen Darstellung deutlich schneller entscheiden. Die Struktur der Daten ist hier zugänglicher als in der Tabelle. Für Details, z. B. konkrete Messwerte, gilt vermutlich eher das Gegenteil.

Kein Wunder also, dass multiple Repräsentationen aus der Perspektive der naturwissenschaftlichen Disziplinen geradezu den Normalfall darstellen. Innerhalb des naturwissenschaftlichen Forschungsprozesses und auch bei Berichten über die wissenschaftlichen Ergebnisse werden i. d. R. nicht nur eine einzelne Repräsentation, sondern eine Serie von Repräsentationen produziert, transferiert und modifiziert (Lynch 1988). Diese Serie von Repräsentationen dient u. a. der Verdichtung der wissenschaftlichen Ergebnisse, woraus wiederum neue Muster in Daten der untersuchten Sache erkennbar werden können (Rheinberger 2006). MeR sind demnach nicht nur Darstellungsmittel sondern zugleich auch Erkenntnismittel in den Naturwissenschaften. Daneben sind meR auch für den naturwissenschaftlichen Unterricht und das Lernen eine gängige Kommunikationsform, wie ein Blick in Schulbücher zeigt. Der Umgang mit unterschiedlichen, oft kombinierten Repräsentationen ist für Lernende grundlegend für den Aufbau eines konzeptuellen Verständnisses naturwissenschaftlicher Sachverhalte und deren Kommunikation (Lemke 2004; Nitz et al. 2014; Yore und Hand 2010). Als wegweisend für den Umgang mit meR beim Lehren und Lernen können die Arbeiten von Ainsworth (1999, 2006) bezeichnet werden. Sie fokussieren den Umgang mit multiplen Repräsentationen als Merkmal zur Beeinflussung von Unterrichtsqualität und entwickeln eine Rahmentheorie für das Lernen mit meR, in der drei nicht notwendigerweise disjunkte Hauptfunktionen expliziert werden (Abb. 10.2).

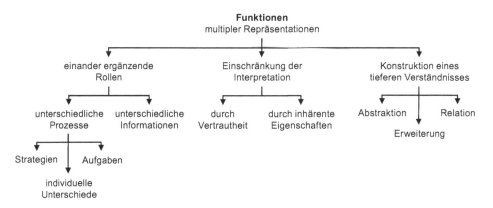

Abb. 10.2 Funktionale Taxonomie multipler externer Repräsentationen. (Aus Ainsworth 2006, S. 187)

Generell zeigen Studien, dass das Ergänzen von Texten durch Bilder das Lernen naturwissenschaftlicher Inhalte aus Texten unter bestimmten Bedingungen fördern kann (Herrlinger et al. 2017) und redundante Informationen, die in unterschiedlichen Repräsentationen dargestellt werden, Aufgaben für Lernende vereinfachen (Saß et al. 2012). Ainsworth (2006) weist auf drei Funktionen von meR hin: Ergänzungs-, Einschränkungs- und Konstruktionsfunktion. MeR erweisen sich auch dann als hilfreich, wenn sie komplementäre Informationen darbieten, z. B. um die Komplexität einer integrierten Darstellung zu vermeiden. Die Darbietung von Informationen in sich ergänzenden Repräsentationen kann dabei ohne oder mit partieller Redundanz zwischen den einzelnen Repräsentationen erfolgen. Sind z. B. die Informationen in einem Text und einem Bild nicht redundant, dann kann jede der Repräsentationen für sich stehen und trotzdem einen Sachverhalt (oder Aspekte davon) vermitteln, sodass beide Repräsentationen unterschiedliche Inhalte transportieren.

Auch meR mit einem hohen Grad inhaltlicher Redundanz zwischen den Repräsentationen, also nahezu gleichen Inhalts, können hilfreich sein (Ainsworth 2006; Saß et al. 2012), da Aspekte der dargestellten Informationen in unterschiedlichen Repräsentationsformen (z. B. depiktional, deskriptional) auf unterschiedliche Art und Weise zugänglich sind oder unterschiedliche, komplementäre Übersetzungs- oder Anknüpfungsprozesse nahegelegt werden. Multiple Repräsentationen erhöhen damit die Passung des Lernangebots zu individuellen Bedürfnissen der Lernenden (z. B. Vorlieben, Routinen) und damit die Wahrscheinlichkeit, eine subjektiv hilfreiche Passung zwischen der Aufgabe und mindestens einer oder auch mehrerer der angebotenen Repräsentation zu finden sowie unterschiedliche, durch die Repräsentationen nahegelegte Lösungsstrategien zu erproben.

Auch die Begrenzung bzw. Spezifizierung des Interpretationsraums (Einschränkungsfunktion) einer Repräsentation durch eine andere kann sich als hilfreich erweisen. Dies ist zum einen der Fall, wenn die Vertrautheit mit einer Repräsentation dabei hilft, eine andere unbekannte Repräsentation zu deuten. Zum anderen kann eine Information einer Repräsentation (z. B. verbalsprachliche Beschreibung) durch eine andere (z. B. Bild) spezifiziert werden (Ainsworth 2006). Ein Text zum Thema Fotosynthese, der die Spaltöffnungen und ihre Funktion beschreibt, kann beispielsweise durch eine Abbildung spezifiziert werden, die die Spaltöffnungen an einer spezifischen Pflanze zeigt. Schließlich können multiple Repräsentationen die Konstruktion eines tieferen Verständnisses eines Sachverhalts unterstützen (Konstruktionsfunktion), indem sie Prozesse der Abstraktion oder Erweiterung auslösen oder dabei helfen, Beziehungen zwischen den Repräsentationen zu erkennen (Ainsworth 2006). Bei der Abstraktion führt der Vergleich mehrerer Repräsentationen zum Erkennen eines zugrunde liegenden Prinzips. Eine Erweiterung liegt z. B. vor, wenn Fachwissen, das bei der Interpretation von Graphen zur Verfügung steht, nun auch auf Tabellen übertragen wird, ohne dass sich die fachliche Wissensstruktur verändert. Inwiefern meR das Lernen von Naturwissenschaften positiv beeinflussen, ist eine empirisch zu beantwortende Frage. Eine Hilfe bei der Erklärung möglicher Befunde stellt das Konzept der kognitiven Aktivierung dar, bei dem einerseits Merkmale des Lernangebots und andererseits Aspekte der Nutzung dieses Angebots durch die Lernenden mithilfe von

Indikatoren erfasst werden (Lipowsky 2015). Beispielsweise kann der Prozess der kognitiven Aktivierung durch die Aufforderungen zu inhaltsbezogenen Vergleichen oder Bewertungen befördert werden und ist dann aufseiten der Lernenden daran zu erkennen, dass sie anspruchsvolle kognitive Handlungen ausführen, z. B. vergleichen, argumentieren, begründen, erläutern etc. Es ist offensichtlich, dass solche Aktivierungsmaßnahmen sich häufig auf Repräsentationen beziehen lassen. Untersuchungen dazu lassen sich insbesondere im Bereich Mathematik finden (Lipowsky 2015). Beispiele für den Bereich des naturwissenschaftlichen Lehrens und Lernens liegen ebenfalls vor (Gadgil et al. 2012).

10.4 Anwendung der Rahmungen

Um das Lernen mit externen Repräsentationen beschreiben und erklären zu können, sind unterschiedliche theoretische Rahmungen notwendig. Zu allererst müssen die vielfältigen externen Repräsentationen beschrieben und klassifiziert werden (Rahmung 1), wodurch es dann möglich wird, Prozesse und folglich Anforderungen im Umgang mit Repräsentationen (Rahmung 2) sowie speziell mit multiplen Repräsentationen (Rahmung 3) für das Lernen zu charakterisieren. Nachfolgend werden zwei Studien vorgestellt, die sich auf diese Rahmungen beziehen. Die erste Studie modelliert Prozesse bei der Interpretation und Konstruktion von Diagrammen im Biologieunterricht. Diesem eher grundlegenden Forschungsbeitrag steht eine zweite Studie zur Seite, die deutlich anwendungsbezogener ausgerichtet ist und in der dem Lernen mit multiplen Repräsentationen aus physikalischen Experimenten unter Schulbedingungen nachgegangen wird.

10.4.1 Modellierung der Diagrammkompetenz

Lachmayer et al. (2007) und Lachmayer (2008) fokussieren auf depiktionale Repräsentationen (Diagramme als logische Bilder) und schlagen ein Strukturmodell der kognitiven Fähigkeiten beim Diagrammgebrauch vor. Im Modell werden die Interpretation, die Konstruktion und die Integration unterschieden. Diese Kategorien werden auch in der Synthese von Nitz (2012) verwendet (Tab. 10.1). Statt der Translation wird bei Lachmayer die Integration innerhalb des Modells betont, da bei der Fokussierung auf eine Repräsentationsform (hier Diagramme) der Übersetzung eine geringere Bedeutung zukommt. In Lernmedien werden Informationen häufig in Text und Diagramm dargestellt, die durch die Lernenden miteinander in Beziehung gesetzt werden müssen (Integration). Der Fokus der Arbeit liegt auf spezifischen Teilfähigkeiten der oben beschriebenen Repräsentationskompetenz, wobei grundlegende Fähigkeiten der Erschließung und der Anfertigung von Repräsentationen thematisiert werden (Tab. 10.2). Zum anderen werden Diagramme als spezifische und für naturwissenschaftliche Kommunikation typische Art von Repräsentationen untersucht.

Tab. 10.2 Strukturmodell der Fähigkeiten beim Diagrammgebrauch. (Lachmayer et al. 2007, S. 156)

		Informationsentnahme	Konstruktion	
Identifizierung		Erkennen der dargestellten Relation	Wahl des passenden Diagrammtyps	Aufbau des Rahmens
		Zuordnung der Variablen zu den Achsen	Zuordnung der Variablen zu ihren Achsen	
			Beschriftung der Achsen	
		Zuordnung der Datenreihen zu den Symbolen (Legende)	Zeichnen einer Legende	
		Beachten der Skalenreichweite	Zeichnen der Skalen	
Ablesen	1. Ordnung	Ablesen eines Funktionswerts	Eintragen der Punktwerte	Eintragen der Daten
	2. Ordnung	Vergleich zweier Werte oder Erkennen eines Trends (qualitativ/quantitativ)	Skizzierung einer Verbindungslinie zwischen Punkten oder freie Skizzierung einer Trendlinie	
	3. Ordnung	Vergleich mehrerer Werte oder Vergleichen von Trends (qualitativ/quantitativ)	Freie Skizzierung mehrerer Trends	
	4. Ordnung	Extrapolieren/Vorhersagen		
		Integration		

Die Fähigkeiten im Bereich der Interpretation (Informationsentnahme) beinhalten das Identifizieren und das Ablesen (Tab. 10.2). Als „Identifizierung" werden zusammenfassend Prozesse wie das Erkennen der dargestellten Relation oder die Zuordnung der dargestellten Variablen zur jeweiligen Achse bezeichnet. Als „Ablesen" werden verschiedene Tätigkeiten zusammengefasst, die vom Ablesen von Funktionswerten bis zum Extrapolieren immer komplexere Anforderungen an Schüler stellen. Die Fähigkeiten im Bereich Konstruktion von Diagrammen gliedern sich analog zu denen im Bereich Informationsentnahme in die Facetten „Aufbau des Rahmens", die der Facette Identifizierung entspricht, und „Eintragen der Daten" (Tab. 10.2). Im Bereich Integration müssen Schüler Informationen aus Texten und Diagrammen in Beziehung setzen. Im Modell wird davon ausgegangen, dass die Fähigkeiten im Bereich Integration mit der Interpretation und der Konstruktion in Zusammenhang stehen und deshalb im Modell quer zu den anderen liegen (Lachmayer et al. 2007).

Eine empirische Prüfung des Modells durch ein aufgabenbasiertes Testinstrument betätigte die drei Komponenten Informationsentnahme, Konstruktion und Integration. Zudem kann die Informationsentnahme in die Unterkomponenten Identifizierung und Ablesen und die Konstruktion in die Unterkomponenten Aufbau des Rahmens und Dateneintrag differenziert werden (Lachmayer 2008).

Zusammenfassend betrachtet liefert die Studie von Lachmayer (2008) eine differenzierte theoretische Betrachtung und empirische Untersuchung der erforderlichen Fähigkeiten im Umgang mit einer für das Lernen und Lehren der Naturwissenschaften bedeutsamen Repräsentationsart. Die Studie berücksichtigt in der Umsetzung die kognitionspsychologisch begründete Klassifikation externer Repräsentationen, der die unterschiedliche kognitive Verarbeitung der Repräsentationen beim Wissenserwerb zugrunde liegt (vgl. Rahmung 1). Ausgehend von Ansätzen zur Struktur von Repräsentationskompetenz (vgl. Rahmung 2) wird eine differenzierte Kompetenzstruktur für den Umgang mit Diagrammen postuliert, in Form von Aufgaben operationalisiert (Interpretieren, Konstruieren, Integrieren) und empirisch geprüft. Mit der Studie liegt eine valide Beschreibung der Fähigkeiten im Umgang mit Diagrammen vor. Das Modell bietet die Basis für eine qualitative Beschreibung von Kompetenzstufen. Mit den entwickelten Aufgaben liegt ein Testinstrument vor, das es erlaubt, die Schülerleistungen mit erwarteten Leistungen zu vergleichen, um so u. a. Unterrichtsentwicklung beobachten und steuern zu können bzw. um die Wirkung gezielter Förderansätze zu untersuchen.

10.4.2 Repräsentationen beim Physiklernen

Die Studie von Hettmannsperger et al. (2016) geht von einer eher instrumentellen Auffassung von Repräsentationen aus und untersucht deren Einfluss auf das konzeptionelle Verständnis im Bereich der Strahlenoptik, genauer im Bereich Abbildungen durch Linsen (für Details s. auch Hettmannsperger 2015). Im Unterricht sind Lernenden in der Optik zwei wesentliche Informationsquellen zugänglich, zum einen Realexperimente, die optische Phänomene erlebbar oder beobachtbar machen, und zum anderen Repräsentationen, die für ein Phänomen oder ein Modell stehen. Dabei kommen verschiedene Repräsentationsformen zum Einsatz, z. B. Text, Gleichungen, Fotos, schematische Skizzen (Strahlengänge), d. h. depiktionale und deskriptionale Repräsentationen, die für Beobachtungen (Bild auf dem Schirm) oder Modellannahmen (Lichtstrahl) stehen (Abschn. 10.3.1). Im Sinn einer Konkretisierung der Bestandteile einer Repräsentationskompetenz (Abschn. 10.3.2) wurden Aufgaben formuliert, die das Vervollständigen von Repräsentationen, das Erstellen oder Übersetzen und das Interpretieren von vorgegebenen Repräsentationen erfordern.

  Die Studie von Hettmannsperger et al. (2016) wurde im regulären Unterricht mit 729 Lernenden der siebten Klasse durchgeführt und umfasste jeweils sechs Schulstunden. Dabei wurde die Anzahl der verwendeten deskriptionalen und depiktionalen Repräsentationen in jeder der fünf verwendeten Unterkategorien (depiktional – logisch und realistisch, deskriptional – numerisch, symbolisch, verbal), die bei der Aufgabenbearbeitung im Unterricht eine Rolle spielen, in zwei Treatment-Gruppen (TG) vergleichbar gehalten, während die Art der Auseinandersetzung unterschiedliche Schwerpunkte hatte (TG A: Erstellen eigener Repräsentationen, TG B: Arbeit mit gegebenen Repräsentationen). In den Treatment-Gruppen fand damit ein Unterricht statt, der durch den Einsatz von meR (Abschn. 10.3.3) gekennzeichnet war. In TG A und TG B wurden außerdem sieben typische und in der Literatur gut dokumentierte Schülervorstellungen zur geometrischen Optik explizit thematisiert. Eine dritte Gruppe diente als Kontrollgruppe (C) und erhielt einen inhaltsgleichen Unterricht, in dem aber nicht auf Schülervorstellungen eingegangen und immer nur eine Repräsentation nach der anderen eingesetzt wurde.

Anhand der theoretischen Vorüberlegungen wurde ein höherer Lernzuwachs bei den Treatment-Gruppen A und B gegenüber der Kontrollgruppe C erwartet. Die Maßnahmen der kognitiven Aktivierung, die bei TG A in Form des Erstellens von Repräsentationen implementiert wurden, ließen außerdem einen höheren Lernzuwachs dieser Gruppe gegenüber der TG B erwarten. Die Analyse der Daten eines Leistungstests ergab eine Überlegenheit der Interventionen (A und B) gegenüber dem Kontrollgruppenunterricht (C). Zwischen den Treatment-Gruppen wurde hingegen kein signifikanter Unterschied festgestellt.

Damit zeigt sich der Umgang mit meR in Kombination mit der Thematisierung von Schülervorstellungen als lernwirksam unter Praxisbedingungen. Die auf den Umgang mit meR abzielenden Aktivierungsmaßnahmen, die in TG A zusätzlich verwendet wurden, zeigen hier jedoch keinen zusätzlichen Effekt. Hettmannsperger et al. (2016) führen als eine mögliche Erklärung an, dass diese zusätzlichen Aktivierungsmaßnahmen gegenüber der Thematisierung der Schülervorstellungen, die selbst als eine (hoch wirksame) Maßnahme der kognitiven Aktivierung verstanden werden muss, nicht mehr ins Gewicht fallen.

Der vorgestellten Arbeit liegt ein Repräsentationsbegriff zugrunde, der sowohl externe als auch interne (mentale) Repräsentationen umfasst, die in den zugrunde liegenden theoretischen Modellen allerdings getrennt betrachtet werden. Die Erklärung der Ergebnisse macht eine analytische Trennung zwischen beiden Repräsentationsbegriffen notwendig, sodass diskutiert werden kann, ob der verwendete weite Begriffsrahmen sachdienlich ist.

10.5   Resümee

Die vorgestellten Rahmungen finden in den Studien zu Repräsentationen unterschiedliche Berücksichtigung. Die Studie zur Diagrammkompetenz von Lachmayer (2008) wirft einen differenzierten Blick auf die Anforderungen beim Lernen mit einer spezifischen Repräsentationsform, die von der Klassifikation zu den depiktionalen Repräsentationen, genauer den logischen Bildern zählt. Die Klassifikation von Repräsentationen (Rahmung 1) wird hier also im Sinn einer Fokussierung auf einen spezifischen Untersuchungsgegenstand genutzt. Das in der Studie verwendete Modell zur Diagrammkompetenz fokussiert Teilaspekte einer umfassenderen Repräsentationskompetenz, wobei v. a. grundlegende Handlungsfähigkeiten im Umgang mit Diagrammen im Vordergrund stehen. Das Argumentieren mit Repräsentationen oder ein epistemologisches Verständnis des Zwecks von Repräsentationen stellen weitere Aspekte einer umfassenderen Repräsentationskompetenz dar, die innerhalb der Studie nicht fokussiert wurden, aber Gegenstand weiterer Forschung sein sollten.

Hettmannsperger et al. (2016) fokussieren auf eine Intervention unter Praxisbedingungen schulischen Lernens, die der Komplexität dieser Praxis entsprechend sehr viel breiter angelegt ist und dabei auch zu nicht erwarteten Ergebnissen in Bezug auf die Wirkungen von Repräsentationen führte. Die Forschungsarbeit berücksichtigt im theoretischen Rahmen ebenfalls Ansätze zur Klassifikationen von Repräsentationen (Rahmung 1), richtet dabei das Hauptaugenmerk auf das Lernen mit multiplen Repräsentationen und untersucht deren Einfluss auf das konzeptionelle physikalische Verständnis (Rahmung 3). Die Ergebnisse illustrieren u. a., wie relevant die Unterscheidung zwischen externen und internen (mentalen) Repräsentationen für die analytische Auseinandersetzung mit der entsprechenden Praxis ist.

Weitere Studien dieser Art wären zu begrüßen, da sie Wissenserwerb und Lernen mit Repräsentationen im komplexen Unterrichtsgeschehen in den Blick nehmen.

Es existieren zahlreiche Studien, in denen die Rolle einzelner oder multipler Repräsentationen beim Lernen der Naturwissenschaften betrachtet wird. Wenige Studien untersuchen dabei mehrere Merkmale von Unterrichtsqualität oder die Wirkung bzw. das Zusammenwirken von Faktoren, die für das erfolgreiche Lernen mit Repräsentationen von Bedeutung sind. Daneben gibt es kaum Studien, die Aspekte des Lernens mit authentischen, d. h. nicht oder wenig didaktisch aufbereiteten Repräsentationen thematisieren. Dabei ist u. a. die Frage interessant, welches Bild der Naturwissenschaften durch Repräsentationen im Unterricht vermittelt wird und wie Repräsentationen zum Aufbau eines angemessenen Verständnisses der Naturwissenschaften (Kap. 7) beitragen können.

10.6 Weiterführende Literatur

Ainsworth, S. (2006). DeFT: A conceptual framework for considering learning with multiple representations. *Learning and Instruction*, *16*(3), 183–198. https://doi.org/10.1016/j.learninstruc.2006.03.001

Der Beitrag liefert eine der grundlegenden Darstellungen des Bereichs multipler externer Repräsentationen, die das hier Dargestellte wesentlich vertieft.

Gilbert, J. K., & Treagust, D. F. (2009). *Multiple Representations in Chemical Education.* Dordrecht: Springer.

Tsui, C., & Treagust, D. F. (2013). *Multiple Representations in Biological Education.* Dordrecht: Springer.

Treagust, D. F., Duit, R., & Fischer, H. E. (Hrsg.) (2017). *Multiple Representations in Physics Education.* Dordrecht: Springer.

Die Bücher beleuchten die Rolle von multiplen externen Repräsentationen jeweils aus der Perspektive des Lernens in einem naturwissenschaftlichen Fach. Sehr gut zur Einführung aber auch Vertiefung geeignet.

Eilam, B., & Gilbert, J. K. (Hrsg.) (2014). *Science Teachers' Use of Visual Representations.* Cham, Heidelberg, New York, Dordrecht, London: Springer.

Das Buch ergänzt die hier gegebenen Darstellungen zu Repräsentationskompetenz von Schülern um die Perspektive naturwissenschaftlicher Lehrkräfte.

Literatur

Ainsworth, S. (1999). The functions of multiple representations. *Computers & Education, 33*(2–3), 131–152. https://doi.org/10.1016/S0360-1315(99)00029-9.

Ainsworth, S. (2006). DeFT: a conceptual framework for considering learning with multiple representations. *Learning and Instruction, 16*(3), 183–198. https://doi.org/10.1016/j.learninstruc. 2006.03.001.

Ainsworth, S. (2008). The educational value of multiple-representations when learning complex scientific concepts. In *Visualization: theory and practice in science education* (S. 191–208). Berlin, Heidelberg: Springer. https://doi.org/10.1007/978-1-4020-5267-5_9.

Belenky, D. M., & Schalk, L. (2014). The effects of idealized and grounded materials on learning, transfer, and interest: an organizing framework for categorizing external knowledge representations. *Educational Psychology Review, 26*(1), 27–50. https://doi.org/10.1007/s10648-014-9251-9.

Bruner, J. S. (1966). *Toward a theory of instruction.* Cambridge, MA: Harvard University Press.

diSessa, A. A. (2004). Metarepresentation: native competence and targets for instruction. *Cognition and Instruction, 22*(3), 293–331.

diSessa, A. A., & Sherin, B. L. (2000). Meta-representation: an introduction. *Journal of Mathematical Behaviour, 19*(4), 385–398.

Eco, U. (1977). *Zeichen. Einführung in einen Begriff und seine Geschichte.* Frankfurt a. M.: Suhrkamp.

Fischer, R. (2006). *Materialisierung und Organisation.* München, Wien: Profil.

Gadgil, S., Nokes-Malach, T. J., & Chi, M. T. H. (2012). Effectiveness of holistic mental model confrontation in driving conceptual change. *Learning and Instruction, 22*(1), 47–61. https://doi. org/10.1016/j.learninstruc.2011.06.002.

Geyer, M.-A., & Pospiech, G. (2017). *Tätigkeiten und Schwierigkeiten von SchülerInnen bei Darstellungswechseln funktionaler Zusammenhänge im Physikunterricht.* Implementation fachdidaktischer Innovation im Spiegel von Forschung und Praxis. Gesellschaft für Didaktik der Chemie und Physik, Jahrestagung, Zürich, 2016. (S. 444–448). Regensburg: Universität Regensburg.

Gilbert, J. K., & Treagust, D. F. (2009). Introduction: macro, submicro and symbolic representations and the relationship between them: key models in chemical education. In J. K. Gilbert & D. F. Treagust (Hrsg.), *Multiple Representations in Chemical Education* (S. 1–8). Dordrecht: Springer.

Gilbert, J. K., Reiner, M., & Nakhleh, M. (2008). *Visualization: theory and practice in science education.* New York: Springer.

Herrlinger, S., Höffler, T. N., Opfermann, M., & Leutner, D. (2017). When do pictures help learning from expository text? Multimedia and modality effects in primary schools. *Research in Science Education, 47*(3), 685–704.

Hettmannsperger, R. (2015). *Lernen mit multiplen Repräsentationen aus Experimenten. Ein Beitrag zum Verstehen physikalischer Konzepte.* Wiesbaden: Springer VS. https://doi.org/10.1007/978-3-658-07436-4.

Hettmannsperger, R., Mueller, A., Scheid, J., & Schnotz, W. (2016). Developing conceptual understanding in Ray optics via learning with multiple representations. *Zeitschrift für Erziehungswissenschaft, 19*, 235–255. https://doi.org/10.1007/s11618-015-0655-1.

Hubber, P., Tytler, R., & Haslam, F. (2010). Teaching and learning about force with a representational focus: pedagogy and teacher change. *Research in Science Education, 40*(1), 5–28. https:// doi.org/10.1007/s11165-009-9154-9.

Janßen, W., & Pospiech, G. (2015). *Versprachlichung von Formeln – Die Bedeutung von Formeln und ihre Vermittlung.* PhyDid B – Didaktik der Physik – Beiträge zur DPG-Frühjahrstagung.

Johnstone, A. H. (1982). Macro- and microchemistry. *School Science Review, 64*, 377–379.

Kozma, R. B., & Russell, J. (2005). Students becoming chemists: developing representational competence. In *Visualizations in Science Education* (S. 121–146). Dordrecht: Springer.

Kozma, R. B., & Russell, J. (1997). Multimedia and understanding: expert and novice responses to different representations of chemical phenomena. *Journal of Research in Science Teaching, 34*(9), 949–968.

Kulgemeyer, C., & Schecker, H. (2009). Physikalische Darstellungsformen. Ein Beitrag zur Klärung von „Kommunikationskompetenz". *Der mathematische und naturwissenschaftliche Unterricht, 62*(6), 328–331.

Lachmayer, S., Nerdel, C., & Prechtl, H. (2007). Modellierung kognitiver Fähigkeiten beim Umgang mit Diagrammen im naturwissenschaftlichen Unterricht. *Zeitschrift für Didaktik der Naturwissenschaften, 13*, 145–160.

Lachmayer, S. (2008). *Entwicklung und Überprüfung eines Strukturmodells der Diagrammkompetenz für den Biologieunterricht. Dissertation.*

Leisen, J. (1998a). Physikalische Begriffe und Sachverhalte. Repräsentationen auf verschiedenen Ebenen. *Praxis der Naturwissenschaften Physik, 47*(2), 14–18.

Leisen, J. (1998b). Förderung des Sprachlernens durch den Wechsel von Symbolisierungsformen im Physikunterricht. *Praxis der Naturwissenschaften Physik, 47*(2), 9–13.

Lemke, J. L. (2004). The literacies of science. In E. W. Saul (Hrsg.), *Crossing borders in literacy and science instruction: perspectives on theory and practice* (S. 33–47). Arlington: International Reading Association.

Levie, H. W., & Lentz, R. (1982). Effects of text illustration: a review of research. *Educational Communication and Technology Journal, 30*(4), 195–232.

Lipowsky, F. (2015). Unterricht. In E. Wild & J. Möller (Hrsg.), *Pädagogische Psychologie* (S. 69–105). Berlin, Heideberg: Springer.

Lynch, M. (1988). The externalized retina: selection and Mathematization in the visual documentation of objects in the life sciences. *Human Studies, 11*(2–3), 201–234. https://doi.org/10.1007/BF00177304.

Mahaffy, P. (2006). Moving chemistry education into 3D: a tetrahedral metaphor for understanding chemistry. Union carbide award for chemical education. *Journal of Chemical Education, 83*(1), 49–55. https://doi.org/10.1021/ed083p49.

Nitz, S. (2012). *Fachsprache im Biologieunterricht : Eine Untersuchung zu Bedingungsfaktoren und Auswirkungen.* Kiel: Christian-Albrechts-Universität.

Nitz, S., Nerdel, C., & Prechtl, H. (2012). Entwicklung eines Erhebungsinstruments zur Erfassung der Verwendung von Fachsprache im Biologieunterricht. *Zeitschrift für Didaktik der Naturwissenschaften, 18*, 117–139.

Nitz, S., Ainsworth, S. E., Nerdel, C., & Prechtl, H. (2014). Do student perceptions of teaching predict the development of representational competence and biological knowledge? *Learning and Instruction, 31*, 13–22. https://doi.org/10.1016/j.learninstruc.2013.12.003.

Norris, S. P., & Phillips, L. M. (2003). How literacy in its fundamental sense is central to scientific literacy. *Science Education, 87*(2), 224–240. https://doi.org/10.1002/sce.10066.

Rheinberger, H.-J. (2006). *Epistemologie des Konkreten: Studien zur Geschichte der modernen Biologie.* Frankfurt a. M.: Suhrkamp.

Saß, S., Wittwer, J., Senkbeil, M., & Köller, O. (2012). Pictures in test items: effects on response time and response correctness. *Applied Cognitive Psychology, 26*(1), 70–81. https://doi.org/10.1002/acp.1798.

Schnotz, W. (2001). Sign systems, technologies, and the acquisition of knowledge. In *Multimedia learning: cognitive and instructional issues* (S. 9–29). Amsterdam: Pergamon.

Schnotz, W., & Bannert, M. (1999). Einflüsse der Visualisierungsform auf die Konstruktion mentaler Modelle beim Text- und Bildverstehen. *Experimental Psychology, 46*(3), 217–236. https://doi.org/10.1026//0949-3964.46.3.217.

Schnotz, W., & Bannert, M. (2003). Construction and interference in learning from multiple representation. *Learning and Instruction, 13*(2), 141–156. https://doi.org/10.1016/S0959-4752(02)00017-8.

Taber, K. S. (2013). Revisiting the chemistry triplet: drawing upon the nature of chemical knowledge and the psychology of learning to inform chemistry education. *Chemistry Education Research and Practice, 14*(2), 156–168. https://doi.org/10.1039/c3rp00012e.

Talanquer, V. (2011). Macro, Submicro, and symbolic: the many faces of the chemistry "triplet". *International Journal of Science Education, 33*(2), 179–195. https://doi.org/10.1080/09500690903386435.

Tipler, P. (2004). *Physik*. München: Spektrum.

Treagust, D. F., & Tsui, C.-Y. (Hrsg.). (2013). *Multiple representations in biological education*. Dordrecht: Springer.

Tytler, R., Peterson, S., & Prain, V. (2006). Picturing evaporation: learning science literacy through a particle representation. *The Journal of the Australian Science Teachers Association, 52*(1), 12–17.

Waldrip, B., & Prain, V. (2012). Learning from and through representations in science. In B. J. Fraser, K. G. Tobin & C. J. McRobbie (Hrsg.), *Second international handbook of science education* (S. 145–155). Dordrecht, Heidelberg, London, New York: Springer.

Waldrip, B., Prain, V., & Carolan, J. (2006). Learning junior secondary science through multi-modal representation. *Electronic Journal of Science Education, 11*(1), 86–105.

Yore, L. D., & Hand, B. (2010). Epilogue: plotting a research agenda for multiple representations, multiple modality, and multimodal representational competency. *Research in Science Education, 40*, 93–101. https://doi.org/10.1007/s11165-009-9160-y.

Zhang, J. (1997). The nature of external representations in problem solving. *Cognitive Science, 21*(2), 179–217.

Zhang, J. (2000). External representations in complex information processing tasks. *Encyclopedia of library and information science, 68*, 164–180.

Zhang, J., & Wang, H. (2009). An exploration of the relations between external representations and working memory. *PloS One, 4*(8), 1–10. Public Library of Science.

Lernen mit digitalen Medien

Sascha Schanze und Raimund Girwidz

11.1 Einführung

Lernen mit digitalen Medien ist vielfältig und ein Verständnis der Prozesse erfordert gleich mehrere theoretische Zugänge, die für Multimedialernen im Allgemeinen wichtig sind. Dieses Kapitel nimmt drei unterschiedliche lehr-lerntheoretische Perspektiven ein. Unter einer ersten Perspektive werden Aspekte der Gestaltung von Inhalten beim Lernen mit digitalen Medien dargestellt. Das Lernen in den naturwissenschaftlichen Fächern ist dominiert von verschiedenen, sehr unterschiedlichen Repräsentationsformen (Kap. 10). Abbildungen, die vielen oft impliziten Konventionen unterworfen sind (oft auch als kanonische Repräsentationen bezeichnet), stellen inhärente Anforderungen an das Lernen. Diese Anforderungen setzen sich fort, wenn in einer digitalen Lernumgebung die Lernenden eigene externe Repräsentationen erstellen. Aus einer zweiten Perspektive werden daher Unterstützungsmerkmale des digital unterstützten und des selbstgesteuerten Lernens erläutert. Beide theoretischen Zugänge berücksichtigen potenzielle individuelle Lernervoraussetzungen. Studien, insbesondere im Feld, zeigen aber oft sehr große Variationen der lernförderlichen Wirkungen digitaler Medien. Die Gründe dafür sind vielfältig und können u. a. auf Aspekte des Lernens zurückgeführt werden, die durch eine dritte,

Aus Gründen der besseren Lesbarkeit wird im Text verallgemeinernd das generische Maskulinum verwendet. Diese Formulierungen umfassen gleichermaßen weibliche und männliche Personen; alle sind damit gleichberechtigt angesprochen.

S. Schanze
Didaktik der Chemie, Leibniz-Universität Hannover
Hannover, Deutschland
E-Mail: schanze@idn.uni-hannover.de

R. Girwidz (✉)
Didaktik der Physik, Ludwig-Maximilians-Universität München
München, Deutschland
E-Mail: girwidz@physik.uni-muenchen.de

© Springer-Verlag GmbH Deutschland, ein Teil von Springer Nature 2018
D. Krüger et al. (Hrsg.), *Theorien in der naturwissenschaftsdidaktischen Forschung*,
https://doi.org/10.1007/978-3-662-56320-5_11

soziokonstruktivistische Perspektive mit erfasst werden. Wird von der Lehrkraft in einer digitalen Lernumgebung z. B. eine Rolle verlangt, die sie eher als Lernbegleitung sieht, dann ist die Lernwirksamkeit des Lernarrangements davon abhängig, wie sehr die Lehrkraft diese Rolle annimmt und wie sehr die Lernenden mit dem für sie eventuell ungewohnten digitalen Unterstützungsangebot zurechtkommen. Auf diese Grundlagen aufbauend werden anhand zweier Themenbereiche Konsequenzen aus den theoretischen Betrachtungen für fachdidaktische Studien beschrieben.

11.2 Theoretische Rahmungen

11.2.1 Design und Gestaltung digitaler Lehr-Lern-Mittel

Charakteristisch für das Lernen mit digitalen Medien ist für Mayer (2002) ein vielschichtiges Informationsangebot. Dabei helfen die dargebotenen Wort- und Bildmaterialien (beispielsweise gedruckte oder gesprochene Texte, statische oder dynamische Abbildungen wie Fotos, Zeichnungen, Diagramme, Figuren, Videos, Animationen) den Lernenden, angemessene mentale Repräsentationen bzw. mentale Modelle aufzubauen (Abb. 11.2). Diese Vielfalt wird durch die Begriffe Multimedia, Multimodalität und Multicodierung differenziert. *Multimedia* bedeutet, dass Informationen über verschiedene Träger, Kanäle und in verschiedenen Darstellungen angeboten werden (z. B. Buch und CD-ROM mit Aufgabenmaterialien). *Multimodalität* bedeutet, dass mehrere sensorische Systeme (Sinneskanäle) angesprochen werden (z. B. durch Text auf dem Monitor, der gleichzeitig vorgelesen wird). Dieses Prinzip eignet sich beispielsweise, um unterschiedliche Aspekte eines Inhalts zu betonen, Zusammenhänge und Wechselbezüge zu erschließen oder die Informationsaufnahme zu erleichtern. Für Mayer (2009, 1997) ist besonders die räumlich und zeitlich abgestimmte Präsentation (Kontiguität) von gesprochenem Text und Bildern bedeutsam. Lernende können verbale und bildorientierte Informationen besser synchron verarbeiten, wenn die Texte gesprochen und nicht nur schriftlich angeboten werden (Mayer 2009; Mayer und Moreno 1998; Moreno und Mayer 1999). Daneben ist für Weidenmann (1997, 2002) v. a. die *Multicodierung*, d. h. eine Vielfalt von Codierungs- und Repräsentationsformen (Kap. 10) eines Sachverhalts (z. B. Text, Tabelle und/oder grafische Darstellung zum gleichen Sachverhalt), ein wesentliches Kennzeichen von Multimedia. Digitale Medien erleichtern heute die Integration und die Vernetzung verschiedener Geräte und Nutzer. Aus fachdidaktischer Sicht stehen allerdings weniger die technische Realisierung und das Medium im Vordergrund, sondern es gilt die Möglichkeiten zu nutzen, die oben unter dem Schlagwort Multimedialität beschrieben sind.

Cognitive Theory of Multimedia Learning
Die *Cognitive Theory of Multimedia Learning* von Mayer (2009, 2001) greift Multimodalität und Multicodierung als Gestaltungsmerkmale digitaler Medien auf. Sie basiert auf zahlreichen Studien, die lernförderliche und lernhinderliche Aspekte beim Lernen mit

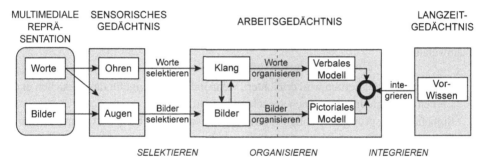

Abb. 11.1 Multimediales Lernen. (Nach Mayer 2009)

digitalen Medien identifiziert haben. Mayer geht in seiner Theorie von drei zentralen Annahmen aus, die sich auf kognitivistisch geprägte Theorien berufen:

1. Das Modell geht von einem bildbasierten und einem sprachbasierten Informationskanal aus, in denen eingehende Informationen entsprechend ihrer Präsentationsform verarbeitet werden. Diese Annahme gründet auf der *Dual Coding Theory* von Paivio (Paivio 1986; Clark und Paivio 1991).
2. Für jeden Kanal wird die Verarbeitungskapazität als begrenzt angenommen. Dies ist auch die zentrale Annahme der *Cognitive Load Theory* von Chandler und Sweller (1991). Die Theorie des Arbeitsgedächtnisses von Baddeley (1992) liefert dazu eine theoretische Grundlage.
3. Für kognitives Lernen ist eine aktive Informationsverarbeitung grundlegend. Dazu gehören die Auswahl bedeutsamer Informationen, die Aufarbeitung in eine schlüssige mentale Repräsentation und der Aufbau von Verknüpfungen mit bereits vorhandenem Wissen. Die theoretische Basis hierzu leitet sich aus der Generativen Theorie des Lernens von Wittrock (1974, 1989) ab.

Das resultierende Modell des multimedialen Lernens nach Mayer (2001, 2009) beschreibt einen mehrstufigen Prozess der Informationsverarbeitung (Abb. 11.1).

Text- und bildbasierte Informationen werden laut Modell zunächst auf zwei parallelen Verarbeitungswegen behandelt. Ferner sind laut Modell drei Verarbeitungsphasen zu unterscheiden: Zunächst werden die Bild- und Textinformationen hinsichtlich relevanter Begriffe und Aspekte gefiltert („selecting"). Im Arbeitsgedächtnis werden die zunächst noch stark durch die sensorische Aufnahme geprägten Informationseinheiten teilweise abgeglichen, vorrangig jedoch in den beiden Kanälen weiterverarbeitet, und durchlaufen weitere codespezifische Organisationsprozesse („organizing"). Zwischen dem entstehenden wort- sowie dem bildbasierten, internen Modell werden Querbezüge hergestellt und das Ergebnis wird mit dem Vorwissen zusammengeführt („integrating").

Ausgehend von dieser Theorie und wiederum basierend auf einer Reihe von empirischen Untersuchungen entwickelte Mayer (2009) zwölf Designprinzipien für Multimediaanwendungen:

1. Kohärenzprinzip: Lernen wird erleichtert, wenn nicht unbedingt für das Verstehen und Lernen benötigte Informationen ausgeblendet werden.
2. Signalisierungsprinzip: Wichtige Informationen sollen durch Hervorhebungen, Markierungen und Hinweise betont werden.
3. Redundanzprinzip: Redundante Informationen können belasten. So ist es unnötig, wenn zu Grafiken mit gesprochenem Text dieser noch zusätzlich auf dem Display erscheint.
4. Räumliches Kontiguitätsprinzip: Text und Bild, die zusammengehören, sollten in unmittelbarer räumlicher Nähe zueinander oder sogar als integrierte Darstellungen angeboten werden.
5. Zeitliches Kontiguitätsprinzip: Text und Bilder, die zusammengehören, sollten besser gleichzeitig als nacheinander präsentiert werden.
6. Segmentierungsprinzip: Eine Unterteilung in Lernabschnitte, die auf die Lernenden abgestimmt werden kann, ist günstiger als eine einfach fortlaufende Lerneinheit.
7. Vortrainingsprinzip: Günstig ist, wenn benötigte Begriffe und Grundkonzepte bereits vorab bekannt gemacht werden.
8. Modalitätsprinzip: Für grafische Darstellungen, insbesondere Animationen mit hoher Informationsdichte, sind im Allgemeinen gesprochene Texte günstiger als Bildschirmtexte.
9. Multimediaprinzip: Lernen wird erfolgreicher, wenn Wort- und Bildmaterial angeboten wird und nicht nur Text.
10. Personalisationsprinzip: Kommunikative Texte mit einer persönlichen Ansprache sind günstiger als ein nüchterner, formaler Stil.
11. Stimmlichkeit: Sprachliche Ausführungen sollten mit einer freundlichen, natürlichen Stimme und nicht mit einer maschinellen Stimme angeboten werden.
12. Kein Sprecherbild: Ein Bild der Sprecherin/des Sprechers auf dem Display führt nicht unbedingt zu einem besseren Lernen.

Empirisch wurden diese Effekte bei kurzen Multimediasequenzen nachgewiesen. Sie befassen sich mit einfachen Ursache-Wirkungs-Ketten (z. B. mit der Funktionsweise von Fahrradpumpen, mit Bremsen). Besondere, individuelle Einflussfaktoren, wie z. B. spezielles Vorwissen oder sprachliche Probleme, sind mit zu berücksichtigen. Weitere Untersuchungen, in denen komplexere Fachinhalte und längere Lernsequenzen im Umfang von Unterrichtsstunden betrachtet werden, können den Praxisbezug und damit die ökologische Validität der Prinzipien zukünftig weiter stärken.

Abb. 11.2 Modell des multimedialen Wissenserwerbs. (Nach Schnotz 2014)

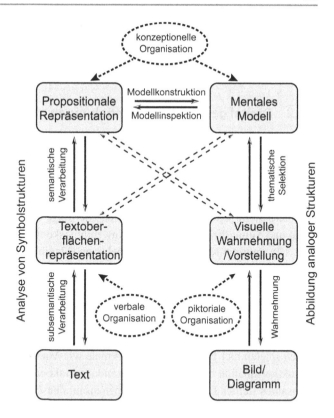

Integriertes Modell des Text- und Bildverstehens

Schnotz und Bannert (2003) unterscheiden textbasierte und bildhafte Repräsentationen. Deskriptive, textbasierte Darstellungen nutzen abstrakte Symbolsysteme (Buchstaben, Zeichen); bildliche Darstellungen verwenden analoge Abbildungsstrukturen. Aufgrund der unterschiedlichen Symbolsysteme und der strukturellen Unterschiede wird schon eine Selektion aus dem Informationsangebot verschiedenartig ablaufen. Diese Annahme prägt auch das *Integrated Model of Text and Picture Comprehension* (Schnotz 2014; Schnotz und Bannert 1999; Abb. 11.2).

Ein Lesen von Texten bzw. ein Betrachten von Bildern oder Grafiken führt zunächst zu Organisationsprozessen, bei denen die noch stark von ihrer äußeren Form geprägten Informationen in erste mentale Repräsentationen überführt werden. Konzeptuelle Organisationsprozesse verarbeiten Texte dann zu einer an der Sprache orientierten abstrakten kognitiven Repräsentation, während die visuellen Darstellungen in analoge, bildhafte mentale Repräsentationen übertragen werden. Diese sind zunächst noch stark an die visuelle Wahrnehmung angelehnt und werden dann über ergänzende Verarbeitungsprozesse zu mentalen Modellen weiterentwickelt. Mentale Modelle können dann mit entsprechenden sprachlich orientierten Repräsentationen verknüpft werden. Beide Formate werden in unterschiedlichen Bereichen des Gehirns abgespeichert (links Sprachhirn, rechts Bilderhirn; Krapp und Weidenmann 2006, S. 437 f.).

11.2.2 Digital gestützte Lernumgebungen

Mit der Annahme einer aktiven Informationsverarbeitung integriert die ansonsten stark kognitiv geprägte Theorie zum Multimedialernen von Mayer einen Aspekt, der sich einer konstruktivistischen Sichtweise von Lernen nähert. Realisiert wird dies z. B. durch einfache interaktive Elemente wie Animationen oder Simulationen. Konstruktivistisch gestaltete Lernumgebungen zeichnen sich allerdings durch weitere Aspekte wie Authentizität und Situiertheit (Rahmen und Anwendungskontext für das zu erwerbende Wissen; Kap. 12), multiple Kontexte und Perspektiven (Flexibilität des zu erwerbenden Wissens) und soziale Kontexte (gemeinsames Lernen und Problemlösen) aus (Gerstenmaier und Mandl 1995). Durch die Integration digitaler Medien lassen sich diese Aspekte in besonderer Weise realisieren. Damit verbunden ist jedoch die Berücksichtigung weiterer Einflussgrößen neben den bloßen Designprinzipien für digitale Medien, auf deren lernfördernde Wirkungen auch in anderen empirischen Studien hingewiesen wird. Wesentliche Rollen spielen hier Persönlichkeitsmerkmale wie Vorwissen oder Vorerfahrung (Kap. 4), Instruktionsqualität bzw. lernunterstützende (metakognitive) Maßnahmen sowie beim gemeinsamen Lernen Faktoren der Gruppenzusammensetzung (Kap. 14).

Jonassen hat als einer der ersten Instruktionspsychologen in verschiedenen Beiträgen (z. B. Jonassen 1999, Jonassen et al. 2000) ein Modell entwickelt, das eine technologiegestützte Lernumgebung nach konstruktivistischen Maßstäben beschreibt. Kern seines Modells sind neben den authentischen (problem- oder fallbasierten) Lernanlässen die Bereitstellung von technischen Ressourcen, die es den Lernenden selbstorganisiert ermöglichen, sich zu informieren, diese Informationen durch kognitive Werkzeuge aufzuarbeiten, sie zu kommunizieren bzw. über sie in einer Gemeinschaft in einen Dialog zu treten. Seitdem sind zu Lernformen wie dem problembasierten, fallbasierten, forschenden oder entdeckenden Lernen eine Vielzahl computerbasierter (kollaborativer) Lernumgebungen entwickelt worden, wie z. B. *Co-Lab*, *WISE*, *Stochasmos*, *SCY*, *Young Scientist* oder *Go-Lab* (de Jong und Lazonder 2014). Neben der Bereitstellung der Ressourcen beschreibt Jonassen (1999) ebenfalls die Notwendigkeit einer Unterstützung der selbstgesteuerten Prozesse durch inhaltliche und methodische Hilfestellungen wie das exemplarische Modellieren im Sinn eines *Cognitive Apprenticeship* oder metakognitive Hilfestellungen wie das *Scaffolding*, die in multimedialen Lernumgebungen auf verschiedene Weisen realisiert werden. Bell et al. (2010) stellen für das forschende Lernen z. B. digitale Unterstützungsformen für jede Phase des forschenden Lernens vor. De Jong und Lazonder (2014) beschreiben mit dem *Guide Discovery Learning Principle in Multimedia Learning* bewährte Typen der direkten oder eher indirekten Anleitung und Unterstützung. Auch für den Austausch innerhalb einer Lerngemeinschaft helfen unterstützend die in Abschn. 11.3.2 angesprochenen

Möglichkeiten zum Aufbau mentaler Modelle. *Computer Supported Intentional Learning Environments* (CSILE) ist ein Beispiel einer Lernplattform, die zunächst das individuelle Lernen („independent research") und anschließend die gemeinsame Wissenskonstruktion („collaborative knowledge-building") systematisch und konsequent verbindet (Scardamalia und Lamon 1994).

11.2.3 Digital gestütztes Lernen im Klassenraum

Soziale und kontextuelle Unterstützung
In seiner Ausführung zur Gestaltung von technologiegestützten Lernumgebungen nach konstruktivistischen Maßstäben hat Jonassen (1999) als letztes Element seines Modells die Bedeutung des sozialen und kontextuellen Supports beschrieben. Er weist darauf hin, dass auch gute technologiebasierte Entwicklungen sich in der Unterrichtsrealität oft nicht bewähren. Den Grund sieht er darin, dass z. B. raumgegenständliche, organisatorische oder auch kulturelle Aspekte des Umfelds bei der Implementation der Lernumgebung oft nicht berücksichtigt werden. Das Lernen in digital gestützten Lernumgebungen schreibt außerdem den Lehrkräften und Lernenden eine oft ungewohnte Rolle zu. Wenn ein digitales Werkzeug Handlungen übernimmt, die vorher der Lehrkraft oder einem anderen Medium vorbehalten waren, so ist sicherzustellen, dass den Akteuren des Lernprozesses diese Rollenverlagerung mit den damit verbundenen Konsequenzen bewusst wird. So ist es z. B. in angeleiteten Prozessen des forschenden Lernens („guided discovery learning") eine neue Anforderung für die Lernenden, Unterstützung nicht wie gewohnt von der Lehrkraft zu erhalten, sondern diese von dem digitalen Medium einzufordern – genauso, wie es für die Lehrkraft ungewohnt sein kann, die Rolle eines Mediators zu übernehmen. Auf den Forschungskontext übertragen bedeutet das, dass sich lernwirksame Leistungen des Einsatzes einer digital gestützten Lernumgebung zunächst immer erst lerngruppenspezifisch abbilden lassen, da sich die Voraussetzungen verschiedener Lerngruppen erheblich voneinander unterscheiden können. Auch Herzig (2014) argumentiert entsprechend und beschreibt zur Wirksamkeit digitaler Medien im Unterricht vier bestimmende Faktoren: Neben den digitalen Medien bzw. Medienangeboten und den Unterrichtsprozessen, in welche die Medienangebote eingebettet sind, sind das die unmittelbar am Unterricht beteiligten Akteure, also die Lehrkräfte (u. a. fachwissenschaftliche, fachdidaktische und bildungswissenschaftliche Expertise, mediendidaktische Kompetenz Professionsverständnis, Werthaltungen) und die Lernenden (u. a. Vorwissen, kognitive Ressourcen, Werthaltungen, soziokulturelle Bedingungen). Jonassen et al. (2000) heben in diesem Zusammenhang die Bedeutung des soziokulturellen und soziohistorischen Settings hervor: „One implication [...] of the constructivist perspective is that when we investigate learning phenomena, we are obligated to consider not only the performances of the individual and groups of learners, but also the socio-cultural and socio-historical setting in which their performance occurs as well as tools and mediation systems that learners use to formulate and exchange ideas, support reflection and make meaning" (Jo-

nassen et al. 2000, S. 110). Allein der Umstand, dass zwar so gut wie jeder Schüler im Alltag bereits ein Smartphone besitzt oder ein Tablet genutzt hat, diese Geräte aber im außerschulischen Kontext selten als Lernwerkzeuge zum Einsatz kommen, zeigt auf, von wie vielen Faktoren der Erfolg einer Implementation digital gestützter Lernumgebungen abhängen kann. Eine Theorie, die einen solchen Prozess begleitet, sollte es ermöglichen, ganzheitlich die förderlichen oder hinderlichen Einflussgrößen auf das Erzielen einer Veränderung in den Blick zu nehmen.

Cultural Historical Activity Theory

Die *Cultural Historical Activity Theory* (CHAT) berücksichtigt die von Jonassen angesprochenen soziokulturellen und soziohistorischen Einflussgrößen. Sie wird im angloamerikanischen und auch im asiatischen Raum überwiegend für den Kontext des Lernens in digital gestützten Lernumgebungen herangezogen und im Folgenden weiter ausgeführt.

CHAT nimmt neben dem Lernenden noch stärker die Lerngemeinschaft und weitere oben aufgeführte Beziehungen innerhalb einer Lernumgebung in den Blick und bezieht potenzielle kulturelle und historische Einflussgrößen mit ein. CHAT – oft auch kurz *Activity Theory* – geht auf Arbeiten von Leont'ev (z. B. 1978) und Vygotsky (1978) sowie Engeström (1987, 2001) zurück. Basis von CHAT sind der Tätigkeits- („activity") und Werkzeugbegriff („tools"). Tätigkeiten sind nicht rein als Operationen eines einzelnen Subjekts zu betrachten. Sie müssen im Kontext mit bedeutungsvollen, zielorientierten und soziologisch relevanten Interaktionen zwischen Menschen und ihrer Umgebung verstanden werden. Jede Tätigkeit ist objektorientiert. Objekte können materielle, symbolische oder mentale Artefakte sein (z. B. ein mentales Modell zu einem chemischen Konzept). Mit einem Tätigkeitssystem („activity system") wird die Absicht beschrieben, ein Tätigkeitsobjekt in ein potenzielles Ergebnis („outcome") zu transformieren (z. B. der Aufbau eines wissenschaftlich akzeptierten mentalen Modells). Zwischen einem Subjekt und einem Objekt wird durch Werkzeuge vermittelt. Der Begriff Werkzeug ist dabei weit gefasst und umfasst auch Symbole, Kommunikate (Lehr- oder Schulbücher) sowie Fertigkeiten und Wissen der Akteure. Auf der erkenntnistheoretischen Ebene lässt sich der Zugang eines tätigen Subjekts zu einem Objekt immer vermittelt über Werkzeuge beschreiben. Wie die Werkzeuge verwendet werden, hängt von der Tätigkeitsabsicht ab. Dies ist für das Lernen insbesondere in digital gestützten Lernumgebungen sehr bedeutsam, da den dort verwendeten Werkzeugen die Handlungen nicht immanent sind. Ein digital erstelltes Foto und die anschließende Bearbeitung mag im künstlerischen Kontext andere Werkzeugaspekte verlangen (z. B. ästhetische Korrekturen) als für die Illustration einer physikalischen Gesetzmäßigkeit (z. B. *Timing* bei der Dokumentation dynamischer Prozesse). Zusätzlich ändert sich das Verhältnis des Nutzers zu einem digitalen Werkzeug, sobald konkrete Operationen verinnerlicht werden. Je erfahrener ein Nutzer im Umgang mit einer Fotokamera ist, umso intensiver kann er Möglichkeiten der manuellen Manipulation einer Bildaufnahme nutzen und damit die Technologie gezielt für Zwecke einsetzen, die mit Programmvorgängen der Kamera nicht möglich sind. Eine wichtige Rolle spielt in CHAT zudem die Lerngemeinschaft. Dazu gehören alle Personen, die mit der Tätigkeit zum Erreichen des Objekts involviert sind und somit eine kollektive Verantwortung dafür tragen (Roth et al. 2009). Sie haben eine bestimmte Rolle in dem Tätigkeitssystem, was durch die (gewohnte) Arbeitsaufteilung innerhalb der gesamten Organisationsstruktur („division of labor") und durch formale und informelle Regeln („social rules") beschrieben wird.

Bedeutsamkeit erhält CHAT im Forschungskontext, wenn die Wirksamkeit digitaler Medien im Unterricht beschrieben werden soll (z. B. Barab et al. 2002; Lim und Chai 2004). Für die Vergleichbarkeit unterschiedlicher Lernsituationen (gleichbedeutend mit unterschiedlichen Tätigkeitssystemen) ist es notwendig, alle Elemente der Tätigkeitssysteme konkret zu beschreiben. Ein aussagekräftiger Vergleich ließe sich herstellen, wenn Elemente der Systeme kontrolliert werden könnten (z. B. Lehrkraft als Subjekt, einheitliche Einführung in die Nutzung eines Werkzeugs etc.) oder aber ihre Unterschiede erfasst und kontrastierend verglichen werden. CHAT bietet außerdem einen geeigneten Rahmen für das Design von digital gestützten Lernumgebungen (*Activity Centered Design*: Gay und Hembrooke 2004) oder bei der Einführung von Innovationen (z. B. Lim und Hang 2003; Thomas und McRobbie 2013), um potenzielle Einflussgrößen zu erkennen und die (Lern-)Gemeinschaft auf die Lernabsicht entsprechend vorzubereiten (z. B. Lee 2011).

11.3 Anwendung der theoretischen Rahmung

Die Einflussfaktoren beim Lernen mit Multimedia sind komplex und vielschichtig. Empirische Studien müssen auf eine begrenzte Zahl von Variablen fokussieren und diese z. B. in Interventionsstudien systematisch und kontrolliert variieren. Bei komplexen, vernetzten Inhalten können weitere Bedingungen, insbesondere auch fachliche Aspekte wichtig werden. Ebenso sind individuelles Vorwissen, Vorerfahrungen und Lernstrategien zu berücksichtigen. Somit kann sich die Bedeutung der von Mayer genannten Prinzipien verschieben, und die Gestaltungsregeln für Multimediaanwendungen sind anzupassen. Die einschlägige Literatur zeigt hier zahlreiche Beispiele, in denen bestimmte Teilaspekte genauer betrachtet und entsprechende Erkenntnisse erschlossen werden.

11.3.1 Multiple Repräsentationen in digitalen Lernumgebungen

Mithilfe von multiplen Repräsentationen (Kap. 10) in digital unterstützen Lernumgebungen lassen sich unterschiedliche Perspektiven hervorheben (beispielsweise physikalisch-elektrische Vorgänge und physiologische Reaktionen bei der Nervenleitung; Energie-, Potenzial- und Kraftverhältnisse in grafischen Darstellungen; Struktur-Eigenschafts-Beziehungen von Stoffen auf der submikroskopischen Ebene zwischen zwei Teilchen oder auf der Nanoebene in einem Teilchenverbund). Besonders bei komplexen Inhalten sind verknüpfte Darstellungen in unterschiedlichen Formaten ein Mittel, um für abstrakte Objekte, Modelle und Prozesse die repräsentationsinvarianten Strukturen deutlich zu machen.

Bei Vergleichen zwischen Experten und Novizen wurden Unterschiede in der Nutzung verschiedener Repräsentationsformen für Wissen deutlich: Nach Savelsbergh et al. (1998) können Experten multiple Repräsentationen beim Problemlösen variabler nutzen als Anfänger; Kozma (2003) gibt ein Beispiel dafür aus der Chemie. Novizen scheinen enger auf bestimmte Darstellungen fixiert zu sein und lassen sich stärker von oberflächlichen Merkmalen leiten, während Experten gezielt unterschiedliche Darstellungen nutzen und leichter zwischen ihnen wechseln können. Diesen Befund stützt auch eine Untersuchung zum Lernen mit dreidimensional simulierten chemischen Strukturen im Vergleich zu statischen Abbildungen (Urhahne et al. 2009). Von den 3D-Simulationen profitierten insbesondere die Lernenden der zehnten Klassenstufe, die bessere Lernvoraussetzungen aus der Chemie (Note, Vorkenntnisse) mitbrachten.

Weitere Untersuchungen zeigen, dass insbesondere modellbasierte Repräsentationen nicht unbedingt wie intendiert verstanden und individuell sehr unterschiedlich wiedergegeben werden (z. B. Harrison und Treagust 1996, 2000). In digital gestützten Lernumgebungen (Abschn. 11.2.2) wird daher den Lernenden über verschiedene Werkzeuge die Möglichkeit gegeben, das eigene Vorverständnis zu dem behandelten Sachverhalt zu externalisieren. Je nach Werkzeug variiert die Form der Unterstützung bzw. Hilfestellung. Sehr offen sind z. B. für die Darstellung von chemischen Strukturen auf der submikroskopischen Ebene Zeichenflächen, die das Freihandzeichnen in beliebigen Farben ermöglichen. Erreichbar wird eine zunehmend engere Führung durch die Bereitstellung von Formelementen (Kreise, Pfeile etc.), die in die Zeichnung eingebunden oder die miteinander verbunden werden können, bis hin zur Vorgabe von Atomen mit festgelegten Bindungsmöglichkeiten (z. B. ein maximal vierbindiges Kohlenstoffatom). Aus Sicht der Fachdidaktik sind Untersuchungen nötig, um das Verhältnis von Offenheit und Strukturvorgabe für eine Lernunterstützung auszuloten. Eine Studie von Chang et al. (2014) nutzte mit *Chemation* ein Zeichentool, um den Zusammenhang von selbst erstellten Visualisierungen auf das Konzeptverständnis zu untersuchen. Siebtklässler wurden im Unterricht mit dem Tool vertraut gemacht, das eine Auswahl von Atomen vorgibt, mit denen Moleküle gezeichnet werden können. Eine weitere Funktion dupliziert die Zeichnung in ein neues Blatt und ermöglicht auf diese Weise das Anfertigen von einfachen Animationen. In der Studie nutzten gut zwei Drittel der Lernenden diese Funktion der dynamischen Visualisierung für die Darstellung des Ablaufs einer chemischen Reaktion. Das andere Drittel fertigte trotz Kenntnis dieser Funktion nur statische Abbildungen an. Dieses Drittel zeigte in späteren Tests stärkere Inkonsistenzen im Verständnis des Konzepts.

Beim Erstellen eigener Repräsentationen ist sicherzustellen, dass die Lernenden die Bedienung der Werkzeuge beherrschen und dies nicht zunächst zum Objekt der Tätigkeit wird (Abschn. 11.2.3). In der Studie von Chang et al. (2014) waren die Lernenden bereits vertraut mit dem entsprechenden Programm. In einer kollaborativen Phase ist auch der Aushandlungsprozess für ein gemeinsam geteiltes Ergebnis (Gemeinschaft – Arbeitsteilung – Objekt) digital geeignet zu unterstützen. Dieser Aspekt wird im nächsten Beispiel vertieft.

11.3.2 Multimediale Hilfestellungen beim Aufbau mentaler Modelle

Für die theoriegeleitete Entwicklung und den Einsatz bildhaft-analoger Darstellungen in digitalen Medien bieten mentale Modelle einen Erklärungsrahmen, der das Multimediaprinzip (Abschn. 11.2.1) in diesem Bereich weiter präzisieren kann. Umgekehrt bieten digitale Medien nach Issing und Klimsa (1995) aufgrund der vielen möglichen Präsentationsformen die besten Voraussetzungen, um den Aufbau erwünschter mentaler Modelle zu unterstützen.

Animationen zur Veranschaulichung und Simulationen oder Modellierungen erleichtern ein Studieren von Einflussfaktoren und Abhängigkeiten. Die Abb. 11.3 stammt aus einem Programm, das eine Kamera simuliert. Blendenöffnung und Belichtungszeit sind einzustellen, um bei verschiedenen Objekten gute Aufnahmen zu erzielen. Die Ergebnisse einer Manipulation sind als Feedback sofort erkennbar. Das Wesentliche an dem Programm ist aber, dass per Mausklick zwischen einer fotorealistischen Darstellung und einer modellhaften Schemazeichnung mit optischen Strahlengängen hin und her geschaltet werden kann. Damit lässt sich eine Verknüpfung zwischen Modellvorstellung zur geometrischen Optik und der apparativen Umsetzung herstellen (Rubitzko und Girwidz 2005).

Eine Ergänzung zum Aufbau fachlich angemessener mentaler Modelle bieten verschiedene kognitive Werkzeuge (Abschn. 11.2.2), die zunächst inhaltsungebunden die Externalisierung mentaler Repräsentationen unterstützen. Dazu gehören Strukturierungsmethoden wie das *Mind-* oder *Concept-Mapping*, allgemeine Zeichenprogramme, aber auch Programme für das Anfertigen von Präsentationen (z. B. PowerPoint oder Prezi). Fach-

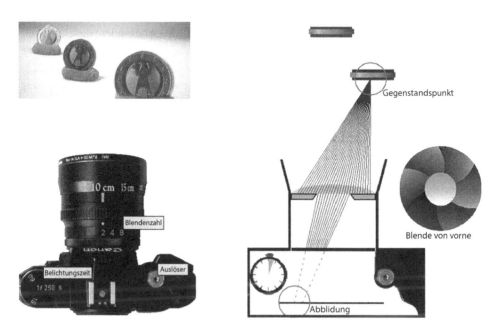

Abb. 11.3 Aus dem Computerprogramm Virtuelle Kamera

spezifische kognitive Werkzeuge bieten bestimmte Funktionalitäten, mit denen bereits Fachkonzepte verbunden sind: *System Dynamic Tools* wie *iThink* ermöglichen den Aufbau von Flussdiagrammen. Hinter den verwendeten grafischen Elementen verbergen sich jedoch Funktionalitäten (z. B. Zustandsgrößen, Änderungsraten), die es ermöglichen, dynamische Systeme qualitativ und (halb-)quantitativ zu modellieren. Solche Maßnahmen lassen sich auch mit dem Prinzip der Multicodierung begründen, das sowohl in dem Modell von Mayer (2009) als auch bei Schnotz (2014) grundlegend ist.

Für die Integration kognitiver Werkzeuge zum Aufbau mentaler Modelle gilt aus der Sicht von CHAT (Abschn. 11.2.3) vergleichbares wie bei der Nutzung von Werkzeugen zur Erstellung von Repräsentationen. Damit wird u. a. der Aspekt der computergestützten Zusammenarbeit vertieft. Von kollaborativen Lernphasen ist bekannt, dass eine effektive Zusammenarbeit auf Anhieb nicht zu erwarten ist und einer Übung oder externer Unterstützung bedarf (Johnson and Johnson 1999). Digital gestützte Lernumgebungen können die Funktion der sozialen Regeln und der Arbeitsteilung übernehmen. In der webbasierten Lernumgebung Co-Lab, in der Dreier- oder Vierergruppen jeweils an eigenen Computern z. B. den Treibhauseffekt modellieren können, wurden neben *System Dynamic Tools* entsprechend *iThink* für die Kommunikation Chat-Tools und Whiteboards bereitgestellt. Für die Regulierung des Arbeitsprozesses wird in einem Zeitabschnitt immer nur einer Person der Zugriff zu einem Werkzeug zugestanden. Gesteuert wird das über eine Ampel für jedes Gruppenmitglied (grün: Kontrolle, gelb: Kontrollübernahme wird angefragt, muss von demjenigen, der die Kontrolle hat, freigegeben werden, rot: keine Kontrolle). Eine gezielte Hilfestellung des Arbeitsprozesses wird durch eine vorstrukturierte Protokollfunktion vorgenommen (*Process Coordinator*), dessen Detailierungsgrad je nach Erfahrung der Gruppe auch zurückgenommen werden kann (s. auch Van Joolingen et al. 2005; Schanze et al. 2005). In ersten Studien zum Lernen mit Co-Lab wurde insbesondere der Bedarf einer Transparenz des Prozesses betont: An welcher Aufgabe arbeiten wir? Wo sind meine Partner? Welche Ressourcen erhalte ich an welcher Stelle? Zu Beginn wurde mehr Zeit in die Regulation der Zusammenarbeit als in die Lernaufgabe verwendet. Eine Unterstützung dessen wurde z. B. durch die Erreichbarkeit der Chat-Funktion und des Prozesskoordinators in allen Räumen realisiert. In der Entwicklung der kollaborativen Lernumgebung hatte die Co-Lab-Gruppe nach eigenen Maßstäben einen Endpunkt erreicht. Eine Implementation in den Unterricht bedurfte aber einer Strategie, die auf die individuellen Bedarfe und Voraussetzungen der Schulen und Lehrkräfte einging. Eine bloße Einbindung dieses integrierten Systems war nicht erfolgreich (Van Joolingen et al. 2005).

11.4 Zusammenfassung und Ausblick

Zu den drei andiskutierten Perspektiven gibt es bereits eine Reihe empirisch fundierter Aussagen zum Lehren und Lernen. Neben geräte- und personenbezogenen Rahmenfaktoren interessieren aus fachdidaktischer Sicht besonders auch inhaltsspezifische Merkmale, die ein Lernen mit digitalen Medien moderieren. Die hier aufgeführten Beispiele illustrieren, dass das Forschungsinteresse domänenspezifisch sehr unterschiedlich motiviert werden kann. Während im Fach Biologie oder Physik multimedial aufbereitete Repräsentationen und Modellierungen von Sinneswahrnehmungen oder Objekten aus dem Gegenstandsbereich eine Bedeutung haben können, versucht das Fach Chemie oft, dem mit Sinnen nicht wahrnehmbaren submikroskopischen Bereich näherzukommen (Domänenabhängigkeit). Aber auch innerhalb einer Domäne bestehen noch Unsicherheiten darüber, ob Erkenntnisse, die anhand eines Inhaltsbereichs gewonnen werden, auf andere Bereiche übertragbar sind (Kontext- oder Konzeptabhängigkeit). Hier gibt es noch ein weites Feld, über das die Validität und die Generalität vorliegender Theorien und Erkenntnisse weiter ausgebaut und unterrichtsrelevante Gestaltungsmerkmale für die Praxis abgeleitet werden können.

11.5   Literatur zur Vertiefung

Mayer, R. (Hrsg.) (2014). *The Cambridge Handbook of Multimedia Learning* (Cambridge Handbooks in Psychology). Cambridge: Cambridge University Press. https://doi.org/10.1017/CBO9781139547369.

Dieses Buch arbeitet in 34 Kapiteln umfassend Aspekte des Lernens mit digitalen Medien auf und formuliert jeweils forschungs- oder theoriebasiert Prinzipien zu den verschiedenen Bereichen.

Lim, C. P., & Hang, D. (2003). An activity theory approach to research of ICT integration in Singapore schools. *Computers and Education*, *41*(1), 49–63. https://doi.org/10.1016/S0360-1315(03)00015-0.

Dieser Beitrag stellt gut verständlich die Grundlagen der Cultural Historical Activity Theory dar und illustriert ihre Anwendung im Kontext des Lernens mit digitalen Medien zur Fragestellung: „How has ICT been integrated in Singapore schools such that students engage in higher order thinking?"

Literatur

Baddeley, A. (1992). Working memory. *Science*, *255*, 556–559.

Barab, S. A., Barnett, M., Yamagata-Lynch, L., Squire, K., & Keating, T. (2002). Using activity theory to understand the systemic tensions characterizing a technology-rich introductory astronomy course. *Mind, Culture, and Activity*, *9*(2), 76–107.

Bell, T., Urhahne, D., Schanze, S., & Ploetzner, R. (2010). Collaborative inquiry learning: models, tools, and challenges. *International Journal of Science Education*, *32*(3), 349–377. https://doi.org/10.1080/09500690802582241.

Chandler, P., & Sweller, J. (1991). Cognitive load theory and the format of instruction. *Cognition and Instruction*, *8*, 293–332.

Chang, H.-Y., Quintana, C., & Krajcik, J. (2014). Using drawing technology to assess students' visualizations of chemical reaction processes. *Journal of Science Education and Technology, 23*(3), 355–369.

Clark, J., & Paivio, A. (1991). Dual coding theory and education. *Educational Psychology Review, 3*, 149–210.

De Jong, T., & Lazonder, A. W. (2014). The guided discovery learning principle in multimedia learning. In R. E. Mayer (Hrsg.), *The cambridge handbook of multimedia learning* (2. Aufl. S. 371–390). Cambridge: Cambridge University Press.

Engeström, Y. (1987). *Learning by expanding: an activity-theoretical approach to developmental research*. Helsinki: Orienta-Konsultit.

Engeström, Y. (2001). Expansive learning at work: toward an activity theoretical reconceptualization. *Journal of Education and Work, 14*(1), 133–156.

Gay, G., & Hembrooke, H. (2004). *Activity-centered design: an ecological approach to designing smart tools and usable systems*. Cambridge: MIT Press.

Gerstenmaier, J., & Mandl, H. (1995). Wissenserwerb unter konstruktivistischer Perspektive. *Zeitschrift für Pädagogik, 41*(6), 867–888.

Harrison, A. G., & Treagust, D. F. (1996). Secondary students' mental models of atoms and molecules: implications for teaching chemistry. *Science Education, 80*(5), 509–534.

Harrison, A. G., & Treagust, D. F. (2000). Learning about atoms, molecules, and chemical bonds: a case study of multiple-model use in grade 11 chemistry. *Science Education, 84*(3), 352–381.

Herzig, B. (2014). Wie wirksam sind digitale Medien im Unterricht? Bielefeld: Bertelsmann Stiftung. https://www.bertelsmann-stiftung.de/fileadmin/files/BSt/Publikationen/GrauePublikationen/Studie_IB_Wirksamkeit_digitale_Medien_im_Unterricht_2014.pdf. Zugegriffen: 29. Juni 2017.

Issing, L. J., & Klimsa, P. (1995). Multimedia – Eine Chance für Information und Lernen. In L. J. Issing & P. Klimsa (Hrsg.), *Information und Lernen mit Multimedia* (S. 1–2). Weinheim: Psychologie Verlags Union.

Johnson, D. W., & Johnson, R. T. (1999). *Learning together and alone: Cooperative, competetive, and individualistic learning* (5th ed.). Boston: Allyn & Bacon.

Jonassen, D. H. (1999). Designing constructivist learning environments. In C. M. Reigeluth (Hrsg.), *Instructional-design theories and models: a new paradigm of instructional theory* (Bd. II, S. 215–239).

Jonassen, D. H., Hernandez-Serrano, J., & Choi, I. (2000). Integrating constructivism and learning technologies. In J. M. Spector & T. M. Anderson (Hrsg.), *Integrated and holistic perspectives on learning, instruction and technology* (S. 103–128). Dordrecht: Kluwer Academic Publishers.

Van Joolingen, W. R., De Jong, T., Lazonder, A., Savelsbergh, E. R., & Manlove, S. (2005). Co-Lab: research and development of an online learning environment for collaborative scientific discovery learning. *Computers in Human Behaviour, 21*(4), 671–688.

Kozma, R. B. (2003). The material features of multiple representations and their cognitive and social affordances for science understanding. *Learning and Instruction, 13*, 205–226.

Krapp, A., & Weidenmann, B. (2006). *Pädagogische Psychologie – Ein Lehrbuch*. Bd. 5. Weinheim: Beltz.

Lee, Y. J. (2011). More than just story-telling: cultural-historical activity theory as an under-utilized methodology for educational change research. *Journal of Curriculum Studies, 43*(3), 403–424.

Leont'ev, A. N. (1978). *Activity, consciousness, and personality*. Englewood Cliffs, Mahwah: Prentice-Hall, Lawrence Erlbaum.

Lim, C. P., & Chai, C. S. (2004). An activity-theoretical approach to research of ICT integration in Singapore schools: orienting activities and learner autonomy. *Computers and Education, 43*(3), 215–236.

Lim, C. P., & Hang, D. (2003). An activity theory approach to research of ICT integration in Singapore schools. *Computers and Education, 41*(1), 49–63.

Mayer, R. E. (1997). Multimedia learning: are we asking the right question? *Educational Psychologist, 32*, 1–19.

Mayer, R. E. (2001). *Multimedia learning*. New York: Cambridge University Press.

Mayer, R. E. (2002). Multimedia Learning. *The Psychology of Learning and Motivation, 41*, 85–139.

Mayer, R. E. (2009). *Multimedia learning*. New York: Cambridge University Press.

Mayer, R. E., & Moreno, R. (1998). A split-attention effect in multimedia learning: evidence for dual processing systems in working memory. *Journal of Educational Psychology, 90*(2), 312–320.

Moreno, R., & Mayer, R. E. (1999). Cognitive principles of multimedia learning: the role of modality and contiguity. *Journal of Educational Psychology, 91*(2), 358–368.

Paivio, A. (1986). *Mental representation: a dual-coding approach*. New York, Oxford: Oxford University Press.

Roth, W. M., Lee, Y. J., & Hsu, P. L. (2009). A tool for changing the world: possibilities of cultural – historical activity theory to reinvigorate science education. *Studies in Science Education, 45*(2), 131–167.

Rubitzko, T., & Girwidz, R. (2005). Fotografieren mit einer virtuellen Kamera – Lernen mit multiplen Repräsentationen. *PhyDid, 2*(4), 65–73.

Savelsbergh, E. R., & De de Jong Ferson-Hessler, T. M. G. M. (1998). Competence-related differences in problem representations: a study of physics problem solving. In M. W. van Someren, P. Reimann, H. P. A. Bushuzien & T. De Jong (Hrsg.), *Learning with multiple representations* (S. 263–282). Amsterdam: Pergamon.

Scardamalia, M. K. B., & Lamon, M. (1994). The CSILE project: trying to bring the classroom into world 3. In K. McGilly (Hrsg.), *Classroom lessons: integrating cognitive theory and classroom practise*. Cambridge: Bradford Books, MIT Press.

Schanze, S., Bell, T., & Wünscher, T. (2005). Co-Lab: Eine webbasierte Lernumgebung zur Unterstützung forschenden kollaborativen Lernens. *Computer + Unterricht, 57*, 44–46.

Schnotz, W. (2014). Integrated model of text and picture comprehension. In R. E. Mayer (Hrsg.), *Cambridge handbook of multimedia learning* (2. Aufl. S. 72–103). Cambridge: Cambridge University Press.

Schnotz, W., & Bannert, M. (1999). Strukturaufbau und Strukturinterferenz bei der multimedial angeleiteten Konstruktion mentaler Modelle. In I. Wachsmuth & B. Jung (Hrsg.), *KogWis99*. Proceedings der 4. Fachtagung der Gesellschaft für Kognitionswissenschaft, Bielefeld, 28. September–1. Oktober 1999. (S. 79–85). Sankt Augustin: Infix.

Schnotz, W., & Bannert, M. (2003). Construction and interference in learning from multiple representation. *Learning and Instruction, 13*, 141–156.

Thomas, G. P., & McRobbie, C. J. (2013). Eliciting metacognitive experiences and reflection in a year 11 chemistry classroom: an activity theory perspective. *Journal of Science Education and Technology, 22*(3), 300–313.

Urhahne, D., Nick, S., & Schanze, S. (2009). The effect of three-dimensional simulations on the understanding of chemical structures and their properties. *Research in Science Education, 39*, 495–513.

Vygotsky, L. S. (1978). *Mind in society – the development of higher psychological processes* (20. Aufl.). Massachusetts, London: Havard Universty Press.

Weidenmann, B. (1997). „Multimedia": Mehrere Medien, mehrere Codes, mehrere Sinneskanäle? *Unterrichtswissenschaft, 25*(3), 197–206.

Weidenmann, B. (2002). Multicodierung und Multimodalität im Lernprozess. In L. Issing & P. Klimsa (Hrsg.), *Information und Lernen mit Multimedia* (S. 45–62). Weinheim: Beltz.

Wittrock, M. C. (1974). Learning as a generative process. *Educational Psychologist, 11*(71), 87–95.

Wittrock, M. C. (1989). Generative processes of comprehension. *Educational Psychologist, 24,* 345–376.

Lernen im Kontext

Ilka Parchmann und Jochen Kuhn

12.1 Einführung

Ein Lernen im Kontext ist viel älter als die lerntheoretischen Diskussionen darüber. Jedes Lernen eines Kleinkinds erfolgt in einem bestimmten Kontext, z. B. der Lernumgebung des Kinderzimmers, geprägt durch die Gestaltung der Eltern. Berufliches Lernen ist auf das zukünftige, berufliche Arbeitsgebiet orientiert und ein Lernen im Museum findet in einem anderen Kontext statt als das Lernen in der Schule. Auch inhaltlich können Lehrplanthemen in unterschiedlichen Zusammenhängen erschlossen werden, z. B. die Funktionalität organischer Moleküle durch die Erarbeitung von Funktionsnahrung oder -kleidung oder ein Verständnis von Energie und Kraft durch die Untersuchung sportlicher Aktivitäten oder einer Mobilität der Zukunft.

Allein diese Auswahl deutet bereits die Vielschichtigkeit des Begriffs an: Meint Kontext eine Lernumgebung oder eine Rahmung für einen Lerninhalt im Sinne eines (späteren) Anwendungsbereichs für fachbezogenes Wissen? In der Literatur findet man beide Bedeutungen. Folglich ist es für die Planung einer eigenen Arbeit unerlässlich, sich explizit auf eine bestimmte Definition zu beziehen und bei der Auswertung von Literatur sorgsam

---

Aus Gründen der besseren Lesbarkeit wird im Text verallgemeinernd das generische Maskulinum verwendet. Diese Formulierungen umfassen gleichermaßen weibliche und männliche Personen; alle sind damit gleichberechtigt angesprochen.

I. Parchmann (✉)
Leibniz-Institut für die Pädagogik der Naturwissenschaften und Mathematik (IPN), Universität Kiel
Kiel, Deutschland
E-Mail: parchmann@ipn.uni-kiel.de

J. Kuhn
Didaktik der Physik, Technische Universität Kaiserslautern
Kaiserslautern, Deutschland
E-Mail: kuhn@physik.uni-kl.de

© Springer-Verlag GmbH Deutschland, ein Teil von Springer Nature 2018
D. Krüger et al. (Hrsg.), *Theorien in der naturwissenschaftsdidaktischen Forschung*,
https://doi.org/10.1007/978-3-662-56320-5_12

zu prüfen, ob auch wirklich das gleiche Verständnis von Kontext gemeint ist. Dabei muss auch eine kritische Frage reflektiert werden: Da ein Fach- oder Lehrplaninhalt wohl selten ohne jegliches Anwendungsbeispiel und ohne Einbettung in eine vorbereitete Lernumgebung erarbeitet wird, ist ein Lernen ohne Kontext strenggenommen gar nicht möglich. Daher muss kritisch geprüft werden, ob lediglich eine motivierende „Verpackung" eines fachsystematischen Unterrichtsinhalts, z. B. ein Einstiegsbeispiel ohne weitere Nutzung vorliegt, oder ob ein Kontext tatsächlich die anschließende Erarbeitung oder Anwendung eines Lerninhalts leitet. Nur wenn ein Kontext die weiterführende Erarbeitung des jeweiligen fachsystematischen Lehrplaninhalts durch Fragen steuert, wird für die Lernenden deutlich, weshalb ein Verständnis fachsystematischer Grundlagen auch außerhalb des Unterrichts relevant ist. Die Prüfung der Tragfähigkeit eines Kontexts ist somit entscheidend für die angestrebten Wirkungen. Ein Unterricht, der nach einem motivierenden Einstieg oder Aufhänger nur noch die reine Fachsystematik ohne weitere Bezüge zu einem Kontext erarbeitet, wird daher manchmal auch als kontextfrei bezeichnet.

Konzeptionen zum Lernen im Kontext haben sich zunächst aus der Unterrichtspraxis heraus entwickelt, ausgehend von unbefriedigenden Ergebnissen insbesondere zur Wahrnehmung der persönlichen Relevanz des naturwissenschaftlichen Unterrichts (Nentwig und Waddington 2005). Der Ansatz kann jedoch auf grundlegende theoretische Annahmen der pädagogischen Psychologie und Lehr-Lern-Forschung zurückgeführt werden, die nachfolgend exemplarisch dargelegt werden: Lernen erfolgt ausgehend von Vorerfahrung und Vorkenntnissen. Wissen wird von Lernenden aktiv konstruiert (Konstruktivismus), Wissen ist mit dem jeweiligen Lernkontext verbunden und damit situiert (situiertes Lernen). Lernen erfolgt durch kognitive und affektiv-emotionale, motivationale Aktivierung, die durch die Gestaltung von Lernumgebungen und Aufgaben angeregt und unterstützt werden können.

Genutzt werden theoretische Rahmungen zu einem Lernen im Kontext häufig für kombinierte Forschungs- und Entwicklungsvorhaben, die von der forschungsbasierten Gestaltung und Evaluierung einzelner Aufgaben bis zu ganzen Unterrichtseinheiten reichen. Entsprechend werden unter Abschn. 12.4 Beispiele aufgezeigt, die diese Bandbreite aufzeigen.

12.2   Erörterung des Begriffs Kontext

Sprachlich bedeutet „kontextualisieren", etwas zu verknüpfen („contexere", lat. für verknüpfen, verflechten). Zu der Frage, was mit einem entsprechenden Lerninhalt verknüpft werden soll, findet man in der Literatur wie in der Praxis verschiedene Ansätze einer Systematisierung. So beschreibt Gilbert (2006) in der Diskussion von vier Ansätzen den Begriff Kontext über die Beziehung eines Lerninhalts zu einer Zielgruppe oder Anwendungssituation (z. B. alltagsbezogen oder berufsbezogen) und die damit intendierte Wirkung als motivierend, wenn es gelingt, eine sinnstiftende Bedeutung des Lerninhalts für die Lernenden aufzuzeigen (vgl. van Oers 1998). Analog versteht auch Muckenfuß (1995) sinnstiftende Kontexte als ergänzende Bausteine für ein themenunabhängiges, an der Fachsystematik orientiertes Kompetenzgefüge. Dabei besteht für ihn die Hauptaufgabe von Kontexten darin, das sachlogische Erschließen eines Teilgebiets, hier der Physik, zu unterstützen (Muckenfuß 2004). Viele internationale Kontextprojekte (vgl. Nentwig und Waddington 2005) wie das niederländische *PLON*, das englische *Salters*-Projekt oder die US-amerikanischen *Chemistry in Context* und *Chemistry in the Community* verstehen Kontexte als inhaltliche Rahmung der Erarbeitung von i. d. R. fachsystematischen Lehrplaninhalten, wobei die Verknüpfung aus beiden die Bedeutsamkeit des Gelernten auch außerhalb des Klassenraums aufzeigen soll. Auch das deutsche Programm *Chemie im Kontext* (CHiK) baut auf diesem Kontextverständnis auf.

Physik im Kontext (piko) versteht den Begriff Kontext dagegen im Sinn einer Lernumgebung. Diese Perspektive spielt auch in Konzeptionen und Untersuchungen von Lernprozessen außerhalb der Schule eine Rolle, dort wird z. B. im *Contextual Model of Learning* (Falk und Dierking 2000) die Lernumgebung einbezogen und Lernen als Produkt einer Interaktion zwischen individuellen und soziokulturellen Voraussetzungen sowie der Lernumgebung betrachtet.

Somit können, wie einleitend bereits angedeutet, (mindestens) zwei Richtungen in der Verwendung des Kontextbegriffs unterschieden werden:

- Inhaltsbezogene Kontextualisierung: Einbettung oder Situierung eines in der Regel fachsystematischen Lehrplaninhalts in einen Anwendungszusammenhang, der auch außerhalb des Unterrichts bedeutsam ist und damit die Relevanz des fachsystematischen Inhalts aufzeigt
- Kontextualisierung durch die Lernumgebung: Rahmung durch einen äußeren Kontext, wie beim Lernen in der Schule oder im Museum

Auch wenn diese Differenzierung für eine Analyse von Effekten einer Kontextualisierung theoretisch sinnvoll ist, wirken in der realen Lernpraxis doch beide Perspektiven zusammen (Gilbert 2006). Finkelstein (2005) verknüpft daher beide als ineinander geschachtelte Ebenen von Kontext: Die äußere Ebene betrachtet Kontext als soziokulturelle Rahmung, die mittlere Ebene betrachtet eine konkrete Lernsituation mit den damit verbundenen Aktivitäten und die innere Ebene schließlich eine konkrete Aufgabenstellung. Auch Kuhn et al. (2010) unterscheiden analog Makro- und Mikrokontexte: Makrokontexte sind möglichst reichhaltige, authentische Lernumgebungen, die vielfältige, umfangreiche Aspekte in den Unterricht integrieren. Diese können schulisch oder außerschulisch verortet sein und verknüpfen Fachinhalte mit lebensweltlichen Fragestellungen aus Alltag, Technik und Gesellschaft. Mikrokontexte gestalten diese dann durch spezifische Aufgabendesigns. Sie werden nach Kriterien der Theorien des situierten Lernens (Abschn. 12.3.1) konstruiert und können in einzelnen Unterrichtsstunden eingesetzt werden. Dabei muss allerdings beachtet werden, dass kontextbezogene Informationen für Lernprozesse sowohl förderliche Hilfen als auch ablenkende Hürden im Sinn von „seductive details" darstellen können (Broman und Parchmann 2014), vergleichbar zu Befunden zum „cognitive load" für multimediale Lernumgebungen (Kap. 11).

Für die Gestaltung und Untersuchung einer Lernumgebung oder eines Lernprozesses im Kontext ist es somit sinnvoll, sowohl die jeweilige Lernumgebung (Wo findet Lernen statt? In welche sozialen Kontexte sind Lernprozesse eingebunden?) als auch das spezifische Design der inhaltlichen Rahmung (Wie wird die Verknüpfung zwischen Fachkonzept und Kontext hergestellt? Unter welchen Anwendungsperspektiven wird ein Fachinhalt erschlossen?) genau zu analysieren und zu beschreiben. Empirische Untersuchungen betrachten dann entweder Wirkungen des Gesamtpakets (ohne Rückschlussmöglichkeiten auf einzelne Aspekte; Demuth et al. 2008) oder variieren gezielt Faktoren in experimentellen Designs (Fechner 2009). Um in solchen Untersuchungen Ziele und Wirkungen einer Kontextualisierung genauer erfassen zu können, sind Bezüge zu verschiedenen theoretischen Rahmungen erforderlich. Ausgewählte Aspekte werden nachfolgend dargelegt.

12.3 Bildungstheoretische Rahmung für ein Lernen im Kontext

Eine wichtige Grundlage für kontextbasiertes Lernen sind Ansätze, die eine Verknüpfung aus (Unterrichts-)Fach und Gesellschaft anstreben. Der sog. STS-Ansatz (*Science, Technology and Society*) ist eine (nicht streng definierte) Arbeitsrichtung der Naturwissenschafts- und Technikdidaktik zu einer Form von Kontextorientierung, in der die Zusammenhänge von Naturwissenschaft und Technik mit Gesellschaft und Kultur in den Fokus gerückt werden. Führende Vertreter sind u. a. Bybee (1991), Fensham (1985) sowie Solomon und Aikenhead (1994). Interessant sind die gedanklichen Beziehungen, die den STS-Ansatz mit anderen didaktisch einflussreichen Positionen verbinden. Hier ist der Bildungsbegriff Klafkis (1996, S. 56; Kap. 2) zu nennen, der die inhaltliche Setzung durch sog. epochaltypische Schlüsselprobleme (z. B. Technikfolgen, Umwelt, Frieden) vornimmt. Weiterhin ist STS eine der Quellen des *Scientific-Literacy*-Ansatzes mit seiner großen Bedeutung in der aktuellen Bildungsdebatte (internationale Vergleichsstudien, Bildungsstandards). Kontexte, die von STS-Ansätzen aufgegriffen wurden (Ziman 1994), sind Anwendungen der Naturwissenschaft in der Lebenswelt der Schüler („relevance"), berufsvorbereitende Aspekte („vocational"), fachübergreifende oder fächerverbindende Aspekte („transdisciplinary approach"), historische Aspekte („historical"), wissenschaftstheoretische Aspekte („philosophical"), soziologische Aspekte („sociological") oder gesellschaftlich relevante Problemstellungen („problematic"). Weiterführende Ansätze spezifizieren heute die Bedeutung fachlicher Bildung für gesellschaftliche Aufgaben im Sinn von „socio-scientific issues (SSI)" oder von „responsible research and innovation (RRI)". Auch für diese beiden aktuellen Bildungsrichtungen spielt die Verbindung aus einem fachsystematischen Lehrplaninhalt und einer Anwendung im Sinn der Kontextualisierung eine wichtige Rolle. Verschiedene Untersuchungen geben Hinweise auf positive Wirkungen einer solchen Verknüpfung von lebensweltlich relevanten Kontexten und fachbezogenen Kenntnissen, Fähigkeiten und Einstellungen (Aikenhead 1994a, 1994b; Bennett et al. 2007), weisen jedoch auch auf empirische Defizite hin.

12.3.1 Theorien zur Situierung

Die Theorie des situierten Lernens (auch situierte Kognition) beleuchtet die inhaltliche und soziale Verankerung individuellen Lernens. Sie beruht auf der Annahme, dass Wissen nicht einfach von der Lehrkraft zum Lernenden transportiert, sondern individuell vom Lernenden konstruiert wird (Reinmann und Mandl 2006). Zentral ist daher, in welcher Situation der Lernprozess stattfindet. Damit ist jeder Lernprozess situiert, also eingebettet in eine konkrete Lernsituation, einen situativen Kontext, international als „situated learning" bezeichnet. Kontext wird hier interpretiert als Anwendungspraxis in einem sozialen Zusammenhang (Lave und Wenger 1991), die sowohl durch die Lernprozessgestaltung, z. B. eine Gruppenarbeit, als auch durch die inhaltliche Rahmung, z. B. eine berufsbezogene Anwendung, gegeben sein kann. Diese Annahme bedeutet in der Konsequenz, dass jedes erworbene Wissen damit zunächst auch mit dieser Situation verbunden, also ein situiertes Wissen („situated cognition") ist. Lern- und Anwendungssituationen sind deshalb möglichst ähnlich zu gestalten, da Wissen als stark kontextgebunden angesehen wird. Dies bedeutet also, dass die Situation, in der Lernen stattfindet, schon so gestaltet werden soll, dass sie der Situation, in der das Wissen genutzt wird, gleicht. Ein Transfer auf neue Anwendungssituationen stellt damit eine tatsächlich große Herausforderung für ein Lernen im Kontext aufgrund der gewählten Situierung dar. Diese Annahme kann man sich aber auch zunutze machen, wenn die Lernsituation entsprechend so gewählt und gestaltet wird, dass die Rahmung motivierend ist, die Sinnhaftigkeit des erhofften Lernprozesses aufzeigt und eine (spätere) Anwendung durch die Nähe zwischen Lern- und Anwendungssituation außerhalb des Klassenraums erleichtert. Das zu erwerbende Wissen wird damit in einem Kontext verankert. Daher rührt die Bezeichnung „anchored instruction" (AI) für einen der ersten Ansätze, die explizit der Kontextorientierung zugeordnet werden.

Der AI-Ansatz wurde Anfang der 1990er-Jahre entwickelt (Cognition and Technology Group at Vanderbilt [CTGV] 1990, 1993; Griffin 1995). Sein Ausgangspunkt ist die Überzeugung, dass es wichtig ist, Lehren und Lernen in möglichst für die Lernenden authentischen Kontexten zu verankern, die von ihnen das Lösen für sie bedeutender Probleme erfordern (Weniger 2002; verankerte Instruktion). Der entscheidende Punkt jedes Lernens ist demnach der Aufbau kognitiver Strukturen. Es kommt auf den Ankergrund für die Verankerung neuen Lernstoffs an. Situiertheit wird im AI-Ansatz durch das Bereitstellen eines medialen Kontexts simuliert, der i. d. R. als videobasierter Kurzfilm als Interesseanker dient, von dem aus Problemlösefähigkeiten entwickelt werden sollen. Kurz gesagt, könnte AI-Ansätze als multimediale, komplexe, videobasierte Aufgaben bezeichnet werden, mit denen kontextorientiertes Lernen initiiert werden soll. Dabei können die Lernenden auf einzelne Episoden und speziell arrangierte Themen im Filmmaterial zugreifen. Diese interaktiven, multimedialen Videodisketten bzw. heute DVD sind somit das zentrale Mittel von AI, der Anker. Dieser bildet den Makrokontext und muss als reichhaltige, möglichst authentische Lernumgebung idealerweise so interessant sein, dass er das motivierte Arbeiten an den Problemen leitet und herausfordert, das vorgestellte Problem zu lösen. Die Schüler sollen Einsichten erfahren und durch eigenes Handeln die notwendigen Problemlösekompetenzen aktiv erwerben. Die Lernenden sollen Sinnhaftigkeit, Bedeutungsgehalt und Relevanz des Lerninhalts erkennen, sodass die Lösung der Problemstellung nicht nur als wichtig für einen guten Leistungsnachweis oder das Erreichen des Klassenziels erkannt wird.

Kognitiv lässt sich die Wirkung von Kontextankern über den *Conceptual-Change*-Ansatz (Kap. 4) erklären: Der Kontextanker aktiviert eine bestimmte Vorstellung, die im Verlauf eines Lernprozesses gestärkt, erweitert oder aber verändert wird und die sich im Anschluss daran in dem ursprünglichen oder in weiteren Kontexten bewähren muss. Affektiv kann ein Kontextanker bestimmte Emotionen oder Motive ansprechen, die den weiteren Verlauf des Lernprozesses ebenfalls beeinflussen. Eine theoretische Rahmung, die diesen Prozess deutet, ist die sog. *Knowledge-in-Pieces*-Theorie von diSessa (2008). Anders als bei Experten liegt Wissen bei Lernenden nicht als stabiles und bereits gut vernetztes Konzept vor, sondern besteht aus verschiedenen Fragmenten, die je nach Kontext aktiviert und verknüpft werden. Die kontextuelle Rahmung, in der Wissen erworben wurde, beeinflusst demnach auch spätere Anwendungen. DiSessa beschreibt einen Prozess, der zunächst ausgehend von intuitiven Ideen auf Wissen in sog. „coordination classes" zurückgreift, bevor durch eine zunehmende Beschäftigung mit verschiedenen Kontexten ausgereifte Lesestrategien und Netzwerke entstehen, die einen Transfer und ein gezieltes Zugreifen auf Wissenselemente erlauben. Je gezielter die Wahl verschiedener Kontexte im Unterricht erfolgt, umso eher kann dieser Prozess unterstützt werden.

12.3.2 Theorien zu Interesse und Motivation

Das Ziel der Förderung von Motivation und Interesse steht in den meisten Projekten zum kontextualisierten Lernen an erster Stelle. In Motivationstheorien wie der Selbstbestimmungstheorie von Deci und Ryan (1993) werden drei zentrale Merkmale zur Förderung von (intrinsischer) Motivation herausgestellt: die Wahrnehmung und Unterstützung von Autonomie, das eigene Kompetenzerleben und dessen Förderung sowie die soziale Einbindung. Von Prenzel (1993) wurden diese drei Faktoren um drei weitere ergänzt, die sich in empirischen Studien zur Förderung von Motivation und Interesse ebenfalls als wirksam erwiesen haben: Das Interesse der Lehrperson, die Instruktionsqualität sowie die inhaltliche Relevanz. Insbesondere die letztgenannte wird durch einen Kontext unmittelbar angesprochen, aber auch das Kompetenzerleben wird durch die Erfahrung der Anwendbarkeit neu erworbener Fähigkeiten verstärkt, sofern diese Nutzung des neu erworbenen Wissens explizit aufgezeigt wird (z. B. durch Lernbegleitbögen; Schmidt und Parchmann 2011). In vielen Kontextprojekten werden zudem die soziale Einbindung und das Autonomieerleben durch methodische Wahlmöglichkeiten und die Auswahl zwischen verschiedenen Anwendungsaufgaben berücksichtigt (Nentwig et al. 2007).

Motivation und Interesse werden also nicht allein durch einen Inhalt gefördert, sondern auch durch die jeweilige Kontextualisierung, inhaltlich und bezogen auf die Aktivitäten,

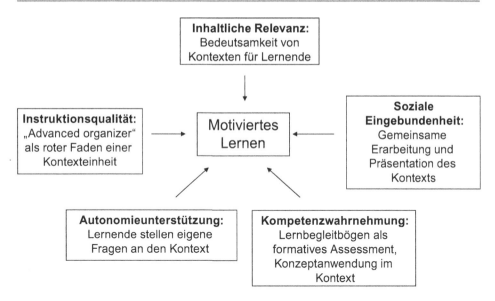

Abb. 12.1 Ansätze zur motivationsförderlichen Gestaltung von Unterricht, mit einem besonderen Fokus auf das Aufzeigen der inhaltlichen Relevanz sowie die Möglichkeit einer sozialen Einbindung durch die jeweilige Situierung

die sich, wie oben dargelegt, aus einem bestimmten Anwendungsgebiet ergeben. Darüber hinaus kommen jedoch gerade für die Begleitung von Lernprozessen, in denen Lehrplanthema und Anwendungsgebiet im Sinn der angestrebten Situierung eng verknüpft bleiben sollen, organisatorisch unterstützende Methoden hinzu. Ansätze dafür werden in Abb. 12.1 gezeigt.

Ausgehend von einer solchen Förderung von Motivation zielen kontextualisierte Unterrichtsansätze darauf ab, zunächst das situationale und darauf aufbauend auch das individuelle Interesse zu fördern (Kap. 15). Auch dafür ist die Passung aus Thema, Kontext und Aktivität ausschlaggebend.

12.4 Anwendung der theoretischen Rahmungen

Nachfolgend werden zwei Projekte skizziert, in denen eine Kontextualisierung im Sinn einer Gestaltung von Aufgaben bzw. Unterrichtseinheiten realisiert und empirisch untersucht wurden. Im ersten Beispiel liegt ein *Anchored-Instruction*-Ansatz zur Situierung zugrunde, im zweiten wird ein besonderer Fokus auf die Verknüpfung von klassischen Lehrplanthemen (hier der Chemie) und Kontexten gelegt, die aufbauend auf die STS- oder *Socio-scientific-Issues*-Rahmungen die Relevanz unterrichtlichen Lernens aufzeigen und damit Interesse und Motivation ebenso fördern sollen wie eine spätere Nutzung schulischen Lernens.

12.4.1   Aufgabengestaltung nach dem *Anchored-Instruction*-Ansatz

Ausgehend von einer Bedarfsanalyse wurde für das erste hier gewählte Projekt zunächst ein modifizierter *Anchored-Instruction*-Ansatz (MAI-Ansatz) entwickelt (Kuhn 2010). Dieser propagiert die Gestaltung von Ankermedien für den Physikunterricht, die sich einerseits an den Designprinzipien des originären AI-Ansatzes orientieren, diese allerdings unter den Leitlinien Praktikabilität und Flexibilität modifizieren. Dabei stellte sich die Frage, welche Inhalte geeignet sind, um Lernen im Kontext zu initiieren. Wichtige empirische Hinweise lieferte die IPN-Interessensstudie (Hoffmann et al. 1997, 1998). Danach sehen 55 % der befragten Schüler den Themenbereich Mensch und Natur und 25 % den Bereich Physik und Gesellschaft als bedeutsam an. Somit ist die Eignung von Unterrichtsinhalten z. B. aus Bereichen wie Physik und Medizin, Physik und der menschliche Körper, Physik und Sport sowie Physik und Gesellschaft für einen kontextorientierten Unterricht empirisch begründet. Die Berücksichtigung dieser Interessensbereiche allein stellt jedoch noch nicht sicher, dass die Kontextorientierung zu der gewünschten Lernwirksamkeit führt. Die Verwendung authentischer Problemstellungen (z. B. eine Problemstellung aus einem Zeitungsartikel, sog. Zeitungsaufgabe; Abb. 12.2) im Rahmen solcher Themenbereiche für kontextorientiertes Lernen setzt voraus, dass darüber hinaus vorgebliche Kontexte vermieden werden (Müller 2006, S. 109).[1] Die Authentizität der Problemstellung darf nicht vorgetäuscht werden, wobei der Begriff Authentizität sowie das Adjektiv authentisch oft sehr unspezifisch verwendet werden und als Eigenschaftsbündel aufgefasst werden müssen: „Im Allgemeinen wird unter Authentizität die Qualität des Bezuges zur realen Welt verstanden. Allerdings gibt es verschiedene Facetten von Authentizität." (Engeln 2004, S. 38). Vereinfacht gesagt, geht es um die Echtheit von Bezügen, also realen Problemen, Personen, Erlebnissen usw. Bezogen auf Alltagskontexte versteht man unter Authentizität den Grad des tatsächlich wahrgenommenen Alltagsbezugs eines Kontexts durch die Lernenden.

Gesellschaftlich relevante Themen sind Gegenstand von Zeitungsartikeln, ebenso wie Themen aus den Bereichen Sport, Medizin oder mit Bezug zum menschlichen Körper. Es kann angenommen werden, dass bei Zeitungsaufgaben die Gefahr vorgeblicher Kontexte kaum gegeben ist, da die dort aufgeführten Daten und Zusammenhänge real vorliegen. Mit Hinblick der Anforderungen an MAI-Lernmedien sollten zeitungsbasierte Aufgaben durch deren Realitätsbezug, den affektiv ansprechenden Story-Charakter und deren häufig per se fachübergreifenden Aspekten (z. B. mit anderen Naturwissenschaften, aber auch mit gesellschaftskundlichen Fächern) auch die anderen lernpsychologisch geforderten Designprinzipien (Authentizität und Anwendungsbezug, multiple Kontexte und Perspektiven, sozialer Kontext, instruktionale Unterstützung) erfüllen.

---

[1] Beispiel für einen vorgeblichen Kontext: „Ein Weitspringer hat eine Absprunggeschwindigkeit von 9,5 m/s und springt unter einem Winkel von 28° ab. Berechne die Sprungweite." Obwohl Sport sicher ein motivierendes Thema ist, handelt es sich hier um eine Fragestellung, die so in der Realität niemals auftauchen würde. Bei Sportveranstaltungen werden sicherlich nicht die Absprunggeschwindigkeit und der Absprungwinkel gemessen, um die Sprungweite zu bestimmen.

Klassezeiten in Paris

Paris/sid. Klassezeiten gab es gestern beim Paris-Marathon. Der Franzose Benoit Zwierzchlewski verpasste als Erster in 2:08:18 Minuten den drei Jahre alten Streckenrekord des Kenianers Julius Ruto um die Winzigkeit von acht Sekunden. Die Belgierin Marleen Renders verbesserte in 2:23:05 Stunden ihren eigenen Streckenrekord aus dem Jahr 2000 um 38 Sekunden.

MITTELDEUTSCHE ZEITUNG, 08.04.2002

1. Lest den Artikel sehr sorgfältig. Was fällt euch auf?

2. Wäre Julius Ruto gemeinsam mit Benoit Zwierzchlewski gestartet und in der Streckenrekordzeit im Ziel angekommen, um wie viel Meter hätte er vor Benoit Zwierzchlewski das Ziel erreicht?

3. Wie viel Meter „Vorsprung" hatte Marleen Renders gegenüber ihrem bisherigen Streckenrekord herausgelaufen?

Abb. 12.2 Zeitungsaufgaben zum Themenbereich Geschwindigkeit als Beispiel für ein MAI-Ankermedium. (Kuhn 2010, S. 88)

Diese vordergründig zunächst plausibel erscheinenden Einschätzungen von Zeitungsaufgaben mussten selbstverständlich überprüft werden, um die Tragfähigkeit der theoretischen Wirkannahmen empirisch zu belegen. Es ist nicht selbstverständlich, dass ein für Lehrkräfte authentisch anmutender Text von Lernenden auch tatsächlich als authentisch wahrgenommen wird. Dieser „manipulation check" wurde von Kuhn (2010) sowie Kuhn und Müller (2014) für Zeitungsaufgaben durchgeführt und empirisch bestätigt.

Welche Wirkungen lassen sich für einen solchen Unterricht nachweisen?
Der MAI-Ansatz bietet aus physikdidaktischer Sicht eine für Kontextorientierung sinnvolle Möglichkeit der Balance von zentraler authentischer Problemstellung und fachsystematischer Entwicklung der Inhalte und Arbeitsweisen. In quasiexperimentellen Interventionsanalysen mit großem Stichprobenumfang ($N > 2000$), sorgfältigen Kontrollmaßnahmen und aufwendigen Auswerteverfahren (Mehrebenenanalyse, Strukturgleichungsmodelle) wurden große, positive und nachhaltig andauernde Effekte auf Motivation und Lernwirkung mit Zeitungsaufgaben als MAI-Ankermedium nachgewiesen (Kuhn 2010; Kuhn und Müller 2014). Die Verwendung von Werbeaufgaben als MAI-Ankermedium zeigte ebenfalls große positive Effekte auf die Motivation der Lernenden (Vogt 2010).

12.4.2 Gestaltung und Untersuchung einer Unterrichtskonzeption

Inhaltliche Perspektiven, unter denen ein fachsystematischer Lehrplaninhalt bzw. ein Fachkonzept erschlossen werden kann, wurden in verschiedenen fachdidaktischen Arbeiten erörtert (Broman und Parchmann 2014; van Vorst et al. 2014). Broman und Parchmann verknüpfen in ihren Ansätzen ein Lehrplanthema (z. B. Kohlenhydrate) mit aus dem Alltag bekannten Themen (z. B. Ernährung) und Anwendungsgebieten, in denen diese eine Rolle spielen (z. B. Ernährung im Alltag, Gesundheitsforschung, Lebensmitteltechnologie). Angelehnt an Prins et al. (2016) haben letztere Einfluss auf die Fragestellung und die damit verbundenen Aktivitäten: Für einen Lebensmitteltechnologen stellen sich andere Fragen und Aufgaben als für die Entscheidung zum Verzehr von Schokolade im Alltag. Eine berufsbezogene Kontexteinbettung führt beispielsweise zur Erarbeitung analytischer Untersuchungen, eine alltagsbezogene zur Betrachtung von Brennwerten und Verdauungsprozessen. Aufgaben zur Bewertung, Kommunikation und Erkenntnisgewinnung können folglich in den verschiedenen Anwendungsgebieten variieren und andere Aktivitäten innerhalb eines Lernprozesses in den Mittelpunkt stellen. Der Fachinhalt Kohlenhydrate spielt dagegen in allen eine vergleichbare Rolle, inklusive der damit verbundenen Betrachtung von Struktur-Eigenschafts-Beziehungen.

Das Projekt *Chemie im Kontext* nahm in seiner Gestaltung Bezug auf Erfahrungen mit bereits vorhandenen Konzeptionen wie dem britischen *Salters Chemistry* oder dem US-amerikanischen *Chemistry in the Community*. Nach deren Übertragung auf den Chemieunterricht in Deutschland wurde ein Implementationsprojekt initiiert, in dem Lehrkräfte gemeinsam mit Fachdidaktikern in sog. Lerngemeinschaften Kontexteinheiten entwickelt, erprobt, optimiert und begleitend untersuchten (Demuth et al. 2008). In diese Entwicklung flossen neben der unterrichtlichen Expertise der Lehrkräfte verschiedene der oben genannten theoretischen Rahmenmodelle ein, z. B. die Situierung von Fachwissen vor dem Hintergrund des Bildungskonzepts der *Scientific Literacy* oder die Annahmen zur Förderung von Motivation und Interesse.

Wie wird aus einem gängigen Lehrplaninhalt eine kontextualisierte Unterrichtseinheit?

Für die Wahl geeigneter Anwendungsgebiete als Situierung für fachliches Lernen sind neben Untersuchungen zur interessefördernden Wirkung verschiedener Themen (Holstermann und Bögeholz 2007) v. a. die Abstimmung zwischen diesen Anwendungsgebieten und den fachbezogenen Inhalten der Lehrpläne bedeutsam. *Socio-scientific Issues* oder STS-Ansätze (Abschn. 12.3) bieten ebenso wie eine Analyse nach Klafki Inhalte und Kriterien für die Auswahl der Anwendungsbeispiele. Diese müssen jedoch im Sinn tragfähiger Kontexte zur Erarbeitung von Fachkonzepten führen und umgekehrt zeigen, weshalb diese Fachkonzepte zu einem besseren Verständnis des Kontexts führen. In der Konzeption *Chemie im Kontext* wurde diese Analyse schrittweise durch das Herausarbeiten von potenziellen Leitfragen, im Beispiel im Kontext Klima zu Löslichkeits- und Reaktionsprozessen in den Ozeanen und deren Beantwortung durch die Erarbeitung und Anwendung des schulischen Basiskonzepts Chemisches Gleichgewicht, umgesetzt (Abb. 12.3).

Nach einer solchen inhaltlichen Aufschlüsselung der fachlichen Aspekte des Kontexts ergeben sich i. d. R. verschiedene mögliche Kontextualisierungen. So kann das chemische Gleichgewicht z. B. anhand eines Sodastreamers ebenso erarbeitet werden wie anhand des in Abb. 12.3 dargestellten Ozeanthemas. Während der Sodastreamer eine unmittelbare Anknüpfung an Alltagserfahrungen bietet, zielt der Kontext Ozean stärker auf gesellschaftliche Fragen im Sinn der Bildungsziele der STS- oder SSI-Ansätze ab. Das Ziel der Entwicklung einer *Scientific Literacy* kann durch beide Kontexte angesprochen werden, im Fall des Kontexts Ozean verstanden als Basis für eine Teilhabe an gesellschaftlichen Diskussionen, im Fall des Kontexts Sodastreamers bezogen auf ein Verständnis von Alltagsprozessen und -produkten.

Fragen aus dem Kontext **Klima und Ozean**		**Inhalte aus dem Basiskonzept** **Chemisches Gleichgewicht**
Situierung im Kontext Klimaforschung: Wo bleibt das zusätzliche CO_2?	$\rightarrow$	Erklärung durch Aspekte des Basiskonzepts Chemisches Gleichgewicht
	$\leftarrow$	
Daten zur Gesamtemission CO_2 und zum Gehalt in der Atmosphäre, Fragestellung zum restlichen Verbleib	$\rightarrow$	Experimente zur Löslichkeit von CO_2 in Wasser, Herausarbeiten von Einflussfaktoren
	$\leftarrow$	
Betrachtung verschiedener Parameter der Ozeane (Druck, Temperatur, pH)	$\rightarrow$	Einführung des Prinzips von Le Chatelier, Umkehrbarkeit und Einflussfaktoren auf das Massenwirkungsgesetz
	$\leftarrow$	
Modelle zu Kohlenstoffpumpen, Überlegungen zu zukünftigen Entwicklungen	$\rightarrow$	Anwendung der chemischen Grundlagen

Abb. 12.3 Zusammenspiel aus Kontext und Basiskonzept am Beispiel Ozean und chemisches Gleichgewicht

Mit Blick auf die Situierung und die damit verbundene Aktivierung von Wissen, etwa im Sinn der Theorie diSessas (2008), ist der Ozeankontext deutlich erfahrungsferner und komplexer. Dies stellt gerade für jüngere Schüler eine Herausforderung dar, weshalb in Klassen der Sekundarstufe I oftmals eher Alltagskontexte gewählt werden. Für die Sekundarstufe II sind mit Blick auf nachfolgende Berufsperspektiven forschungs- und gesellschaftsrelevante Kontexte wählbar.

Welche Wirkungen lassen sich für einen solchen Unterricht nachweisen?
Im Rahmen des Projekts *Chemie im Kontext* wurden Kontexteinheiten erprobt und mit Blick auf ausgewählte Lernwirkungen untersucht. Im Fokus stand die Annahme, dass sich eine Verknüpfung aus Fachinhalt und Anwendungskontext (z. B. die Erarbeitung von Kohlenwasserstoffen anhand von Treibstoffen und die Frage nach der Mobilität von morgen; Huntemann et al. 2000) positiv auf die Relevanzwahrnehmung und damit nach dem theoretischen Rahmen von Prenzel (1993) auf das situative Interesse auswirken sollte. Diese Annahme wurde mehrfach in Prä-Post-Fragebogen untermauert; es muss jedoch kritisch angemerkt werden, dass zum damaligen Projektzeitpunkt kaum vergleichende Kontrolluntersuchungen mit Unterricht ohne derartige inhaltliche Rahmungen (im schulischen bzw. fachdidaktischen Alltagsgebrauch als kontextfreier Fachunterricht bezeichnet) durchgeführt wurden (Demuth et al. 2008).

Ergänzend haben Studien im Rahmen von *Chemie im Kontext* die Aktivierung von Schülervorstellungen und die Verständnisentwicklung von Basiskonzepten untersucht, in Anlehnung an *Conceptual-Change-* und *Learning-Progression*-Theorien (z. B. Schmidt und Parchmann 2011; Kap. 4 und 13). Broman und Parchmann (2014) zeigten weiterführend, dass unterschiedliche Situierungen zu unterschiedlichen Anwendungen von Fachkonzepten führen. Für die Erörterung medizinischer Wirkstoffe und deren mögliche Verteilung im Organismus und in der Umwelt stellte beispielsweise eine Aufgabe zu umweltrelevanten Wirkungen durch den Eintrag in Kläranlagen und Gewässer eher eine ablenkende Situierung dar, während die alltagsbezogene Rahmung zur Wirkung im eigenen Körper unmittelbarer zur intendierten Betrachtung von Löslichkeitsprozessen führte (Broman und Parchmann 2014).

12.5   Fazit

Zusammenfassend kann festgehalten werden, dass sich verschiedene theoretische Rahmungen zu kognitiven und affektiv-motivationalen Wirkungen eines Lernens im Kontext nutzen lassen, um Lernumgebungen kontextualisiert gemäß der zugrundeliegenden Bildungsziele zu gestalten und empirisch beobachtbare Effekte zu interpretieren. Einschränkend muss jedoch beachtet werden, dass aufgrund der Vielfalt von Faktoren in einer gesamten Unterrichtseinheit keine kausalen Schlüsse auf einzelne Ursachen von Lerneffekten gezogen werden können, selbst wenn Wirkannahmen theoretisch begründet sind. Hier sind weiterführende, kontrollierte Untersuchungen einzelner Teilaspekte von Lernumgebungen nötig.

So haben Projekte diesbezüglich bereits gezeigt, dass sich sowohl die Wahrnehmung von Relevanz als auch – in Abhängigkeit vom Vorinteresse – Alltagsbezüge oder außergewöhnliche Kontexte als interessefördernd erweisen können. Spezifische Modellanalysen deuten zudem darauf hin, dass die verschiedenen Ebenen von Kontext – die Lernumgebung, die fachlich-inhaltliche Verknüpfung als auch die Aktivitäten in einer Lernsituation – für die Untersuchung von Interesse berücksichtigt werden sollten (Habig et al. 2018). Ebenso zeigen Untersuchungen auf Basis des theoretischen Rahmens von diSessa (2008) die Vielfalt der Aktivierung von Wissen in verschiedenen Kontexten, die einander ähnlicher (z. B. verschiedene Kraftwerkstechnologien) oder vom Kontext her weniger ähnlich (z. B. Kraftwerkstechniken im Vergleich zu Autoantrieben und Haushaltsgeräten) sind, obwohl sie gleiche fachliche Inhalte (Basiskonzept Energie) anwenden (Podschuweit und Bernholt 2017). Für die Weiterentwicklung einer theoretischen Rahmung sind daher zunächst differenziertere Erkenntnisse über Effekte einer Kontextualisierung sowohl im Sinn einer inhaltlichen Situierung oder Rahmung als auch im Sinn einer Lernumgebung notwendig, um die eigentlichen Wirkungen der Kontextualisierung in einem Lernprozess zu verstehen und zu modellieren.

12.6 Literatur zur Vertiefung

Bennett, J., Lubben, F., & Hogarth, S. (2007). Bringing Science to Life: A Synthesis of the Research Evidence on the Effects of Context-Based and STS Approaches to Science Teaching. *Science Education 91*(3), 347–370.

Der Beitrag stellt wesentliche Befunde zum kontextbasierten Lernen zusammen und ordnet diese in die Breite konzeptioneller Ansätze ein.

Nentwig, P., & Waddington, D. (Hrsg.) (2005). *Context based learning of science.* Münster, New York, München, Berlin: Waxmann.

Das Buch gibt einen Überblick über internationale Ansätze eines kontextbasierten Lernens, eine Erörterungen zu verschiedenen Kontextprojekten und bindet diese in zugrundeliegende theoretische Rahmungen ein.

Kuhn, J., & Müller, A. (2014). Context-based science education by newspaper story problems: A Study on Motivation and Learning Effects. *Perspectives in Science 2*, 5–21.

Der Beitrag differenziert zwischen Makro- und Mikrokontexte, diskutiert den Begriff der Authentizität im Rahmen situierten Lernens und verdeutlicht am Beispiel von Zeitungsaufgaben die Lernwirkung eines aufgabenorientierten Mikrokontexts im Physikunterricht.

Literatur

Aikenhead, G. S. (1994a). Collaborative research and development to produce an STS course for school science. In J. Solomon & G. Aikenhead (Hrsg.), *STS education: International perspectives on reform* (S. 216–227). New York: Teachers College Press.

Aikenhead, G. S. (1994b). What is STS science teaching? In J. Solomon & G. S. Aikenhead (Hrsg.), *STS education: international perspectives in reform.* New York: Teacher's College Press.

Bennett, J., Lubben, F., & Hogarth, S. (2007). Bringing science to life: a synthesis of the research evidence on the effects of context-based and STS approaches to science teaching. *Science Education, 91*(3), 347–370.

Broman, K., & Parchmann, I. (2014). Students' application of chemical concepts when solving chemistry problems in different contexts. *Chem. Educ. Res. Pract., 15*(4), 516–529.

Bybee, R. W. (1991). Science-technology-society in science curriculum: the policy-practice-gap. *Theory into Practice, 30*(4), 294–302.

Cognition and Technology Group at Vanderbilt (1990). Anchored instruction and its relationship to situated cognition. *Educational Researcher, 19*(6), 2–10.

Cognition and Technology Group at Vanderbilt (1993). Anchored instruction and situated cognition revisited. *Educational Technology, 33*(3), 52–70.

Deci, E. L. & Ryan, R. M. (1993). Die Selbstbestimmungstheorie der Motivation und ihre Bedeutung für die Pädagogik. *Zeitschrift für Pädagogik, 39*(2), 223–238.

Demuth, R., Gräsel, C., Parchmann, I., & Ralle, B. (Hrsg.). (2008). *Chemie im Kontext – Von der Innovation zur nachhaltigen Verbreitung eines Unterrichtskonzepts.* Münster, New York, München, Berlin: Waxmann.

diSessa, A. A. (2008). A bird's-eye view of the „pieces" vs. "coherence" controversy (from the "pieces" side of the fence). In S. Vosniadou (Hrsg.), *International handbook of research on conceptual change* (S. 35–60).

Engeln, K. (2004). *Schülerlabors: authentische aktivierende Lernumgebungen als Möglichkeit, Interesse an Naturwissenschaften und Technik zu wecken.* Berlin: Logos.

Falk, J. H., & Dierking, L. D. (2000). *Learning from museums: visitor experiences and the making of meaning.* Walnut Creek: AltaMira.

Fechner, S. (2009). *Effects of context oriented learning on student interest and achievement in chemistry education.* Studien zum Physik- und Chemielernen, Bd. 95. Berlin: Logos.

Fensham, P. J. (1985). Science for all. *Journal of Curriculum Studies, 17*(4), 415–435.

Finkelstein, N. (2005). Learning physics in context: a study of student learning about electricity and magnetism. *International Journal of Science Education, 27*(10), 1187–1209.

Gilbert, J. K. (2006). On the nature of "context" in chemical education. *International Journal of Science Education, 28*(9), 957–976.

Griffin, M. M. (1995). You can't get there from here: situated learning, transfer and map skill. *Contemporary Educational Psychology, 20*(1), 65–87.

Habig, S., Blankenburg, J., van Vorst, H., Fechner, S., Parchmann, I., & Sumfleth, E. (2018). Context characteristics and their effects on students' situational interest in chemistry. *International Journal of Science Education,* 1–22. https://doi.org/10.1080/09500693.2018.1470349

Hoffmann, L., Häußler, P., & Peters-Haft, S. (1997). *An den Interessen von Mädchen und Jungen orientierter Physikunterricht. Ergebnisse eines BLK-Modellversuches.* Kiel: IPN.

Hoffmann, L., Häußler, P., & Lehrke, M. (1998). *Die IPN-Interessenstudie Physik.* Kiel: IPN.

Holstermann, N., & Bögeholz, S. (2007). Interesse von Jungen und Mädchen an naturwissenschaftlichen Themen am Ende der Sekundarstufe I. *Zeitschrift für Didaktik der Naturwissenschaften, 13,* 71–86.

Huntemann, H., Stöver, M., Rebentisch, D., & Parchmann, I. (2000). „Das Auto heute und morgen" – Eine experimentelle Unterrichtskonzeption im Rahmen von *Chemie im Kontext. Praxis der Naturwissenschaften – Chemie, Chemie in der Schule, 49*(8), 22.

Klafki, W. (1996). *Neue Studien zur Bildungstheorie und Didaktik, Zeitgemäße Allgemeinbildung und kritisch-konstruktive Didaktik.* Weinheim: Beltz.

Kuhn, J. (2010). *Authentische Aufgaben im theoretischen Rahmen von Instruktions- und Lehr-Lern-Forschung: Effektivität und Optimierung von Ankermedien für eine neue Aufgabenkultur im Physikunterricht.* Wiesbaden: Vieweg+Teubner.

Kuhn, J., & Müller, A. (2014). Context-based science education by newspaper story problems: a study on motivation and learning effects. *Perspectives in Science, 2,* 5–21.

Kuhn, J., Müller, A., Müller, W., & Vogt, P. (2010). Kontextorientierter Physikunterricht: Konzeptionen, Theorien und Forschung zu Motivation und Lernen. *Praxis der Naturwissenschaften – Physik in der Schule (PdN-PhiS), 5*(59), 13–25.

Lave, J., & Wenger, E. (1991). *Situated learning: legitimate peripheral participation.* New York: Cambridge University Press.

Muckenfuß, H. (1995). *Lernen im sinnstiftenden Kontext. Entwurf einer zeitgemäßen Didaktik des Physikunterrichts.* Berlin: Cornelsen.

Muckenfuß, H. (2004). Themen und Kontexte als Strukturelemente des naturwissenschaftlichen Unterrichts – Zu den Schwierigkeiten systematisches Physiklernen zu organisieren. *Physik und Didaktik in Schule und Hochschule, 2*(3), 57–66.

Müller, R. (2006). Kontextorientierung und Alltagsbezug. In H. F. Mikelskis (Hrsg.), *Physikdidaktik* (S. 102–118). Berlin: Cornelsen Verlag Scriptor.

Nentwig, P., & Waddington, D. (Hrsg.). (2005). *Context based learning of science.* Münster, New York, München, Berlin: Waxmann.

Nentwig, P. M., Demuth, R., Parchmann, I., Ralle, B., & Gräsel, C. (2007). Chemie im Kontext: situating learning in relevant contexts while systematically developing basic chemical concepts. *Journal of Chemical Education, 84*(9), 1439.

Podschuweit, S., & Bernholt, S. (2017). Composition-effects of context-based learning opportunities on students' understanding of energy. *Research in Science Education.* https://doi.org/10.1007/s11165-016-9585-z.

Prenzel, M. (1993). Autonomie und Motivation im Lernen Erwachsener. *Zeitschrift für Pädagogik, 39*, 239–253.

Prins, G. T., Bulte, A., & Pilot, A. (2016). An activity-based instructional framework for transforming authentic modeling practices into meaningful contexts for learning in science education. *Science Education, 100*(6), 1092–1123.

Reinmann, G., & Mandl, H. (2006). Unterrichten und Lernumgebungen gestalten. In A. Krapp & B. Weidenmann (Hrsg.), *Pädagogische Psychologie. Ein Lehrbuch* (5. Aufl. S. 613–658). Weinheim: Beltz.

Schmidt, S., & Parchmann, I. (2011). Schülervorstellungen – Lernhürde oder Lernchance? *Praxis der Naturwissenschaften – Chemie in der Schule, 60*(3), 15–19.

Solomon, J., & Aikenhead, G. (Hrsg.). (1994). *STS education: international perspectives in reform.* New York: Teacher's College Press.

Vogt, P. (2010). *„Werbeaufgaben" in Physik: Motivations- und Lernwirksamkeit authentischer Texte, untersucht am Beispiel von Werbeanzeigen.* Wiesbaden: Vieweg+Teubner.

van Oers, B. (1998). From context to contextualization. *Learning and Instruction, 8*, 473–488.

van Vorst, H., Dorschu, A., Fechner, S., Kauertz, A., Krabbe, H., & Sumfleth, E. (2014). Charakterisierung und Strukturierung von Kontexten im naturwissenschaftlichen Unterricht – Vorschlag einer theoretischen Modellierung. *Zeitschrift für Didaktik der Naturwissenschaften.* https://doi.org/10.1007/s40573-014-0021-5.

Weniger, G. (2002). *Lexikon der Psychologie.* Heidelberg: Spektrum Akademischer Verlag.

Ziman, J. (1994). The rationale of STS education is in the approach. In J. Solomon & G. Aikenhead (Hrsg.), *STS education. International perspectives on reform* (S. 21–31). New York, London: Teachers College Press.

Learning Progressions

13

Sascha Bernholt, Knut Neumann und Elke Sumfleth

13.1 Einleitung

Zentrale Aufgabe der Fachdidaktik ist es, angehenden Lehrkräften Erkenntnisse über fachbezogenes Lernen und dessen Ziele und Gelingensbedingungen zu vermitteln. In den Naturwissenschaftsdidaktiken könnten dies z. B. Erkenntnisse darüber sein, was Schüler über Energie lernen sollen, welche Vorstellungen von Energie sie bereits besitzen und wie die Entwicklung des angestrebten Verständnisses von Energie im Unterricht bestmöglich gefördert werden kann. Solche Erkenntnisse beruhen idealerweise auf theoretisch begründeten und empirisch fundierten Modellen fachbezogenen Lernens und Lehrens. Diese Modelle sollten möglichst konkrete Hinweise darauf liefern, in welchen Schritten Schüler bestimmte Kompetenzen entwickeln (z. B. in welchen Schritten sich das Energieverständnis aufbaut) und wie diese Kompetenzen im Unterricht systematisch erarbeitet werden können (z. B. durch den Einsatz von Wärmebildkameras zur Visualisierung und Erarbeitung der Entwertung von Energie).

Aus Gründen der besseren Lesbarkeit wird im Text verallgemeinernd das generische Maskulinum verwendet. Diese Formulierungen umfassen gleichermaßen weibliche und männliche Personen; alle sind damit gleichberechtigt angesprochen.

S. Bernholt (✉) · K. Neumann
Didaktik der Physik, Leibniz-Institut für die Pädagogik der Naturwissenschaften und Mathematik (IPN)
Kiel, Deutschland
E-Mail: bernholt@ipn.uni-kiel.de

K. Neumann
E-Mail: neumann@ipn.uni-kiel.de

E. Sumfleth
Didaktik der Chemie, Universität Duisburg-Essen
Essen, Deutschland
E-Mail: elke.sumfleth@uni-due.de

© Springer-Verlag GmbH Deutschland, ein Teil von Springer Nature 2018
D. Krüger et al. (Hrsg.), *Theorien in der naturwissenschaftsdidaktischen Forschung*,
https://doi.org/10.1007/978-3-662-56320-5_13

Den Ausgangspunkt für die Entwicklung fachbezogener Modelle des Lehrens und Lernens bildeten, zumindest in Deutschland, vielfach allgemeine lernpsychologische Theorien (Gagné 1970). Sie dienten als Grundlage für die Sequenzierung fachlicher Inhalte innerhalb einzelner Unterrichtsstunden und über einzelne oder sogar mehrere Jahre oder Jahrgangsstufen hinweg (Bruner 1970; Duit 1973). Empirische Untersuchungen zeigten jedoch, dass die tatsächlichen Lernprozesse nicht unbedingt mit der curricularen Sequenzierung der fachlichen Inhalte korrespondieren. Vielmehr sind naturwissenschaftliche Lernprozesse stark durch Schülervorstellungen zu den jeweiligen Themen und Phänomenen geprägt (Eaton et al. 1984; Kap. 4). In der Folge rückte somit die Beschreibung der Entwicklung bzw. Veränderung von Schülervorstellungen über sog. Lernpfade („learning pathways"; Niedderer et al. 1992) in den Fokus. In den meisten Fällen gingen die Arbeiten allerdings nicht über die Beschreibung bzw. die Entwicklung einzelner Unterrichtseinheiten hinaus (Stavrou et al. 2005), sodass dem naturwissenschaftlichen Unterricht weiterhin mangelnde Kohärenz attestiert wurde (Baumert et al. 1997, S. 146). Die Diskussion um diese mangelnde Kohärenz führte zu einer Renaissance der Theorien zum kumulativen Lernen und – unter dem Stichwort vertikale Vernetzung – zu dem Ziel einer besseren Unterstützung des systematischen Aufbaus einer zunehmend komplexeren Wissensstruktur sogar über die Schulzeit hinweg (Neumann et al. 2008). Diese Arbeiten mündeten mit Einführung von Bildungsstandards und der Verschiebung des Bildungsziels von Wissen zu Kompetenz(en) schließlich zur Modellierung und Diagnose von Kompetenz(en) (Kauertz et al. 2010). Die spezifische Rolle des Unterrichts blieb dort jedoch weitestgehend unberücksichtigt; hier setzt das Konstrukt der „learning progressions" (*LP*) – zunächst auch mit dem Fokus auf einzelne Unterrichtssequenzen – an. Ausgewählte Annahmen über die damit verbundenen Lernprozesse werden als Basis dafür nachfolgend kurz skizziert.

13.2 Theoretische Rahmung einer Formulierung von „learning progressions"

13.2.1 Kumulatives Lernen und Spiralcurricula

Schon Gagné (1970) und Ausubel (1974) betonten die besondere Bedeutung von Vorläuferfähigkeiten für das Erlernen definierter Begriffe und Regeln (als Beziehungen zwischen den Begriffen) bzw. für das Lernen allgemein und die besondere Bedeutung der Verknüpfung des neuen mit dem bestehenden Wissen für den Aufbau einer hierarchischen Wissensbasis. In diesem Kontext entwickelte Bruner (1970) die Idee des Spiralcurriculums. Durch wiederholte Betrachtung des Lerngegenstands auf jeweils höherem Abstraktionsniveau soll der Aufbau einer hierarchischen Wissensbasis unterstützt werden. Die entsprechende Anordnung von Inhalten erfordert die Darstellung der zu vermittelnden Inhalte in einer Regelhierarchie. Eigenmann und Strittmatter (1972) sowie Niedderer (1974) schlagen daher in Wissensnetzen organisierte Sachstrukturanalysen als Grundlage einer Konstruktion von Spiralcurricula vor. Dabei spielen Leitideen – im Sinn von besonders zentralen Begriffen, die in Beziehung zu vielen anderen Begriffen stehen – eine entscheidende Rolle (Niedderer 1974), vergleichbar mit den Basiskonzepten der Bildungsstandards oder dem international etablierten Begriff der „core ideas". Dieser Prozess der Analyse oder Elementarisierung einer Sachstruktur (Reinhold 2006) und ihrer anschließenden Rekonstruktion für Lernprozesse (Kattmann et al. 1997) ist als Basis für die Formulierung von Spiralcurricula, Lernpfaden (Niedderer et al. 2007; Zabel und Gropengiesser 2011) oder *LP* somit bedeutsam. Untersuchungen zu Konzeptwechselprozessen (Kap. 4) sollen in diese Überlegungen einbezogen werden.

13.2.2   Komplexität und vertikale Vernetzung

Neben der fachlichen Betrachtung zentraler naturwissenschaftlicher Konzepte und deren Nutzung bzw. Interpretation durch Lernende im Sinn von Schülervorstellungen beschäftigte sich ein breiter Zweig der naturwissenschaftsdidaktischen Forschung mit der Adaption und Weiterentwicklung lernpsychologischer Ansätze (z. B. von Aufschnaiter und von Aufschnaiter 2003). In einer Zusammenführung verschiedener neurophysiologischer und lernpsychologischer Erkenntnisse entwickelten von Aufschnaiter (1992) und Kollegen ein Lernmodell, das sie selbst als konsequent konstruktivistisch bezeichneten, und validierten dieses sukzessive für den Bereich der Physik (Fischer 1989; Haller 1999; Welzel 1995). Ähnlich wie Gagné (1970) geht dieses Modell davon aus, dass sich Lernen durch Bedeutungskonstruktionen und Bedeutungsentwicklungen beschreiben lässt und dass sich kognitive Fähigkeiten höherer Ordnung sukzessive aus kognitiven Fähigkeiten niedrigerer Ordnung entwickeln. Zur Unterscheidung kognitiver Prozesse unterschiedlicher Qualität bedienen sie sich analog zu zahlreichen kognitionspsychologischen Ansätzen der Komplexität (von Aufschnaiter 1999; Kail und Pellegrino 1985). Auch Aebli (1980) schlug, ebenfalls in Übereinstimmung mit Gagnés Begriffshierarchien, ein nach Komplexität hierarchisiertes Modell der Wissensorganisation vor (Aebli 1980). Den unterschiedlichen Ansätzen ist dabei gemein, dass Komplexität zur Hierarchisierung von Strukturen benutzt wird, die aus einzelnen Elemente bestehen: „Die Tatsache, dass komplexe Zusammenhänge aus identifizierbaren einfacheren Elementen bestehen, gibt Hinweise darauf, dass ein Übergang vom Einfachen zum Komplexen stattgefunden hat" (Resnick und Ford 1981, S. 39).

Mit Bezug auf die Arbeiten von Gagné (1970) und Ausubel (1974) verstehen Neumann et al. (2008) unter (vertikaler) Vernetzung einen Prozess im Unterricht, bei dem die Lehrkraft die fachlichen Inhalte so strukturiert, dass die Schüler schrittweise aufeinander aufbauende und miteinander vernetzte Wissensstrukturen bilden können. Das postulierte Modell vertikaler Vernetzung (Neumann et al. 2008) unterscheidet sechs hierarchisch geordnete Vernetzungsniveaus, ausgehend von einem Wissenselement über mehrere verknüpfte Wissenselemente bis hin zu komplexen Strukturen, die eine konzeptuelle Struktur repräsentieren. Hinzu kommen drei ausgewählte Vernetzungsaktivitäten: das Erinnern, das Strukturieren und das Elaborieren. Ergebnisse empirischer Studien zeigen, dass Modelle vertikaler Vernetzung und einer darauf ausgerichteten Unterrichtsgestaltung prinzipiell geeignet sind, Lernen in den Naturwissenschaften zu fördern (Neumann et al. 2008; Podschuweit et al. 2016; Wadouh et al. 2009).

13.3   Grundlagen und Zielstellung von „learning progressions"

Auch *LP* sind Modelle des Lehrens und Lernens in einer bestimmten Domäne über einen längeren Zeitraum – im Idealfall mehrere Schuljahre. Sie sind eng mit den genannten bestehenden Theorien des (fachbezogenen) Lehrens und Lernens verknüpft (Duncan und Gotwals 2015, S. 411; Abb. 13.1).

Ebenso wie Kompetenzentwicklungsmodelle sollen *LP* zunehmend komplexe Stufen von Kompetenz(en) in einer Domäne beschreiben (Duncan und Hmelo-Silver 2009; Duschl et al. 2007). Sie sollen dabei auf bestehende Erkenntnisse über das Lernen der Schüler aufbauen – und zwar einerseits auf Erkenntnissen zu Schülervorstellungen und

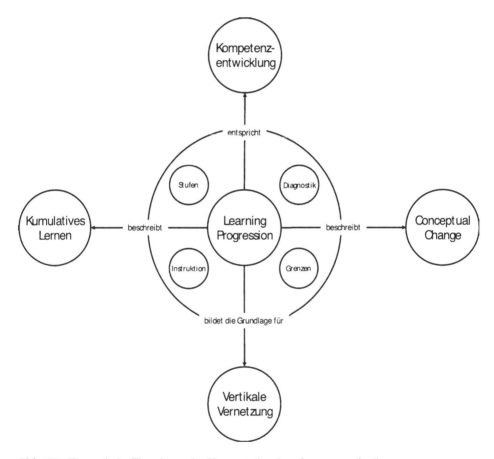

Abb. 13.1 Theoretische Einordnung des Konzepts der „learning progression"

zum *Conceptual Change* (Kap. 4) und andererseits auf Erkenntnissen zur Förderung kumulativen Lernens (Abschn. 13.2.1). Damit sollen *LP* als theoretische Basis für Diagnostik einerseits und die Entwicklung entsprechender Instruktionen andererseits fungieren. Darüber hinaus weisen *LP* in ihrer Konzeption Bezüge zu anderen Theorien des Lehrens und Lernens über längere Zeiträume wie z. B. „developmental corridors" (Brown und Campione 1994), „learning trajectories" (Carpenter und Lehrer 1999; Clements und Sarama 2009; Fennema et al. 1996) und nicht zuletzt den Spiralcurricula (Bruner 1970) auf. Somit sollen *LP* die Grundlage für die Sequenzierung von Inhalten und damit die Gestaltung von Unterricht über mehrere Jahrgänge hinweg – im Sinn der Unterstützung einer vertikalen Vernetzung – bilden. *LP* sind dabei keinesfalls als allgemeingültige Theorien des Lehrens und Lernens in einer Domäne zu verstehen, vielmehr ist jede *LP* – ähnlich einem „learning pathway" – ein spezifisches Modell der Entwicklung einer oder weniger Kompetenzen und damit in ihrer Gültigkeit beschränkt (vgl. Krajcik et al. 2012).

13.3.1 Konzeption von „learning progressions"

Nach Duschl et al. (2007) konstituiert sich eine *LP* durch vier Merkmale: Erstens fokussiert eine *LP* auf ein zentrales Konzept oder eine Denk- und Arbeitsweise der Naturwissenschaften (Duncan und Hmelo-Silver 2009). Beispielsweise wurden *LP* für Materie (Smith et al. 2006) und Genetik (Duncan et al. 2009) vorgeschlagen oder auch für das naturwissenschaftliche Modellieren (Schwarz et al. 2009) und Argumentieren (Berland und McNeill 2010). Dabei soll eine *LP* nicht exklusiv auf die Entwicklung von Wissen zu einem zentralen Konzept oder der Fähigkeit zur Ausführung einer bestimmten Denk- und Arbeitsweise fokussiert sein, sondern die Fähigkeiten zur Anwendung des Wissens bzw. die Anwendung der Denk- und Arbeitsweise auf verschiedene Inhalte einschließen (Smith et al. 2006; Songer et al. 2009; Schwarz et al. 2009). In diesem Sinn sind *LP* also auf die Entwicklung von Kompetenzen, wie sie sich als Bildungsziele in den Bildungsstandards für den mittleren Schulabschluss in den naturwissenschaftlichen Fächern in Deutschland finden, gerichtet (vgl. Duncan und Hmelo-Silver 2009). Zweitens baut auch eine *LP* (idealerweise) nicht allein auf theoretischen Annahmen fachbezogenen Lernens auf (beispielsweise kumulatives Lernen oder die Rolle von Leitideen), sondern berücksichtigt ebenso wie die genannten Ansätze explizit die Erkenntnisse empirischer Forschung zum fachbezogenen Lernen (beispielsweise zu Schülervorstellungen; s. o. und Kap. 4). Drittens hat eine *LP* einen definierten Anfangs- und Endpunkt. Der Endpunkt („upper anchor") wird durch Zielvorgaben der gewünschten Kompetenz im Umgang mit dem jeweiligen Konzept bzw. der jeweiligen Denk- und Arbeitsweise am Ende eines Bildungsabschnitts definiert (z. B. durch Standards für die jeweilige Domäne). Die Kompetenz, die Schüler vor Eintritt in die *LP* besitzen (z. B. typische Alltagsvorstellungen in der Domäne), stellt den Anfangspunkt („lower anchor") dar. Des Weiteren beschreiben *LP* viertens (Zwischen-)stufen der Kompetenzentwicklung zwischen dem unteren und dem oberen Anker als Übergänge von einer weniger zu einer stärker ausgeprägten Kompetenz.

Die Beschreibung, wie Schüler von der untersten zur obersten Stufe gelangen können, soll sich gleichermaßen aus der inhärenten Struktur der Domäne wie auch aus empirischer Forschung zum Lernen in der Domäne speisen, vergleichbar mit dem Ansatz der „learning pathways" (Niedderer et al. 2007). Dabei soll bei jedem Übergang zwischen zwei Stufen präzisiert werden, welche Aspekte der angestrebten Kompetenz von den Lernenden bereits erwartet werden und welche noch erworben werden sollen. Diese Erwartungshaltung drückt sich auch dadurch aus, dass für jede Stufe der *LP* konkrete Anforderungen ausgewiesen werden sollen, an denen sich ein Erreichen der gewünschten Kompetenz aufseiten der Schüler erkennen ließe, sodass sich auf Basis dieser Anforderungsbeschreibung Aufgaben zur Erfassung dieser Kompetenz entwickeln ließen. Zudem ist ein weiteres Kernelement von *LP*, dass für jede Stufe auch detaillierte Informationen über mögliche Instruktionsannahmen zur Förderung der Kompetenzentwicklung formuliert werden (Krajcik et al. 2012). Diese Informationen sollen in Form von Prinzipien skizziert werden, die sowohl die Gestaltung von Unterricht leiten als auch den angenommenen Mechanismus des Lernens verdeutlichen sollen (Lehrer und Schauble 2015). Damit gehen *LP* über die Beschreibung der kognitiven Architektur und deren strukturellem und zeitlichem Aufbau, wie man sie beispielsweise im *Atlas of Science Literacy* (American Association for the Advancement of Science 2001) findet, hinaus (Sevian und Talanquer 2014).

In der Literatur findet sich eine Vielzahl von Ansätzen unter dem Label der „learning progressions" (Duschl et al. 2007; Smith et al. 2006; Stevens et al. 2010; Wilson und Bertenthal 2006). Lehrer und Schauble (2015) stellen fest: „Yet, it is becoming increasingly evident that the [learning progressions] now appearing in scholarly publications differ on a number of fundamental dimensions, including the aims and goals that motivated their creation, notions about what should be included in a long-term description of student learning, the granularity of description considered most useful, the extent to which means for supporting conceptual development should be woven into the fabric of the [learning progression], and assumptions about how [learning progressions] should be generated and tested" (S. 433). Neben diesen Facetten, die in erster Linie die Ausrichtung und konkrete Ausgestaltung von *LP* betreffen, werden aus einer übergeordneten Perspektive insbesondere zwei Aspekte kontrovers diskutiert: die vorherrschende Konzeptualisierung einer *LP* in Form einer einzigen, linearen Sequenz von Abstufungen des Konzeptverständnisses vom unteren zum oberen Anker (die häufig durch Analysen von Querschnittsstudien untermauert wird; Duncan und Gotwals 2015) sowie die Frage, auf welcher Grundlage die Kohärenz einer *LP* bewertet wird (Fortus und Krajcik 2012; Hammer und Sikorski 2015). Diese beiden Punkte werden im folgenden Abschnitt aufgegriffen.

13.3.2 Entwicklung und Validierung von „learning progressions"

Die Formulierung der Anker sowie der Zwischenstufen ist eine der zentralen Herausforderungen bei der Beschreibung einer *LP*. Die Entscheidung für die Anzahl, Abfolge und Beschreibung dieser Zwischenstufen kann zum einen auf vorhergehende empirische

Forschung über das Lernen der Schüler in dem betroffenen Bereich aufbauen. Zum anderen können auch inhaltliche Betrachtungen (ähnlich wie in der Sachstrukturanalyse nach Niedderer 1974 oder im Modell der didaktischen Rekonstruktion nach Kattmann et al. 1997) herangezogen werden (Duncan und Hmelo-Silver 2009). Neben Aspekten wie Zielklarheit und Relevanz in dem Sinn, dass die einzelnen Stufen tatsächlich auftretende und für eine zunehmende Kompetenz auch produktive Zwischenstadien darstellen, stellt sich die Frage, inwieweit die Stufen in ihrer Anordnung kohärentes Lernen abbilden bzw. ermöglichen (Fortus und Krajcik 2012; Hammer und Sikorski 2015). Die Kohärenz der Stufen lässt sich dabei zum einen aus Sicht der Referenzdisziplin beurteilen, beispielsweise ob sich die auf den einzelnen Stufen erwarteten Leistungen am aktuellen wissenschaftlichen Kenntnisstand ausrichten. Aus dieser Perspektive stellen die Stufen häufig unvollständige und/oder vereinfachte Varianten des aktuellen kanonischen Wissens zu der jeweiligen Kompetenz dar („canonical coherence"; Hammer und Sikorski 2015). Zum anderen lässt sich Kohärenz auch aus der Perspektive der Lernenden betrachten. Die beim Erlernen und Untersuchen neuer Phänomene und Inhalte auf individueller Ebene ablaufenden Lernprozesse führen häufig zu Vorstellungen bei den Schülern, die nicht mit wissenschaftlichen Vorstellungen in Einklang stehen (vgl. Kap. 4). Dennoch können derartige Schülervorstellungen, wenn sie ausreichend häufig auftreten, wichtiger Bestandteil einer *LP* sein, z. B. definierend für eine bestimmte Stufe der Kompetenzentwicklung, wenn sie für die Lernenden eine kohärente, d. h. in diesem Sinn folgerichtige Erweiterung des Verständnisses eines bestimmten Konzepts darstellen und produktiv für die weitere Entwicklung genutzt werden können (Fortus und Krajcik 2012). Entsprechend spielt es eine zentrale Rolle bei der Entwicklung einer *LP* abzuwägen, wenn eine aus Sicht der Lernenden kohärente Formulierung der Anker und der Zwischenstufen aus wissenschaftlicher Sicht nur bedingt als kohärent einzuschätzen ist, ob diese Abweichung vom kanonischen Wissen dennoch einen wichtigen Schritt in die richtige Richtung markiert (Schmidt und Parchmann 2011). Gleichermaßen betrifft dies die Gestaltung und Umsetzung der mit der *LP* verbundenen Instruktionsmaßnahmen, bei denen die Zielstellung, die Schüler auf dem (wissenschaftlich) richtigen Weg zu halten, das Kohärenzerleben der Lernenden untergraben kann (Roth und Givvin 2008). Das in der Literatur zu *LP* vorherrschende Paradigma ist jedoch – mit wenigen Ausnahmen (z. B. Hadenfeldt et al. 2014) – eine Ausrichtung der Stufenformulierungen am kanonischen Wissen der Referenzdisziplin(en) (Hammer und Sikorski 2015).

Neben der Kohärenz wird mit der Formulierung der Anker und Zwischenstufen einer *LP* auch deren Struktur festgelegt. Duschl et al. (2007) betonen dabei explizit, dass *LP* über bisherige Arbeiten, die auf die Identifikation der einen besten Instruktionssequenz abzielten, hinausgehen sollen: „Learning progressions recognize that all students will follow not one general sequence, but multiple (often interacting) sequences around important disciplinary specific core ideas (e. g., atomic-molecular theory, evolutionary theory, cell theory, force and motion). The challenge is to document and describe paths that work as well as to investigate possible trade-offs in choosing different paths" (S. 221; vgl. Zabel und Gropengiesser 2011).

Dennoch ist auch für *LP* derzeit die Beschreibung einer einzigen, linearen Sequenz von Abstufungen des Konzeptverständnisses die vorherrschende Praxis (Duncan und Gotwals 2015). Anknüpfend an die Grundannahme kumulativen Lernens, dass der Erwerb neuen Wissens vom bereits vorhandenen Wissen abhängt, sind beim Erwerb zunehmender Kompetenz spezifische Zwänge und Abhängigkeiten („conceptual constraints"; Duncan und Gotwals 2015; Lehrer und Schauble 2015) zu berücksichtigen. Neue und alte Wissenselemente interagieren miteinander, sodass sich neue Erkenntnisse und Wissensstrukturen herausbilden, wobei die kombinatorische Komplexität des Wissenssystems die Interpretation eines Phänomens durch die Lernenden begrenzt (Clark et al. 2011). Theorien zum situierten Lernen (Lave und Wenger 1991; Kap. 12) oder auch Konzeptwechseltheorien mit der Annahme einer eher fragmentarischen Wissensbasis (diSessa 1988; Stavy und Tirosh 2000; Kap. 4 und 12) gehen hier allerdings davon aus, dass diese Zwänge und Abhängigkeiten vergleichsweise schwach sind, sodass viele unterschiedliche Lernwege von unterschiedlichen Ausgangspunkten zum gleichen Ergebnis führen können. Entsprechend wird die Annahme einer linearen Entwicklung vom unteren zum oberen Anker entlang der Stufen einer *LP* oftmals infrage gestellt (Gotwals und Songer 2010; Steedle und Shavelson 2009). Umgekehrt deuten Studien aus der Mathematik (Clements und Sarama 2009) oder dem Zweitspracherwerb (Krashen 1981) darauf hin, dass bei spezifischen Aspekten (beispielsweise grammatikalische Strukturen) eine nahezu natürliche Reihenfolge beim Lernen auftritt, derartige Zwänge und Abhängigkeiten im Lernprozess also als stark eingeschätzt werden können. Auch im Bereich der Naturwissenschaftsdidaktiken gibt es Erkenntnisse, dass Entwicklungsverläufe zwar unterschiedlich sein können, aber Sequenz und Anzahl qualitativer Unterschiede in der Entwicklung nicht beliebig sind (Sevian und Talanquer 2014; Zabel und Gropengiesser 2011). Folglich könnte sich eine Fokussierung auf wenige Entwicklungsverläufe oder sogar nur einen Entwicklungsverlauf als äußerst lernwirksam herausstellen (Duncan und Hmelo-Silver 2009).

Der oben dargestellte Prozess führt zu einer mehr oder weniger fundierten, in jedem Fall jedoch vorläufigen Beschreibung einer hypothetischen *LP*. Inwieweit die Perspektive der Lernenden bei der Formulierung des oberen und des unteren Ankers sowie der (Zwischen-)Stufen in diese Beschreibung einfließen kann und auch die Entscheidung für eine lineare (Lee und Liu 2010), mehrdimensionale (Stevens et al. 2010) oder multidimensionale Struktur (Sevian und Talanquer 2014) hängt in erster Linie vom Stand der Vorarbeiten zum Lernen der Schüler in dem gewählten Inhaltsgebiet ab. Generell ist jedoch zu beachten, dass *LP* ein Modell darstellen. *LP* sind weder eine Stufentheorie im Sinne Piagets (1954) noch eine summative Zusammenfassung von Denkmustern bei Lernenden. Wie bei jedem Modell werden Aspekte, die unter der jeweiligen Perspektive als nicht zentral erachtet werden, ausgespart, sodass auch *LP* nicht alle Einflussfaktoren auf den Lernprozess und somit auch nicht alle Quellen berücksichtigen (können), die zu unterschiedlichen Verhaltens- oder Erklärungsmustern bei Schülern führen (können). Vielmehr fokussieren *LP* darauf, den (idealtypischen) Lernfortschritt einer Gruppe von Lernenden zu beschreiben, um daran anknüpfend Instruktionsmaßnahmen zu gestalten und umzusetzen (Lehrer und Schauble 2015).

Um die Frage zu beantworten, ob sich eine hypothetische *LP* zu dieser Zielstellung auch eignet, bedarf es einer empirischen Prüfung. Entsprechend muss nachgewiesen werden, dass die Schüler die *LP* in der a priori angenommenen Art und Weise durchlaufen (Duncan und Hmelo-Silver 2009) bzw. die mit einer spezifischen Stufe verknüpfte Leistung konsistent in verschiedenen Anwendungssituationen zeigen können (Steedle und Shavelson 2009). Hinsichtlich der empirischen Prüfung einer (hypothetischen) *LP* lassen sich grundsätzlich zwei Ansätze unterscheiden: 1) Auf Grundlage der hypothetischen *LP* werden Instruktionsmaßnahmen zur Förderung der Entwicklung entlang der angenommenen Stufen entwickelt und in ihrer diesbezüglichen Wirksamkeit geprüft; 2) auf Basis der hypothetischen *LP* wird eine Querschnittsstudie durchgeführt, um den Kompetenzstand der Schüler infolge bestehender Instruktionsmaßnahmen zu untersuchen und daraus auf den Verlauf der Kompetenzentwicklung zu schließen (vgl. Duncan und Hmelo-Silver 2009).

Der erste der beiden genannten Ansätze legt einen Schwerpunkt auf die Gestaltung von Instruktionsmaßnahmen, die den Lernfortschritt der Schüler unterstützen sollen. Dabei geht es sowohl um die Gestaltung von Curricula als auch um konkrete Unterrichtseinheiten und -materialien. Entsprechend muss die zugrunde gelegte *LP* für die Gestaltung von Unterrichtseinheiten und -materialien weiter konkretisiert werden (Krajcik et al. 2012). Die Evaluierung der Wirksamkeit der entworfenen Unterrichtseinheiten und -materialien zielt dann auf die Frage, ob diese tatsächlich eine Entwicklung der Schüler entlang der hypothetischen *LP* ermöglichen (Stevens et al. 2010). Auf Basis der so gewonnenen Erkenntnisse müssen dann in einem iterativen Vorgehen die *LP*, die Instruktionsmaßnahmen oder beide überarbeitet werden und einer weiteren empirischen Prüfung unterzogen werden.

Der zweite Ansatz legt den Schwerpunkt auf die Gestaltung von Testinstrumenten, die dafür herangezogen werden können, den Lernfortschritt der Schüler vor dem Hintergrund bestehender Instruktionsmaßnahmen (d. h. dem regulären Unterricht im Rahmen bestehender Curricula) zu untersuchen. Die Tests sollen Aufgaben für jede Stufe der angenommenen *LP* enthalten. Jede dieser Aufgaben sollte zudem in der Lage sein zu bestimmen, ob eine Schülerin bzw. ein Schüler ein vorgegebenes Verständnisniveau erreicht hat oder nicht. Durch Einsatz eines solchen Tests lassen sich diese Annahmen, die der Struktur der *LP* und der darauf aufbauenden Aufgabenentwicklung zugrunde lagen, empirisch prüfen; dies führt zu einer empirischen *LP* (Stevens et al. 2010). Die tatsächliche Etablierung einer solchen empirischen *LP* würde aber voraussetzen, dass wiederholt dieselben Schüler zu ihrem Verständnis befragt würden. Dies müsste entsprechend der Zeitskala der *LP* zu Zeitpunkten erfolgen, die sinnvoll erscheinen, die angenommenen Lernfortschritte abzubilden. Entsprechend müssten für eine *LP*, die die Jahrgänge sechs bis neun umfasst, Schüler in den Jahrgängen sechs, sieben, acht und neun getestet werden. Aufgrund des hohen zeitlichen, organisatorischen und finanziellen Aufwands einer solchen Längsschnittstudie werden jedoch i. d. R. Querschnittserhebungen durchgeführt, die den Zeitrahmen der *LP* abdecken. Damit lässt sich zumindest prüfen, ob die Schüler konsistent ein spezifisches Verständnisniveau in den Testaufgaben anwenden und ob sich die

Häufigkeitsverteilungen mit zunehmender Schulzeit (beispielsweise über die Schuljahr-gänge sechs bis neun) entlang der angenommenen *LP* nach oben verschieben (Steedle und Shavelson 2009). Werden keine Lernfortschritte erreicht, müssen die *LP*, das Testinstrument oder beide überarbeitet werden und wiederum einer theoretischen wie empirischen Prüfung unterzogen werden.

Kritik an diesem zweiten Ansatz zielt v. a. darauf, dass die Fokussierung auf Testergebnisse aus Querschnittsstudien den Instruktionsmaßnahmen als Kernelement einer *LP* nicht ausreichend Aufmerksamkeit schenkt und folglich auch nur mit geringerer Wahrscheinlichkeit zu einer validen *LP* des betreffenden Konzepts führt (Duncan und Gotwals 2015, S. 413). Dennoch orientiert sich ein Großteil der publizierten Studien an diesem Vorgehen (Hammer und Sikorski 2015). Wie eingangs beschrieben, umfasst eine vollständige *LP* jedoch sowohl die Beschreibung von Instruktionsmaßnahmen (und -materialien) für jedes angenommene Niveau der *LP* als auch spezifische Testaufgaben und -instrumente, die die Kompetenz der Schüler auf Basis der *LP* diagnostizieren können. Die Wahl des einen oder des anderen Ansatzes zur Entwicklung und empirischen Prüfung einer *LP* entbindet entsprechend nicht davon, auch den anderen Ansatz ergänzend durchzuführen, sobald ausreichend Erkenntnisse im ersten Schritt erreicht wurden. Dies ist notwendig, um ausreichend empirische Evidenz für die angenommene *LP* zu generieren.

Die empirische Prüfung und Weiterentwicklung von *LP* wird häufig als Validierung bezeichnet. *LP* sind dabei jedoch nicht Objekt einer Validierung im traditionellen Sinn eines Tests oder sogar im erweiterten Sinn einer Theorie, sondern als Werkzeug, das pragmatisch durch seine langfristige Brauchbarkeit und Nutzbarkeit bei der Gestaltung unterrichtlicher Lernprozesse bestätigt wird (Lehrer und Schauble 2015). Duncan und Gotwals (2015) plädieren in diesem Zusammenhang dafür, *LP* zu demselben Konzept als alternative Hypothesen aufzufassen und auf Basis der jeweils auf die *LP* ausgerichteten Instruktionsmaßnahmen miteinander zu vergleichen, d. h. im wissenschaftlichen Sinn zu testen. Diese Form des vergleichenden Testens ist auch für unterschiedliche Instruktionsmaßnahmen im Rahmen derselben *LP* denkbar.

13.4 Anwendung der theoretischen Rahmung – eine *LP* zum Energiekonzept

Im Folgenden soll am Beispiel einer *LP* zum Energiekonzept aufgezeigt werden, wie die ersten Schritte der Entwicklung und Validierung (im obigen Sinn) einer *LP* aussehen können. Die Vorgehensweise folgt dabei dem zweiten im vorherigen Abschnitt beschriebenen Ansatz. Dazu wurden auf Basis einer Synthese bestehender Erkenntnisse zur Entwicklung des Schülerverständnisses von Energie eine hypothetische *LP* formuliert und Testaufgaben entwickelt. Diese wurden eingesetzt, um erst querschnittliche und anschließend längsschnittliche Erkenntnisse über die tatsächliche Entwicklung der Kompetenz im Umgang mit dem Energiekonzept zu gewinnen und diese mit der hypothetischen *LP* abzugleichen.

Das Energiekonzept ist ein zentrales Konzept der Naturwissenschaften (NRC 2012; KMK 2004a, 2004b, 2004c) und Kompetenz im Umgang mit dem Energiekonzept ein zentrales Element naturwissenschaftlicher Grundbildung (Chen et al. 2014; Driver und Millar 1985; Schmidkunz und Parchmann 2011). Eine solche Kompetenz ist gekennzeichnet durch ein um die zentralen Aspekte des Energiekonzepts organisiertes Wissen und die Fähigkeit, dieses Wissen zu nutzen, um Phänomene zu erklären oder Probleme zu lösen (Bransford et al. 2000). In der naturwissenschaftsdidaktischen Forschung wurden vier zentrale Aspekte des Energiekonzepts identifiziert:

1. Energie manifestiert sich in unterschiedlichen Formen und an unterschiedlichen Orten;
2. Energie kann von einer Form in eine andere umgewandelt und von einem Ort zu einem anderen übertragen werden;
3. immer, wenn Energie umgewandelt oder übertragen wird, wird ein Teil der Energie in thermische Energie umwandelt und damit entwertet und
4. die Energie bleibt dabei in der Summe erhalten (Duit 1973).

Insbesondere die Forschung über Schülervorstellungen hat gezeigt, dass Schüler mit Beginn des Unterrichts zu Energie zunächst ein Verständnis von Energieformen, anschließend von Energieumwandlung und -entwertung und – wenn überhaupt – erst am Ende der Schulzeit ein Verständnis von Energieerhaltung entwickeln (für eine Übersicht s. Chen et al. 2014). Aus der naturwissenschaftsdidaktischen Forschung gibt es jedoch nur wenige Erkenntnisse, wie Schüler ein Verständnis dieser einzelnen Aspekte entwickeln. In einer Synthese der bestehenden Erkenntnisse aus der Schülervorstellungsforschung wurde zunächst eine hypothetische *LP* formuliert, die insgesamt 16 Stufen der Kompetenzentwicklung vorsah (Kauertz et al. 2010). Dabei wurde eine gewisse Überschneidung der Stufen (z. B. der oberen Komplexitätsstufen zu Energieformen und der unteren zu Energieumwandlung) erwartet (Neumann et al. 2013).

Zur empirischen Validierung der *LP* wurden anschließend auf Basis einer detaillierten Beschreibung der einzelnen Stufen Aufgaben entwickelt. Jede Aufgabe bildete genau eine der 16 Stufen ab. Diese Aufgaben wurden anschließend in einem Rotationsdesign Schülern der Jahrgangsstufen sechs, acht und zehn vorgelegt, die innerhalb einer Jahrgangsstufe jeweils in ähnlichem Umfang Unterricht zum Energiekonzept erhalten hatten. Aus den gewonnenen Daten wurde mithilfe der Rasch-Analyse eine empirische *LP* generiert. Das heißt, die Schüler sowie die Aufgaben wurden so auf einem (Leistungs-)Kontinuum angeordnet, dass daraus Informationen abgeleitet werden konnten, in welcher Jahrgangsstufe Schüler welche Aufgaben mit hinreichender Wahrscheinlichkeit erfolgreich bearbeiten können. Erwartungsgemäß zeigte sich, dass Aufgaben zu Energieformen die einfachste Aufgabengruppe bildeten und Aufgaben zur Energieerhaltung die schwierigste. Die Aufgaben zur Energieumwandlung und -entwertung lagen in ihrer Schwierigkeit dazwischen. Ferner wurde deutlich, dass Schüler der Jahrgangsstufe zehn tendenziell schwierigere Aufgaben (d. h. zur Energieerhaltung), Schüler der Jahrgangsstufe sechs tendenziell nur die leichteren Aufgaben (d. h. zu Energieformen) und Schüler der Jahrgangstufe acht

Aufgaben mittlerer Schwierigkeit erfolgreich bearbeiten können. Während die *LP* in ihrer groben Struktur somit bestätigt wurde, zeigte sich kein Einfluss der Komplexität der Aufgaben auf ihre Schwierigkeit; dies widersprach der Annahme, dass der *LP* ein Mechanismus der Entwicklung eines zunehmend komplexen Wissens zu den einzelnen Aspekten zugrunde liegt (für Details s. Neumann et al. 2013). Zusätzliche Analysen bestätigten, dass die Befunde in einer zunehmenden Unterrichtserfahrung zum Energiekonzept begründet sind (Weßnig und Neumann 2015). Die Befunde wurden außerdem im Rahmen einer Längsschnittstudie bestätigt (Weßnig et al. 2017); darin bestätigte sich insbesondere auch der Einfluss des Unterrichts zum Energiekonzept.

Mit Blick auf die Tatsache, dass die Annahme der Entwicklung einer zunehmend komplexen Wissensbasis zu den vier Aspekten von Energie als zugrundeliegendem Mechanismus der *LP* nicht bestätigt wurde, wurde diese im nächsten Schritt modifiziert. Anstelle der Annahme, dass das Wissen zu den vier Aspekten isoliert entwickelt wird, wurde nun untersucht, inwieweit die Schüler ein zunehmend komplexes Wissen zum Energiekonzept als ein übergeordnetes Konzept entwickeln, in dem die einzelnen Aspekte als Katalysatoren der Integration neuen Wissens fungieren. Nachdem diese Annahme bestätigt wurde (Neumann und Nagy 2013), wurden zuletzt Arbeiten begonnen, die einerseits auf die Optimierung des bestehenden Unterrichts zum Energiekonzept zielen (Hadinek et al. 2016) und andererseits den Einfluss alternativer Unterrichtskonzeptionen zum Energiekonzept auf die Verständnisentwicklung untersuchen (Opitz et al. 2017).

13.5   Zusammenfassung und Ausblick

Fachspezifische Modelle des (Lehrens und) Lernens bilden die Grundlage für die Gestaltung erfolgreichen Lernens. Die Anfänge der Entwicklung solcher Modelle in der Naturwissenschaftsdidaktik waren durch die Anwendung lernpsychologischer Modelle auf fachliche Inhalte geprägt. Mit der Erkenntnis, dass Schüler mit spezifischen, in Alltagserfahrungen begründeten Vorstellungen in den Unterricht kommen, die häufig quer zu wissenschaftlichen Vorstellungen liegen, wurden fachspezifischere Modelle diskutiert. Auch die Kompetenzforschung hat die Notwendigkeit kumulativen Lernens für komplexe Konstrukte wie beispielsweise physikalische Kompetenz hervorgehoben, jedoch bis heute kaum Erkenntnisse dazu angeboten, wie entsprechendes Lernen und damit Kompetenzentwicklung zu erreichen ist. Neuere Arbeiten zur Kompetenzentwicklung integrieren allerdings verstärkt Elemente des in den USA populären Ansatzes der „learning progressions". Hervorzuheben ist hier die Forderung, dass *LP* einerseits Lernen über einen längerfristigen Zeitraum (d. h. über Schuljahre oder -stufen) beschreiben und gleichzeitig ausweisen, wie Instruktion aussehen kann, die dieses Lernen befördert, und wie Lernerfolg diagnostiziert werden kann. Das heißt, *LP* sollen es erlauben, für einzelne Abschnitte schulischer Bildung (z. B. Schuljahre) zu definieren, was Schüler am Ende des jeweiligen Abschnitts erreicht haben, aber auch wie sie innerhalb des Schuljahres dorthin kommen –

und woran man dies erkennen kann. Nur dann ist kumulatives Lernen im Sinn einer systematischen Kompetenzentwicklung möglich.

Angesichts der aktuellen Arbeiten im Bereich *LP* lässt sich festhalten, dass sich in vielen Studien deutliche Schwerpunktsetzungen auf spezifische Aspekte finden (beispielsweise eine Fokussierung auf lineare, stufenartige Entwicklungssequenzen; die Entwicklung von Testinstrumenten *oder* die Entwicklung von Instruktionsmaterialien; die Nutzung von Querschnittsdaten zur Validierung einer angenommenen Entwicklungssequenz; vgl. Duncan und Gotwals 2015; Gotwals und Songer 2010). Die Forderungen, die die theoretischen Grundlagen und Ziele von *LP* formulieren, insbesondere die kohärente Integration von Kognition, Instruktion und Assessment, werden bisher nur bedingt eingelöst. Diese Schwerpunktsetzungen werden häufig damit begründet, dass zunächst entsprechende Vorarbeiten notwendig sind, auf die systematisch aufgebaut werden kann. Generell ist die Entwicklung und Validierung einer *LP* über den Verlauf mehrerer Schuljahre aber natürlich auch ein äußerst umfangreiches Unterfangen. Während bisherige Arbeiten häufig von einzelnen Arbeitsgruppen vorangetrieben wurden, könnte der Schlüssel zur Weiterentwicklung des Forschungsfelds sowie zur Überwindung der bisherigen Schwerpunktsetzungen zugunsten einer umfassenderen Umsetzung der Grundlagen von *LP* daher auch in einer systematischeren Kooperation zwischen Forschergruppen liegen.

13.6   Literatur zur Vertiefung

Duschl, R. A., Schweingruber, H. A., & Shouse, A. W. (Hrsg.) (2007). *Taking Science to School: Learning and Teaching Science in Grades K-8.* Washington, D.C.: National Academies Press.

Der NRC-Report war sicherlich einer der einflussreichsten Publikationen im Bereich *LP* und initiierte zahlreiche Bemühungen im Rahmen der Forschung, aber auch der Bildungsadministration in den USA. Neben den grundlegenden Ansätzen von *LP* zeigt der Bericht zahlreiche Implikationen und Konsequenzen für den Unterricht auf.

Ford, M. J. (2015). Learning Progressions and Progress: An Introduction to Our Focus on Learning Progressions. *Science Education*, *99*(3), 407–409.

In einem Themenblock der Zeitschrift *Science Education* wurden vier Beiträge publiziert, die aktuelle Probleme und Entwicklungen im Bereich der Forschung um *LP* adressieren. Dazu gehören die Berücksichtigung von Grundannahmen in der Anlage von *LP*, die Frage der Validierung von hypothetischen *LP* sowie die Nutzung von *LP* für unterschiedliche Zielstellungen.

Smith, C., Wiser, M., Anderson, C. W., Krajcik, J., & Coppola, B. (2006). Implications of research on children's learning for assessment: Matter and atomic molecular theory. *Measurement*, *14*(1, 2), 1–98.

Der Beitrag zeigt sehr umfangreich und detailliert am Beispiel des Materie- bzw. Teilchenkonzepts, wie der Ansatz von *LP* an einem konkreten Beispiel umgesetzt werden kann.

Literatur

Aebli, H. (1980). *Denken: Das Ordnen des Tuns*. Bd. I. Stuttgart: Klett-Cotta.

American Association for the Advancement of Science (2001). *Atlas of scientific literacy*. Washington, DC: American Association for the Advancement of Science and National Science Teachers Association.

von Aufschnaiter, C. (1999). *Bedeutungsentwicklungen, Interaktionen und situatives Erleben beim Bearbeiten physikalischer Aufgaben: Fallstudien zu Bedeutungsentwicklungsprozessen von Studierenden und Schüler(inne)n in einer Feld- und einer Laboruntersuchung zum Themengebiet Elektrostatik und Elektrodynamik*. Berlin: Logos-Verlag.

von Aufschnaiter, S. (1992). *Versuch der Beschreibung eines theoretischen Rahmens für die Untersuchung von Lernprozessen. In: Bedeutungsentwicklung und Lernen*. Schriftenreihe der Forschergruppe „Interdisziplinäre Kognitionsforschung", Bd. 2. Bremen: Universität Bremen.

von Aufschnaiter, C., & von Aufschnaiter, S. (2003). Theoretical framework and empirical evidence of students' cognitive processes in three dimensions of content, complexity, and time. *Journal of Research in Science Teaching, 40*(7), 616–648.

Ausubel, D. P. (1974). *Psychologie des Unterrichts*. Weinheim: Beltz.

Baumert, J., Lehmann, R., Lehrke, M., Schmitz, B., Clausen, M., Hosenfeld, I., et al. (1997). *TIMSS. Mathematisch-naturwissenschaftlicher Unterricht im internationalen Vergleich. Deskriptive Befunde*. Opladen: Leske + Budrich.

Berland, L. K., & McNeill, K. L. (2010). A learning progression for scientific argumentation: understanding student work and designing supportive instructional contexts. *Science Education, 94*(5), 765–793.

Bransford, J. D., Brown, A. L., & Cocking, R. R. (2000). *How people learn: brain, mind, experience and school*. Washington; D.C: National Academy Press.

Brown, A. L., & Campione, J. C. (1994). *Guided discovery in a community of learners*. Boston: MIT Press.

Bruner, J. S. (1970). *Der Prozess der Erziehung*. Berlin: Berlin-Verlag.

Carpenter, T. P., & Lehrer, R. (1999). Teaching and learning mathematics with understanding. In E. Fennema & T. A. Romberg (Hrsg.), *Mathematics classrooms that promote understanding* (S. 19–32). Mahwah: Lawrence Erlbaum.

Chen, R. F., Eisenkraft, A., Fortus, D., Krajcik, J., Neumann, K., Nordine, J. C., et al. (2014). *Teaching and learning of energy in K – 12 education*. New York: Springer.

Clark, D. B., D'Angelo, C. M., & Schleigh, S. P. (2011). Comparison of students' knowledge structure coherence and understanding of force in the Philippines, Turkey, China, Mexico, and the United States. *Journal of the Learning Sciences, 20*(2), 207–261.

Clements, D. H., & Sarama, J. (2009). Learning trajectories in early mathematics – sequences of acquisition and teaching. In *Encyclopedia of language and literacy development* (S. 1–7).

diSessa, A. (1988). Knowledge in pieces. In G. Forman & P. Pufall (Hrsg.), *Constructivism in the computer age* (S. 49–70). Hillsdale: Lawrence Erlbaum.

Driver, R., & Millar, R. (1985). *Energy matters*. Leeds: University of Leeds, Center for Studies in Science and Mathematics Education.

Duit, R. (1973). *Über langzeitliches Behalten von Verhaltensdispositionen in einem physikalischen Spiralcurriculum: eine empirische Untersuchung bei einer Unterrichtseinheit über „Ausdehnung bei Erwärmung und Temperaturmessungen" im 6. Schuljahr unter Benutzung des lernpsychologischen Ansatzes von Gagne und eines stochastischen Ansatzes zur Beschreibung des Testverhaltens.* Kiel: IPN.

Duncan, R. G., & Gotwals, A. W. (2015). A tale of two progressions: on the benefits of careful comparisons: tale of two progressions. *Science Education, 99*(3), 410–416.

Duncan, R. G., & Hmelo-Silver, C. E. (2009). Learning progressions: aligning curriculum, instruction, and assessment. *Journal of Research in Science Teaching, 46*(6), 606–609.

Duncan, R. G., Rogat, A. D., & Yarden, A. (2009). A learning progression for deepening students' understandings of modern genetics across the 5th–10th grades. *Journal of Research in Science Teaching, 46*(6), 655–674.

Duschl, R. A., Schweingruber, H. A., & Shouse, A. W. (Hrsg.). (2007). *Taking science to school: learning and teaching science in grades K-8.* Washington, D.C.: The National Academies Press.

Eaton, J. F., Anderson, C. W., & Smith, E. L. (1984). Students' misconceptions interfere with science learning: case studies of fifth-grade students. *The Elementary School Journal, 84*(4), 365–379.

Eigenmann, J., & Strittmatter, A. (1972). Ein Zielebenenmodell zur Curriculumkonstruktion (ZEM). In K. Aregger & J. Isenegger (Hrsg.), *Curriculumprozeß.* Basel: Beltz.

Fennema, E., Carpenter, T. P., Franke, M. L., Levi, L., Jacobs, V. R., & Empson, S. B. (1996). A longitudinal study of learning to use children's thinking in mathematics instruction. *Journal for Research in Mathematics Education, 27*(4), 403–434.

Fischer, H. E. (1989). Lernprozesse im Physikunterricht. Falluntersuchungen im Unterricht zur Elektrostatik aus konstruktivistischer Sicht. Dissertation, Universität Bremen.

Fortus, D., & Krajcik, J. S. (2012). Curriculum coherence and learning progressions. In B. J. Fraser, K. G. Tobin & C. J. McRobbie (Hrsg.), *Second international handbook of science education* (S. 783–798). Dordrecht: Springer.

Gagné, R. M. (1970). *Conditions of learning.* Oxford: Holt, Rinehart & Winston.

Gotwals, A. W., & Songer, N. B. (2010). Reasoning up and down a food chain: using an assessment framework to investigate students' middle knowledge. *Science Education, 94*(2), 259–281.

Hadenfeldt, J. C., Liu, X., & Neumann, K. (2014). Framing students' progression in understanding matter: a review of previous research. *Studies in Science Education, 50*(2), 181–208.

Hadinek, D., Weßnigk, S., & Neumann, K. (2016). Neue Wege zur Energie: Physikunterricht im Kontext Energiewende. *Der mathematische und naturwissenschaftliche Unterricht [MNU], 69*(5), 292–298.

Haller, K. (1999). *Über den Zusammenhang von Handlungen und Zielen: Über eine empirische Untersuchung zu Lernprozessen im Physikpraktikum.* Berlin: Logos.

Hammer, D., & Sikorski, T. R. (2015). Implications of complexity for research on learning progressions. *Science Education, 99*(3), 424–431.

Kail, R., & Pellegrino, J. W. (1985). *Human intelligence: perspectives and prospects.* New York: Freeman.

Kattmann, U., Duit, R., Gropengiesser, H., & Komorek, M. (1997). Das Modell der Didaktischen Rekonstruktion – Ein Rahmen für naturwissenschaftsdidaktische Forschung und Entwicklung. *Zeitschrift für Didaktik der Naturwissenschaften, 3*, 3–18.

Kauertz, A., Fischer, H. E., Mayer, J., Sumfleth, E., & Walpuski, M. (2010). Standardbezogene Kompetenzmodellierung in den Naturwissenschaften der Sekundarstufe I. *Zeitschrift für Didaktik der Naturwissenschaften, 16*, 132–153.

KMK (2004a). *Bildungsstandards im Fach Biologie für den mittleren Schulabschluss.* München: Sekretariat der Ständigen Konferenz der Kultusminister der Länder in der Bundesrepublik Deutschland.

KMK (2004b). *Bildungsstandards im Fach Chemie für den mittleren Schulabschluss*. München: Sekretariat der Ständigen Konferenz der Kultusminister der Länder in der Bundesrepublik Deutschland.

KMK (2004c). *Bildungsstandards im Fach Physik für den mittleren Schulabschluss*. München: Sekretariat der Ständigen Konferenz der Kultusminister der Länder in der Bundesrepublik Deutschland.

Krajcik, J., Drago, K., Sutherland, L. A., & Merritt, J. (2012). The promise and value of learning progression research. In S. Bernholt, P. Nentwig & K. Neumann (Hrsg.), *Making it tangible – learning outcomes in science education* (S. 283–306). Münster: Waxmann.

Krashen, S. D. (1981). *Second language acquisition and second language learning*. Oxford: Oxford University Press.

Lave, J., & Wenger, E. (1991). *Situated learning: legitimate peripheral participation*. Cambridge: Cambridge University Press.

Lee, H.-S., & Liu, O. L. (2010). Assessing learning progression of energy concepts across middle school grades: the knowledge integration perspective. *Science Education, 94*(4), 665–688.

Lehrer, R., & Schauble, L. (2015). Learning progressions: the whole world is NOT a stage. *Science Education, 99*(3), 432–437.

National Research Council (2012). *A framework for K-12 science education*. Washington, D.C: The National Academies Press.

Neumann, K., & Nagy, G. (2013). *Students' progression in understanding energy*. Paper presented at the Annual Conference of the National Association for Research in Science Teaching (NARST), Rio Grande.

Neumann, K., Fischer, H. E., & Sumfleth, E. (2008). Vertikale Vernetzung und kumultatives Lernen im Chemie- und Physikunterricht. In E.-M. Lankes (Hrsg.), *Pädagogische Professionalität als Gegenstand empirischer Forschung* (S. 141–152). Münster: Waxmann.

Neumann, K., Viering, T., Boone, W., & Fischer, H. E. (2013). Towards a learning progression of energy. *Journal of Research in Science Teaching, 50*(2), 162–188.

Niedderer, H. (1974). *Arbeitsmaterialien zum IPN Seminar 2 „Sachstrukturen im naturwissenschaftlichen Unterricht"*. Kiel: IPN.

Niedderer, H., Goldberg, F., & Duit, R. (1992). Towards learning process studies: a review of the workshop on research in physics learning. In *Research in physics learning: Theoretical issues and empirical studies* (S. 10–28).

Niedderer, H., Budde, M., Givry, D., Psillos, D., & Tiberghien, A. (2007). Learning process studies. In R. Pintó & D. Couso (Hrsg.), *Contributions from science education research* (S. 159–171). Dordrecht: Springer.

Opitz, S., Fortus, D., Krajcik, J. S., Neumann, K., & Nordine, J. (2017). *Teaching energy without transformations: developing and evaluating a novel middle school unit*. Symposium presented at the Biannual Conference of the European Science Education Research Association (ESERA), Dublin.

Piaget, J. (1954). *The construction of reality in the child*. New York: Basic Books.

Podschuweit, S., Bernholt, S., & Brückmann, M. (2016). Classroom learning and achievement: how the complexity of classroom interaction impacts students' learning. *Research in Science & Technological Education, 34*(2), 142–163.

Reinhold, P. (2006). Elementarisierung und didaktische Rekonstruktion. In H. F. Mikelskis (Hrsg.), *Physik-Didaktik. Praxishandbuch für die Sekundarstufe I und II* (S. 86–102). Berlin: Cornelsen.

Resnick, L. B., & Ford, W. (1981). *The psychology of mathematics*. Mahwah: Lawrence Erlbaum.

Roth, K., & Givvin, K. B. (2008). Implications for math and science instruction from the TIMSS 1999 video study. *Principal Leadership, 8*(9), 22–27.

Schmidkunz, H., & Parchmann, I. (2011). Basiskonzept Energie. *Unterricht Chemie [Naturwissenschaften im Unterricht – Chemie]*, *22*(12), 2–7.

Schmidt, S., & Parchmann, I. (2011). Schülervorstellungen – Lernhürde oder Lernchance? *Praxis der Naturwissenschaften – Chemie in der Schule*, *60*(3), 15–19.

Schwarz, C. V., Reiser, B. J., Davis, E. A., Kenyon, L., Achér, A., Fortus, D., et al. (2009). Developing a learning progression for scientific modeling: making scientific modeling accessible and meaningful for learners. *Journal of Research in Science Teaching*, *46*(6), 632–654.

Sevian, H., & Talanquer, V. (2014). Rethinking chemistry: a learning progression on chemical thinking. *Chemistry Education Research and Practice*, *15*(1), 10–23.

Smith, C., Wiser, M., Anderson, C. W., Krajcik, J., & Coppola (2006). Implications of research on children's learning for assessment: matter and atomic molecular theory. *Measurement*, *14*(1, 2), 1–98.

Songer, N. B., Kelcey, B., & Gotwals, A. W. (2009). How and when does complex reasoning occur? Empirically driven development of a learning progression focused on complex reasoning about biodiversity. *Journal of Research in Science Teaching*, *46*(6), 610–631.

Stavrou, D., Komorek, M., & Duit, R. (2005). Didaktische Rekonstruktion des Zusammenspiels von Zufall und Gesetzmäßigkeit in der nichtlinearen Dynamik. *Zeitschrift für Didaktik der Naturwissenschaften*, *11*, 147–164.

Stavy, R., & Tirosh, D. (2000). *How students (Mis-)understand science and mathematics*. New York, London: Teachers College Press.

Steedle, J. T., & Shavelson, R. J. (2009). Supporting valid interpretations of learning progression level diagnoses. *Journal of Research in Science Teaching*, *46*(6), 699–715.

Stevens, S. Y., Delgado, C., & Krajcik, J. S. (2010). Developing a hypothetical multi-dimensional learning progression for the nature of matter. *Journal of Research in Science Teaching*, *47*(6), 687–715.

Wadouh, J., Sandmann, A., & Neuhaus, B. (2009). Vernetzung im Biologieunterricht – deskriptive Befunde einer Videostudie. *Zeitschrift für Didaktik der Naturwissenschaften*, *15*, 69–87.

Welzel, M. (1995). *Interaktionen und Physiklernen: Empirische Untersuchungen im Physikunterricht der Sekundarstufe I*. Bd. 6. Frankfurt: Peter Lang.

Weßnig, S., & Neumann, K. (2015). Understanding energy – an exploration of the relationship between measures of students' understanding of energy, general cognitive abilities and schooling. *Science Education Review Letters*, *2*, 7–15.

Weßnig, S., Neumann, K., Viering, T., Hadinek, D., & Fischer, H. E. (2017). The development of students' physics competence in middle school. In D. Leutner, J. Fleischer, J. Grünkorn & E. Klieme (Hrsg.), *Methodology of educational measurement and assessment. Competence assessment in education: research, models and instruments* (S. 247–262). Berlin, Heidelberg: Springer.

Wilson, M. R., & Bertenthal, M. W. (2006). *Systems for state science assessment*. Washington, DC: National Academies Press.

Zabel, J., & Gropengiesser, H. (2011). Learning progress in evolution theory: climbing a ladder or roaming a landscape? *Journal of Biological Education*, *45*(3), 143–149.

Kooperatives Lernen

14

Roland Berger und Maik Walpuski

14.1 Einführung

Kooperatives Lernen ist seit vielen Jahren nicht nur ein wichtiges Thema der pädagogischen Psychologie, sondern auch Gegenstand fachdidaktischer Forschung und Entwicklung (Bennett 2005; Bianchini 1997). Die dabei gewonnenen Ergebnisse wurden von Slavin et al. (2003, S. 177) als „one of the greatest success stories in the history of educational research" bezeichnet. Diese Aussage bezieht sich nicht nur auf kommunikative und kooperative Kompetenzen, sondern auch auf den Erwerb von Wissen. Stärken des kooperativen Arbeitens werden v. a. im Hinblick auf hochwertige Lernziele wie dem Verstehen von Zusammenhängen und dem Erwerb von Transferfähigkeit gesehen. Die Metaanalyse von Springer et al. (1999) hat einen deutlichen Vorteil von kooperativem Arbeiten im Vergleich zu individuellem Lernen gezeigt (Effektstärke $d = 0{,}51$) und ist daher für die Unterrichtspraxis bedeutsam. In der Metaanalyse von Hattie (2014, S. 277) kommt der Faktor kooperatives Lernen über alle Fächer hinweg gesehen im Vergleich zu individuellem Lernen mit einer Effektstärke von $d = 0{,}59$ auf den 28. Rang von 150 Faktoren. Auch dies zeigt die große Bedeutung kooperativer Unterrichtsformen für den Wissenserwerb.

Aus Gründen der besseren Lesbarkeit wird im Text verallgemeinernd das generische Maskulinum verwendet. Diese Formulierungen umfassen gleichermaßen weibliche und männliche Personen; alle sind damit gleichberechtigt angesprochen.

R. Berger (✉)
Fachbereich Physik, Universität Osnabrück
Osnabrück, Deutschland
E-Mail: r.berger@uos.de

M. Walpuski
Didaktik der Chemie, Universität Duisburg-Essen
Essen, Deutschland
E-Mail: maik.walpuski@uni-due.de

© Springer-Verlag GmbH Deutschland, ein Teil von Springer Nature 2018
D. Krüger et al. (Hrsg.), *Theorien in der naturwissenschaftsdidaktischen Forschung*,
https://doi.org/10.1007/978-3-662-56320-5_14

Allerdings sind die Befunde nicht einheitlich, sodass Bedingungsfaktoren, die den Erfolg kooperativen Arbeitens beeinflussen, eine große Bedeutung zukommt.

14.1.1 Kooperatives Lernen in den Naturwissenschaften

Kooperativer Unterricht hat auch für die naturwissenschaftlichen Fächer ein hohes Potenzial. Naturwissenschaftlicher Unterricht weist eine Reihe von Spezifika auf, die im Rahmen kooperativen Arbeitens besonders gut adressiert werden können. In kooperativen Arrangements auf der Basis von Experimenten lassen sich wesentliche Elemente naturwissenschaftlichen Arbeitens, wie die Formulierung und Prüfung von Hypothesen, erlernen (Bennett et al. 2010; Kap. 8). Hinzu kommen unterrichtspraktische Argumente: Beispielsweise lassen sich bei der Stationenarbeit Experimente einbinden, die aufgrund hoher Kosten nicht mehrfach angeboten werden können.

Seine besonderen Stärken kann kooperatives Lernen entfalten, wenn es um spezifische Probleme des naturwissenschaftlichen Unterrichts geht. Diese Domänen sind in hohem Maß mit Schülervorstellungen (Kap. 4) und den damit verbundenen Einflüssen auf weiterführende Lernprozesse konfrontiert. Sorgfältig arrangierte kooperative Lernumgebungen können Schüler zu Interaktionen anregen, die im Hinblick auf Konzeptentwicklung („conceptual change") förderlich sind (Basili und Sanford 1991; Korner und Hopf 2017; Marohn 2008). Bowen (2000) zeigte in einer Metaanalyse zum Chemielernen an High Schools und Colleges, dass kooperatives Arbeiten in vielen Fällen einen positiven Einfluss auf den Lernerfolg hat und dass dabei mittlere bis große Effekte nachgewiesen werden. Dabei sind nach Bennett et al. (2004, 2005) insbesondere Ansätze erfolgreich, die im Stimulus typische naturwissenschaftliche Arbeitsweisen ansprechen (Bilden und Diskutieren einer Hypothese/Prognose oder Diskutieren, Bewerten, Vergleichen oder Testen einer Hypothese/Prognose mithilfe weiterer Daten).

Durch Kooperation kann außerdem eine günstigere Einstellung zu den naturwissenschaftlichen Fächern gefördert werden (Markic und Eilks 2006; Okebukola 1986). Scott und Heller (1991) fanden heraus, dass in strukturierten Formen von Gruppenarbeit, wie dem Gruppenpuzzle, Lernende mit schwächerem fachspezifischem Selbstkonzept besonders profitieren können. Hänze und Berger (2007a) zeigten entsprechend, dass der Unterschied zwischen Schülerinnen und Schülern in Bezug auf ihr Kompetenzerleben im Gruppenpuzzle im Vergleich zu frontalem Unterricht wesentlich kleiner ist. Kompetenzerleben ist für die Interessenentwicklung von zentraler Bedeutung (Krapp 2002).

14.1.2 Merkmale kooperativen Lernens

Wodurch sind kooperative Lernumgebungen charakterisiert? Der Begriff des kooperativen Lernens umfasst vielfältige Formen der Zusammenarbeit von Schülern beim Aufbau von Wissen und Fähigkeiten. Eine strenge Definition gibt es nicht, jedoch finden sich in der Literatur typische Merkmale kooperativer Lernumgebungen. Als zentrales Kennzeichen gilt nach Dietrich (1974) die wechselseitige Hilfeleistung. In Übereinstimmung damit kennzeichnet Slavin kooperatives Lernen als „eine Form der Organisation des Klassenzimmers, bei der Schüler in kleineren Gruppen arbeiten, um sich beim Lernen des Stoffs gegenseitig zu helfen" (nach Neber 2006, S. 355). Mit der „Organisation des Klassenzimmers" wird die Funktion der Lehrkraft bei der Gestaltung des Lernarrangements bedeutsam. Sie muss den Rahmen für kooperatives Lernen bereitstellen, soll die Gruppe aber nicht direkt beaufsichtigen oder lenken (Cohen 1994). Beim kooperativen Lernen verfolgen die Lernenden eine gemeinsame Zielsetzung. Wenn der Erfolg jedes einzelnen Gruppenmitglieds zum Erfolg der Gruppe beiträgt, spricht man von positiver Interdependenz. Negative Interdependenz beschreibt hingegen die Konkurrenz der einzelnen Gruppenmitglieder zueinander (Deutsch 1949), sodass es sich in solchen Fällen zwar um arbeitsteilige Gruppenarbeit handelt, ein zentrales Merkmal des kooperativen Lernens jedoch fehlt. Für die gemeinsame Zielsetzung spielt auch die Gruppengröße eine Rolle. Sie soll beim kooperativen Lernen klein genug sein, damit alle Gruppenmitglieder an der Bearbeitung der gemeinsamen Aufgabe teilhaben können (Cohen 1994).

Kooperatives Lernen ist durch die Merkmale *gemeinsames Ziel, wechselseitige Unterstützung* und *kleine, hoch interagierende Gruppe* anspruchsvoll – sowohl für die Schüler als auch für die Lehrkraft – und geht über das reine äußere Merkmal der Sozialform Gruppenarbeit im Unterricht deutlich hinaus (Renkl und Beisiegel 2003).

Bei den im Unterricht praktizierten Unterrichtsformen dominiert seit langer Zeit eher ein fragend-entwickelnder Unterricht (Ditton 2002; Meyer 1987). Zudem werden im naturwissenschaftlichen Unterricht nach wie vor häufig sog. Kochbuchexperimente eingesetzt (Walpuski und Schulz 2011), die nicht geeignet sind, das Potenzial von kooperativen Arbeitsphasen zu nutzen. Umgekehrt kann der Einsatz von kooperativen Arbeitsphasen sinnvoll sein, um einen kognitiv aktivierenden, problemlösenden naturwissenschaftlichen Unterricht zu befördern. Dies scheint, auch wenn sich ein insgesamt steigender Anteil von Gruppenarbeit nachweisen lässt (Götz et al. 2005), in den naturwissenschaftlichen Fächern nach wie vor nötig zu sein, da auch in PISA 2016 noch 50 % des Unterrichts von den Schülern als ein durchschnittlich kognitiv anregender Unterricht mit wenigen Experimenten eingeschätzt wird (Reiss et al. 2016, S. 160).

Lehrkräfte assoziieren mit Gruppenarbeit häufig Unruhe im Klassenraum und befürchten, dass zumindest einige Gruppenmitglieder sich zu wenig an der Arbeit beteiligen und ihre Lernanstrengungen vermindern. Diese Gefahr ist durchaus gegeben. Die von einer Gruppe erbrachte Leistung ist häufig geringer als die Summe der Einzelleistungen. Diese Leistungsdiskrepanz wird als Ringelmann-Effekt bezeichnet (Huber 1987). Wenn leistungsschwächere oder unmotivierte Schüler sich zurückhalten und die Arbeit den leistungsstarken und willigen Mitgliedern der Gruppe überlassen, spricht man vom Trittbrettfahrerphänomen („free-rider effect"). Das kann bei den Leistungsträgern der Gruppe zu Frustration und ihrerseits reduzierten Anstrengungen führen (Ja-bin-ich-denn-der-Depp-Phänomen, „sucker effect").

Die Bedeutung und Notwendigkeit kooperativen Arbeitens in Gruppen wird häufig in Zusammenhang gebracht mit sozialem Lernen und dem Erwerb von Schlüsselqualifikationen für das spätere Berufsleben (Teamfähigkeit, kooperatives Problemlösen; Schecker 2002). Huber (1987) weist jedoch auf sehr unterschiedliche Zielvorstellungen hin: Während das kooperative Lernen in der Schule die Kompetenzen jedes einzelnen Lernenden fördern soll, geht es in professionellen Zusammenhängen um die Lösungen eines echten Problems, z. B. die Entwicklung eines marktfähigen Produkts. Die in der Schule kooperativ bearbeitete Fragestellung ist Lernanlass, während ihre Lösung im Berufsleben das eigentliche Ziel darstellt. Dort kommt es auf die Überlegenheit des Kollektivs an. Die Aufgabenverteilung in der Gruppe orientiert sich dann nicht am potenziellen Lernzuwachs, sondern an der bereits vorhandenen Expertise, die von den einzelnen Mitgliedern der Gruppe eingebracht werden kann. Problematisch für die Idee des kooperativen Lernens wird es, wenn die Schüler in der Gruppe diese Orientierung auf das Produkt bzw. den Erfolg übernehmen und primär eine schnelle und effektive Lösung anstreben. Dann gerät das wesentliche Merkmal kooperativen Lernens der wechselseitigen Unterstützung in den Hintergrund.

Kooperatives Arbeiten ist dazu geeignet, Aufgaben mit unterschiedlichen Graden an Offenheit zu bearbeiten. Ein Pol des Spektrums ist dabei das forschende Lernen, bei dem ein Forschungsvorhaben mit offenem Ergebnis in seinen wesentlichen Phasen mitgestaltet, erfahren und reflektiert wird (Huber 2014). Der andere Pol sind stark vorstrukturierte Inhalte, die z. B. im Rahmen von Wiederholungen kooperativ bearbeitet werden.

14.2 Theoretische Rahmung im Überblick

Welche Faktoren sind günstig bzw. ungünstig für den Erfolg kooperativen Lernens? Trotz der intensiven Forschungsbemühungen sind nach wie vor viele Fragen ungeklärt. Um relevante Faktoren unterscheiden zu können, ist die Einbettung der vielfältigen Forschungsergebnisse in einen theoretischen Hintergrund unabdingbar. Sichtet man die Literatur, so werden zwei verschiedene Auffassungen erkennbar. Zum einen wird der entscheidende Vorteil kooperativen Lernens gegenüber individuellem Lernen in der Unterstützung der *Lernmotivation* gesehen, da u. a. die soziale Eingebundenheit und das Autonomieerleben im Sinn der Selbstbestimmungstheorie der Motivation (Deci und Ryan 1993; Ryan und Deci 2000) durch die Kooperation unterstützt werden. Andere Gruppen betonen das besondere Potenzial für die Förderung der *Qualität kognitiver Prozesse*. Inzwischen besteht weitgehende Einigkeit darüber, dass beide Perspektiven eine Rolle spielen und daher als einander ergänzend angesehen werden müssen (Slavin et al. 2003). Beispielsweise beeinflusst ein hohes Maß an Motivation unter bestimmten Voraussetzungen kognitive Prozesse in der Gruppe (wie z. B. den Einsatz hochwertiger Lernstrategien) in günstiger Weise (Baumert und Köller 1996). In Abb. 14.1 ist der Kern eines Rahmenmodells dargestellt, das beide Perspektiven gleichermaßen berücksichtigt (Slavin et al. 2003; Wecker und Fischer 2014). Der Zusammenhang der motivationalen und kognitiven Lernvoraus-

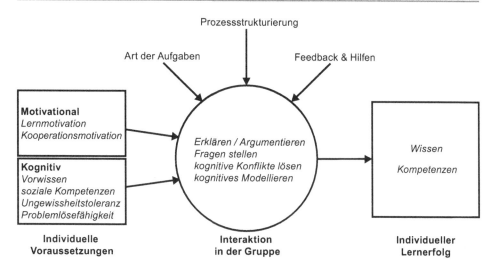

Abb. 14.1 Rahmenmodell zum Zusammenhang zwischen individuellen Voraussetzungen, der Interaktion in der Gruppe und dem Lernerfolg beim kooperativen Arbeiten. Die Interaktionen in der Gruppe werden durch externe Faktoren beeinflusst (z. B. Art der Aufgaben)

setzungen mit dem Lernerfolg des Individuums wird demnach von der Interaktion in der Gruppe vermittelt. Das Modell gilt v. a. für den Wissens- und Kompetenzerwerb, weniger jedoch für nichtkognitive Lernergebnisse wie soziale oder verhaltens- bzw. einstellungsbezogene Variablen (z. B. die Entwicklung einer positiven Einstellung zur Schule).

Wenn Lernende nicht motiviert sind, sich mit dem Lerngegenstand und anderen Gruppenmitgliedern auseinanderzusetzen, wird der Lernprozess nicht fruchtbar sein (Baumert und Köller 1996; Hattie 2014). Sind die Gruppenmitglieder hingegen motiviert (z. B. weil sie sich für den Stoff interessieren) oder können sie durch die kooperative Lernumgebung motiviert werden, so steigt die Wahrscheinlichkeit für erfolgreiche Lernprozesse. Neben den motivationalen sind auch die individuellen kognitiven Voraussetzungen für das Lernen relevant. Die Forschung hat gezeigt, dass hierbei das fachliche Vorwissen und die allgemeine Problemlösefähigkeit eine wichtige Rolle spielen, aber auch soziale Kompetenzen und die Bereitschaft, sich auf ungewisse Lernsituationen einzulassen (Wecker und Fischer 2014). Für den Lernerfolg ist die Art der Interaktion in der Gruppe wesentlich (Kreis in Abb. 14.1). Wecker und Fischer (2014) nennen in diesem Zusammenhang u. a. das *Erklären* eines Sachverhalts durch ein Gruppenmitglied bzw. das Argumentieren (Kap. 6) z. B. im Rahmen einer Diskussion zwischen Gruppenmitgliedern sowie das zum Denken anregende Fragenstellen.

Lernförderlich ist es außerdem, wenn kognitive Konflikte (Kap. 4) im Rahmen der Gruppeninteraktion erörtert oder sogar gelöst werden können. Hat ein Schüler beispielsweise die Vorstellung, dass ein in Wolle gewickelter Eiswürfel rascher schmilzt als ein Eiswürfel ohne Ummantelung, so kann ihm ein sorgfältig durchgeführter Versuch in Gruppenarbeit das Gegenteil zeigen. Falls es der Gruppe gelingt, dem Mitschüler eine Erklärung auf der Grundlage von Prinzipien der Wärmeleitung zu vermitteln, liegt ein erfolgreicher Lernprozess vor, der durch den kognitiven Konflikt initiiert wurde. Lernwirksam ist auch kognitives Modellieren. Dabei beobachtet ein Schüler ein leistungsstärkeres Gruppenmitglied beim lauten Denken und kann sich auf diese Weise Formen effektiver kognitiver Verarbeitung gewissermaßen abschauen.

14.3 Elemente der theoretischen Rahmung

Im folgenden Abschnitt werden die theoretischen Begründungen dafür gegeben, warum kooperatives Arbeiten lernwirksam sein kann. Die Darstellung stützt sich auf Arbeiten von Gräsel und Gruber (2000) sowie Huber (1987).

14.3.1 Motivationale Perspektiven

Aus motivationaler Sicht werden Vorteile kooperativen Lernens häufig auf extrinsische oder intrinsische Anreize zurückgeführt (Abb. 14.1 Lernmotivation; Kap. 15). Diese Motivierung betrifft sowohl die Bereitschaft selbst zu lernen, als auch die anderen Gruppenmitglieder beim Lernen z. B. durch Hilfestellung oder Ermutigung zu unterstützen (Abb. 14.1 Kooperationsmotivation). Eine wesentliche Rolle kommt hier der Befriedigung der Bedürfnisse („basic needs") nach Autonomie- und Kompetenzerleben sowie sozialer Eingebundenheit zu (Deci und Ryan 1993). Im Folgenden werden nun die einzelnen Elemente näher beleuchtet. Vorausgesetzt wird, dass in den kooperativen Arbeitsphasen tatsächlich Gruppenaufgaben eingesetzt werden, die eine Kooperation erfordern.

Gruppenbelohnung
Nach Slavin entsteht beim kooperativen Arbeiten nur dann eine hohe Lernmotivation, wenn sowohl die Leistung der gesamten Gruppe belohnt, zugleich aber auch die individuelle Leistung der einzelnen Gruppenmitglieder berücksichtigt wird, z. B. auf der Basis eines anschließenden, individuell bewerteten Leistungstests (Renkl und Mandl 1995). Slavin et al. (2003) heben hervor, dass ohne Gruppenbelohnung die Zusammenarbeit beeinträchtigt und eine rein individuelle Arbeit begünstigt würde. Dann besteht die Gefahr, dass wesentliche Stärken des kooperativen Unterrichts nicht zum Tragen kommen, etwa dadurch, dass stärkere Schüler den schwächeren helfen. Wird hingegen nur das Gruppenprodukt als Ganzes bewertet, so würden ungünstige Effekte wie das Trittbrettfahrerphänomen befördert. Begründet wird die Empfehlung der Gruppenbelohnung aus motivationaler Perspektive damit, dass die einzelnen Gruppenmitglieder erst dadurch voneinander abhängig werden. Eine solche Belohnungsinterdependenz lässt sich realisieren, indem die Summe des Lernfortschritts der einzelnen Gruppenmitglieder in die Bewertung eingeht (Slavin 1995). Eine solche Belohnungsstruktur bezeichnet Slavin als Gruppenbelohnung plus individuelle Verantwortlichkeit. Der einzige Weg, um erfolgreich zu sein, ist

dann der Erfolg der gesamten Gruppe. Diese Maßnahme unterstützt sowohl die Lernmotivation als auch die Kooperationsmotivation (Abb. 14.1).

Soziale Kohäsion

Aus der Perspektive der sozialen Kohäsion hängt der Erfolg kooperativen Arbeitens weniger von extrinsischen Anreizen wie z. B. Belohnungen ab, sondern der soziale Zusammenhalt der Gruppe motiviert ihre Mitglieder zusammenzuarbeiten (Cohen 1994). Wenn Schülern ihre Gruppe wichtig ist und sie sich in der Gruppe eingebunden fühlen, sind sie auch eher zur Kooperation bereit. Von entscheidender Bedeutung ist dabei die Interessantheit der Gruppenaufgabe. Ist die Aufgabe hingegen nicht ausreichend motivierend, so besteht wiederum die Gefahr, dass sie in unabhängig voneinander zu bearbeitende Teilaufgaben aufgeteilt wird. Dadurch werden scheinbar zeitraubende, jedoch lernförderliche Interaktionen wie das wechselseitige Geben von Erklärungen vermieden, und der Lernerfolg wesentlich beeinträchtigt (Renkl und Mandl 1995). Um dies zu verhindern, muss die Gruppenaufgabe so konzipiert sein, dass jedes Gruppenmitglied einen eigenständigen Beitrag zur Lösung liefern kann und muss, wodurch alle für das Ergebnis individuell verantwortlich sind. Geeignet sind daher besonders Aufgaben, die so vielschichtig sind, dass die unterschiedlichen Fähigkeiten und Kenntnisse der Gruppenmitglieder (Abb. 14.1 Vorwissen und Problemlösefähigkeit) gefordert sind.

14.3.2   Kognitive Perspektiven

In Rahmen kognitiver Perspektiven spielt nicht die Motivation die zentrale Rolle, sondern die Interaktion in der Gruppe (Kreis in Abb. 14.1). Der Diskurs innerhalb der Gruppe löst kognitive Prozesse aus bzw. stellt vorhandene heraus, deren Erörterung das Lernen begünstigt. Kognitive Perspektiven nehmen die individuelle Informationsverarbeitung in den Blick, die jedoch durch die Interaktionen in der Gruppe beeinflusst wird. Im Folgenden werden drei für kooperativen Unterricht bedeutsame kognitive Perspektiven vorgestellt.

Kognitive Elaboration

Vertreter der Perspektive der kognitiven Elaboration betonen, dass Lernprozesse insbesondere durch die Nutzung hochwertiger kognitiver Lernstrategien gefördert werden (Renkl 1997; Slavin et al. 2003). Elaborationsstrategien bestehen z. B. darin, einen Sachverhalt zusammenzufassen, eine anschauliche Vorstellung auszudenken oder eine Analogie zu entwickeln. Elaborationsstrategien dienen nach Baumert und Köller (1996) dazu, innerhalb neu zu lernender Stoffe Sinnstrukturen herzustellen (Konstruktion, wie den Stoff mit eigenen Worten wiedergeben), Informationen mit der vorhandenen Wissensstruktur möglichst sinnvoll und dicht zu vernetzen (Integration) und die Übertragbarkeit des neu Gelernten auf andere Kontexte zu erproben (Transfer). Elaboration ist beim individuellen Lernen wichtig (wie beim Lesen eines Fachtexts), hat aber auch in Gruppen deshalb eine hohe Bedeutung, weil entsprechende Aktivitäten beim kooperativen Lernen durch die Interaktion in der Gruppe ausgelöst und so lernwirksam werden können. Elaboration wird in kooperativen Lernumgebungen dadurch gefördert, dass zum Denken anregende Fragen und Erklären gestellt werden (Abb. 14.1). Für den Lernerfolg hat es sich als günstig erwiesen, wenn Lernpartner die Gedanken eines anderen weiterverarbeiten oder eigene Überlegungen klarer darstellen (wie beim Argumentieren im Rahmen von Diskussionen). Bei der Elaboration durch Erklären können sowohl die Erklärenden als auch die Instruierten profitieren, denn Erklären gilt als eine der effektivsten Methoden der Elaboration (Springer et al. 1999).

Entwicklungsperspektiven

Aus *soziogenetischer Perspektive* werden Lernprozesse durch kognitive Konflikte angeregt, die auch in der Forschung zum Konzeptwechsel von Bedeutung sind (Posner et al. 1982). Lerner versuchen einen kognitiven Konflikt dadurch zu lösen, dass sie ihre kognitive Struktur anpassen, bis ein Gleichgewicht mit der Lernaufgabe erreicht ist (Äquilibration; Piaget 1976).

Aus der *kognitiv-entwicklungspsychologischen Perspektive* ist kognitive Entwicklung eine Folge sozialer Interaktionen, in denen neues, gemeinsames Wissen entsteht (Gräsel und Gruber 2000; Huber 1987). Verbaler Austausch besteht aus Abfolgen von Internalisation und Externalisation von Informationen. Bei der Internalisation konstruiert der Lerner subjektive Modelle des Inhaltsbereichs und erwirbt aufgrund von kognitiven Umstrukturierungsprozessen neues Wissen, das dadurch über den Informationsgehalt hinausgeht. Externalisation, also die Verbalisierung der Information, kann unter Umständen mehrere Minuten dauern, auch wenn der Gedanke dem Sprecher sofort vollständig gegenwärtig ist. Dieser Auflösungsprozess des Gedankens in eine sequenzielle Abfolge von gesprochenen Wörtern erfordert eine Veränderung der Wissensstruktur: Der Sprecher verknüpft sein Wissen auf neue Weise und gewinnt unter Umständen Einsicht in neue Zusammenhänge.

Kooperatives Arbeiten erfordert diese Externalisation und Internalisation von Informationen. Dadurch wird nach Wygotski (1987) eine Erweiterung der kognitiven Kompetenzen durch das Operieren in der gegenseitigen Zone der nächsten Entwicklung („zone of proximal development") gefördert. Dies bedeutet, dass Aufgaben, die gerade nicht mehr selbstständig gelöst werden können, mit der Hilfe kompetenterer Gruppenmitglieder jedoch gelöst werden können. Beispielsweise lässt sich die Wirksamkeit des im letzten Abschnitt beschriebenen kognitiven Modellierens auf dieser Grundlage verstehen. Ein Beispiel für die gezielte Nutzung des kognitiven Modellierens ist das reziproke Lehren (Palincsar und Brown 1984). Dabei werden Fachtexte wechselseitig abschnittsweise gelesen und jeweils die folgenden vier Strategien eingesetzt: 1) Fragen formulieren; 2) Klären von Verständnislücken; 3) Zusammenfassen und 4) Vorhersagen, was im nächsten Textabschnitt steht. Die Methode soll v. a. schwächeren Lernern Strategien zur Textbearbeitung und Verständniskontrolle vermitteln. Wenn der stärkere Partner durch lautes Denken kognitive Prozesse demonstriert, so kann der schwächere Partner über dieses kognitive Modell die entsprechenden Fähigkeiten erwerben.

Zusammenfassend sieht Fischer (2002) den Prozess des Wissenserwerbs in kooperativen Lernumgebungen als komplexes Zusammenspiel von individuellen und kollek-
tiven Aspekten. Das *Knowledge-Building-Community-Modell* von Hewitt und Scardamalia (1998) beschreibt genau dieses Zusammenspiel und geht dabei davon aus, dass
eine *Knowledge Building Community* aus Mitgliedern besteht, die gemeinsam persönliche Ressourcen investieren, um das gemeinsame (geteilte) Wissen zu erweitern. Eine
Grundvoraussetzung ist dabei, dass das gemeinsame Ziel nicht die reine Fertigstellung
einer Aufgabe, sondern der Wissenserwerb ist. Diese Qualität des Ergebnisses ist dabei
sowohl von den Ressourcen der Individuen als auch von der Qualität des Austauschs und
der Qualität des Integrationsprozesses abhängig.

Zur Erklärung des Wissenserwerbs genügen nach Fischer (2002) die einzelnen theoretischen Perspektiven nicht, sie können sich jedoch gegenseitig ergänzen. Die Perspektive
der kognitiven Elaboration sowie die soziogenetische Perspektive beziehen sich in erster Linie auf die kognitive Struktur der einzelnen Gruppenmitglieder. Entsprechend der
kognitiv-entwicklungspsychologischen Perspektive gibt es jedoch neben der individuellen auch eine kollektive Form der Wissenskonstruktion. Diese Perspektive berücksichtigt
auch das komplexe Zusammenspiel aus Personen, Konzepten, Werkzeugen und Problemstellungen auf der sozialen Ebene.

14.4 Anwendungen: Unterrichtsgestaltung und Lernleistungen

Anhand ausgewählter Lernarrangements berichten wir exemplarisch über empirische Ergebnisse zu Lernleistungen beim kooperativen Lernen. Als Beispiele dienen die Gruppenarbeit beim Experimentieren („group investigation") und das Gruppenpuzzle. Zuvor
gehen wir auf die Bedeutung der theoretischen Rahmungen kooperativen Lernens für die
Unterrichtsgestaltung ein.

14.4.1 Unterrichtsgestaltung

Die vielen Bedingungen, die aus theoretischer Perspektive für einen erfolgreichen kooperativen Unterricht zu erfüllen sind, erscheinen als eine hohe Hürde. Es hat sich aber
gezeigt, dass kooperatives Lernen auch dann gelingen kann, wenn nicht alle Bedingungen
erfüllt sind. Einvernehmen besteht darüber, dass entsprechend der Forderungen von Slavin eine wechselseitige Verantwortlichkeit für das Lernen der Gruppenmitglieder (positive
Interdependenz) sowie eine individuelle Verantwortlichkeit gewährleistet werden müssen
(Antil et al. 1998). Huber (2000) hält darüber hinaus ausreichende Freiräume der Gruppen
für eigene Entscheidungen für notwendig. In den Augen von Johnson und Johnson (1987)
kommen weitere Voraussetzungen wie z. B. soziale Fertigkeiten hinzu.

Renkl und Mandl (1995) gehen davon aus, dass Defizite in einigen Bedingungen durch
andere erfüllte Bedingungen ausgeglichen werden können. Beispielsweise nimmt die Be-

deutung der Gruppenbelohnung ab, wenn die Gruppenaufgabe hinreichend interessant ist. Auch sind kognitive Konflikte nur dann lernwirksam, wenn sie gelöst werden können.

Vermutlich gibt es ohnehin nicht *die* notwendigen Bedingungen für alle Schüler. Huber (2003) verweist auf die Bedeutung individueller Merkmale wie die Ungewissheitsorientierung, also die Bereitschaft, Situationen wie das eher unvertraute kooperative Lernen im Vergleich zum individuellen Lernen als wünschenswerte Herausforderung und weniger als Belastung anzusehen.

Die Qualität der kooperativen Arbeitsphasen wird auf mehreren Ebenen entschieden. Im Folgenden gehen wir in Anlehnung u. a. an Renkl und Mandl (1995) auf die bei der Planung kooperativer Arbeitsphasen zu berücksichtigenden Ebenen ein.

Lernerebene Freieres Arbeiten in weniger strukturierten Lernumgebungen ist eher für ungewissheitsorientierte Lerner vorteilhaft (Hänze und Berger 2007b; Huber et al. 1992). Statusungleichheiten im Hinblick auf die Akzeptanz innerhalb der Gruppen wirken sich negativ aus. Tendenziell profitieren Lernende mit geringen Fähigkeiten v. a. von heterogenen Lerngruppen und Lernende mit mittleren Fähigkeiten profitieren v. a. von homogenen Gruppen, während es bei hochkompetenten Lernern keinen großen Einfluss der Gruppenzusammensetzung gibt (Haag et al. 2000; Huber 1995; Saleh et al. 2005).

Strukturierung der Interaktion/Kooperation Externe Strukturierung der Kooperationsskripts kann nötig sein, begrenzt jedoch bei anspruchsvollen Diskussions- oder Problemlöseaufgaben unter Umständen auch die Kreativität. Strukturierende Hilfen werden nicht immer angenommen. In der Strukturierung der Interaktion kann bereits eine positive Interdependenz angelegt werden (z. B. beim Gruppenpuzzle; Cohen 1993, 1994; Palincsar et al. 1993; Walpuski 2006).

Aufgabe Die Lernaufgabe sollte eine *echte* Gruppenaufgabe sein, die mit positiver Interdependenz verbunden ist. Intrinsische Motivation und Interessantheit der Aufgabe verbessern die Bearbeitungsqualität. Gruppenbelohnungen können die Kooperation verbessern, verlieren aber bei motivierenden Aufgaben an Bedeutung (Cohen 1993, 1994; Johnson und Johnson 1995; Renkl und Mandl 1995; Slavin 1991).

Lehrerebene Eine Lehrerintervention ohne Anforderung durch die Lernenden („invasive intervention") ist eher lernhinderlich, im Gegensatz zu einer Lehrerintervention mit Anforderung durch die Lernenden („responsive intervention"), die die Gruppenprozesse nicht unterbricht. Von Bedeutung sind dabei Situationsbezug und Qualität der Lehrerintervention. Ein Expertenfeedback durch die Lehrkraft kann den Lernerfolg verbessern (Haag et al. 2000; Haag und Hopperdietzel 2000).

14.4.2 Lernleistung bei *Group Investigation*

Im naturwissenschaftlichen Unterricht haben kooperative, problemlösende Experimentierphasen eine große Bedeutung. Zur Prüfung der Lernwirksamkeit dieser Phasen hat Rumann (2005) nach der Methode der *Group Investigation* (Sharan und Sharan 1976) entwickelte Interaktionsboxen mit Experimenten zu sauren und basischen Lösungen mit einem ähnlich gestalteten Frontalunterricht (Lehrkraft, Lernziele, Material, Aufgabenstellung und Zeit wurden konstant gehalten) u. a. hinsichtlich des Lernzuwachses verglichen. Die *Group Investigation* zeichnet sich – ähnlich wie das Gruppenpuzzle – durch soziale Kohäsion aus. Für den naturwissenschaftlichen Unterricht ist sie besonders geeignet, da sie den wissenschaftlichen Forschungsprozess nachzeichnet. Auch wurden die Aufgaben so angelegt, dass im Sinn einer kognitiven Elaboration eigene Lösungsstrategien entwickelt und Transferaufgaben gelöst werden mussten.

Die Untersuchung wurde in acht Schulklassen ($N = 215$; Jahrgangsstufe sieben) durchgeführt, wobei eine Lehrkraft immer sowohl im Frontalunterricht und in der Group Investigation eine Klasse unterrichtete.

Es zeigte sich, dass Schüler bei der Arbeit mit Interaktionsboxen mehr lernen als im Frontalunterricht (Effektstärke $d = 0,41$). Entsprechend Tab. 14.1 lässt sich dieser Befund damit begründen, dass im Rahmen der Group Investigation v. a. die positive Interdependenz als auch die individuelle Verantwortlichkeit stärker ausgeprägt sind als im Frontalunterricht.

In einer Folgestudie wurden die Interaktionsboxen von Walpuski (2006) dahingehend überarbeitet, dass eine Unterstützung der Lernenden mit Strukturierungshilfen (Flussdiagramm zum naturwissenschaftlichen Arbeiten) und Feedbackmaßnahmen (Rückmeldung zur Richtigkeit der Planung, Absicherung der Ergebnisse) eingeführt wurde. Das Ziel dieser Maßnahmen war, die Schüler bei der Anwendung elaborativer Strategien zu unterstützen. Insbesondere vom Feedback ist theoretisch zu erwarten, dass es die Qualität der Interaktion verbessern kann. Hier soll ein externer Expertenratschlag die Ergebnisse absichern, da häufig kritisiert wird, dass in Gruppen aus Lernern mit geringem Vorwissen das notwendige Wissen für ein Feedback oft nicht verfügbar ist. An der Untersuchung

Tab. 14.1 Strukturelle Merkmale von *Group Investigation* und *Frontalunterricht*

	Group Investigation	*Frontalunterricht*
Strukturelle Merkmale	Gemeinsame Problemlösung	Gemeinsame Problemlösung, aber dennoch lehrkraftzentriert
Zugewiesene Rollen	Gleichberechtigte Problemlöser (Lerner)	Problemlöser (Lerner), Moderator (Lehrperson)
Lernmaterial	Vollständiger Zugang	Vollständiger Zugang
Positive Interdependenz	Mittel	Gering
Individuelle Verantwortlichkeit	Mittel bis hoch	Gering
Freiräume für Entscheidungen	Mittel	Mittel

mit einem Zwei-mal-zwei-Design nahmen 336 Probanden von sieben Gymnasien über die Dauer von fünf Unterrichtsstunden teil (Klassenstufe 7). In der Studie zeigte sich, dass die Schüler die Strukturierungshilfen kaum nutzten. Der Lernerfolg verbesserte sich erwartungskonform nicht. Die Gruppen, die ein Feedback erhielten, eigneten sich signifikant mehr Fachwissen an als die anderen Gruppen ($d = 0{,}41$). In Folgestudien von Wahser und Sumfleth (2008) und Knobloch (2011) wurde die Lernleistung durch eine explizite Vermittlung des Umgangs mit den Strukturierungshilfen und eine zusätzliche Anregung der Gruppenkommunikation weiter gesteigert.

14.4.3 Lernleistung beim Gruppenpuzzle

Zunächst soll die kooperative Unterrichtsform des Gruppenpuzzle (Huber 2004) in Beziehung zu den Elementen gesetzt werden, die aus der oben skizzierten theoretischen Perspektive als lernförderlich gelten (Abschn. 14.3). Aus kognitiver Perspektive regt die Lehrererwartung die Schüler in den Expertengruppen dazu an, hochwertige Lernstrategien anzuwenden, z. B. Lücken im eigenen Verständnis zu schließen, Sachverhalte in eigenen Worten zu formulieren oder sich Veranschaulichungen auszudenken (Renkl 1995). Das gegenseitige Vermitteln von Lerninhalten in den Stammgruppen fördert kognitive Umstrukturierungen. Von besonderer Bedeutung sind dabei das Lernen durch Erklären und Rückfragen, das die Experten anregt, Sachverhalte nochmals zu durchdenken.

Aus der Perspektive der sozialen Kohäsion ist durch die Aufgabenspezialisierung der Experten im Gruppenpuzzle Ressourceninterdependenz gegeben, sodass die für kooperativen Unterricht notwendige wechselseitige Abhängigkeit, also eine positive Interdependenz, durch die Strukturierung in Expertengruppen gewährleistet ist. Die individuelle Verantwortlichkeit wird dadurch gefördert, dass die Experten in den Stammgruppen ihr Teilthema erklären müssen. Mit einem individuellen Leistungstest nach dem Gruppenpuzzle kann diese Verantwortlichkeit bekräftigt werden.

Um die Hypothese zu prüfen, dass Schüler aufgrund der genannten lernförderlichen Merkmale des Gruppenpuzzles auch entsprechend hohe Leistungen erbringen, haben Hänze und Berger (2007b) das Gruppenpuzzle ($n = 128$) mit einem Lernzirkel ($n = 158$) in einem quasiexperimentellen Design im Physikunterricht der zwölften Jahrgangsstufe verglichen. In einem Lernzirkel arbeiten die Kleingruppen permanent zusammen, sodass die für den Lernerfolg kooperativen Arbeitens als wichtig angesehenen Merkmale in wesentlich geringerem Ausmaß realisiert sind als im Gruppenpuzzle, obwohl in beiden Unterrichtsformen in Kleingruppen gearbeitet wird (Tab. 14.2).

Inhaltlich ging es um die Physik des Rasterelektronenmikroskops mit vier Teilthemen. Beispielsweise wurde die Elektronenstrahlablenkung im Magnetfeld der Ablenkspulen eines Rasterelektronenmikroskops auf der Basis eines Versuchs mithilfe der Dreifingerregel erklärt. Im Lernzirkel gibt es im Unterschied zum Gruppenpuzzle keine Aufgabenspezialisierung, denn die Gruppen bearbeiten gemeinsam die verschiedenen Lernstationen. Dadurch hat jedes Gruppenmitglied im Gegensatz zum Gruppenpuzzle Zugang zum gesamten Lernmaterial. Darüber hinaus stehen die Schüler in den Expertengruppen des Gruppenpuzzles unter Lehrerwartung, was als motivierend und lernförderlich angesehen wird (Bargh und Schul 1980), sofern dies keine Ängste erzeugt (Renkl 1997). Individuelle Verantwortlichkeit für die Gruppenleistung ist im Gruppenpuzzle bereits dadurch gegeben, dass die Gruppenmitglieder für den Lernerfolg der anderen verantwortlich sind.

In Bezug auf die Leistung schnitten Schüler im Lernzirkel insgesamt besser ab als im Gruppenpuzzle. Dies erscheint überraschend, da im Gruppenpuzzle entsprechend Tab. 14.2 zahlreiche theoretisch als lernwirksam erachtete Maßnahmen implementiert sind (Abschn. 14.3). Unterscheidet man jedoch zwischen der Leistung im Expertenthema und der durch andere Experten in den Stammgruppen erklärten Themen, so ergibt sich ein differenziertes Bild. Im Expertenthema war die Leistung besser als die durchschnittliche Leistung im Lernzirkel. Bezüglich der von anderen Experten erklärten Themen war es hingegen umgekehrt. Dieser letzte Befund unterstützt die Einschätzung von Slavin et al. (2003), die die Aufgabenspezialisierung im Gruppenpuzzle als Problem sehen: Da die Lernenden nicht auf das gesamte Material zurückgreifen können, können schlechte Erklärungen der Experten negative Auswirkungen auf die Leistung der instruierten Gruppenmitglieder haben (Erklären als bedeutsamer Faktor der Gruppeninteraktion; Abb. 14.1).

Tepner et al. (2009, 2005) haben untersucht, ob der Einsatz eines Gruppenpuzzles im Chemieunterricht der Sekundarstufe I die Lernleistung der Schüler im Vergleich zu einer zum gleichen Thema informativ fragend-entwickelnd unterrichteten Lerngruppe verbessern kann. Erwartet wurde, dass Schüler, die nach der Gruppenpuzzlemethode unterrichtet werden, einen höheren Wissenszuwachs erzielen und eine positivere Einstellung zum Unterricht haben, als Schüler in der Frontalunterrichtsgruppe. Dies lässt sich dadurch begründen, dass auch hier durch größere Entscheidungsfreiräume bzw. den Erwerb von Expertenwissen die Grundbedürfnisse nach Deci und Ryan (1993) besser erfüllt werden als im fragend-entwickelnden Unterricht.

Ebenso wie in der Studie von Hänze und Berger (2007a) erreichten die Experten für ihr eigenes Thema höhere Wissenszuwächse als Schüler, denen das Thema im Gruppenpuzzle von den anderen Lernenden oder im Frontalunterricht von der Lehrkraft vermittelt wurde.

Tab. 14.2 Strukturelle Merkmale von *Gruppenpuzzle* und *Lernzirkel*

	Gruppenpuzzle	*Lernzirkel*
Strukturelle Merkmale	Lehrerwartung/wechselseitiges Erklären	Keine Vorgaben
Zugewiesene Rollen	Experten/Novizen	Keine formalen Rollen
Lernmaterial	Aufgabenspezialisierung	Vollständiger Zugang
Positive Interdependenz	Hoch (aufgrund Aufgaben-spezialisierung)	Gering
Individuelle Verantwortlichkeit	Mittel bis hoch	Gering bis mittel
Freiräume für Entscheidungen	Mittel	Mittel

Der Lernerfolg im Bereich der durch die Mitschüler vermittelten Inhalte unterschied sich jedoch von der Frontalunterrichtsgruppe nicht signifikant.

In beiden Studien zeigt sich demnach ein Vorteil für die im Gruppenpuzzle Unterrichteten hinsichtlich des eigenen Expertenthemas, was auch den theoretischen Annahmen entspricht. In Bezug auf die jeweiligen Novizen unterscheiden sich beide Studien. Im Vergleich zum Lernzirkel ist das Gruppenpuzzle hinsichtlich der Lernleistung über alle Teilthemen zusammen unterlegen, während die Novizen im Vergleich zum fragend-entwickelnden Unterricht einen ähnlichen Lernzuwachs erzielen. Dies ins insofern theoriekonform, als dass die Merkmale des Lernzirkels (Tab. 14.2) sich weniger von denen des Gruppenpuzzles unterscheiden als die Merkmale des fragend-entwickelnden Unterrichts.

14.5   Resümee und Ausblick

In den dargestellten Studien wurden zwei kooperative Unterrichtsformen (Gruppenpuzzle und *Group Investigation*) hinsichtlich einer Reihe von theoretisch lernförderlichen Merkmalen in den Blick genommen. Hierbei zeigte sich, dass die theoriebasierten Hypothesen in Bezug auf die individuelle Lernleistung nur teilweise bestätigt wurden. Für weitere Studien sind Prozessdaten (z. B. Videoaufnahmen) von Bedeutung, die die Gespräche und andere Interaktionen in den Gruppen widerspiegeln (Gillies 2014). Somit kann geprüft werden, welche Bedeutung die einzelnen Elemente aus dem theoretischen Modell aus Abb. 14.1 für den individuellen Lernerfolg haben (z. B. die Qualität der gegenseitigen Erklärungen). Dies würde die im theoretischen Modell in Abb. 14.1 dargestellten Zusammenhänge weiter prüfen und somit einen Beitrag zur Weiterentwicklung des Modells liefern. Daraus könnten anschließend weitere Empfehlungen für die lernwirksame Implementation kooperativen Unterrichts abgeleitet werden.

14.6   Literatur zur Vertiefung

Slavin, R. E., Hurley, E. A., & Chamberlain, A. (2003). Cooperative learning and achievement: Theory and research. In W. M. Reynolds, G. E. Miller, & I. B. Weiner (Hrsg.), *Handbook of Psychology, Volume 7, Educational Psychology* (S. 177–197). New York: Wiley.

In diesem Beitrag sind die zugrunde liegenden theoretischen Perspektiven sowie deren empirische Untermauerung in knapper, aber gut lesbarer Form dargestellt. Der Aufsatz enthält ein umfangreiches Literaturverzeichnis, das für Vertiefungen herangezogen werden kann.

Wecker, C., & Fischer, F. (2014). Lernen in Gruppen. In T. Seidel, & A. Krapp (Hrsg.), *Pädagogische Psychologie* (S. 277–296). Weinheim: Beltz.

Das Buchkapitel liefert eine ausführlichere Einführung in das Thema kooperatives Lernen.

Huber, A. A. (2004). *Kooperatives Lernen – kein Problem*. Stuttgart: Klett.

Konrad, K., & Traub, S. (2005). *Kooperatives Lernen*. Baltmannsweiler: Schneider Verlag Hohengehren.

Die beiden Bücher bieten eine theoriebasierte, aber sehr praxisnahe und mit Beispielen versehene Einführungen zum Thema kooperatives Lernen. Dabei werden zahlreiche Formen kooperativen Unterrichts, wie die Gruppenrallye („student teams-achievement divisions") oder die reziproke Lehre beschrieben. Die Bücher eignen sich für eine reflektierte Umsetzung kooperativen Unterrichts in den Unterricht.

Literatur

Antil, L. R., Jenkins, J. R., & Wayne, S. K. (1998). Cooperative learning: prevalence, conceptualizations, and the relation between research and practice. *American Educational Research Journal, 35*, 419–454.

Bargh, J. A., & Schul, Y. (1980). On the cognitive benefits of teaching. *Journal of Educational Psychology, 72*, 593–604.

Basili, P. A., & Sanford, J. P. (1991). Conceptual change strategies and cooperative group work in chemistry. *Journal of Research in Science Teaching, 28*(4), 293–304.

Baumert, J., & Köller, O. (1996). Lernstrategien und schulische Leistung. In J. Möller & O. Köller (Hrsg.), *Emotionen, Kognitionen und Schulleistung* (S. 137–154). Weinheim: Beltz.

Bennett, J. (2005). Systematic reviews of research in science education: Rigour or rigidity? *International Journal of Science Education, 27*, 387–406.

Bennett, J., Lubben, F., Hogarth, S., & Campbell, B. (2004). *A systematic review of the use of small-group discussions in science teaching with students aged 11–18, and their effects on students' understanding in science or attitude to science*. London: EPPI-Centre. https://eppi.ioe.ac.uk [19.04.2017]

Bennett, J., Lubben, F., Hogarth, S., Campbell, B., & Robinson, A. (2005). *A systematic review of the nature of small-group discussions aimed at improving students' understanding of evidence in science*. York: EPPI-Centre.

Bennett, J., Hogarth, S., Lubben, F., Campbell, B., & Robinson, A. (2010). Talking science: the research evidence on the use of small group discussions in science teaching. *International Journal of Science Education, 32*, 69–95.

Bianchini, J. A. (1997). Where knowledge construction, equity, and context intersect: student learning of science in small groups. *Journal of Research in Science Teaching, 34*, 1039–1065.

Bowen, C. W. (2000). A quantitative literature review of cooperative learning effects on high school and college chemistry achievement. *Journal of Chemical Education, 77*, 116–118.

Cohen, E. G. (1993). Bedingungen für produktive Kleingruppen. In G. L. Huber (Hrsg.), *Grundlagen der Schulpädagogik. Neue Perspektiven der Kooperation* (S. 45–53). Baltmannsweiler: Schneider Verlag.

Cohen, E. G. (1994). Restructuring the classroom: Conditions for productive small groups. *Review of Educational Research, 64*, 1–35.

Deci, E. L., & Ryan, R. M. (1993). Die Selbstbestimmungstheorie der Motivation und ihre Bedeutung für die Pädagogik. *Zeitschrift für Pädagogik, 39*, 223–238.

Deutsch, M. (1949). A theory of co-operation and competition. *Human Relations*, 2, 129–152.

Dietrich, G. (1974). Auswirkungen und Bedingungsfaktoren des kooperativen Lernens. In G. Dietrich, F. Kopp, A. Kreuz, H. Rosenbusch, K. Meyer & O. Schießl (Hrsg.), *Kooperatives Lernen in der Schule* (S. 9–31). Donauwörth: Verlag Ludwig Auer.

Ditton, H. (2002). Unterrichtsqualität – Konzeptionen, methodische Überlegungen und Perspektiven. *Unterrichtswissenschaft*, 30, 197–212.

Fischer, F. (2002). Gemeinsame Wissenskonstruktion – Theoretische und methodologische Aspekte. *Psychologische Rundschau*, 53, 119–134.

Gillies, R. M. (2014). Developments in cooperative learning: review of research. *Anales de Psicologia*, 30, 792–801. http://revistas.um.es/analesps/ [22.02.2017].

Götz, T., Lohrmann, K., Ganser, B., & Haag, L. (2005). Einsatz von Unterrichtsmethoden – Konstanz oder Wandel? *Empirische Pädagogik*, 19, 342–360.

Gräsel, C., & Gruber, H. (2000). Kooperatives Lernen in der Schule. Theoretische Ansätze – Empirische Befunde – Desiderate für die Lehramtsausbildung. In N. Seibert (Hrsg.), *Perspektive Schulpädagogik* (S. 161–176). Bad Heilbrunn: Julius Klinkhardt.

Haag, L., & Hopperdietzel, H. (2000). Gruppenunterricht – Aber wie? Eine Studie über Transfereffekte und ihre Voraussetzungen. *Die Deutsche Schule*, 92, 480–490.

Haag, L., Dann, H.-D., Diegritz, T., Fürst, C., & Rosenbusch, H. S. (2000). Quantifizierende und interpretative Analysen des schulischen Lernens in Gruppen. *Unterrichtswissenschaft*, 4, 334–349.

Hänze, M., & Berger, R. (2007a). Cooperative learning, motivational effects and student characteristics: An experimental study comparing cooperative learning and direct instruction in 12th grade physics classes. *Learning and Instruction*, 17, 29–41.

Hänze, M., & Berger, R. (2007b). Kooperatives Lernen im Gruppenpuzzle und im Lernzirkel. *Unterrichtswissenschaft*, 35, 227–240.

Hattie, J. (2014). *Lernen sichtbar machen für Lehrpersonen*. Baltmannsweiler: Schneider Verlag Hohengehren.

Hewitt, J., & Scardamalia, M. (1998). Design principles for distributed knowledge building processes. *Educational Psychology Review*, 10, 75–96.

Huber, A. A. (2004). *Kooperatives Lernen – kein Problem*. Stuttgart: Klett.

Huber, G. L. (1987). Kooperatives Lernen: Theoretische und praktische Herausforderung für die Pädagogische Psychologie. *Zeitschrift für Entwicklungspsychologie und Pädagogische Psychologie*, *XIX*(4), 340–362.

Huber, G. L. (1995). Lernprozesse in Kleingruppen: Wie kooperieren die Lerner? *Unterrichtswissenschaft*, 23(4), 316–331.

Huber, G. L. (2000). Lernen in kooperativen Arrangements. In R. Duit & C. von Rhöneck (Hrsg.), *Ergebnisse fachdidaktischer und psychologischer Lehr-Lern-Forschung*. IPN Report Nr. 169. (S. 55–76).

Huber, G. L. (2003). Processes of decision-making in small learning groups. *Learning and Instruction*, 13, 255–269.

Huber, L. (2014). Forschungsbasiertes, Forschungsorientiertes, Forschendes Lernen: Alles dasselbe? Ein Plädoyer für eine Verständigung über Begriffe und Unterscheidungen im Feld forschungsnahen Lehrens und Lernens. *Das Hochschulwesen. Forum für Hochschulforschung, -praxis und -politik*, 62, 32–39.

Huber, G. L., Sorrentino, R. M., Davidson, M. A., Eppler, R., & Roth, J. W. H. (1992). Uncertainty orientation and cooperative learning: Individual differences within and across cultures. *Learning and Individual Differences*, 4, 1–24.

Johnson, D. W., & Johnson, R. T. (1987). *Learning together & alone*. London: Prentice-Hall.

Johnson, D. W., & Johnson, R. T. (1995). An overview of cooperative Learning. In J. S. Thousand, R. A. Villa & A. I. Newin (Hrsg.), *Creativity and collaborative learning* (S. 31–44). Baltimoore: Brookes Press.

Knobloch, R. (2011). *Analyse der fachinhaltlichen Qualität von Schüleräußerungen und deren Einfluss auf den Lernerfolg: Eine Videostudie zu kooperativer Kleingruppenarbeit.* Berlin: Logos.

Konrad, K., & Traub, S. (2005). *Kooperatives Lernen.* Baltmannsweiler: Schneider Verlag Hohengehren.

Korner, M., & Hopf, M. (2017). Zur Evaluation von Cross-Age Peer Tutoring im Physikunterricht. *Physik und Didaktik in Schule und Hochschule, 1*(16), 1–13.

Krapp, A. (2002). Structural and dynamic aspects of interest development: theoretical considerations from an ontogenetic perspective. *Learning and Instruction, 12,* 383–409.

Markic, S., & Eilks, I. (2006). Cooperative and context-based learning on electrochemical cells in lower secondary science lessons – A project of Participatory Action Research. *Science Education International, 4*(17), 253–273.

Marohn, A. (2008). „Choice2learn" – eine Konzeption zur Exploration und Veränderung von Lernervorstellungen im naturwissenschaftlichen Unterricht. *Zeitschrift für Didaktik der Naturwissenschaften, 14,* 57–83.

Meyer, H. (1987). *Unterrichtsmethoden II: Praxisband.* Berlin: Cornelsen.

Neber, H. (2006). Kooperatives Lernen. In D. H. Rost (Hrsg.), *Handwörterbuch Pädagogische Psychologie* (S. 355–362). Weinheim: Beltz.

Okebukola, P. A. (1986). Impact of extended cooperative and competitive relationships on the performance of students in science. *Human Relations, 39*(7), 673–682.

Palincsar, A. S., & Brown, A. (1984). Reciprocal teaching of comprehension fostering and monitoring activities. *Cognition and Instruction, 1,* 117–175.

Palincsar, A. S., Anderson, C., & David, Y. M. (1993). Pursuing scientific literacy in the middle grades through collaborative problem solving. *The Elementary School Journal, 95*(5), 643–658.

Piaget, J. (1976). *Die Äquilibration der kognitiven Strukturen.* Stuttgart: Klett.

Posner, G. J., Strike, K. A., Hewson, P. W., & Gertzog, W. A. (1982). Accomodation of a scientific concept: toward a theory of conceptual change. *Science Education, 66,* 211–227.

Reiss, K., Sälzer, C., Schiepe-Tiska, A., Klieme, E., & Köller, O. (2016). *PISA 2015: Eine Studie zwischen Kontinuität und Innovation.* Münster: Waxmann.

Renkl, A. (1995). Learning for later teaching: An exploration of mediational links between teaching expectancy and learning results. *Learning and Instruction, 5,* 21–36.

Renkl, A. (1997). *Lernen durch Lehren.* Wiesbaden: Deutscher Universitäts-Verlag.

Renkl, A., & Beisiegel, S. (2003). *Lernen in Gruppen: Ein Minihandbuch.* Landau: Verlag Empirische Pädagogik.

Renkl, A., & Mandl, H. (1995). Kooperatives Lernen: Die Frage nach dem Notwendigen und dem Ersetzbaren. *Unterrichtswissenschaft, 23,* 292–300.

Rumann, S. (2005). *Kooperatives Arbeiten im Chemieunterricht. Entwicklung und Evaluation einer Interventionsstudie zur Säure-Base-Thematik.* Berlin: Logos.

Ryan, R., & Deci, E. L. (2000). Self-determination theory and the facilitation of intrinsic motivation, social development, and well-being. *American Psychologist, 55,* 68–78.

Saleh, M., Lazonder, A. W., & de Jong, T. (2005). Effects of within-class ability grouping on social interaction, achievement, and motivation. *Instructional Science, 33,* 105–119.

Schecker, H. (2002). Berufsorientierung im fachübergreifenden naturwissenschaftlichen Unterricht der gymnasialen Oberstufe – Förderung von Schlüsselqualifikationen. In J. Schudy (Hrsg.), *Berufsorientierung in der Schule* (S. 281–296). Bad Heilbrunn: Klinkhardt.

Scott, L. W., & Heller, P. (1991). Team work strategies for integrating women and minorities into the physical sciences. *The Science Teacher, 58,* 24–28.

Sharan, S., & Sharan, Y. (1976). *Small-group teaching*. Englewood Cliffs: Educational Technology Publications.

Slavin, R. E. (1991). Group rewards make groupwork work. *Educational Leadership, 48*, 89–91.

Slavin, R. E. (1995). *Cooperative learning. Theory, research, and practice* (2. Aufl.). Boston: Allyn & Bacon.

Slavin, R. E., Hurley, E. A., & Chamberlain, A. (2003). Cooperative learning and achievement: theory and research. In W. M. Reynolds, G. E. Miller & I. B. Weiner (Hrsg.), *Educational psychology*. Handbook of psychology, (Bd. 7, S. 177–197). New York: Wiley.

Springer, L., Stanne, M. E., & Donovan, S. (1999). Effects of small-group learning on undergraduates in science, mathematics, engineering and technology: a meta-analysis. *Review of Educational Research, 69*, 21–51.

Tepner, M., Melle, I., & Roeder, B. (2005). Gruppenpuzzle und Frontalunterricht im Vergleich. *Naturwissenschaften im Unterricht Chemie, 16*, 82–85.

Tepner, M., Roeder, B., & Melle, I. (2009). Effektivität des Gruppenpuzzles im Chemieunterricht der Sekundarstufe I. *Zeitschrift für Didaktik der Naturwissenschaften, 15*, 31–45.

Wahser, I., & Sumfleth, E. (2008). Training experimenteller Arbeitsweisen zur Unterstützung kooperativer Kleingruppenarbeit im Fach Chemie. *Zeitschrift für Didaktik der Naturwissenschaften, 14*, 219–241.

Walpuski, M. (2006). *Optimierung von experimenteller Kleingruppenarbeit durch Strukturierungshilfen und Feedback*. Studien zum Physik- und Chemielernen. Berlin: Logos.

Walpuski, M., & Schulz, A. (2011). Erkenntnisgewinnung durch Experimente – Stärken und Schwächen deutscher Schülerinnen und Schüler im Fach Chemie. *Chimica et ceterae artes rerum naturae didacticae, 37*(104), 6–27.

Wecker, C., & Fischer, F. (2014). Lernen in Gruppen. In T. Seidel & A. Krapp (Hrsg.), *Pädagogische Psychologie* (S. 277–296). Weinheim: Beltz.

Wygotski, L. (1987). *Arbeiten zur psychischen Entwicklung der Persönlichkeit*. Ausgewählte Schriften, Bd. 2. Köln: Pahl-Rugenstein.

Janet Blankenburg und Annette Scheersoi

15.1 Einführung

Die Entwicklung des Interesses gilt als wesentliche Voraussetzung für gelingendes Lernen und ist deshalb auch in der Naturwissenschaftsdidaktik zentraler Forschungsgegenstand. Interesse hat einen signifikanten Einfluss auf den Lernerfolg (Bybee und McCrae 2011; Papanastasiou und Zembylas 2004) und bewirkt die Aktivierung höherer kognitiver Funktionen wie auch verbesserter Aufmerksamkeit (Ainley et al. 2002; Schiefele 1999). Weiterhin ist Interesse ein signifikanter Prädiktor für akademische Leistungen und leistungsorientierte Entscheidungen wie die Wahl von Oberstufenkursen in der Schule (Bøe 2012; Bøe und Henriksen 2013; Köller et al. 2000; Mujtaba und Reiss 2013). Die förderliche Wirkung von Interesse auf Lernvorgänge lässt sich auch neurologisch durch bestimmte Gehirnaktivitäten aufzeigen. Die Stärke des emotionalen Zustands korreliert dabei positiv mit der Gedächtnisleitung und unterscheidet sich bei interessierten und nicht interessierten Lernenden (vgl. Renninger und Hidi 2011; Roth 2004).

Aus Gründen der besseren Lesbarkeit wird im Text verallgemeinernd das generische Maskulinum verwendet. Diese Formulierungen umfassen gleichermaßen weibliche und männliche Personen; alle sind damit gleichberechtigt angesprochen.

J. Blankenburg
Stiftung Louisenlund
Güby, Deutschland
E-Mail: janet.blankenburg@louisenlund.de

A. Scheersoi (✉)
Fachdidaktik Biologie, Rheinische Friedrich-Wilhelms-Universität
Bonn, Deutschland
E-Mail: a.scheersoi@uni-bonn.de

© Springer-Verlag GmbH Deutschland, ein Teil von Springer Nature 2018
D. Krüger et al. (Hrsg.), *Theorien in der naturwissenschaftsdidaktischen Forschung*,
https://doi.org/10.1007/978-3-662-56320-5_15

Im Bereich der pädagogisch-psychologischen Rahmungen von Interesse lassen sich zwei Schwerpunkte identifizieren: Zum einen die Charakterisierung von aktuellen und langfristigen Interessenstrukturen (Interessiertheit und Interesse) und zum anderen die Beschreibung von (längerfristigen) Interessenentwicklungen. Das Kapitel stellt theoretische Rahmungen beider Schwerpunkte dar und erläutert, wie diese weiterentwickelt und mit anderen Theorien (z. B. Selbstbestimmungstheorie der Motivation, *Basic Needs*, Deci und Ryan 2002) verknüpft werden können. Damit soll die Wahl geeigneter theoretischer Rahmungen für die Beantwortung konkreter Fragestellungen und Hypothesen ermöglicht sowie die Wahl passender Forschungsmethoden unterstützt werden.

Eine der wichtigsten pädagogisch-psychologischen Interessentheorien ist die *Person-Gegenstands-Theorie* (Krapp 2002a, 2002b). Interesse zeichnet sich darin durch eine dynamische Beziehung zwischen einer Person und einem Erfahrungs- oder Wissensbereich (Lerngegenstand) aus. Interesse ist folglich spezifisch auf einen Gegenstand, ein Thema, eine Idee oder eine Aktivität gerichtet. Dies unterscheidet Interesse von anderen motivationalen Konstrukten, wie beispielsweise Zielorientierungen, Selbstkonzept, Motiven oder Bedürfnissen, die – wie auch das Interesse – als langfristige Hintergründe von aktueller Motivation betrachtet werden können (Schiefele 2009). Das Konzept der Einstellung lässt sich ebenfalls klar von Interesse abgrenzen: Aufgrund unterschiedlicher Bewertungskriterien einem Gegenstandsbereich gegenüber existieren die beiden Konzepte unabhängig voneinander und können auf den gleichen Gegenstand bezogen sogar eine gegenteilige Ausprägung zeigen (vgl. Krapp und Prenzel 2011; Krapp 1999). Es ist beispielsweise möglich, eine deutlich negative Einstellung einem Thema gegenüber zu besitzen (z. B. Nutzung von Kernenergie), aber dennoch ein starkes und andauerndes Interesse daran zu haben, das Thema zu verstehen.

Innerhalb des Interesses kann zwischen zwei Formen, dem situationalen und dem individuellen Interesse, unterschieden werden (Krapp 1992). Das situationale Interesse wird durch spezielle Bedingungen in einer aktuellen Situation (z. B. den besonderen Eigenschaften einer Lernumgebung; Interessantheit) ausgelöst und ist meist an diese gebunden. Die wiederholte Aktivierung dieses Interessenzustands kann unter bestimmten Voraussetzungen zu einem dauerhaften, individuellen Interesse führen, das als stabiles Persönlichkeitsmerkmal aufgefasst wird. Bei einem ausgeprägten individuellen Interesse setzt sich die Person wiederholt und ohne äußere Veranlassung mit dem Interessengegenstand auseinander und erwirbt zunehmend ausdifferenziertes Wissen (Krapp 1992).

Das Interesse als spezifische Person-Gegenstands-Relation lässt sich mithilfe von drei Merkmalskomponenten charakterisieren (Krapp 2002b): Wer sich für einen Gegenstandsbereich interessiert, möchte mehr darüber erfahren und ein tieferes Verständnis erlangen (kognitive Komponente). Die Auseinandersetzung mit dem Interessengegenstand ist meist von positiven Gefühlen begleitet (emotionale Komponente). Außerdem wird der Interessengegenstand als persönlich bedeutsam erachtet und die Person ist bereit, für Interessenhandlungen Zeit oder Geld zu investieren (wertbezogene Komponente). Diese Merkmale liegen auch der intrinsischen Qualität von auf Interesse beruhenden Lernhandlungen zugrunde – sie sind von positiven emotionalen Erfahrungen begleitet und zeichnen sich durch eine hohe subjektive Wertschätzung des Lerngegenstands aus.

Ausgehend von der Person-Gegenstands-Konzeption des Intereses wurde von Upmeier zu Belzen und Vogt (2001) eine Rahmenkonzeption entwickelt, die neben Interesse auch Indifferenz und Nichtinteresse definiert (Vogt 2007). Indifferenz wird hierbei als neutrale Ausgangshaltung einem Gegenstand gegenüber beschrieben, da die Person bisher noch keinen Kontakt zum Gegenstand hatte. Im Unterschied dazu hat sich beim Nichtinteresse durch eine vorangegangene Person-Gegenstands-Auseinandersetzung entweder ein Desinteresse oder sogar eine Abneigung entwickelt. Die Unterscheidung zwischen diesen beiden Ausprägungen von Nichtinteresse liegt primär in der Stärke der Ablehnung: während sich Desinteresse eher in einer gleichgültigen Haltung dem Gegenstand gegenüber äußert (Interesselosigkeit), haben sich bei der Abneigung bereits deutlich negative Gefühle entwickelt und die Auseinandersetzung mit dem Gegenstand wird bewusst abgelehnt (Antipathie). Um die Person zu einer erneuten Auseinandersetzung mit dem Gegenstand zu bewegen, spielen die Rahmenbedingungen eine zentrale Rolle. Im schulischen Kontext kommt der Lehrperson und ihrer Unterrichtsgestaltung hierbei eine besondere Bedeutung zu (Upmeier zu Belzen und Vogt 2001).

Ziel von Unterricht ist es also nicht nur, die Interessen der Lernenden zu fördern, sondern auch die Entwicklung von Nichtinteressen zu vermeiden (Vogt 2007).

15.2 Theoretische Rahmungen von Interesse im Überblick

Der überwiegende Teil der Interessenstudien in Bildungskontexten lässt sich in zwei übergeordnete Kategorien einteilen: Struktur und Entwicklung von Interessen. Die Tab. 15.1 zeigt zentrale Rahmungen beider Kategorien.

Die in Tab. 15.1 aufgeführten Rahmungen wurden bereits in zahlreichen Untersuchungen eingesetzt. Dabei kann es notwendig sein, verschiedene Ansätze zu kombinieren oder mit weiteren theoretischen Konstrukten zu verbinden. Die Person-Gegenstands-Theorie kann sowohl als geeignete Rahmung für die Beschreibung von Interessenstrukturen als auch für die Charakterisierung von Interessenentwicklungen eingesetzt werden. Im Folgenden wird die Verknüpfung mit anderen Ansätzen demonstriert.

Tab. 15.1 Theoretische Rahmungen des Interesses in den naturwissenschaftlichen Fachdidaktiken

Ansatz/Theorie	Beschreibung	Quellen
Charakterisierung von Interessensstrukturen		
Person-Gegenstands-Konzeption	Spezifische Beziehung zwischen einer Person und einem Gegenstand Umfasst kognitive/epistemische (mehr wissen wollen), emotionale (Spaß) und wertbezogene (Wichtigkeit) Merkmals-komponenten Unterscheidet zwischen zwei Interessen-zuständen: situationales Interesse und individuelles Interesse	Schiefele et al. 1983; Krapp 2002a, 2002b
Theorie des Interesses und des Nichtinteresses	Berücksichtigt neben dem Interesse auch Nichtinteresse, das sich in Desinteresse und Abneigung unterteilt	Upmeier zu Belzen und Vogt 2001; Vogt 2007
Multidimensionale Theorie zur Beschrei-bung des Interesses an Physik	Interesse an der Domäne vs. Interesse am Fach Differenziert das Interesse an Physik in drei Ebenen: Interesse an einem bestimmten The-ma, an einem bestimmten Kontext (zu einem Thema) und an einer bestimmten Aktivität (in einem Kontext zu einem Thema)	Hoffmann et al. 1998; Häußler und Hoffmann 2000, 2002
RIASEC-Modell	Persönlichkeitstypen mit korrespondierenden Interessen: *realistisch, forschend, künstle-risch, sozial, unternehmerisch, konventionell* In der Adaption auf die Naturwissenschaften zudem *vernetzend*	Holland 1997; Dierks et al. 2014, 2016
Charakterisierung von Interessenentwicklungen		
Vier-Phasen-Modell der Interessenentwicklung	Qualitative Beschreibung von vier aufeinanderfolgenden Phasen: 1. „triggered situational interest (catch)" 2. „maintained situational interest (hold)" 3. „emerging (less developed) individual interest" 4. „well-developed individual interest"	Hidi und Renninger 2006; Mitchell 1993
Interessenentwicklung im Zusammenhang mit der Individualentwick-lung	Bedeutung des individuellen Selbst (Selbstbestimmungstheorie), Prozesse der Internalisierung und Identifikation Steuerungsfunktion der „basic needs" (Befriedigung der Grundbedürfnisse nach Autonomie-, Kompetenzerleben und sozialer Eingebundenheit) im Rahmen der Interessen-entwicklung	Krapp 1998, 2002a, 2002b; Deci und Ryan 1993, 2002

15.3 Struktur und Entwicklung von Interesse

15.3.1 Interessenstrukturen

Aufgrund der zentralen Stellung des Interesses für den Verlauf von Bildungswegen ist eine sorgfältige und differenzierte Charakterisierung des Interesses von Lernenden eine wichtige Voraussetzung für die Entwicklung und Ausgestaltung von Lernangeboten, die Untersuchung der Interessenentwicklung und die Diagnose der Ursachen von Lernschwierigkeiten.

Bezogen auf das Feld des naturwissenschaftlichen Interesses, gerade im schulischen Umfeld, kann Interesse zunächst in zwei Kategorien eingeteilt werden: das Fachinteresse sowie das Sachinteresse. Das Fachinteresse beschreibt das Interesse einer Person an einem naturwissenschaftlichen Schulfach als Ganzes (im Kontrast zum Interesse an anderen Schulfächern) während das Sachinteresse das Interesse an bestimmten Themen, Kontexten und/oder Aktivitäten in einer naturwissenschaftlichen Domäne beschreibt (Krapp und Prenzel 2011).

Häußler (1987) und Häußler und Hoffmann (2000, 2002) differenzierten noch weiter: In Bezug auf das Sachinteresse an Physik definierten sie drei Faktoren mit jeweils einer Anzahl weiterer Unterkategorien, die sie aus ihrer curricularen Studie zu Physikalischer Bildung ableiteten (Häußler et al. 1980). Folgt man dieser Argumentation, so lässt sich naturwissenschaftliches Sachinteresse wie folgt unterteilen:

- Interesse an einem bestimmten naturwissenschaftlichen Themengebiet (z. B. Gesundheit, Verbrennung, Magnetismus)
- Interesse an einem Kontext, in dem ein bestimmter naturwissenschaftlicher Inhalt eingebettet ist (z. B. gesunde Ernährung, Verbrennung in Alltagssituationen, Einsatz des Magnetismus in medizinischen Geräten)
- Interesse an einer bestimmten naturwissenschaftlichen Tätigkeit, auf die man sich im Zusammenhang mit diesem Inhalt einlassen kann (z. B. die Bestimmung des Nährwerts bestimmter Lebensmittel, Planung eines Experiments zur Identifikation des Brennstoffs in Kerzen, Recherche der Funktionsweise der Magnetresonanztomographie).

Bezogen auf diese Faktoren wurden besonders intensiv Interessenunterschiede an verschiedenen naturwissenschaftlichen Themen (die üblicherweise einer bestimmten Naturwissenschaft zugeordnet sind) erforscht. So untersuchten Baram-Tsabari und Yarden (2005) die Fragen, die neun- bis zwölfjährige Kinder an eine TV-Wissenschaftssendung sandten, und fanden heraus, dass die Kinder vorrangig Interesse an biologischen Themen aus der Zoologie, an technischen Themen (insbesondere an Computern und dem Internet) sowie an der Astrophysik (v. a. zu Größen und Entfernungen) hatten.

Die internationale Large-Scale-Studie *Relevance of Science Education* (ROSE; Schreiner 2006; Schreiner und Sjøberg 2007) untersuchte wie auch deren Vorgängerstudie *Science and Scientists* (SAS) u. a. das naturwissenschaftliche Interesse von Jugendlichen, indem das Interesse am gleichen Thema in unterschiedlichen Kontexten analysiert wurde. Auf diese Weise wurden Kontexte identifiziert, die eher Mädchen interessant fanden, wie z. B. der menschliche Körper und Gesundheitsaspekte, sowie solche, die eher auf das Interesse von Jungen stießen, wie Technik und Gefahren im Umgang mit Naturwissenschaften.

Angesichts der nachgewiesenen Relevanz von Aktivitäten für die Interessenentwicklung (Bergin 1999; Palmer 2009) wird auch das Interesse an naturwissenschaftlichen Aktivitäten untersucht, z. B. von Dawson (2000) für Naturwissenschaften im Allgemeinen, von Swarat et al. (2012) für Biologie, von Häußler und Hoffmann (2000) für Physik und von Gräber (2011) für Chemie. Während Häußler und Hoffmann (2000) und Häußler (1987) aus ihren Ergebnissen schlossen, dass das Sachinteresse (an Physik) in erster Linie vom Kontext und weniger von den Tätigkeiten, die in die Themen eingebunden waren, bestimmt wird, identifizierten Swarat et al. (2012) Aktivitäten als wesentlichen Einflussfaktor auf das Interesse an Biologie von Schülern. In dieser Studie wandten die Autoren im Gegensatz zu Häußler und Hoffmann (2000) ein Modell zur Interessencharakterisierung an, das zwischen biologischen Themen (z. B. Ökosysteme), Aktivitäten (z. B. Planung einer Untersuchung, ohne spezielle wissenschaftliche Instrumente oder interaktiver Technologie) und Lernzielen (z. B. Anerkennung des Einflusses eines naturwissenschaftlichen Phänomens auf die Gesellschaft oder Umwelt) unterscheidet (Swarat et al. 2012).

Angesichts dieser unterschiedlichen Ergebnisse der beiden Autorenteams, die jeweils drei bzw. vier sehr verschiedene, eher breite Kategorien zur Charakterisierung des naturwissenschaftlichen Interesses nutzen und sich gerade hinsichtlich der Bedeutung naturwissenschaftlicher Aktivitäten für das Interesse widersprechen, erscheint ein Blick auf einen weiteren theoretischen Ansatz nützlich.

Um die Interessensstrukturen hinsichtlich schulischer und außerschulischer naturwissenschaftlicher Aktivitäten genauer zu charakterisieren, wurde das RIASEC-Modell von Holland (1997) adaptiert und weiterentwickelt (Dierks et al. 2014). Im ursprünglich für die Berufswahldiagnostik entwickelten RIASEC-Modell werden menschliche Einstellungen, Fähigkeiten, Werte und v. a. Interessen in sechs verschiedene Persönlichkeitstypen kategorisiert: realistisch („realistic", R), forschend („investigative", I), künstlerisch („artistic", A), sozial („social", S), unternehmerisch („enterprising", E) und konventionell („conventional", C). Dabei ist ein Mensch mit eher realistischem Persönlichkeitstyp gekennzeichnet als jemand, der technisch versiert ist und gerne handwerklich und/oder mit Maschinen arbeitet. Forschend-investigative Menschen sind generell sehr analytisch und bevorzugen Aktivitäten wie Forschen, Lesen und Rechnen. Künstlerischen Personen wird ein hohes Maß an Kreativität nachgesagt, sie zeigen deshalb häufig Interesse an Aktivitäten wie Zeichnen, Malen und Gestalten. Sie haben häufig originelle Ideen. Diejenigen mit sozialem Persönlichkeitstypus gelten als fürsorglich und sozial, weshalb sie häufig lehrenden oder pflegenden Professionen nachgehen. Personen des unternehmerischen Typus sind eher an Führungs- und Managementaufgaben interessiert, während sich Personen, die der konventionellen Kategorie zugeordnet sind, sich besonders durch präzises, korrektes Verhalten auszeichnen und etwa organisatorische Aktivitäten gut beherrschen.

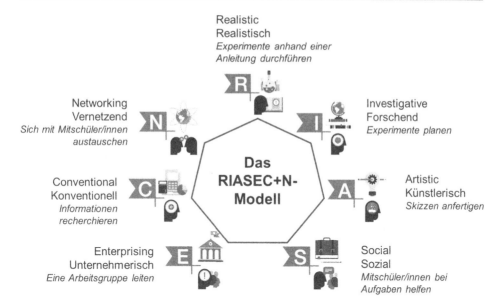

Abb. 15.1 Das RIASEC+N-Modell

Im Zuge der Adaption des Modells wurde eine weitere Dimension, „networking" (vernetzend, N) hinzugefügt. Diese Dimension beschreibt den Informationsaustausch auf Augenhöhe, wie beispielsweise auf Konferenzen zwischen Wissenschaftlern zu beobachten. Ein schulisches Beispiel ist der Austausch von Informationen im Rahmen von Gruppenpuzzles. Diese kooperativen Aktivitäten wurden im Originalmodell nicht berücksichtigt und daher im sog. RIASEC+N-Modell ergänzt (Abb. 15.1).

Im Vergleich zu den Operationalisierungen naturwissenschaftlicher Aktivitäten von Häußler und Hoffmann (2000) sowie Swarat et al. (2012) fällt die stärkere Differenzierung des RIASEC+N-Modells auf (Blankenburg et al. 2016). Beispielsweise ließe sich Häußlers und Hoffmanns (2000) Facette T2 Praktisch-konstruktive Tätigkeiten im RIASEC+N-Modell noch weiter in realistische Tätigkeiten (wenn sie durch eine Instruktion begleitet werden), investigative Tätigkeiten (ohne Instruktion) oder künstlerische Tätigkeiten (wenn ein kreativer Prozess involviert ist) differenzieren. Ebenso könnte die Dimension technologiebasierte Aktivitäten nach Swarat et al. (2012) in die Dimensionen realistisch, forschend, künstlerisch oder konventionell differenziert werden, da all diese Aktivitäten durch Technologie unterstützt werden können, aber nicht allein dadurch definiert sind.

Wird dieses Modell kombiniert mit verschiedenen Lernumgebungen oder Kontexten, wird eine genauere Diagnostik des Interesses möglich, die so beispielsweise für die Entwicklung spezifischer, auf die Bedürfnisse und Interessen verschiedener Lerngruppen abgestimmter Lerngelegenheiten genutzt werden kann.

15.3.2 Interessenentwicklung

Für die Erklärung der Interessenentwicklung orientiert sich die Person-Gegenstands-Theorie an Aussagen der Selbstbestimmungstheorie der Motivation nach Deci und Ryan (1993, 2002). Die Interessenentwicklung wird im Zusammenhang mit der menschlichen Entwicklung und der Bedeutung des Selbstkonzepts (persönliches Selbst; Krapp 1998) gesehen. Durch die psychologischen Prozesse der Internalisierung und der Identifikation wird der Interessengegenstand im Zuge von wiederholten Auseinandersetzungen im individuellen Wertesystem verankert und das neue Interesse somit zu einem permanenten Bestandteil der eigenen Identität, des Selbstkonzepts, gemacht. Die Person beschäftigt sich in diesem Fall mit Dingen, die ihr am Herzen liegen und tut dies freiwillig, weil sie sich mit dem Interessengegenstand identifiziert (Abb. 15.2.).

Bei dieser Interessenentwicklung spielen zwei Ebenen der Steuerung eine Rolle (Krapp 1998): Die erste Ebene betrifft bewusst-kognitive Entscheidungsprozesse, die zweite Ebene bezieht sich auf unmittelbare, emotionale Rückmeldungen oder Erlebnisqualitäten. Es wird postuliert, dass sich langfristige Interessen nur entwickeln können, wenn eine Person einen Gegenstand auf der Basis kognitiv-rationaler Überlegungen als bedeutsam bewertet, und wenn im Lauf der gegenstandsbezogenen Auseinandersetzung zusätzlich die positiven emotionalen Erlebnisqualitäten überwiegen. In diesem Punkt unterscheidet sich die Interessentheorie von kognitiven Motivationstheorien, wie beispielsweise Banduras Theorie der Selbstwirksamkeitserwartung, die ausschließlich von kognitiven Komponenten der Verhaltenssteuerung ausgehen und emotionale Steuerungskomponenten nicht berücksichtigen (Krapp und Ryan 2002).

Bei den positiven Erlebnisqualitäten bezieht sich Krapp (1998, 2002a, 2002b) in erster Linie auf Erfahrungen und Rückmeldungen in Bezug auf drei psychologische Grundbedürfnisse, die von Deci und Ryan (1993, 2002) im Rahmen der Selbstbestimmungstheorie der Motivation identifiziert wurden. Diese Bedürfnisse („basic needs"), deren Befriedigung als unabdingbare Voraussetzung für das menschliche Wohlbefinden gesehen wird, beziehen sich auf das Erleben von Kompetenz, Autonomie und sozialer Eingebundenheit.

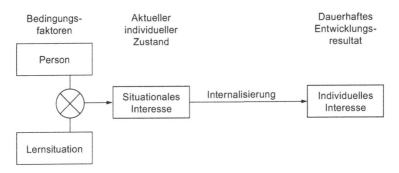

Abb. 15.2 Rahmenmodell der Interessengenese. (Nach Krapp 1998, S. 191)

Das Bedürfnis nach Kompetenzerleben entspricht dem Wunsch, den Anforderungen einer Situation gerecht zu werden und mit seinem Verhalten etwas bewirken zu können. Im Bedürfnis nach Autonomie äußert sich das Bestreben, selbst zu entscheiden, was zu tun ist, und sich nicht kontrolliert zu fühlen. Die soziale Eingebundenheit bezieht sich auf das Bedürfnis, in seiner sozialen Umgebung anerkannt zu sein bzw. einer Gruppe anzugehören, mit Personen, die einem persönlich wichtig sind.

Der Zusammenhang zwischen der Interessenentwicklung und den wahrgenommenen psychologischen Grundbedürfnissen wurde inzwischen vielfach empirisch belegt (z. B. Scheersoi und Tunnicliffe 2014; Neubauer et al. 2014; vgl. auch Krapp 2005 und Vogt 2007).

Hidi und Renninger (2006) beziehen sich in ihrem deskriptiven Modell der Interessenentwicklung explizit auf Lernprozesse und erweitern das Konzept von situationalem und individuellem Interesse dahingehend, dass sie vier aufeinanderfolgende Phasen unterscheiden: Angestoßen wird die Interessenentwicklung dadurch, dass die Aufmerksamkeit einer Person geweckt wird („triggered situational interest"). Dieser Zustand kann vorübergehend sein. Wird das Interesse jedoch aufrechterhalten („maintained situational interest"), kann sich durch wiederholte Auseinandersetzungen mit dem Interessengegenstand zunächst ein beginnendes individuelles Interesse („emerging individual interest") und schließlich ein ausgeprägtes individuelles Interesse („well-developed individual interest") entwickeln. Die verschiedenen Zustände von Interesse werden als voneinander abgrenzbar gesehen und können anhand unterschiedlich starker Ausprägung der drei Merkmalskomponenten (Emotion, Kognition, Wert) voneinander unterschieden werden:

Die erste Phase des Aufmerksamwerdens wird meist durch andere Personen oder eine bestimmte Unterrichtsgestaltung unterstützt. Mitchell (1993), der diese Phase als „catch" bezeichnet, hat beispielsweise mit Gruppenarbeit und der Auseinandersetzung mit Denkspielen und Computern Aktivitäten identifiziert, die eine solche Aufmerksamkeit erzeugen können, weil sie die soziale Interaktion mit anderen fördern, Neugier wecken und eine Abwechslung vom Unterrichtsalltag darstellen. Die Gefühle der Person können in dieser ersten Phase der Interessenentwicklung sowohl positiv als auch negativ sein (z. B. kann auch Ekel oder Angst die Aufmerksamkeit wecken; vgl. Vogt 2007).

Wird das situationale Interesse aufrechterhalten, ist dies mit positiven Gefühlen verbunden. Die Person beginnt sich auch inhaltlich mit dem Gegenstand auseinanderzusetzen und erkennt darin einen persönlichen Wert. Für diese zweite Phase, die Mitchell als „hold" (Mitchell 1993) bezeichnet, hat er die aktive Beteiligung von Lernenden am Unterricht sowie die Bedeutung der Lerninhalte als Einflussfaktoren für die Interessenentwicklung identifiziert.

Die dritte Phase (beginnendes individuelles Interesse) ist dadurch charakterisiert, dass die Person sich oft auch ohne äußere Anregung mit dem Gegenstand auseinandersetzt, dabei positive Gefühle verspürt und bereits über Wissen bezogen auf den Gegenstand verfügt. Sie erachtet diesen als persönlich wertvoll und möchte mehr über ihn erfahren (Renninger und Su 2012).

In der vierten Phase der Interessenentwicklung, in der sich das individuelle Interesse voll ausgeprägt hat, setzt sich die Person auch dann mit dem Gegenstand auseinander, wenn dies mit Mühen oder Herausforderungen verbunden ist. Die damit verbundenen Gefühle sind positiv. Die Person verfügt über umfangreiches Wissen und Kenntnisse bezogen auf den Gegenstand und sucht dazu auch den Austausch mit anderen (Renninger und Su 2012).

Während bei der Interessenentwicklung anfänglich noch emotionale Aspekte vorherrschen können, gehen Renninger und Hidi (2011) davon aus, dass sowohl kognitive als auch wertbezogene Aspekte bei zunehmendem Interesse eine immer wichtigere Rolle spielen. Alle drei Merkmalskomponenten müssen also bei der Messung von Interesse berücksichtigt werden.

Aktuelle Forschung befasst sich mit Fragen der genaueren Charakterisierung und Ausdifferenzierung der vorgeschlagenen Entwicklungsstufen des Interesses (z. B. Knogler et al. 2015; Linnenbrink-Garcia et al. 2010). Darüber hinaus spielt die Forschung zu Faktoren, die die Interessenentwicklung beeinflussen eine wichtige Rolle (vgl. Renninger und Hidi 2011). Dies betrifft auch die naturwissenschaftsdidaktische Forschung, da die Erkenntnisse helfen, die Entwicklung von Interesse an den Naturwissenschaften durch die gezielte Gestaltung von Lernumgebungen zu beeinflussen (z. B. Scheersoi 2015; Schmitt-Scheersoi und Vogt 2005).

15.4   Anwendung der Rahmung

Dierks et al. (2016) kombinierten die Dimensionen des RIASEC+N-Modells mit verschiedenen Umgebungen (Schule, außerschulische Maßnahmen, berufliche Interessen), um herauszufinden, ob Schüler sich in den Interessen für verschiedene Aktivitäten unterscheiden und ob die Umgebung einen Einfluss auf diese Interessen hat. Eines der Ergebnisse war, dass die Mädchen im schulischen Kontext deutlich stärker an realistischen, künstlerischen und sozialen Aktivitäten interessiert waren als Jungen.

Blankenburg et al. (2016) nutzten die Rahmung des RIASEC+N-Modells, um die Aktivitäten in adaptierter Form mit verschiedenen Kontexten aus der Biologie, der Physik und der Chemie zu kombinieren. Das Ziel war es, einen tieferen Einblick in differenzielle Interessenstrukturen zu einem Zeitpunkt (sechste Klasse) zu erhalten, an dem das allgemeine Interesse von Schülern an den Naturwissenschaften in der Regel noch hoch ist (Daniels 2008; Hoffmann et al. 1998). Durch die Kombination der Rahmung mit verschiedenen curricularen Kontexten (Schwimmen und Sinken; Pflanzen; Verbrennung am Beispiel der Kerze) wurde ein Fragebogeninstrument entwickelt, das ein detailliertes Bild der Interessenstrukturen von Schülern zu Beginn ihrer naturwissenschaftlichen Ausbildung zeichnet. Unter anderem wurde gezeigt, dass Mädchen wie Jungen ein sehr hohes Interesse an forschenden Tätigkeiten in allen Kontexten hatten, Mädchen aber auch realistische („hands-on") und künstlerische Aktivitäten gerade im biologischen Bereich bevorzugten.

Mit der Modellierung beider Faktoren – den RIASEC+N-Dimensionen und den drei naturwissenschaftlichen Kontexten – in einem Modell ist es gelungen, die gleichrangige Wichtigkeit beider Faktoren zu demonstrieren und so den theoretischen Rahmen empirisch zu stützen und zu erweitern. Zusätzlich ergibt sich eine praktische Relevanz, da ein solch differenziertes Bild dazu beitragen kann, Lehrkräften nützliche Hinweise für einen nach RIASEC+N-Aktivitäten und Kontexten strukturierten und auf die jeweiligen Interessen der Schüler abgestimmten naturwissenschaftlichen Unterricht zu geben.

Um die Interessenentwicklung in Lehr-Lern-Kontexten fördern zu können, werden Faktoren untersucht, die sich positiv auf die Entstehung von situationalem Interesse auswirken. Beispielsweise zeigen die Ergebnisse von Besucherstudien in Zoos und Museen, dass für das anfänglich ausgelöste situationale Interesse („catch") in erster Linie Diskrepanz- und Überraschungserlebnisse (Dohn 2013) oder besondere Merkmale von Objekten, z. B. deren Größe, Niedlichkeit oder Ästhetik (Scheersoi 2015), verantwortlich sind. Für die weiterführende Interessentwicklung, bei der sich die Person über die anfängliche Aufmerksamkeit hinaus weiter mit dem Interessengegenstand beschäftigt („hold"), wurden ebenfalls zahlreiche Einflussfaktoren identifiziert: bei Hands-on-Erfahrungen sind es besonders Originalobjekte, die neben dem reinen Anfassen auch einen bewussten Erkenntniszuwachs („minds-on") ermöglichen, z. B. unterschiedliche Tierfelle, Knochen oder Geweihstücke im Rahmen einer Führung im Wildpark (Wenzel und Scheersoi 2017). Interessenförderlich wirken außerdem Lernumgebungen oder Aktivitäten, die spielerisches oder entdeckendes Lernen ermöglichen (Scheersoi und Tunnicliffe 2014). Auch die Möglichkeit, eine ungewohnte Perspektive einzunehmen, die neue und einzigartige Erfahrungen ermöglicht (z. B. exklusive Einblicke, wie bei Museumsführungen hinter die Kulissen), oder das Einnehmen einer Sonderrolle im Rahmen einer Gruppenaktivität, können sich positiv auf die Erlebnisqualität auswirken und die Entwicklung von situationalem Interesse fördern (Scheersoi 2015; Scheersoi und Tunnicliffe 2014).

15.5 Ausblick

Die beschriebenen theoretischen Rahmungen für die Charakterisierung von Interessenstrukturen und die Interessenentwicklung sind überwiegend übergeordneter Natur und berücksichtigen oft nicht ausreichend die naturwissenschaftlichen Inhalte. Aus diesem Grund liefern diese Theorien für die Konstruktion und Evaluation von Lernarrangements, die das naturwissenschaftliche Interesse fördern sollen, zu wenige Hinweise. Häußler und Hoffmann (2000, 2002) zeigten, dass für die Charakterisierung des Physikinteresses die Dimensionen Thema, Kontext und Aktivität hilfreich sind, um das Interesse von Schülern besser verstehen zu können und für Interventionen zu nutzen. Diese Spezialisierung auf konkrete Fachinhalte verspricht die Möglichkeit, durch genaue Beobachtungen Konsequenzen für die effektive Gestaltung von interessensteigernden schulischen und außerschulischen Lernarrangements ziehen zu können. Auf diese Weise kann die Schule die Schüler darin unterstützen, spezifische naturwissenschaftliche Bereiche und Inhalte zu identifizieren, die sie interessieren (Krapp und Prenzel 2011).

Wie im letzten Abschnitt demonstriert, lassen sich theoretische Rahmungen zur Bearbeitung aktueller Forschungsfragen mit weiteren Konstrukten kombinieren, sodass zahlreiche neue Blickwinkel auf das Interesse möglich werden. Die Verknüpfung naturwissenschaftlicher Tätigkeitsbereiche mit den RIASEC-Persönlichkeitstypen etwa ließ eine präzisere Profilierung naturwissenschaftlichen Interesses zu. Solcherlei Verknüpfungen fachdidaktischer, persönlichkeitspsychologischer und pädagogisch-psychologischer Erkenntnisse bieten sicherlich das größte Potenzial für zukünftige Erweiterungen wie auch Fokussierungen bestehender Interessentheorien. Dabei sollte aus naturwissenschaftsdidaktischer Sicht ein besonderes Augenmerk auf die Bedingungsfaktoren gelegt werden, unter denen naturwissenschaftliches Interesse innerschulisch wie außerschulisch gesteigert werden kann und wie dem scheinbar fast zwangsläufigen Abfall des Interesses an Naturwissenschaften im Lauf der Schulzeit entgegengewirkt werden kann.

Neben den Bedingungsfaktoren und den Bereichen naturwissenschaftlichen Interesses erscheinen für die Naturwissenschaftsdidaktik auch die Lernorte von Relevanz. So gilt es in der Zukunft zu prüfen, inwieweit bestehende Interessentheorien die Entwicklung des naturwissenschaftlichen Interesses an verschiedenen Lernorten, wie z. B. in Schülerlaboren, im Unterricht, in Arbeitsgemeinschaften und Clubs (Forscherclubs, Science Clubs), in Praktika, in Museen oder virtuell, zuverlässig vorhersagen und beschreiben können oder gegebenenfalls spezifiziert werden müssen.

15.6 Literatur zur Vertiefung

Häußler, P. (1987). Measuring students' interest in physics – design and results of a cross-sectional study in the Federal Republic of Germany. *International Journal of Science Education, 9*(1), 79–92.

In diesem Beitrag werden die Schritte der Itemkonstruktion zur Erhebung des Interesses an Physik in Bezug auf die Dimensionen Thema, Kontext und Aktivität erläutert.

Krapp A., & Prenzel, M. (2011). Research on interest in science: Theories, methods, and findings. *International Journal of Science Education, 33*(1), 27–50.

In diesem Beitrag werden ein Überblick über die Interessenforschung und sowohl theoretische als auch methodische Hinweise für die Erfassung von naturwissenschaftlichem Interesse in Large-scale-Erhebungen wie PISA gegeben.

Renninger K. A., & Hidi, S. (2011). Revisiting the conceptualization, measurement, and generation of interest. *Educational Psychologist, 46*(3), 168–184.

Die Autorinnen geben in diesem Beitrag einen Überblick über unterschiedliche Interessenkonzepte und Messmethoden und leiten Hinweise für die weiterführende Interessenforschung ab.

Literatur

Ainley, M., Hidi, S., & Berndorff, D. (2002). Interest, learning, and the psychological processes that mediate their relationship. *Journal of Educational Psychology, 94*(3), 545–561.

Baram-Tsabari, A., & Yarden, A. (2005). Characterizing children's spontaneous interests in science and technology. *International Journal of Science Education, 27*(7), 803–826.

Bergin, D. A. (1999). Influences on classroom interest. *Educational Psychologist, 34*(2), 87–98.

Blankenburg, J. S., Höffler, T. N., & Parchmann, I. (2016). Fostering today what is needed tomorrow: Investigating students' interest in science. *Science Education, 100*(2), 364–391.

Bøe, M. V. (2012). Science choices in Norwegian upper secondary school: what matters? *Science Education, 96*(1), 1–20.

Bøe, M. V., & Henriksen, E. K. (2013). Love it or leave it: Norwegian students' motivations and expectations for postcompulsory physics. *Science Education, 97*(4), 550–573.

Bybee, R., & McCrae, B. (2011). Scientific literacy and student attitudes: Perspectives from PISA 2006 science. *International Journal of Science Education, 33*(1), 7–26.

Daniels, Z. (2008). *Entwicklung schulischer Interessen im Jugendalter. Pädagogische Psychologie und Entwicklungspsychologie*. Münster: Waxmann.

Dawson, C. (2000). Upper primary boys' and girls' interests in science: Have they changed since 1980? *International Journal of Science Education, 22*(6), 557–570.

Deci, E. L., & Ryan, R. M. (1993). Die Selbstbestimmungstheorie der Motivation und ihre Bedeutung für die Pädagogik. *Zeitschrift für Pädagogik, 39*(2), 223–238.

Deci, E. L., & Ryan, R. M. (2002). *The handbook of self-determination research*. Rochester: University of Rochester Press.

Dierks, P. O., Höffler, T. N., & Parchmann, I. (2014). Profiling interest of students in science: learning in school and beyond. *Research in Science & Technological Education, 32*(2), 97–114.

Dierks, P. O., Höffler, T. N., Blankenburg, J. S., Peters, H., & Parchmann, I. (2016). Interest in science: A RIASEC-based analysis of students' interests. *International Journal of Science Education, 38*(2), 238–258.

Dohn, N. B. (2013). Upper secondary students' situational interest: a case study of the role of a zoo visit in a biology class. *International Journal of Science Education, 35*(16), 2732–2751.

Gräber, W. (2011). German high school students' interest in chemistry – a comparison between 1990 and 2008. *Educación Química, 22*(2), 134–140.

Häußler, P. (1987). Measuring students' interest in physics – design and results of a cross-sectional study in the Federal Republic of Germany. *International Journal of Science Education, 9*(1), 79–92.

Häußler, P., & Hoffmann, L. (2000). A curricular frame for physics education: development, comparison with students' interests, and impact on students' achievement and self-concept. *Science Education, 84*(6), 689–705.

Häußler, P., & Hoffmann, L. (2002). An intervention to enhance girls' interest, self-concept, and achievement in physics classes. *Journal of Research in Science Teaching, 39*(9), 870–888.

Häußler, P., Frey, K., Hoffmann, L., Rost, J., & Spada, H. (1980). *Physikalische Bildung: Eine curriculare Delphi-Studie*. Arbeitsberichte 41. Kiel: IPN.

Hidi, S., & Renninger, K. A. (2006). The four-phase model of interest development. *Educational Psychologist, 41*(2), 111–127.

Hoffmann, L., Häußler, P., & Lehrke, M. (1998). *Die IPN-Interessenstudie Physik*. IPN-Schriftenreihe, Bd. 158. Kiel: IPN.

Holland, J. L. (1997). *Making vocational choices: a theory of vocational personalities and work environments*. Odessa: Psychological Assessment Resources.

Knogler, M., Harackiewicz, J. M., Gegenfurtner, A., & Lewalter, D. (2015). How situational is situational interest? Investigating the longitudinal structure of situational interest. *Contemporary Educational Psychology, 43*, 39–50.

Köller, O., Daniels, Z., Schnabel, K. U., & Baumert, J. (2000). Kurswahlen von Mädchen und Jungen im Fach Mathematik: Zur Rolle von fachspezifischem Selbstkonzept und Interesse. *Zeitschrift für Pädagogische Psychologie, 14*(1), 26–37.

Krapp, A. (1992). Interesse, Lernen und Leistung. Neue Forschungsansätze in der Pädagogischen Psychologie. *Zeitschrift für Pädagogik, 38*(5), 747–770.

Krapp, A. (1998). Entwicklung und Förderung von Interessen im Unterricht. *Psychologie in Erziehung und Unterricht, 44*, 185–201.

Krapp, A. (1999). Intrinsische Lernmotivation und Interesse. Forschungsansätze und konzeptuelle Überlegungen. *Zeitschrift für Pädagogik, 45*(3), 387–406.

Krapp, A. (2002a). Structural and dynamic aspects of interest development: theoretical considerations from an ontogenetic perspective. *Learning and Instruction, 12*(4), 383–409.

Krapp, A. (2002b). An educational-psychological theory of interest and its relation to self-determination theory. In E. L. Deci & R. M. Ryan (Hrsg.), *The handbook of self-determination research* (S. 405–427). Rochester: University of Rochester Press.

Krapp, A. (2005). Basic needs and the development of interest and intrinsic motivational orientations. *Learning and Instruction, 15*, 381–395.

Krapp, A., & Prenzel, M. (2011). Research on interest in science: theories, methods, and findings. *International Journal of Science Education, 33*(1), 27–50.

Krapp, A., & Ryan, R. M. (2002). Selbstwirksamkeit und Lernmotivation. Eine kritische Betrachtung der Theorie von Bandura aus der Sicht der Selbstbestimmungstheorie und der pädagogisch-psychologischen Interessentheorie. In M. Jerusalem & D. Hopf (Hrsg.), *Selbstwirksamkeit und Motivationsprozesse in Bildungsinstitutionen* (S. 54–82). Weinheim: Beltz.

Linnenbrink-Garcia, L., Durik, A. M., Conley, A. M., Barron, K. E., Tauer, J. M., Karabenick, S. A., et al. (2010). Measuring situational interest in academic domains. *Educational and Psychological Measurement, 70*(4), 647–671.

Mitchell, M. (1993). Situational interest: its multifaceted structure in the secondary school mathematics classroom. *Journal of Educational Psychology, 85*(3), 424–436.

Mujtaba, T., & Reiss, M. J. (2013). Inequality in experiences of physics education: secondary school girls' and boys' perceptions of their physics education and intentions to continue with physics after the age of 16. *International Journal of Science Education, 35*(11), 1824–1845.

Neubauer, K., Geyer, C., & Lewalter, D. (2014). Bedeutung der basic needs für das situationale Interesse bei Museumsbesuchen mit unterschiedlichen Instruktionsdesigns. *Psychologie in Erziehung und Unterricht, 60*, 29–42.

Palmer, D. H. (2009). Student interest generated during an inquiry skills lesson. *Journal of Research in Science Teaching, 46*(2), 147–165.

Papanastasiou, E. C., & Zembylas, M. (2004). Differential effects of science attitudes and science achievement in Australia, Cyprus, and the USA. *International Journal of Science Education, 26*(3), 259–280.

Renninger, K. A., & Hidi, S. (2011). Revisiting the conceptualization, measurement, and generation of interest. *Educational Psychologist, 46*(3), 168–184.

Renninger, K. A., & Su, S. (2012). Interest and its development. In R. M. Ryan (Hrsg.), *The Oxford handbook of human motivation* (S. 167–187). New York: Oxford University Press.

Roth, G. (2004). Warum sind Lehren und Lernen so schwierig? *Zeitschrift für Pädagogik, 50*(4), 496–506.

Scheersoi, A. (2015). Catching the visitor's interest. In S. D. Tunnicliffe & A. Scheersoi (Hrsg.), *Natural history dioramas. History, construction and educational role* (S. 145–160). Dordrecht: Springer.

Scheersoi, A., & Tunnicliffe, S. D. (2014). Beginning biology – interest and inquiry in the early years. In D. Krüger & M. Ekborg (Hrsg.), *Research in biological education*. A selection of papers presented at the IXth Conference of European Researchers in Didactics of Biology ERI-DOB, Berlin. (S. 89–100). Germany: Freie Universität Berlin.

Schiefele, U. (1999). Interest and learning from text. *Scientific Studies of Reading, 3*(3), 257–279.

Schiefele, U. (2009). Situational and individual interest. In K. R. Wentzel & A. Wigfield (Hrsg.), *Handbook of motivation at school* (S. 197–222). New York: Routledge.

Schiefele, H., Prenzel, M., Krapp, A., Heiland, A., & Kasten, H. (1983). *Zur Konzeption einer pädagogischen Theorie des Interesses*. Gelbe Reihe, Arbeiten zur Empirischen Pädagogik und Pädagogischen Psychologie, Bd. 6. München: Institut für Empirische Pädagogik und Pädagogische Psychologie.

Schmitt-Scheersoi, A., & Vogt, H. (2005). Das Naturkundemuseum als interessefördernder Lernort – Besucherstudie in einer naturkundlichen Ausstellung. In R. Klee, H. Bayrhuber, A. Sandmann & H. Vogt (Hrsg.), *Lehr- und Lernforschung in der Biologiedidaktik* (Bd. 2, S. 87–99). Innsbruck: Studienverlag.

Schreiner, C. (2006). *Exploring a ROSE-garden. Norwegian youth's orientations towards science – seen as signs of late modern identities (Doctoral thesis)*. Oslo: University of Oslo.

Schreiner, C., & Sjøberg, S. (2007). Science education and youth's identity construction – two incompatible projects? In D. Corrigan, J. Dillon & R. Gunstone (Hrsg.), *The re-emergence of values in science education* (S. 231–247). Rotterdam: Sense Publishers.

Swarat, S., Ortony, A., & Revelle, W. (2012). Activity matters: understanding student interest in school science. *Journal of Research in Science Teaching, 49*(4), 515–537.

Upmeier zu Belzen, A., & Vogt, H. (2001). Interessen und Nicht-Interessen bei Grundschulkindern – Theoretische Basis der Längsschnittstudie PEIG. *IDB, 10,* 17–31.

Vogt, H. (2007). Theorie des Interesses und des Nicht-Interesses. In D. Krüger & H. Vogt (Hrsg.), *Theorien in der Biologiedidaktischen Forschung* (S. 9–20). Berlin: Springer.

Wenzel, V., & Scheersoi, A. (2017). Das Entdeckermobil – eine Alternative zu gebuchten Führungen. *Biologie in unserer Zeit, 47*(1), 18–19.

Bewertungskompetenz

16

Susanne Bögeholz, Corinna Hößle, Dietmar Höttecke und Jürgen Menthe

16.1 Einführung

Seit Veröffentlichung der Nationalen Bildungsstandards für den mittleren Schulabschluss (KMK 2005) ist die Frage nach einer Konzeptualisierung, Modellierung, Messung und Förderung von Bewertungskompetenz verstärkt in den Fokus fachdidaktischer Forschung gerückt. Die ländergemeinsamen Bildungsstandards für die drei Naturwissenschaften Biologie, Chemie und Physik weisen dem Bewerten, Urteilen und Entscheiden als Fähigkeiten von Schülern einen eigenen Kompetenzbereich Bewertung zu. Bezieht man Bewertung nicht auf fachliche Fragen und Probleme, sondern versteht das Bewerten überfachlich

---

Aus Gründen der besseren Lesbarkeit wird im Text verallgemeinernd das generische Maskulinum verwendet. Diese Formulierungen umfassen gleichermaßen weibliche und männliche Personen; alle sind damit gleichberechtigt angesprochen.

S. Bögeholz (✉)
Didaktik der Biologie, Universität Göttingen
Göttingen, Deutschland
E-Mail: sboegeh@gwdg.de

C. Hößle
Didaktik der Biologie, Carl von Ossietzky Universität
Oldenburg, Deutschland
E-Mail: corinna.hoessle@uni-oldenburg.de

D. Höttecke
Didaktik der Physik, Universität Hamburg
Hamburg, Deutschland
E-Mail: dietmar.hoettecke@uni-hamburg.de

J. Menthe
Didaktik der Chemie, Universität Hildesheim
Hildesheim, Deutschland
E-Mail: menthe@uni-hildesheim.de

© Springer-Verlag GmbH Deutschland, ein Teil von Springer Nature 2018
D. Krüger et al. (Hrsg.), *Theorien in der naturwissenschaftsdidaktischen Forschung*,
https://doi.org/10.1007/978-3-662-56320-5_16

(Höttecke 2017), dann sind neben naturwissenschaftlichen auch politische, ökonomische, ethische, moralische und gesellschaftliche Aspekte berührt.

Die Bezugstheorien für Bewertungskompetenz sind zahlreich und können im Folgenden nur in Ausschnitten wiedergegeben werden. Ziel ist es, Einblicke in solche Bezugstheorien und -disziplinen zu geben, die substanziell für Fragen fachdidaktischer Forschung, Entwicklung und Förderung von Bewertungskompetenz sind. Auf Basis psychologischer, moralphilosophischer und soziologischer Theorien wurden Kompetenzstrukturmodelle bzw. Ansätze für Bewertung in den naturwissenschaftlichen Fächern entwickelt und in empirischen Studien eingesetzt. Diese werden als Anwendung der theoretischen Rahmungen erörtert.

16.2 Theoretische Rahmungen für Bewertungskompetenz

16.2.1 Psychologische Theorien

Aus dem Bereich der Psychologie sind v. a. die Entscheidungs-, Moral- und Entwicklungspsychologie relevant für das Bewerten, Urteilen und Entscheiden. Grundlegend ist eine Unterscheidung von deskriptiven und präskriptiven Modellen. Deskriptive Modelle befassen sich damit, Prozesse der Entscheidungs- und Urteilsfindung zu beschreiben und gegebenenfalls zu analysieren. Präskriptive Modelle basieren auf normativen Regeln und liefern Strategien und Techniken, wie Personen unter spezifischen Bedingungen entscheiden sollen (Betsch et al. 2011, S. 73 ff.; Jungermann et al. 2010, S. 28 f.).

Deskriptive Modelle zu Entscheidungsprozessen werden von Betsch und Haberstroh (2005) in einem dreiphasigen Metamodell der Entscheidungsfindung gebündelt. Das Prozessmodell weist eine präselektionale, eine selektionale und eine postselektionale Phase aus (Betsch und Haberstroh 2005; Betsch et al. 2011). Im Rahmen des Entscheidungsprozesses werden Entscheidungsstrategien bzw. Heuristiken angewandt. Die Anwendung von Entscheidungsstrategien, wie z. B. kompensatorische und nichtkompensatorische Entscheidungsstrategien (Betsch und Haberstroh 2005), erlauben – fachdidaktisch relevante – systematische Entscheidungsfindungen (Eggert und Bögeholz 2006).

Bedeutsame Entscheidungstheorien sind Nutzen-Wert-Theorien, etwa die *Multi-Attribute-Utility(MAU)-Theorie* (z. B. Edwards und Barron 1994; Jungermann et al. 2010, S. 123 ff.; Betsch et al. 2011, S. 70 ff.). Der MAU-Theorie zufolge lässt sich die ideale Option identifizieren, indem für jede verfügbare Entscheidungsoption der Gesamtnutzenwert bestimmt wird. Um z. B. zwischen verschiedenen Verkehrsmitteln zu wählen, ist für jedes verfügbare Verkehrsmittel (Option) der Gesamtnutzen zu bestimmen, indem die bedeutsamen Attribute (z. B. Schadstoffbelastung der Umwelt, Geschwindigkeit, Preis) ausgewählt und priorisiert werden. Angegeben wird dabei, wie wichtig die einzelnen Attribute erscheinen (Gewichtungen). Dann wird für jedes Verkehrsmittel eingeschätzt, wie es hinsichtlich der einzelnen Attribute abschneidet (Ausprägungen). Voraussetzung einer Anwendung dieser Theorie ist, dass hinreichend Informationen bezüglich verfügbarer Optionen, persönlicher Präferenzen und bezüglich der Bewertung von Optionen vorhanden sind.

Vielfach liegen den Personen jedoch nur lückenhafte Informationen für eine Entscheidung vor. Eine zentrale Theorie für eine Entscheidung bei Unsicherheit ist die *Subjective-Expected-Utility(SEU)-Theorie* (Jungermann et al. 2010). Anstelle der Gewichtungen und Ausprägungen verschiedener Attribute wird hier das Produkt aus dem erwarteten Nutzen und der Wahrscheinlichkeit seines Eintretens aus subjektiver Sicht errechnet, um die ideale Option zu identifizieren. Weiterentwicklungen in diesem Feld stellen z. B. die *Prospect-Theorie* (Kahneman et al. 1982) und das *Random-Utility-Modell* (McFadden 1981) dar.

Viele Arbeiten der Entscheidungspsychologie drehen sich um die Frage, warum tatsächliches Entscheidungsverhalten von den mathematischen Modellierungen abweicht und wie durch Berücksichtigung bestimmter psychologischer Erkenntnisse eine bessere Anpassung der Modelle an beobachtete Entscheidungsprozesse erreicht werden kann (Bias- oder Fehler-Forschung; Jungermann et al. 2010, S. 181 ff.; Betsch et al. 2011, S. 90 ff.). Es wurde kritisiert, dass die genannten Entscheidungsverfahren kognitiv zu aufwendig seien, um eine Grundlage zur Erklärung alltäglicher Entscheidungen zu bilden. So könne reales Verhalten besser auf Basis einfacher Heuristiken verstanden werden (Gigerenzer und Brighton 2009). Einfache Heuristiken wie die Take-the-best-Regel (z. B. Kauf von Schokolade, die einem am besten schmeckt), die Satisficer-Regel (Kauf von Bananen mit Fairtrade-Logo) oder die Rekognitionsheuristik (Kauf von Markenkleidung) könnten unter bestimmten Bedingungen bessere Ergebnisse liefern als das Anwenden komplexer Entscheidungsstrategien (Dittmer et al. 2016).

Einen weiteren bedeutsamen Ankerpunkt für Bewertungskompetenz bilden die moralpsychologischen Arbeiten Kohlbergs (1974). Auch diese folgen dem kognitiven Paradigma, wobei hier die entwicklungspsychologische Frage nach dem Stand der Moralentwicklung des Individuums im Mittelpunkt steht. Kohlberg nutzte hypothetische Dilemmageschichten und erforschte die Qualität der Urteile von Testpersonen. Das Ergebnis war ein Stufenmodell der Moralentwicklung, demzufolge Individuen zunächst eine egozentrische Perspektive einnehmen und sich erst mit zunehmendem Alter an verallgemeinerbaren Prinzipien orientieren. Kohlberg folgt dabei einem engen Verständnis von Kognition im Sinn von bewusstem und explizitem Wissen. Die damit einhergehende Nichtberücksichtigung anderer Dimensionen wie Empathie oder moralischer Gefühle wird kritisch diskutiert (Keller 1996).

Weitergeführt wird die Kritik durch Haidt (2001), der die Bedeutung moralischer Intuitionen für ethische Urteilsbildung herausstellt. Intuitive Entscheidungsprozesse laufen automatisch, schnell, spontan und unterhalb der Bewusstseinsschwelle ab. Am Beispiel des Inzestverbots zeigt Haidt auf, dass Menschen bestimmte Sachverhalte in der Regel ad hoc intuitiv beurteilen und erst bei Bedarf post hoc rationale Gründe für eine Rechtfertigung des gefällten Urteils generieren. Selbst wenn diese Gründe widerlegt werden, kann das eher zur Generierung neuer Gründe als zur Änderung des intuitiven Urteils führen.

An diese Arbeiten knüpft der kognitionspsychologische Diskurs über die sog. Zwei-Prozess-Modelle an, die zwischen einem rationalen und einem intuitiven Entscheidungsprozess unterscheiden (vgl. Strack und Deutsch 2004). Rationale Prozesse müssen gegenüber intuitiven bewusst angestoßen werden. Sie benötigen Zeit, sind kognitiv aufwendig und anstrengend. Für Situationen, in denen ein hoher Handlungs- und Zeitdruck besteht (wie z. B. bei einem spontanen Kauf eines Regenschutzes bei überraschend eintretendem Starkregenfall), sind rationale Abwägungsprozesse zu zeitaufwendig und zu anspruchsvoll. Für Gestaltungsaufgaben mit großer gesellschaftlicher und ökologischer Tragweite, etwa bei einer Festlegung einer neuen Autobahntrasse, sind intuitive Entscheidungen dagegen inakzeptabel. Eine Kenntnis der Theorie der Zwei-Prozess-Modelle (Kahneman 2012) erlaubt zu analysieren, wie Entscheidungen realiter ablaufen und kann helfen, das eigene Handeln besser zu verstehen. Auch liefert die Theorie Hinweise, welcher Entscheidungsmodus in welcher Situation angemessen ist.

16.2.2 Moralphilosophische Theorien

Für Bewertungskompetenz ist das Argumentieren zentral. Häufig steht dabei die Frage im Vordergrund, auf welcher ethischen Grundlage eine Argumentation erfolgt und welche Folgen dies für das gesellschaftliche Zusammenleben hat. Moralphilosophische Theorien helfen, Argumente, die in ethischen Debatten ausgetauscht werden, zu identifizieren, sie auf ihre normativen Grundlagen zurückzuführen und abschließend zu bewerten. Je nachdem, wie Urteilen und Handeln als moralisch richtig begründet wird, unterscheidet man in der normativen Ethik verschiedene Moraltheorien. Diese spiegeln sich auch in der aktuellen Diskussion bioethischer Konflikte wider. Ausgewählte Positionen werden nachfolgend vorgestellt.

Die theologische Ethik stellt als Norm die Forderung auf, den Geboten Gottes zu folgen. Daraus ergibt sich zum Beispiel die Argumentation, dass jegliche Tötung menschlichen Lebens abzulehnen ist. In der Ebenbildlichkeit Gottes, die zum Ausdruck bringt, dass der Mensch nicht ohne Gott gedacht werden kann und stets mit diesem in Beziehung steht, liegt das Tötungsverbot begründet (Bosshard et al. 1998).

In teleologischen Ethikkonzepten hängt die moralische Beurteilung von Handlungen ausschließlich von den Handlungsfolgen ab (griech. „telos" für Ziel). Dabei kann innerhalb der teleologischen Positionen unterschieden werden zwischen dem Utilitarismus und dem ethischen Egoismus. Der Utilitarismus hält das Wohl aller Betroffenen für die höchste sittliche Forderung. Die egoistische Ethik zielt auf das eigene langfristige Wohl, das sich sowohl auf eine Person als auch auf eine Gruppe beziehen kann. Beide Positionen konzentrieren sich auf die Folgen eines Urteils bzw. einer Handlung und bewerten sie nach dem höchsten Ziel, dem erfahrbaren Glück. Ein Urteil oder eine Handlung wird dann als gut bewertet, wenn sie das Wohlergehen eines Einzelnen, einer Gruppe oder der Gesellschaft fördert. Zum Beispiel kann durch Anwendung der Präimplantationsdiagnostik (PID) die Sicherheit erhöht werden, dass spezielle Zustandsformen von Genen nicht weitervererbt werden. Damit wird das Ziel verfolgt, das Wohlergehen der Eltern zu fördern. Das Wohlergehen wiegt für den teleologisch Argumentierenden mehr als das Recht auf Leben von Embryonen.

In der deontologischen Ethik (griech. „deon" für Pflicht) sind teleologische Begründungen sittlicher Gebote ausgeschlossen. Eine Handlung gilt als moralisch richtig, wenn sie Maximen folgt, die in sich gut und unumstößlich sind, z. B. das Recht auf Unversehrtheit des Menschen. Dies gilt in Deutschland auch für Embryonen. Derartige Maximen werden aus dem kategorischen Imperativ in Anlehnung an Kant begründet (Höffe 2008). Eine deontologisch argumentierende Person könnte sich gegen die Durchführung einer PID aussprechen, da die Maxime des Rechts auf Unversehrtheit des Embryos durch einen tödlich verlaufenden Selektionsprozess verletzt würde.

16.2.3 Soziologische Theorien

Während psychologische Theorien das Augenmerk auf das Analysieren und Erklären von Entscheidungsverhalten und -handeln der Subjekte legen und moralphilosophische Theorien helfen, normative Argumentationstypen in ethischen Debatten zu identifizieren, beschreiben soziologische Theorien Urteilen und Entscheiden als eine besondere Form sozialen Handelns. Subjekte sind demnach in eine soziale, historisch gewachsene Praxis eingelassen. Menschen folgen in ihrem Entscheidungsverhalten einem nicht unmittelbar sichtbaren, aber dennoch wirksamen sozialen Regelwerk: Dem Kauf eines Kleidungsstücks etwa gehen unzählige – zumeist unbewusste – Vorentscheidungen voraus, sodass die tatsächlich in Betracht gezogenen Marken und Waren nur einen kleinen Ausschnitt der Möglichkeiten darstellen. Diese Vorauswahl ist Ausdruck einer inkorporierten habituellen Prägung, die unser Handeln bestimmt, bevor es zu einer bewussten Entscheidung kommt.

Wichtige theoretische Impulse eines solchen Verständnisses von Urteilen und Entscheiden gehen auf Bourdieu (1993) zurück. Habitus und Feld sind die zentralen Begriffe seiner Theorie. Der Begriff des Felds dient der Bezeichnung jener Struktur regelhafter Praxis, die sich in einer Gruppe (z. B. Sportverein), einer Klasse (z. B. Arbeitnehmerschaft) oder einem sozialen Milieu (z. B. urbane Mittelschicht) herausgebildet hat. Die jeweiligen Mitglieder verfügen über vergleichbare Erfahrungen, die sie zu ähnlichen Weltsichten oder Handlungen antreiben. Trotz aller Unterschiede werden die Menschen durch die soziale Praxis ihrer Bezugsfelder geprägt. Unter dem Habitus ist dann der Niederschlag von feldtypischen Erfahrungen, sozialen Praktiken, Gewohnheiten, Werthaltungen, Einstellungen, Regelhaftigkeiten, Wahrnehmungs-, Denk- und Handlungsschemata im Subjekt zu verstehen. Für Bourdieu ist das Verhältnis aus Habitus und Feld dialektisch: Die Mitglieder eines sozialen Felds teilen einen bestimmten Habitus und prägen dadurch ihr soziales Feld, das wiederum auf den Habitus aller seiner Mitglieder zurückwirkt. Was in einem sozialen Feld gedacht wird, welche Normen man befolgt, welche Einstellungen man teilt und eben auch welche Urteile und Entscheidungen man bevorzugt, ist also keineswegs der freien Entscheidung der Mitglieder des Felds überlassen, sondern Menschen sind qua Habitus in einem Feld „kollektiv aufeinander abgestimmt" (Bourdieu 1993, S. 99). Bourdieus Theorie stellt damit die Bedingung der Möglichkeit rationalen Urteilens und Entscheidens autonomer Subjekte infrage (Sander 2017, S. 58 f.). Bezweifelt wird aus seiner soziologischen Perspektive autonomes und rationales Entscheiden und damit die Validität von *Rational-Choice-Modellen* des Urteilens und Entscheidens (z. B. Rieger-Ladich 2002).

In vergleichbarer Weise ging es dem Soziologen Mannheim (1980) um die Einheit eines sozialen Erlebniszusammenhangs, der in der Mannigfaltigkeit von Äußerungen und Handlungen von einzelnen Personen sichtbar werden kann. Dazu dient Mannheim die begriffliche Unterscheidung zwischen kommunikativem und konjunktivem Wissen. Das kommunikative Wissen äußert sich sprachlich-reflexiv. Das konjunktive Wissen entstammt spezifischen sozialen Erfahrungsräumen und ist impliziter Art. In konjunktiven Erfahrungsräumen schlagen sich nach Mannheim sozial geteilte, typische Erfahrungen der Menschen nieder. So verweisen konkrete Äußerungen einer Testperson in einer Interviewstudie zum Urteilen und Entscheiden immer auf deren Orientierungen und Erfahrungen und es lässt sich so auf den konjunktiven Erfahrungsraum (nach Mannheim) bzw. auf das Feld (nach Bourdieu) der jeweiligen Testperson schließen. Soziologische Theorien sind fachdidaktisch relevant, weil eine gemeinsame Reflexion von sozialisatorisch erworbenen Deutungs- und Wahrnehmungsmustern dazu führen kann, eigene Wertvorstellungen zu hinterfragen und weil – auf längere Sicht – so auch moralische Intuitionen beeinflusst werden können.

16.3 Anwendung der Rahmungen zur Entwicklung von Modellen

In den naturwissenschaftlichen Fachdidaktiken wurden in Deutschland drei curricular valide Kompetenzstrukturmodelle zur Bewertungskompetenz theoretisch hergeleitet und empirisch bearbeitet (Tab. 16.1). Zwei dieser Modelle wurden zunächst für bestimmte Domänen operationalisiert: ein Modell für Gestaltungsaufgaben Nachhaltiger Entwicklung (Bögeholz 2007; Bögeholz et al. 2014) und ein Modell für bio- und medizinethische Fragestellungen (Hößle 2007). Während diese beiden Modelle den Anspruch haben, Diagnose mit Förderung in Verbindung zu setzen, wurde das dritte Modell auf die Evaluation der Standards in den Naturwissenschaften für die Sekundarstufe I abgestimmt (ESNaS-Modell; Hostenbach et al. 2011). Der Anwendungsbereich des ESNaS-Modells erstreckt sich über bewertungsrelevante Kontexte, die alltägliche Handlungsentscheidungen betreffen und die – wie auch die beiden erstgenannten Modelle – Gegenstand von Fragestellungen an der Schnittstelle von Naturwissenschaften und Gesellschaft sind („socio-scientific issues"; z. B. Sadler 2011).

16.3.1 Modellierung für Gestaltungsaufgaben Nachhaltiger Entwicklung

Das Modell zur Bewertungskompetenz für Gestaltungsaufgaben Nachhaltiger Entwicklung ist für kognitiv anspruchsvolle Fragestellungen angewandter Naturwissenschaften von persönlicher Relevanz und gesellschaftlicher Tragweite konzipiert. Fragestellungen betreffen u. a. Maßnahmen zum Schutz der Biodiversität und zur Eindämmung des Klimawandels. Darunter fallen Fragen wie z. B. die Vereinbarkeit von Fledermausschutz und Windenergie (Cirkel et al. 2017, S. 22). Um nachhaltige Handlungsoptionen bei dieser

Tab. 16.1 Überblick über drei in Deutschland diskutierte Modelle zur Bewertungskompetenz

Ausrichtung der Modelle	Gestaltungsaufgaben Nachhaltiger Entwicklung (Bögeholz et al. 2014)	Bio- und medizinethische Fragen (Hößle 2007)	Evaluation der Standards in den Naturwissenschaften (Hostenbach et al. 2011)
Ziele bzw. Ansprüche	Diagnose und Förderung von Bewertungskompetenz	Diagnose und Förderung von Bewertungskompetenz	Evaluation von Bewertungskompetenz auf Basis der Bildungsstandards
Anwendungs-bereiche	Entwicklung von mehreren für Nachhaltige Entwicklung relevanten Handlungsoptionen, die anhand von Kriterien qualitativ abgewogen bzw. quantitativ bewertet werden	Bioethische Kontexte werden unter Berücksichtigung ethischer Werte, unterschiedlicher Perspektiven und möglicher Folgen qualitativ bewertet	Bearbeiten eines breiten Spektrums an bewertungsrelevanten Situationen, die sich aus einer gesellschaftlichen Anwendung von Biologie, Chemie und/oder Physik ergeben

Zielpluralität zu entwickeln, ist die Faktenlage z. B. zur Funktionsweise von Windenergieanlagen und zu Verhaltensweisen von Fledermäusen relevant (faktische Komplexität). Für eine Bewertung von Handlungsoptionen sind offene Fragen wie, inwiefern Klima- und/oder Biodiversitätsschutz Priorität eingeräumt wird, bedeutsam dafür, welche Attribute als entscheidungsrelevant betrachtet werden oder wie wichtig einzelne Attribute (Kriterien) bei verschiedenen Optionen eingestuft werden (ethische Unsicherheit bzw. ethische Komplexität in Bögeholz und Barkmann 2005). Antworten darauf lassen sich nicht aus dem Leitbild der Nachhaltigen Entwicklung ableiten. Bewertungskompetenz dokumentiert sich danach durch einen transparenten, systematischen und reflektierten Umgang mit faktischer und ethischer Komplexität (Bögeholz und Barkmann 2005).

Das Modell knüpft an Forschung zu nachhaltigkeitsrelevanten Werten und Normen an (Bögeholz 2007) und greift mit dem Metamodell der Entscheidungsfindung von Betsch und Haberstroh (2005) entscheidungspsychologische Forschung auf (Eggert und Bögeholz 2006). Zudem rundet es die Konzeptualisierung von Bewertungskompetenz um ökonomische Bewertungsansätze für rationale Entscheidungen bei gesellschaftlich diskutierten Umweltpolitikoptionen ab (Bögeholz und Barkmann 2014; Bögeholz et al. 2014). Das Modell postulierte zunächst vier Teilkompetenzen (z. B. Bögeholz et al. 2014). Bei der ersten Teilkompetenz geht es um relevante Werte und Normen im Zusammenhang mit dem Leitbild der Nachhaltigen Entwicklung und dessen Umsetzung (Bögeholz et al. 2014). Nachhaltigkeitsrelevante Normen, wie eine Orientierung an der Erfüllung von Grundbedürfnissen, an inter- und intragenerationeller Gerechtigkeit und an der Anforderung, ökologische, ökonomische und soziale Erfordernisse bzw. Ziele gemeinsam zu berücksichtigen, bilden zwar Bezugspunkte zum Umgang mit ethisch komplexen Gestaltungsaufgaben, dabei sind jedoch die jeweils entscheidungsrelevanten Werte und Normen nicht konkreter durch das Leitbild vorgegeben (Bögeholz 2007). Die zweite Teilkompetenz widmet sich dem Beschreiben von faktisch komplexen Umweltproblemsituationen und dem

Abb. 16.1 Modell zur Bewertungskompetenz für
Gestaltungsaufgaben Nach-
haltiger Entwicklung –
Darstellung von empirisch
fundierten Teilkompetenzen

Beschreiben und Entwickeln von **Handlungsoptionen**	Vollziehen von **Perspektiven-wechsel**
Qualitatives Bewerten von Handlungsoptionen	**Quantitatives Bewerten** von Handlungsoptionen

Entwickeln von Handlungsoptionen (vgl. „Generieren und Reflektieren von Sachinforma-tionen" in Bögeholz et al. 2017). Die dritte Teilkompetenz zielt auf einen situationsange-messenen Einsatz von Entscheidungsstrategien bzw. auf systematisches, argumentatives Abwägen beim qualitativen Bewerten (vgl. „Bewerten, Entscheiden und Reflektieren" in Eggert und Bögeholz 2006, 2010). Die vierte Teilkompetenz fasst quantitatives Bewer-ten mithilfe mathematischer Modellierung von Politikoptionen u. a. unter Einbezug von Kosten-Nutzen-Analysen (Bögeholz et al. 2014; Böhm et al. 2016).

Empirische Fundierungen des Modells betreffen das Beschreiben und Entwickeln so-wie das qualitative und quantitative Bewerten von Handlungsoptionen (Abb. 16.1) – und damit drei der vier postulierten Teilkompetenzen. Jüngst kristallisierte sich zudem eine weitere empirisch abgrenzbare Teilkompetenz heraus, die die Fähigkeit zur Übernahme nachhaltigkeitsrelevanter Perspektiven beinhaltet (Böhm et al. 2017). Damit wurden bis-lang vier Teilkompetenzen eindimensional modelliert (Bögeholz et al. 2017; Eggert und Bögeholz 2010; Böhm et al. 2016, 2017).

16.3.2 Modellierung für bio- und medizinethische Fragen

Das Modell zur ethischen Urteilskompetenz für bio- und medizinethische Fragen be-schreibt den Kompetenzbereich Bewertung auf der Basis von bestehenden Modellen aus der Philosophie- und Biologiedidaktik (Hößle 2007; Reitschert und Hößle 2007). Be-rücksichtigt wurden die Betrachtungen von Kohlberg (1974, 1976) zur Entwicklung mo-ralischer Urteilsfähigkeit sowie die an Kohlbergs Überlegungen geübte Kritik (Modgil und Modgil 1986; Nunner-Winkler 1996). Ferner wurden Grundfertigkeiten aus der Phi-losophie integriert (Dietrich 2004; Reitschert et al. 2007) sowie ein Abgleich mit den Anforderungen an Kompetenzen in der Ethikdidaktik vorgenommen (Pfeifer 2003).

Das Modell umfasst acht Teilkompetenzen von Bewertungskompetenz, die über Ni-veaus konkretisiert wurden (Abb. 16.2; Alfs et al. 2012). Die Teilkompetenzen Perspek-tivwechsel und Argumentieren werden als querliegend zu den formulierten Teilkompe-tenzen Wahrnehmen und Bewusstmachen der eigenen Einstellung sowie der moralisch-ethischen Relevanz, Beurteilen, Folgenreflexion, Urteilen und ethisches Basiswissen an-geordnet. Perspektivwechsel und Argumentieren stellen grundlegende Fähigkeiten dar, die sich durch den gesamten Bewertungsprozess ziehen und daher nicht losgelöst von den anderen Teilkompetenzen betrachtet werden können.

Abb. 16.2 Modell zur ethischen Urteilskompetenz für bio- und medizinethische Fragen

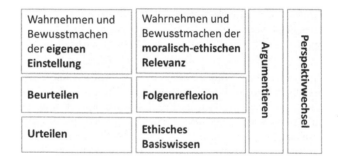

16.3.3 Modellierung für die Evaluation der Bildungsstandards

Das ESNaS-Modell dient als theoretische Grundlage zur Evaluation der ländergemeinsamen Bildungsstandards für den Mittleren Schulabschluss (KMK 2005). Die kognitiven Anforderungen der Testaufgaben im Kompetenzbereich Bewertung werden – ebenso wie bei der Evaluation von Fachwissen, Erkenntnisgewinnung und Kommunikation – nach Komplexität und kognitiven Prozessen aufgeschlüsselt (Hostenbach et al. 2011). Komplexität bezieht sich im ESNaS-Modell auf unterschiedliche Anzahlen zu berücksigender Fakten und deren Verknüpfung. Die Dimension kognitiver Prozesse greift mit ansteigendem Schwierigkeitsgrad das Reproduzieren, Selegieren, Organisieren und Integrieren von Informationen auf. Der Kompetenzbereich Bewertung wird inhaltlich über einen Fokus auf Bewertungskriterien, Handlungsoptionen und Reflexion erfasst. Ziel war es, das Spektrum relevanter Facetten von Bewertungskompetenz bei der Testentwicklung abzubilden. Damit wird nicht der Anspruch vertreten, dass es sich um unterscheidbare Teilkompetenzen handelt.

Ein zentraler Unterschied zu den vorgenannten Modellen liegt darin, dass das ESNaS-Modell als Grundlage für die Evaluation der Bildungsstandards konzipiert wurde. Das ESNaS-Modell ist nicht auf eine bestimmte Domäne bzw. einen Kontext bezogen (wie z. B. Nachhaltige Entwicklung, Bio- und Medizinethik), sondern widmet sich dem Spektrum bewertungsrelevanter Fragen von alltäglichen Entscheidungen bis hin zu komplexen „socio-scientific issues". Diese Breite und die Anbindung an das allgemeine Modell zur Evaluation der Bildungsstandards in den Bereichen Fachwissen und Erkenntnisgewinnung bringt mit sich, dass es für den Kompetenzbereich Bewertung derzeit noch konzeptionell weniger spezifisch und elaboriert erscheint.

16.4 Anwendung der theoretischen Rahmungen und Modelle in empirischen Studien

Für Unterricht zur Förderung von Bewertungskompetenz für individuelles und gesellschaftliches Handeln liegen für zentrale Ziele exemplarische Forschungsansätze, Unterrichtskonzepte und empirisch evaluierte Interventionen vor (Tab. 16.2). Die Ziele

Tab. 16.2 Übersicht über Ziele beim Erwerb von Bewertungskompetenz und Forschungsansätze zu deren Förderung

Ziele	Beschreibungen	Unterrichtliche Förderungen	Empirische Studien
Analyse von Entscheidungssituationen und Entwickeln von Handlungsoptionen	Beschreiben von Umweltproblemsituationen und Entwickeln von Lösungsmöglichkeiten Wahrnehmen moralisch relevanter Entscheidungssituationen	Umgang mit faktischer Komplexität bei Umweltproblemsituationen z. B. Ölpalmenanbau (Ostermeyer et al. 2012), Fledermausschutz und Windenergie (Cirkel et al. 2017) Analyse und Bewertung ethischer Dilemmata (Alfs und Hößle 2011)	Interventionsstudien mit fragebogenbasierten Prä-Post-Erhebungen (Eggert et al. 2013; Bögeholz et al. 2017; Alfs et al. 2011) Interventionsstudie mit Einzelinterviews im Prä-Post-Design (Hößle 2001)
(Er-)Kennen von Entscheidungsstrategien und -routinen sowie situations(un)-angemessenem Vorgehen beim Entscheiden sowie deren Reflexionen	Kennen verschiedener Kategorien von Entscheidungssituationen Wissen um Möglichkeiten und Grenzen rationalen und intuitiven Entscheidens (Entscheidungsstrategien/-verhalten bzw. Bewertungsstrukturwissen) Transparent machen von Sach- und Bewertungsmodellen bei Entscheidungsprozessen	Anwenden von Entscheidungsstrategien bzw. situationsangemessenen Verfahrensweisen beim Bewerten z. B. Streuobstwiesenbewertung (Bögeholz 2006), Fließgewässerbewertung (Eggert et al. 2008), Schutzmaßnahmen Korallenriff (Gresch 2017) Reflexion von individuellen und kollektiven Entscheidung(sprozess)-en (Bögeholz 2006; Eggert et al. 2008; Hößle und Menthe 2013)	Interventionsstudien mit fragebogenbasierten Prä-Post-Follow-up-Kontrollgruppendesign (Eggert et al. 2010; Gresch et al. 2013, 2017) Interview- und Fragebogenstudien zum Bewerten, Urteilen/Entscheiden z. B. in bioethischen Kontexten (Alfs et al. 2012)
Reflexionen von routinierten bzw. habitualisierten Verhaltensweisen	Erkennen von Präferenzen sowie habituellen Prägungen in Entscheidungsfragen z. B. bei alltagsrelevantem Handeln	Auslösen von empirischen Irritationen von Vorurteilen und habitusbasierten Präferenzen z. B. durch Experimente mit Mineralwasser (Menthe 2012)	(Video-)Analyse von Einzel- und Gruppeninterviews zur Rekonstruktion von Routinen/Vorurteilen (Menthe und Düker 2017; Düker und Menthe 2016) Analysen von Schülerurteilen durch rekonstruktive Verfahren z. B. durch dokumentarische Methode (Sander 2017)

Tab. 16.2 (Fortsetzung)

Ziele	Beschreibungen	Unterrichtliche Förderungen	Empirische Studien
Diskursfähigkeit bzw. Partizipation an öffentlichen Diskursen	Wissen um rationales Argumentieren unter Bezug auf Fakten, Werte und Normen Offenlegen von Entscheidungsprozessen	Planspiele z. B. Klimawandel vor Gericht (Eilks et al. 2011) Rollenspiele und Gerichtsverfahren (Hößle und Alfs 2014) Nachhaltiger Handykauf (Menthe et al. 2016) Technikfolgenabschätzung z. B. Schülerlabor NanoScience (Menthe et al. 2015)	Videoanalysen von Gruppengesprächen bei Entscheidungssituationen (Seefeldt et al. 2016)

reichen von der Analyse einer Entscheidungssituation über das Kennen und Anwenden von Bewertungsverfahren bzw. Entscheidungsstrategien sowie über das Reflektieren von Entscheidungsprozessen bzw. Verhaltensroutinen bis hin zur Partizipation an öffentlichen Diskursen. Differenziert betrachtet werden in Tab. 16.2 zwei Arten von Reflexionen: a) Reflexionen, die Entscheidungsstrategien und -verhalten zum Gegenstand haben und aus einer bildungswissenschaftlichen Auseinandersetzung mit entscheidungspsychologischer Forschung resultieren, und b) Reflexionen, die Routinen und habitualisiertes Verhalten fokussieren und stärker Erkenntnisse soziologischer Forschung einbeziehen.

16.4.1 Anwendung des Modells für Gestaltungsaufgaben Nachhaltiger Entwicklung

Beispielhafte Studien zur Modellierung, Messung und Validierung von Bewertungskompetenz liegen schwerpunktmäßig zu ökologisch sowie naturwissenschaftlich relevanten Kontexten für Bildung für Nachhaltige Entwicklung – wie Biodiversität oder Energie – vor (Eggert und Bögeholz 2010; Sakschewski et al. 2014; Böhm et al. 2016). Nebst korrelativen Validierungsanalysen erfolgte eine experimentelle Validierungsstudie von Bewertungskompetenz (Bögeholz et al. 2017). Im Zuge der Kompetenzforschung wurden u. a. Leistungsvergleiche über Jahrgänge hinweg durchgeführt (z. B. Eggert und Bögeholz 2010; Sakschewski et al. 2014).

Auch eine Reihe von Interventionsstudien zur Förderung von Bewertungskompetenz legen das referierte Kompetenzmodell sowohl für die Messung von Kompetenzen als auch für die Konzeption von Bildungsinterventionen zugrunde (Eggert et al. 2010, 2013;

Gresch et al. 2013, 2017). Die Studien geben Hinweise auf eine Förderbarkeit verschiedener Komponenten von Bewertungskompetenz durch entsprechende Trainings in Lernumgebungen für kooperatives Lernen sowie für individuelles Lernen. Nachweislich wurde im Unterricht mithilfe kooperativen Lernens das Beschreiben von Umweltproblemsituationen und das Entwickeln und Reflektieren von Handlungsoptionen (Lösungsvorschlägen) gefördert (Eggert et al. 2013). Mit Blick auf das qualitative Bewerten, Entscheiden und Reflektieren von Handlungsoptionen waren ebenfalls instruktionsbedingt Zuwächse in der Bewertungskompetenz durch unterrichtliches, kooperatives Lernen zu verzeichnen (Eggert et al. 2010). Daneben wurde über individuelle, computerbasierte Concept-Mapping-Trainings die Förderbarkeit des Beschreibens und Entwickelns von Handlungsoptionen nachgewiesen, während die Trainings sich mit Blick auf qualitatives Bewerten von Handlungsoptionen bisher nicht als förderlich erwiesen (Eggert et al. 2017). Mit individuellen computerbasierten Entscheidungsstrategietrainings wurde hingegen gezeigt, dass noch nach drei Monaten qualitativ hochwertigeres eigenes Bewerten und Entscheiden in den Trainingsgruppen im Vergleich zur Kontrollgruppe nachweisbar waren (Gresch et al. 2013). Eine weitere computerbasierte Studie mit individuellen Trainings von Entscheidungsstrategien zeigte im Vergleich zur Kontrollgruppe die Wirksamkeit der Trainings mit Blick auf das Reflektieren von Entscheidung(sprozess)en im Posttest. Bei besonderer Berücksichtigung von Selbstreflexionselementen war der Nachweis auch noch Monate später erfolgreich (Gresch et al. 2017). Die Interventionsstudien verdeutlichen, dass sich das Modell für Gestaltungsaufgaben Nachhaltiger Entwicklung als Grundlage zur Diagnose und Förderung wesentlicher Bausteine von Bewertungskompetenz eignet.

16.4.2   Anwendung des Modells für bio- und medizinethische Fragen

Das Modell zur ethischen Urteilskompetenz kann in verschiedener Hinsicht genutzt werden: Erstens können Lernsequenzen zur Förderung der Bewertungskompetenz in bio- und medizinethischen Fragen entwickelt werden (Hößle und Alfs 2014). Dabei geht es darum, die einzelnen Teilkompetenzen gezielt im Unterricht zu fördern (Hößle 2016). Zweitens können Bewertungsprozesse von Schülern, die im Rahmen qualitativer Studien erhoben werden, hinsichtlich der Argumentationsweise, der Wertprioritäten, der antizipierten Folgen sowie hinsichtlich des Perspektivwechsels analysiert werden. Das Modell dient dabei als Folie für ein deduktives Kategoriensystem, das durch induktiv gewonnene Kategorien variabel ergänzt werden kann. In Interventionsstudien wurde nachgewiesen, dass Schüler durch eine kritische und wertbasierte Reflexion bioethischer Dilemmata im Unterricht in der Fähigkeit, ethische Positionen zu identifizieren und unterschiedliche Perspektiven zu reflektieren, gefördert werden können (Hößle 2001; Hößle und Alfs 2014).

Neben der Bewertungskompetenz von Schülern in bioethischen Fragen (Hößle 2001; Mittelsten-Scheid 2008; Reitschert 2009) wurden Aspekte von Lehrerbildungsforschung zur Bewertungskompetenz auf Basis des Modells untersucht: Studienbefunde von Alfs (2012) zeigen hier, dass professionalisierte Lehrkräfte zwar Erfahrungen in einer unterrichtlichen Förderung von Bewertungskompetenz aufweisen, sich aber unsicher fühlen hinsichtlich der Diagnose von Lernleistungen im Kompetenzbereich Bewertung. In der Folge untersuchten Heusinger von Waldegge (2016) und Steffen (2015) Diagnosestrategien von Lehrkräften zur Erfassung von Bewertungskompetenz auf Basis des Modells.

16.4.3 Anwendung soziologischer Theorien

Um kommunikatives und konjunktives Wissen z. B. in Interviews zu analysieren, in denen Testpersonen Entscheidungsprobleme vorgelegt werden, eignet sich u. a. die dokumentarische Methode (Bohnsack 2010; Loos et al. 2013). Diese verwendet den Begriff des Orientierungsrahmens, der eng mit dem Bourdieuschen Begriff des Habitus und dem Mannheimschen Begriff des konjunktiven Wissens verbunden ist. In einer Studie zur Anwendung soziologischer Theorien (Sander 2017; Sander und Höttecke 2016) wurden fokussierte Interviews mit Jugendlichen durchgeführt. Als Interviewstimuli dienten Audiovignetten zu Entscheidungsproblemen im Kontext Nachhaltiger Entwicklung. Sander (2017) identifizierte darin durch Fallvergleiche drei zentrale Dimensionen (Wert/Zeit/Selbst und Andere), die das Urteilen und Entscheiden von Jugendlichen bestimmen und unterschiedliche Orientierungsrahmen aufspannen. Dabei wird ein Orientierungsrahmen von Jugendlichen rekonstruiert, nach dem die Komplexität von Entscheidungsproblemen überhaupt abgelehnt oder negiert wird. Bezüglich der Dimension Zeit finden sich zukunftsoptimistische und zukunftspessimistische Orientierungen oder auch starke Gegenwartsorientierungen. Die Befunde machen deutlich, dass ein Urteilen und Entscheiden über Probleme Nachhaltiger Entwicklung von diesen Tiefenstrukturen, die ihren jeweiligen konjunktiven Erfahrungsräumen entstammen, stark beeinflusst wird. Die Studie unterstreicht damit die Bedeutung lebensweltlicher und biographischer Einbettungen jeglichen Bewertens, Urteilens und Entscheidens (vgl. Dittmer et al. 2016): Wenn Menschen, wie Sander (2017) zeigt, sich selbst in Bezug auf eigenes Handeln gar nicht als wirkmächtig erleben oder wenn sie über sich und die Welt allein in Begriffen der Gegenwart nachdenken oder wenn ihr Nachdenken über die Zukunft wesentlich von ökonomischen Kategorien strukturiert wird, kann der Aufbau von Bewertungskompetenz im Kontext Nachhaltiger Entwicklung stark erschwert sein.

16.4.4 Bewertungskompetenz für individuelles und gesellschaftliches Handeln

Studien zur Bewertungskompetenz und deren Förderung betreffen sowohl individuelles als auch kooperatives Lernen. Beides sind einander ergänzende Ansätze, um schließlich für individuelles und gesellschaftliches Handeln zu qualifizieren. Dabei sind vernetztes und interdisziplinäres Wissen sowie ein expliziter Umgang mit Werthaltungen und eine Reflexion von beiden Komponenten umso relevanter, je kognitiv und sozial herausfordernder sich die jeweilige Problemstellung erweist (Bögeholz und Barkmann 1999, 2005; Dittmer et al. 2016).

Entscheidungssituation ist damit nicht gleich Entscheidungssituation. So wird z. B. zwischen kognitiv weniger anspruchsvoll und kognitiv anspruchsvoll zu lösenden Umweltproblemsituationen bzw. medizinethischen Dilemmata differenziert (Bögeholz und Barkmann 1999; Hößle und Alfs 2014). Weniger anspruchsvolle Entscheidungsfragen umfassen z. B. Lösungsansätze für Müllreduzierung oder Müllvermeidung im Alltag, die teils schon in Verhaltensroutinen übergegangen sind. Kognitiv anspruchsvoll sind komplexe Umweltproblemsituationen wie die Palmölproduktion in Indonesien, wo Lösungsansätze sich aufgrund verschiedener involvierter Interessengruppen ungleich schwieriger gestalten (sog. ökologisch-soziales Dilemma in Ostermeyer et al. 2012). Ebenfalls komplex sind medizinethische Dilemmata wie die Frage, ob eine Embryospende in Anspruch genommen werden soll. Dabei werden zahlreiche Perspektiven berührt, wie Wünsche von Eltern und Perspektiven von Eizellspenderin, Samenspender, Wunschkind und von reproduktionsmedizinischen Unternehmen.

Unterschieden werden zudem Entscheidungssituationen, in denen je nach situativem Kontext hoher Entscheidungsdruck besteht und solche Fälle, in denen Raum für eine reflektierte Entscheidung gegeben ist (Hößle und Menthe 2013). Die Frage, ob ein Schwangerschaftsabbruch erfolgen sollte, ist mit hohem Zeitdruck verbunden. Die Frage, ob zur Erfüllung eines Kinderwunschs eine Eizellspende in Anspruch genommen wird, ruft weniger Entscheidungsdruck hervor. Hier eröffnen der zeitliche Rahmen („Wir schieben es erst mal nach hinten") und ein grundsätzlich breiterer Handlungsrahmen größere Spielräume („Das Kind könnte nach der Geburt zur Adoption frei gegeben werden, wenn man später die Auffassung gewinnt, ein Kind ist zu viel Verantwortung") – wobei in der Situation eingedenk von Folgenreflexionen stets sozial verantwortlich entschieden und gehandelt werden sollte.

Zu berücksichtigen ist zudem, dass in vielen Fällen Bewerten, Urteilen und Entscheiden (sowie deren Reflexion) in soziale Praxis eingebunden ist. Die soziale Einbindung sollte dabei selbst zum Gegenstand der Reflexion gemacht werden. Unter dieser Perspektive ist z. B. die Frage nach der Bereitschaft, Haushaltsmüll zu trennen, komplex. Die Bereitschaft ist zwar in der Bundesrepublik hoch, ihr ökologischer Wert ist aber zweifelhaft. Zugleich gilt Mülltrennung in einigen sozialen Erfahrungsräumen als besonders verpflichtend und ist stark habitualisiert. Auch kann Mülltrennung als persönlicher Beitrag zum Klimaschutz verstanden werden (Höttecke 2013). Reflexion kann sich bei Schülern dann auf Normen und eigene Werte beziehen, die ihren Ursprung in den jeweiligen sozialen Lebenswelten haben (z. B. gymnasialer Habitus). Auch kann Reflexion sich auf fremde Entscheider beziehen, z. B. unterliegen Beschäftigte von Luftfahrtunternehmen einem Loyalitätsgebot gegenüber ihrem Arbeitgeber. Somit sind deren Stellungnahmen bzw. Urteile in der Öffentlichkeit über die Rolle des Luftverkehrs beim Klimawandel kritisch zu beleuchten bzw. zu hinterfragen (Höttecke 2013; Eilks et al. 2011; Dittmer et al. 2016).

16.5 Fazit und Ausblick

Aufgezeigt wurde die Relevanz von psychologischen, moralphilosophischen und soziologischen Theorien für eine fachdidaktisch-bildungswissenschaftliche Forschung zu Bewertungskompetenz für individuelles und gesellschaftliches Handeln. Die aus unterschiedlichen Traditionen heraus begründete Forschung zielte zunächst auf exemplarische Komponenten von Bewertungskompetenz, die bedeutsam für die kognitive Bearbeitung von faktisch und ethisch komplexen Fragen an der Schnittstelle zwischen Naturwissenschaften und Gesellschaft sind (Bögeholz und Barkmann 2005; Sadler 2011). Die Formulierungen der Bildungsstandards und die Verortung von Bewertungskompetenz im Kompetenzdiskurs hatten einen verstärkten Fokus auf informiertes, rational begründetes und reflektiertes Bewerten, Urteilen und Entscheiden in den Fachdidaktiken zur Folge. Neben dem ES-NaS-Evaluationsansatz für die naturwissenschaftlichen Fächer wurden insbesondere in der Biologiedidaktik spezifische Modelle zur Bewertungskompetenz entwickelt, die für Fragen angewandter Naturwissenschaften geeignet sind (Alfs et al. 2012; Sakschewski et al. 2014; Cirkel et al. 2017).

Diskutiert werden aber auch alternative Konzeptualisierungen von Bewertungskompetenz. Eine wichtige Rolle spielen dabei Intuitionen im Entscheidungsprozess sowie Irritationen und Krisen im Fall verunsichernder Erfahrungen und als Folge einer reflexiven Auseinandersetzung mit eigenen Entscheidungen und deren Rechtfertigung (Dittmer et al. 2016). Diese Zugänge zielen auf eine kritische Reflexion realer Entscheidungen im Alltag und zeigen Grenzen des Rational-Choice-Ansatzes auf. In dieser Tradition sind theoretische Rahmungen wie Wissenssoziologie und Habituskonzept sowie methodische Rahmungen wie die dokumentarische Methode (Bohnsack 2010) und die objektive Hermeneutik (Oevermann 2013) relevant. Sie berücksichtigen unbewusste biographische Prägungen. Derartige Forschung ist komplementär zum gegenwärtigen Kompetenzdiskurs. Insbesondere macht sie auf Rahmenbedingungen aufmerksam, innerhalb derer sich tatsächliches Entscheiden und gesellschaftliches Handeln abspielen.

Die in diesem Kapitel aufgeführten Studien nutzen exemplarische Vorgehensweisen, über die wichtige Erkenntnisse gewonnen wurden. Nichtsdestotrotz bestehen weitere Forschungsdesiderate im Zusammenhang mit Bewertungskompetenz. So ist die mit dem jeweils realisierten Studiendesign verbundene (begrenzte) Aussagekraft einer jeden Studie zu reflektieren. Beispielsweise arbeiten bisher nur wenige Studien zur Kompetenzförderung mit Instrumenten, die änderungssensitiv sind und damit Veränderungsmessungen wie in Eggert et al. (2010) auf Basis von Modellierungen mit Item-Response-Theorie erlauben. Des Weiteren stehen noch (Interventions-)Studien zu den noch nicht umfassend bzw. erst jüngst empirisch fundierten Teilkompetenzen von Bewertungskompetenz aus. Darüber hinaus sind Längsschnittstudien zur Entwicklung von Bewertungskompetenz von Schülern wünschenswert (Bögeholz et al. 2017). Bei allen Weiterentwicklungsmöglichkeiten in der Forschung wurde insgesamt in den letzten Jahren eine theoretische und empirische Fundierung von Bewertungskompetenz sowie eine solide Basis für evidenzbasiertes Unterrichten des Kompetenzbereichs Bewertung geschaffen.

16.6   Literatur zur Vertiefung

Jungermann, H., Pfister, H.-R., & Fischer, K. (2010). *Die Psychologie der Entscheidung. Eine Einführung*. München: Spektrum Akademischer Verlag (SAV).

Das Lehrbuch widmet sich dem Thema, wie Menschen in bestimmten Entscheidungssituationen und unter bestimmten Bedingungen entscheiden. Eingeführt wird in Grundlagen der Entscheidungsforschung. Vertieft werden u. a. zentrale psychologische Theorien für rationales Entscheidungsverhalten.

Bögeholz, S., Eggert, S., Ziese, C., & Hasselhorn, M. (2017). Modeling and Fostering Decision-Making Competence Regarding Challenging Issues of Sustainable Development. In D. Leutner, J. Fleischer, J. Grünkorn, & E. Klieme (Hrsg.), *Competence Assessment in Education Research, Models and Instruments* (S. 263–284). Berlin, Heidelberg: Springer.

Der Beitrag gibt Einblicke in eine Modellierung von Bewertungskompetenz für Gestaltungsaufgaben Nachhaltiger Entwicklung. Weiterhin werden Unterrichtseinheiten zur Förderung von Bewertungskompetenz konzeptionell beschrieben und eine Interventionsstudie zur Förderung von Bewertungskompetenz vorgestellt, die auf eine experimentelle Validierung zielt.

Dittmer, A., Gebhard, U., Höttecke, D., & Menthe, J. (2016). Ethisches Bewerten im naturwissenschaftlichen Unterricht: Theoretische Bezugspunkte für Forschung und Lehre. *Zeitschrift für Didaktik der Naturwissenschaften, 1*, 97–108.

Der Artikel liefert eine kritische Diskussion einschlägiger Modelle zur Erhebung und Förderung von Bewertungskompetenz und bietet eine Verknüpfung bildungstheoretischer und fachdidaktischer Diskurse zur Forschung zu Bewertungskompetenz. Urteilen und Entscheiden werden als soziale Praxis begriffen. Die Reflexion moralischer Intuitionen wird als zentrales Element eines politisch-sozial-moralischen Verständnisses von Bewertungskompetenz und deren Förderung und Erforschung verstanden.

Alfs, N., Heusinger von Waldegge, K., & Hößle, C. (2012). Bewertungsprozesse verstehen und diagnostizieren. *Zeitschrift für interpretative Schul- und Unterrichtsforschung, 1*, 83–112.

Der Beitrag fokussiert die Darstellung eines Kompetenzstrukturmodells, das sowohl zur empirischen Ermittlung als auch zur Förderung von Bewertungskompetenz im Unterricht herangezogen werden kann. Darüber hinaus werden Studien vorgestellt, die die Erfassung des fachdidaktischen Wissens von Lehrkräften zur Förderung und Diagnose von Bewertungskompetenz im Unterricht beinhalten.

Literatur

Alfs, N. (2012). *Ethisches Bewerten fördern. Eine qualitative Untersuchung zum fachdidaktischen Wissen von Biologielehrkräften zum Kompetenzbereich „Bewertung"*. Hamburg: Verlag Dr. Kovač.

Alfs, N., & Hößle, C. (2011). Bt-Mais: Chance oder Risiko? *Praxis der Naturwissenschaften – Biologie in der Schule, 60*(3), 25–30.

Alfs, N., Hößle, C., & Alfs, T. (2011). *Eine Interventionsstudie zur Entwicklung der Bewertungskompetenz bei Schülerinnen und Schülern im Rahmen des Projektes Hannover-GEN*. Oldenburger Vordrucke 594/11.

Alfs, N., Heusinger von Waldegge, K., & Hößle, C. (2012). Bewertungsprozesse verstehen und diagnostizieren. *Zeitschrift für interpretative Schul- und Unterrichtsforschung, 1,* 83–112.

Betsch, T., & Haberstroh, S. (Hrsg.). (2005). *The routines of decision making.* Mahwah: Lawrence Erlbaum.

Betsch, T., Funke, J., & Plessner, H. (2011). *Denken – Urteilen, Entscheiden, Problemlösen.* Heidelberg: Springer.

Bögeholz, S. (2006). Explizit Bewerten und Urteilen – Beispielkontext Streuobstwiese. *Praxis der Naturwisssenschaften – Biologie in der Schule, 55*(1), 17–24.

Bögeholz, S. (2007). Bewertungskompetenz für systematisches Entscheiden in komplexen Gestaltungssituationen Nachhaltiger Entwicklung. In D. Krüger & H. Vogt (Hrsg.), *Theorien in der biologiedidaktischen Forschung* (S. 209–220). Berlin: Springer.

Bögeholz, S., & Barkmann, J. (1999). Kompetenzerwerb für Umwelthandeln – Psychologische und pädagogische Überlegungen. *Die Deutsche Schule, 91*(1), 93–101.

Bögeholz, S., & Barkmann, J. (2005). Rational choice and beyond: Handlungsorientierende Kompetenzen für den Umgang mit faktischer und ethischer Komplexität. In R. Klee, A. Sandmann & H. Vogt (Hrsg.), *Lehr- und Lernforschung in der Biologiedidaktik* (Bd. 2, S. 211–224). Innsbruck: StudienVerlag.

Bögeholz, S., & Barkmann, J. (2014). "… to help make decisions?": A challenge to science education research in the 21st century. In I. Eilks, S. Markic & B. Ralle (Hrsg.), *Science education research and education for sustainable development* (S. 25–35). Aachen: Shaker.

Bögeholz, S., Böhm, M., Eggert, S., & Barkmann, J. (2014). Education for sustainable development in German Science Education: past – present – future. *EURASIA Journal of Mathematics, Science & Technology Education, 10*(4), 231–248.

Bögeholz, S., Eggert, S., Ziese, C., & Hasselhorn, M. (2017). Modeling and fostering decision-making competence regarding challenging issues of sustainable development. In D. Leutner, J. Fleischer, J. Grünkorn & E. Klieme (Hrsg.), *Competence assessment in education research, models and instruments* (S. 263–284). Berlin, Heidelberg: Springer.

Böhm, M., Eggert, S., Barkmann, J., & Bögeholz, S. (2016). Evaluating sustainable development solutions quantitatively: competence modelling for GCE and ESD. *Citizenship, Social and Economics Education, 15*(3), 190–211. https://doi.org/10.1177/2047173417695274.

Böhm, M., Barkmann, J., Eggert, S., & Bögeholz, S. (2017). *Quantitative Evaluation von Lösungsvorschlägen als ein Bestandteil von Bewertungskompetenz für Gestaltungsaufgaben Nachhaltiger Entwicklung*. Vortrag auf 21. Tagung der Fachsektion Didaktik der Biologie (FDdB) im VBIO, Universität Halle, 11.–14.09. 2017.

Bohnsack, R. (2010). *Rekonstruktive Sozialforschung. Einführung in qualitative Methoden.* Opladen: Budrich.

Bosshard, S. N., Höver, G., Schulte, R., & Waldenfels, H. (1998). Menschenwürde und Lebensschutz. Theologische Aspekte. In G. Rager (Hrsg.), *Beginn, Personalität und Würde des Menschen* (S. 243–329). Freiburg: K. Alber.

Bourdieu, P. (1993). *Sozialer Sinn. Kritik der theoretischen Vernunft.* Frankfurt a.M.: Suhrkamp.

Cirkel, J. O., Eggert, S., Lewing, J., Schneider, S., & Bögeholz, S. (2017). Fledermausschutz und Windenergie. Fächerverbindender Anfangsunterricht zwischen Physik und Biologie. *Unterricht Physik, 28*(5), 22–27.

Dietrich, J. (2004). Grundzüge ethischer Urteilsbildung. Ein Beitrag zur Bestimmung ethisch-philosophischer Basiskompetenzen und zur Methodenfrage der Ethik. In J. Rohbeck (Hrsg.), *Ethisch-philosophische Basiskompetenz. Jahrbuch für Didaktik der Philosophie und Ethik* (S. 65–96). Dresden: Thelem.

Dittmer, A., Gebhard, U., Höttecke, D., & Menthe, J. (2016). Ethisches Bewerten im naturwissenschaftlichen Unterricht: Theoretische Bezugspunkte für Forschung und Lehre. *Zeitschrift für Didaktik der Naturwissenschaften, 22,* 97–108.

Düker, P., & Menthe, J. (2016). Zum Verhältnis von Rationalität und Intuition bei Schülerurteilen. In J. Menthe, D. Höttecke, T. Zabka, M. Hammann & M. Rothgangel (Hrsg.), *Befähigung zu gesellschaftlicher Teilhabe. Beiträge der fachdidaktischen Forschung* (S. 145–158). Münster: Waxmann.

Edwards, W., & Barron, F. H. (1994). SMARTS and SMARTER: Improved simple methods for multiattribute utility measurements. *Organizational Behavior and Human Decision Processes, 60,* 306–325.

Eggert, S., & Bögeholz, S. (2006). Göttinger Modell der Bewertungskompetenz. Teilkompetenz Bewerten, Entscheiden und Reflektieren für Gestaltungsaufgaben Nachhaltiger Entwicklung. *Zeitschrift für Didaktik der Naturwissenschaften, 12,* 199–217.

Eggert, S., & Bögeholz, S. (2010). Students' use of decision-making strategies with regard to socioscientific issues – an application of the Rasch partial credit model. *Science Education, 94*(2), 230–258.

Eggert, S., Barfod-Werner, I., & Bögeholz, S. (2008). Entscheidungen treffen – wie man vorgehen kann. *Unterricht Biologie kompakt, 32*(336), 13–18.

Eggert, S., Bögeholz, S., Watermann, R., & Hasselhorn, M. (2010). Förderung von Bewertungskompetenz im Biologieunterricht durch zusätzliche metakognitive Strukturierungshilfen beim Kooperativen Lernen. Ein Beispiel für Veränderungsmessung. *Zeitschrift für Didaktik der Naturwissenschaften, 16,* 299–314.

Eggert, S., Ostermeyer, F., Hasselhorn, M., & Bögeholz, S. (2013). Socioscientific decision making in the science classroom: the effect of embedded metacognitive instructions on students' learning outcomes. *Education Research International, 2013*(309894), 1–12. https://doi.org/10.1155/2013/309894.

Eggert, S., Nitsch, A., Boone, W. J., Nückles, M., & Bögeholz, S. (2017). Supporting students' learning and socioscientific reasoning about climate change. The effect of computer-based concept mapping scaffolds. *Research in Science Education, 47,* 137–159. https://doi.org/10.1007/s11165-015-9493-7.

Eilks, I., Feierabend, T., Hößle, C., Höttecke, D., Menthe, J., Mrochen, M., et al. (Hrsg.). (2011). *Der Klimawandel vor Gericht. Materialien für den Fach- und Projektunterricht.* Köln: Aulis.

Gigerenzer, G., & Brighton, H. (2009). Homo heuristicus: Why biased minds make better inferences. *Topics in Cognitive Science, 1,* 107–143.

Gresch, H. (2017). *Entscheiden und Argumentieren im Kontext nachhaltiger Entwicklung – Schutz-maßnahmen im Ökosystem Korallenriff. Unterrichtsreihe für das Sammelwerk Raabits Biologie.* Stuttgart: Raabe. 94. Ergänzungslieferung.

Gresch, H., Hasselhorn, M., & Bögeholz, S. (2013). Training in decision-making strategies: an approach to enhance students' competence to deal with socio-scientific issues. *International Journal of Science Education, 35*(15), 2587–2607. https://doi.org/10.1080/09500693.2011. 617789.

Gresch, H., Hasselhorn, M., & Bögeholz, S. (2017). Enhancing decision-making in STSE education by inducing reflection and self-regulated learning. *Research in Science Education, 47*(1), 95–118. https://doi.org/10.1007/s11165-015-9491-9.

Haidt, J. (2001). The emotional dog and its rational tail: a social intuitionist approach to moral judgement. *Psychological Review, 108*, 814–834.

Heusinger von Waldegge, K. (2016). *Biologielehrkräfte diagnostizieren die Schülerkompetenz „Be-werten".* Hamburg: Verlag Dr. Kovač.

Höffe, O. (2008). *Lexikon der Ethik.* Frankfurt: C. H. Beck.

Hößle, C. (2001). *Moralische Urteilsfähigkeit. Eine Interventionsstudie zur moralischen Urteils-fähigkeit von Schülern zum Thema Gentechnik.* Innsbruck: Studienverlag.

Hößle, C. (2007). Ethische Bewertungskompetenz im Biologieunterricht. In S. Jahnke-Klein, H. Ki-per & L. Freisel (Hrsg.), *Gymnasium heute. Zwischen Elitebildung und Förderung der Vielen* (S. 111–129). Baltmannsweiler: Schneider Verlag Hohengehren.

Hößle, C. (2016). Aufgaben zur Förderung und Diagnose von Bewertungskompetenz. In C. Juen-Kretschmer, K. Mayr-Keiler, G. Örley & I. Plattner (Hrsg.), *transfer Forschung ↔ Schule Heft 2, Visible Didactics – Fachdidaktische Forschung trifft Praxis* (S. 189–201). Bad Heil-brunn: Julius Klinkhardt.

Hößle, C., & Alfs, N. (2014). *Doping, Gentechnik, Zirkustiere. Bioethik im Unterricht.* Hallberg-moos: Aulis.

Hößle, C., & Menthe, J. (2013). Urteilen und Entscheiden im Kontext für nachhaltige Entwicklung. In J. Menthe, D. Höttecke, I. Eilks & C. Hößle (Hrsg.), *Handeln in Zeiten des Klimawandels* (S. 35–63). Münster: Waxmann.

Hostenbach, J., Fischer, H. E., Kauertz, A., Mayer, J., Sumfleth, E., & Walpuski, M. (2011). Model-lierung der Bewertungskompetenz in den Naturwissenschaften zur Evaluation der Nationalen Bildungsstandards. *Zeitschrift für Didaktik der Naturwissenschaften, 17*, 261–287.

Höttecke, D. (2013). Rollen- und Planspiele in der Bildung für nachhaltige Entwicklung. In J. Men-the, D. Höttecke, I. Eilks & C. Hößle (Hrsg.), *Handeln in Zeiten des Klimawandels* (S. 95–111). Münster: Waxmann.

Höttecke, D. (2017). Die politische Dimension der Naturwissenschaft im Unterricht. Bewerten, Urteilen und Entscheiden. In U. Gebhard, D. Höttecke & M. Rehm (Hrsg.), *Pädagogik der Naturwissenschaften* (S. 65–84). Berlin: Springer VS.

Jungermann, H., Pfister, H.-R., & Fischer, K. (2010). *Die Psychologie der Entscheidung. Eine Ein-führung.* München: Spektrum Akademischer Verlag.

Kahneman, D. (2012). *Thinking, fast and slow.* New York & London: Penguin Psychology.

Kahneman, D., Slovic, P., & Tversky, A. (1982). *Judgment under uncertainty: heuristics and biases.* New York: Cambridge University Press.

Keller, M. (1996). *Moralische Sensibilität. Entwicklung in Freundschaft und Familie.* Weinheim: Beltz.

KMK (Hrsg.). (2005). *Bildungsstandards in den Fächern Biologie, Chemie, Physik für den Mittleren Schulabschluss.* München, Neuwied: Luchterhand. Zugriff am 18.07.2017 unter https://www.kmk.org/dokumentation-und-statistik/beschluesse-und-veroeffentlichungen/bildung-schule/allgemeine-bildung.html#c1264.

Kohlberg, L. (1974). *Zur kognitiven Entwicklung des Kindes*. Frankfurt: Suhrkamp.

Kohlberg, L. (1976). Moral stages and moralization: The cognitive-development approach. In T. Lickona (Hrsg.), *Moral development and behaviour. Theory, research and social issues* (S. 31–53). New York: Holt, Rinehart & Winston.

Loos, P., Nohl, A.-M., Przyborski, A., & Schäffer, B. (Hrsg.). (2013). *Dokumentarische Methode. Grundlagen – Entwicklungen – Anwendungen*. Opladen: Barbara Budrich.

Mannheim, K. (1980). *Strukturen des Denkens*. Frankfurt a.M.: Suhrkamp.

McFadden, D. (1981). Econometric models of Probabilistic choice. In C. Manski & D. McFadden (Hrsg.), *Structural analysis of discrete data with econometric applications* (S. 198–272). Cambridge: MIT Press.

Menthe, J. (2012). Wider besseres Wissen?! Conceptual Change: Warum Lernen nicht notwendig zur Veränderung des Urteilens und Bewertens führt. *Zeitschrift für interpretative Schul- und Unterrichtsforschung, 1*(1), 161–183.

Menthe, J., & Düker, P. (2017). Schülervorstellungen sind entscheidend. Bewertungskompetenz als Bildungserfahrung. *Naturwissenschaften im Unterricht – Chemie, 28*(159), 38–43.

Menthe, J., Düker, P., Heller, H., & Hönke, A. (2015). Nanosilber in der Waschmaschine – ein kontextorientierter Zugang zu Elektrochemie und Nanowissenschaft. *Praxis der Naturwissenschaften – Chemie in der Schule, 65*(4), 18–22.

Menthe, J., Baumann, S., & Sprenger, S. (2016). Das Ökohandy – eine echte Alternative? Bewertung für eine nachhaltige Entwicklung. *Naturwissenschaften im Unterricht – Chemie, 27*(152), 23–27.

Mittelsten-Scheid, N. (2008). *Niveaus von Bewertungskompetenz. Eine empirische Studie im Rahmen des Projekts „Biologie im Kontext"*. Studien zur Kontextorientierung im naturwissenschaftlichen Unterricht, Bd. 4. Tönning: Der Andere Verlag.

Modgil, S., & Modgil, C. (Hrsg.). (1986). *Lawrence Kohlberg. Consensus and controversy*. Philadelphia: Palmer.

Nunner-Winkler, G. (1996). Moralisches Wissen, moralische Motivation, moralisches Handeln. In M. S. Honig, H. R. Leu & U. Nissen (Hrsg.), *Kinder und Kindheit. Soziokulturelle Muster sozialisationstheoretische Perspektiven* (S. 129–156). Weinheim: Juventa.

Oevermann, U. (2013). Objektive Hermeneutik als Methodologie der Erfahrungswissenschaften von der sinnstrukturierten Welt. In P. C. Langer, A. Kühner & P. Schweder (Hrsg.), *Reflexive Wissensproduktion* (S. 69–98). Wiesbaden: Springer VS.

Ostermeyer, F., Eggert, S., & Bögeholz, S. (2012). Rein pflanzlich, dennoch schädlich? *Unterricht Biologie, 377/378*, 43–50.

Pfeifer, V. (2003). *Didaktik des Ethikunterrichts. Wie lässt sich Moral lehren und lernen?* Stuttgart: Kohlhammer.

Reitschert, K. (2009). *Ethisches Bewerten im Biologieunterricht. Eine qualitative Untersuchung zur Strukturierung und Ausdifferenzierung von Bewertungskompetenz in bioethischen Sachverhalten bei Schülern der Sekundarstufe I*. Hamburg: Verlag Dr. Kovač.

Reitschert, K., & Hößle, C. (2007). Wie Schüler ethisch bewerten. Eine qualitative Untersuchung zur Strukturierung und Ausdifferenzierung von Bewertungskompetenz in bioethischen Sachverhalten bei Schülern der Sek. I. *Zeitschrift für Didaktik der Naturwissenschaften, 13*, 125–143.

Reitschert, K., Langlet, J., Hößle, C., Mittelsten-Scheid, N., & Schlüter, K. (2007). Dimensionen von Bewertungskompetenz. *MNU, 60*(1), 43–51.

Rieger-Ladich, M. (2002). *Mündigkeit als Pathosformel. Beobachtungen zur pädagogischen Semantik*. Konstanz: UVK.

Sadler, T. (2011). *Socio-scientific issues in the classroom – teaching, learning and research*. Dordrecht: Springer.

Sakschewski, M., Eggert, S., Schneider, S., & Bögeholz, S. (2014). Students' Socioscientific reasoning and decision-making on energy-related issues. Development of a measurement instrument. *International Journal of Science Education, 36*(14), 2291–2313.

Sander, H. (2017). *Orientierungen von Jugendlichen beim Urteilen und Entscheiden in Kontexten nachhaltiger Entwicklung. Eine rekonstruktive Perspektive auf Bewertungskompetenz in der Didaktik der Naturwissenschaften.* Berlin: Logos. Zugriff am 31.03.2017 unter http://www.logos-verlag.de/ebooks/OA/978-3-8325-4434-8.pdf.

Sander, H., & Höttecke, D. (2016). Orientierungen von SchülerInnen beim Urteilen und Entscheiden in Kontexten nachhaltiger Entwicklung. In J. Menthe, D. Höttecke, T. Zabka, M. Hammann & M. Rothgangel (Hrsg.), *Befähigung zu gesellschaftlicher Teilhabe. Beiträge der fachdidaktischen Forschung* (S. 159–170). Münster: Waxmann.

Seefeldt, R., Sander, H., & Höttecke, D. (2016). Klimawandel bewerten: Tiefenstrukturanalyse einer Gruppendiskussion. In C. Maurer (Hrsg.), *Authentizität und Lernen – das Fach in der Fachdidaktik.* Gesellschaft für Didaktik der Chemie und Physik Jahrestagung, Berlin, 2015 (S. 449–451). Zugriff am 04.09.2017 unter http://www.gdcp.de/images/tagungsbaende/GDCP_Band36.pdf.

Steffen, B. (2015). *Negiertes Bewältigen. Eine Grounded-Theory-Studie zur Diagnose von Bewertungskompetenz durch Biologielehrkräfte.* Berlin: Logos.

Strack, F., & Deutsch, R. (2004). Reflective and impulsive determinants of social behavior. *Personality and Social Psychology Review, 8*(3), 220–247.

Professionelle Kompetenz und Professionswissen 17

Ute Harms und Josef Riese

17.1 Einführung

Die evidenzbasierte Weiterentwicklung der Lehrerbildung ist eine zentrale Aufgabe der Fachdidaktik. Dementsprechend sind viele Studien von der Bachelorarbeit bis hin zu Promotionsvorhaben in diesem Kontext verortet. Wann immer Ausbildungserfolg überprüft werden soll, um beispielsweise Lehrinnovationen zu evaluieren oder um Ansatzpunkte für Optimierungsmaßnahmen im Lehramtsstudium zu identifizieren, muss zunächst Klarheit über den erwünschten Zielzustand herrschen, der am Ende eines Ausbildungsabschnitts erreicht werden soll. Der Annahme folgend, dass Unterrichten als das Kerngeschäft (Tenorth 2006, S. 585) einer Lehrperson betrachtet wird, ist somit primär zu klären: Was sind die notwendigen Voraussetzungen und Ressourcen, die es Lehrkräften ermöglichen, guten Fachunterricht durchzuführen? Vor dem Hintergrund der Standards zur Lehrerbildung (KMK 2017) hat sich im deutschsprachigen Raum diesbezüglich das Konzept der *Professionellen Kompetenz* als theoretische Beschreibung der Handlungsressourcen von Fachlehrkräften etabliert. In der aktuellen Professionsforschung im Lehramt dient dieses v. a. dazu, Voraussetzungen für das unterrichtliche Handeln von Lehrpersonen zu modellieren und damit messbar zu machen (Baumert und Kunter 2006).

Aus Gründen der besseren Lesbarkeit wird im Text verallgemeinernd das generische Maskulinum verwendet. Diese Formulierungen umfassen gleichermaßen weibliche und männliche Personen; alle sind damit gleichberechtigt angesprochen.

U. Harms (✉)
Didaktik der Biologie, Leibniz-Institut für die Pädagogik der Naturwissenschaften und Mathematik
Kiel, Deutschland
E-Mail: harms@ipn.uni-kiel.de

J. Riese
Fachgruppe Physik, Didaktik der Physik und Technik, RWTH Aachen
Aachen, Deutschland
E-Mail: riese@physik.rwth-aachen.de

© Springer-Verlag GmbH Deutschland, ein Teil von Springer Nature 2018
D. Krüger et al. (Hrsg.), *Theorien in der naturwissenschaftsdidaktischen Forschung*,
https://doi.org/10.1007/978-3-662-56320-5_17

Während Kompetenz alltagssprachlich auch als Sachverstand aufgefasst oder im Sinn von Zuständigkeit verwendet wird, ist das für Forschung zur Lehrerbildung herangezogene Verständnis von professioneller Kompetenz das einer berufs- bzw. professionsspezifischen Fähigkeit und Bereitschaft. So definieren Klieme und Leutner (2006, S. 879) für die empirische Bildungsforschung „Kompetenzen als kontextspezifische kognitive Leistungsdispositionen, die sich funktional auf Situationen und Anforderungen in bestimmten Domänen beziehen". Nach diesem Verständnis sind kompetente Personen in der Lage, die spezifischen Handlungsanforderungen in einer bestimmten Profession wie beispielsweise dem Lehrerberuf zu bewältigen (Jung 2010). Der Kompetenzbegriff beschreibt somit das Wissen und weitere Personenmerkmale für das Können einer Lehrperson. Kompetenzen können dabei im Gegensatz zu allgemeinen kognitiven Merkmalen einer Person (wie z. B. Intelligenz) grundsätzlich erlernt bzw. entwickelt werden (Klieme und Hartig 2007), z. B. im Lehramtsstudium. In der Lehrerprofessionsforschung wird darüber hinaus häufig ein Kompetenzverständnis nach Weinert (2001a, 2001b) zugrunde gelegt, in dem betont wird, dass Lehrkräfte für die Durchführung ihres Fachunterrichts auch spezifische *Bereitschaften* aufweisen müssen. In diesem Sinn können Kompetenzen verstanden werden als „die bei Individuen verfügbaren oder durch sie erlernbaren kognitiven Fähigkeiten und Fertigkeiten, um bestimmte Probleme zu lösen, sowie die damit verbundenen motivationalen, volitionalen und sozialen Bereitschaften und Fähigkeiten, um Problemlösungen in variablen Situationen erfolgreich und verantwortungsvoll nutzen zu können" (Weinert 2001b, S. 27 f.). Mit anderen Worten: Eine Lehrperson muss eine Anforderung einerseits bewältigen *können*; sie muss z. B. über das Wissen für den Einsatz einer bestimmten Unterrichtsmethode verfügen. Entsprechend stellt das *professionelle Wissen* ein zentrales Element der professionellen Kompetenz von Lehrkräften (auch als *Professionswissen* bezeichnet) dar. Unter Professionswissen wird dabei dasjenige Wissen verstanden, über das die Angehörigen einer bestimmten Profession verfügen (hier des Lehrerberufs) und das für diese Profession charakteristisch ist (Stichweh 1996). Andererseits muss die Lehrperson die Anforderung aber auch bewältigen *wollen*, d. h. die entsprechende Unterrichtsmethode muss beispielsweise zu den persönlichen Vorstellungen vom Lehren und Lernen sowie zu den Handlungsmotiven der Person passen. Ist dies nicht der Fall, so wird die Methode nicht genutzt bzw. entsprechende Unterrichtshandlungen werden nicht vorgenommen (Gramzow 2015; Lange et al. 2015).

Im folgenden Abschnitt werden prominente theoretische Rahmungen professioneller Kompetenz mit dem Fokus auf Professionswissen von (angehenden) Lehrkräften[1] in den Naturwissenschaften vorgestellt. Im Abschn. 17.3 wird der Bereich des *fachdidaktischen Wissens* ausführlicher beschrieben. Abschließend wird in Abschn. 17.4 die Nutzung der zuvor dargestellten Konstrukte professionelle Kompetenz bzw. Professionswissen und fachdidaktisches Wissen in zwei empirischen Studien beispielhaft vorgestellt.

---

[1] Wir verwenden die Bezeichnung (angehende) Lehrkräfte, um erkennbar zu machen, dass sich die Rahmungen sowohl auf Lehramtsstudierende als auch auf Referendare sowie Lehrkräfte beziehen.

17.2 Theoretische Rahmungen im Überblick

Professionelle Kompetenz einer Lehrkraft wird als deren zentrale Handlungsressource für das unterrichtliche Handeln verstanden. Eine in der Professionsforschung zur Lehrerbildung prominente Modellierung professioneller Kompetenz zeigt Abb. 17.1. Sie umfasst kognitive sowie affektiv-motivationale Aspekte und diente als Grundlage des Projekts COACTIV (Professionswissen von Lehrkräften, kognitiv aktivierender Mathematikunterricht und die Entwicklung mathematischer Kompetenz; Kunter et al. 2011a) sowie als Basis vieler Studien in der Professionsforschung zur Lehrerbildung in den naturwissenschaftlichen Fächern.

In der aktuellen Literatur besteht Einigkeit darüber, dass das Professionswissen von Lehrkräften noch vor deren Überzeugungen, motivationalen Orientierungen und selbstregulativen Fähigkeiten den Kern professioneller Kompetenz bildet (u. a. Baumert und Kunter 2011). Unter dem Professionswissen werden Wissensbestände verstanden, die es (angehenden) Lehrkräften erlauben, den Anforderungen des schulischen Fachunterrichts gerecht zu werden. Es wird meist – ausgehend von Shulmans (1987) Facetten: „content knowledge"; „pedagogical content knowledge"; „pedagogical knowledge" – in diese drei Bereiche differenziert (Baumert und Kunter 2006; Abb. 17.1): Fachwissen, fachdidaktisches Wissen und allgemeines pädagogisches Wissen.

Das Modell professioneller Kompetenz ist für die Didaktiken der Naturwissenschaften relevant, wenn es darum geht, Ausbildungserfolg in Lehramtsstudiengängen zu untersuchen oder Lernstandsdiagnosen bei angehenden Lehrkräften vorzunehmen. Darüber hinaus liefert es den Rahmen für die Beantwortung der Frage, ob in den drei Bereichen der

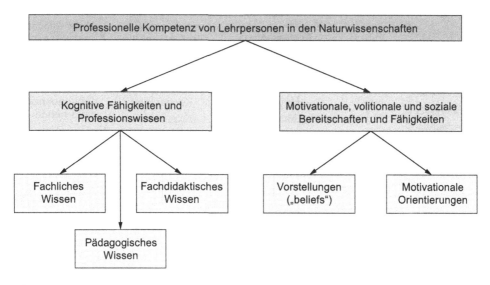

Abb. 17.1 Modell professioneller Kompetenz. (In Anlehnung an Weinert 2001b sowie Baumert und Kunter 2006)

Lehramtsstudiengänge Fachwissenschaft, Fachdidaktik und allgemeine Pädagogik diejenigen Personenmerkmale ausgebildet und gefördert werden, die Voraussetzung für guten Unterricht sind. Hiermit verbindet sich auch die Frage, ob Lerngelegenheiten, die diese Kompetenz fördern, in der Lehrerbildung zur Verfügung gestellt werden. Ebenso wie für Fragen im Zusammenhang mit der Ausbildung von Lehrkräften bildet das abgebildete Modell professioneller Kompetenz einen tragfähigen Rahmen zur Untersuchung entsprechender Fragen bei ausgebildeten Lehrkräften im Berufsleben. Hierzu zählen die Analyse der Zusammenhänge einzelner Kompetenzaspekte und ihrer Weiterentwicklung im Beruf ebenso wie des Zusammenhangs zwischen Kompetenzaspekten und Unterricht. Zur Verortung entsprechender Studien bietet sich das von Kunter et al. (2011b) adaptierte Angebots-Nutzungs-Modell von Helmke (2006) zur Entwicklung, Struktur und Wirkung professioneller Kompetenz von Lehrenden an (Abb. 17.2).

Ein weiteres aktuelles Modell professioneller Kompetenz von Lehrkräften beschreiben Blömeke et al. (2015). Dieses geht über das in Abb. 17.1 beschriebene Modell hinaus, indem es neben den kognitions- und affektiv-motivationalen Voraussetzungen auch handlungsbezogene Facetten berücksichtigt (Abb. 17.3). Die Autoren beschreiben professionelle Kompetenz als ein Kontinuum ausgehend von der verfügbaren Disposition einer Person, der Kompetenz sensu Weinert, über deren situationsspezifische Fähigkeiten bis zum beobachtbaren Unterrichtshandeln im Sinn von Performanz. Die hier beschriebenen situationsspezifischen Fähigkeiten sind die Unterrichtswahrnehmung, deren Interpretation

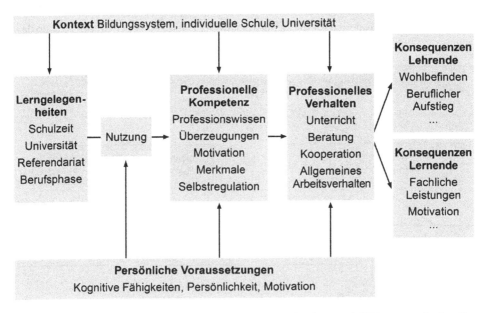

Abb. 17.2 Angebots-Nutzungs-Modell zur Entwicklung, Struktur und Wirkung professioneller Kompetenz von Lehrkräften im Überblick. (Nach Kunter et al. 2011b, S. 59)

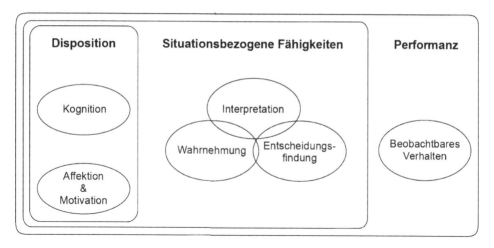

Abb. 17.3 Modellierung professioneller Kompetenz als Kontinuum. (Nach Blömeke et al. 2015)

und das daraus resultierende Treffen einer Entscheidung. Kognitive- und affektiv-motivationale Personenmerkmale werden hier als Voraussetzung für diese situationsspezifischen Fähigkeiten angenommen.

In der allgemeinen und der fachbezogenen Professionsforschung zur Lehrerbildung werden unterschiedliche Modelle zu Struktur, Entwicklung und Wirkung professioneller Kompetenz, die je nach Forschungsidee bzw. Forschungsfrage den theoretischen Rahmen für eine Studie bilden können, vorgeschlagen. Die in der Tab. 17.1 aufgeführten Studien sollen eine Hilfestellung bieten, um ausgehend von einer eigenen Forschungsidee eine passende theoretische Rahmung bzw. Fundierung auszuwählen. Hier werden nur Rahmungen berücksichtigt, die einen deutlichen Bezug zum Professionswissen von Lehrkräften haben, nicht aber solche zu deren Vorstellungen („beliefs") oder motivationalen Orientierungen (Abb. 17.1). Neben zentralen Quellen werden jeweils mögliche Anwendungsbereiche skizziert, die am Beispiel des fachdidaktischen Wissens in Abschn. 17.3 ausführlicher dargestellt werden.

Stellvertretend für eine Rahmung, von der eine besondere Relevanz für das unterrichtliche Handeln von Lehrkräften in den naturwissenschaftlichen Fächern erwartet wird, soll im Weiteren das fachdidaktische Wissen als Facette des Professionswissens ausführlicher erläutert werden. Dabei werden die Konzepte des fachdidaktischen Wissens und des „pedagogical content knowledge" (Shulman 1987) für diesen Beitrag als weitgehend deckungsgleich betrachtet und unter dem Begriff des fachdidaktischen Wissens subsummiert. Unterschiede im Detail (z. B. wird themenunabhängiges Wissen bezüglich der Auswahl und Aufarbeitung der zu vermittelnden Inhalte nicht als Teil des „pedagogical content knowledge" verstanden; Pasanen 2009) sind für das Verständnis und die Nutzung des Konstrukts nicht von zentraler Bedeutung.

Tab. 17.1 Theoretische Rahmungen professioneller Kompetenz und des Professionswissens von (angehenden) Lehrkräften

Rahmungen (mit zentralen Quellen)	Anwendungsbereich: Fragestellungen bezüglich
A) *Struktur professioneller Kompetenz* Baumert und Kunter 2006, 2011 Blömeke et al. 2015 Weinert 2001b	des Zusammenhangs und der Struktur unterschiedlicher Kompetenzaspekte der Wechselwirkung unterschiedlicher Kompetenzaspekte der Abgrenzung unterschiedlicher Kompetenzaspekte voneinander
B) *Entwicklung professioneller Kompetenz* Berliner 2001 Blömeke et al. 2010 Kunter et al. 2011b	der grundsätzlichen Wirksamkeit unterschiedlicher Teile der Lehramtsausbildung des Lernprozesses beim Erwerb von Kompetenzaspekten der Wirksamkeit von Professionalisierungsmaßnahmen in der Lehrerfort- und Weiterbildung
C) *Zusammenhänge von professioneller Kompetenz und Unterrichtshandeln* Bromme 1997 Kunter et al. 2013 Lipowsky 2006	des Zusammenhangs von Kompetenzaspekten bzw. von Aspekten des Professionswissens mit der Performanz bzw. dem Unterrichtshandeln der Validierung vorhandener Testverfahren zur Messung bestimmter Kompetenzaspekte
D) *Professionswissen* Abel 2007 Baumert und Kunter 2006 Fischer et al. 2012 Shulman 1987	der Entwicklung von Testverfahren zur Messung bestimmter Aspekte des Professionswissens der Wirkung von Interventionen (im Labor und im Feld) oder der Wirkung von ausgewählten Abschnitten des Lehramtsstudiums (z. B. der Schulpraktika) der Wirksamkeit von Professionalisierungsmaßnahmen in der Lehrerfort- und Weiterbildung
E) *Fachdidaktisches Wissen* Berry et al. 2015 Park und Oliver 2008 Tamir 1988	spezifischer Aspekte zum fachdidaktischen Wissen für analoge Fragen wie unter D) der Modellierung des fachdidaktischen Wissens in Abgrenzung zum Fachwissen und zum pädagogisch-psychologischen Wissen
F) *Fachwissen* Brophy 1991 Hashweh 1987	spezifischer Aspekte zum Fachwissen für analoge Fragen wie unter D)
G) *Pädagogisch-psychologisches Wissen* König und Blömeke 2009 Voss et al. 2011	spezifischer Aspekte zum pädagogisch-psychologischen Wissen für analoge Fragen wie unter D)

17.3   Modellierung des fachdidaktischen Wissens

Um das fachdidaktische Wissen als Teil des Professionswissens von (angehenden) Lehrkräften differenziert analysieren und auch empirisch erfassbar machen zu können, muss dieses für den Kontext des Lehrberufs in den Naturwissenschaften näher bestimmt, d. h. konkret modelliert werden. Da bisher jedoch kein eindeutiges und in der Lehrerbildungsforschung als Konsens geltendes Strukturmodell für die Beschreibung des professionellen Handelns von Lehrkräften existiert (Vogelsang 2014, S. 33), ist eine rein deduktive Ableitung eines solchen Modells für das fachdidaktische Wissen bislang nicht möglich. Vor diesem Hintergrund sind vorliegende Modellierungen eher als Heuristik (Baumert und Kunter 2006, S. 479) zu verstehen. Die Abgrenzung des jeweiligen Tätigkeitsbereichs und die Analyse der sich aus diesem Bereich ergebenden Handlungsanforderungen bilden häufig den Ausgangspunkt bei der Entwicklung eines solchen Modells (wie allgemein bei Kompetenzmodellen; Schaper 2009).

Einer der ersten, der sich mit der Modellierung des fachdidaktischen Wissens beschäftigt hat, war der Lernpsychologe Lee S. Shulman. Berühmt geworden ist seine Rede an die *American Educational Research Association* im Jahr 1985, in der er feststellte, dass die Fähigkeit von Lehrkräften, Fachwissen so zu transformieren, dass es für Lehr-Lern-Prozesse nutzbar würde, in der Lehrerbildungsforschung sowie in der Lehrerbildung selbst zu lange vernachlässigt worden sei (Shulman 1986). In der Folge wurden diese Bedenken durch die Ergebnisse zahlreicher empirischer Studien – insbesondere im Bereich der Mathematik – bestärkt. Es wurde bestätigt, dass das Fachwissen allein nicht ausreicht, um die Lernprozesse der Schüler zu verbessern (u. a. Abell 2007; Baumert et al. 2010; Hill et al. 2005). Vielmehr zeigte sich, dass die Fähigkeit von Lehrkräften, Unterrichtsinhalte fachgemäß zu strukturieren, Lernschwierigkeiten der Lernenden zu erkennen und hierfür adäquate Instruktionsstrategien zu entwickeln und anzuwenden, also das fachdidaktische Wissen, maßgebliche Bedeutung für den Lernerfolg haben (z. B. Van Driel und Berry 2012).

Nach Shulman (1986, S. 8) beschreibt das fachdidaktische Wissen den Wissensbereich, der den fachlichen Gegenstand für den Lernenden begreifbar macht („amalgam of content and pedagogy"). Auch wenn von manchen Autoren die Unklarheit des Begriffs noch vor Kurzem beklagt wurde (Ball et al. 2008), besteht heute in der Lehrerprofessionsforschung zu den naturwissenschaftlichen Fächern über zwei Elemente des fachdidaktischen Wissens als Grundbestandteile Konsens: (a) das Wissen über Instruktionsstrategien sowie (b) das Wissen über Schülervorstellungen (Van Driel und Berry 2010). Darüber hinaus finden sich in manchen Modellen weitere Elemente wie curriculares Wissen bzw. Wissen zur Leistungsbeurteilung (z. B. Magnusson et al. 1999). In manchen Modellen beinhaltet das Wissen über Instruktionsstrategien auch das Wissen über den Umgang mit fachspezifischen Repräsentationsformen und Lernschwierigkeiten; andere Autoren beschreiben diese Facetten als eigenständige fachdidaktische Wissensbereiche (Depaepe et al. 2013; Lee und Luft 2008; Park und Oliver 2008; Schmelzing et al. 2013).

In der naturwissenschaftsbezogenen Bildungsforschung finden sich verschiedene Rahmungen, die die Struktur des fachdidaktischen Wissens beschreiben sollen. Zunächst zeichnen sich diese durch unterschiedliche Dimensionierungen aus. Gramzow et al. (2013) stellen exemplarisch verschiedene Strukturmodelle aus den Naturwissenschaftsdidaktiken sowie aus der Mathematikdidaktik gegenüber und schlagen als Synthese für die Physikdidaktik ein zweidimensionales Modell mit acht fachdidaktischen Facetten vor, die auf unterschiedliche fachliche Inhaltsbereiche bezogen werden können. Für das

Tab. 17.2 Beispiele für Facetten fachdidaktischen Wissens in Strukturmodellen der Didaktik der Physik (*links*) und der Biologie (*rechts*)

Didaktik der Physik (nach Gramzow et al. 2013)	Didaktik der Biologie (nach Großschedl et al. 2015)
Instruktionsstrategien	
Schülervorstellungen	
Curriculum, Bildungsstandards und Ziele	
Experimente und Vermittlung eines angemessenen Wissenschaftsverständnis	
Kontext und Interesse	
(Digitale) Medien	
Fachdidaktische Konzepte	
Aufgaben	
	Bewertung

biologiedidaktische Professionswissen entwickelten Großschedl et al. (2015) ein drei-dimensionales Modell, das darüber hinaus als dritte Dimension die Differenzierung in deklaratives und prozedurales Wissen mit aufnimmt. Die Tab. 17.2 zeigt beispielhaft für die naturwissenschaftlichen Fächer die in den Strukturmodellen fachdidaktischen Professionswissens nach Gramzow et al. (2013) und nach Großschedl et al. (2015) jeweils beschriebenen Facetten fachdidaktischen Wissens. Da die Facetten unterschiedlich zugeschnitten sind, ergeben sich z. T. nicht deckungsgleiche Facetten (so sind beispielsweise Aspekte der *Bewertung* bei Gramzow et al. (2013) situationsspezifisch den Facetten *Aufgaben* und *Experimente* zugeordnet).

17.4 Anwendungen der Rahmung fachdidaktischen Wissens

17.4.1 Überblick

Welche Wirkung hat das fachdidaktische Wissen auf Leistung und Motivation der Schüler in einem Fach? Wie entwickelt sich dieses Wissen im Hochschulstudium, im Referendariat und im Beruf? Dies sind Beispiele für Forschungsfragen, die im Zentrum der Professionsforschung im Lehramt stehen. Um sie zu bearbeiten, ist die Entwicklung reliabler und valider Instrumente insbesondere zur Erfassung fachdidaktischen Wissens notwendig. Dies geschieht auf Basis der in Abschn. 17.2 beschriebenen Modellierungen. In der naturwissenschaftsbezogenen Bildungsforschung zum fachdidaktischen Wissen finden sich sowohl qualitative als auch quantitative Ansätze der Instrumentenentwicklung. Von qualitativen Ansätzen (Übersicht s. Depaepe et al. 2013) erhofft man sich ein vertieftes Verständnis des fachdidaktischen Wissens durch den Einsatz von Interviews (u. a. Jüttner und Neuhaus 2012; Peng 2007), Audio- oder/und Videoaufnahmen von Unterricht (z. B. Ball et al. 2008; Park und Oliver 2008; Van Driel et al. 2002), Dokumentenanalyse von Stundenplanungen oder Portfolios (u. a. Davis 2009). Diese Methoden wurden erfolgreich in Untersuchungen mit kleinen Stichproben eingesetzt (u. a. Davis 2009; Peng 2007). Ergänzend hierzu liegen inzwischen verschiedene Papier-und-Bleistift-Tests zur Messung größerer Stichproben vor (bis zu mehreren hundert Befragten; u. a. Großschedl et al. 2014b; Jüttner und Neuhaus 2012; Riese et al. 2015; Schmidt et al. 2007; Tepner et al. 2012).

Um Erkenntnisse über die Entwicklung fachdidaktischen Wissens in den naturwissenschaftlichen Fächern zu gewinnen, ist die Identifikation hierfür nutzbarer Lerngelegenheiten (Abb. 17.2) im Lehramtsstudium z. B. vor dem Hintergrund unterschiedlicher Studiengangskonzeptionen oder verschiedener Lehramtszugänge und anschließend in der beruflichen Phase notwendig (Großschedl et al. 2014a, 2015; Riese und Reinhold 2012; Weber et al. 2015). Studien hierzu benötigen ebenfalls die oben beschriebenen Rahmungen als Grundlage. Es gibt Annahmen darüber, dass Lehrerfahrung einen Einfluss auf die Entwicklung fachdidaktischen Wissens hat. Vorliegende Untersuchungen hierzu zeigen jedoch heterogene Ergebnisse (Cauet 2016; Großschedl et al. 2015; Vogelsang 2014).

Im Folgenden werden zwei eigene Studien skizziert. Der ersten Studie liegt die Rahmung des fachbezogenen Professionswissens in fachliches und fachdidaktisches Wissen zugrunde. Mithilfe dieser Rahmung wurden Messinstrumente für beide Wissensbereiche entwickelt, mit denen Hinweise im Hinblick auf Entwicklungsbedingungen und Wissensstrukturen im Lehramtsstudium gewonnen werden. In der zweiten Studie wird eine Untersuchung vorgestellt, die als Rahmen das Modell professioneller Kompetenz (Abb. 17.1) nutzt. Sie geht über Fragestellungen zum Professionswissen hinaus, indem sie Zusammenhänge zwischen diesem Wissen und einem affektiv-motivationalen Aspekt professioneller Kompetenz von Lehrkräften, dem Selbstkonzept, untersucht.

17.4.2 Professionswissen: Struktur und Lerngelegenheiten

Welche Lerngelegenheiten unterstützen die Entwicklung fachbezogenen (fachlichen und fachdidaktischen) Professionswissens angehender Physiklehrkräfte im Hochschulstudium? Die Beantwortung dieser Frage ist grundlegend für die Weiterentwicklung der Lehrerbildung an deutschen Hochschulen. Als Grundlage für die Entwicklung entsprechender Papier-und-Bleistift-Tests wurde das oben skizzierte Modell zur Struktur des Professionswissens (Abb. 17.1) für Physiklehrkräfte konkretisiert und mithilfe von Curriculumanalysen sowie durch Experteninterviews validiert (Riese und Reinhold 2012). Auf dieser Basis wurden schließlich 28 Items für das physikalische Fachwissen sowie 39 Items für das physikdidaktische Wissen in fünf Facetten entwickelt: (a) Wissen über allgemeine Aspekte physikalischer Lernprozesse, (b) Wissen über den Einsatz von Experimenten, (c) Gestaltung und Planung von Lernprozessen, (d) Beurteilung, Analyse und Reflexion von Lernprozessen sowie (e) adäquater Reaktion in kritischen, unerwarteten Unterrichtssituationen. Darüber hinaus wurde ein Test zum pädagogischen Professionswissen von Lehramtsstudierenden eingesetzt (Seifert und Schaper 2009).

Die Analyse der erhobenen Daten in einer Stichprobe von 436 Lehramtsstudierenden an 15 Universitäten und pädagogischen Hochschulen ergab, dass das fachliche, das physikdidaktische sowie das pädagogische Professionswissen angehender Physiklehrkräfte drei statistisch trennbare Konstrukte darstellen, sodass eine Unterscheidung der jeweiligen Wissensbereiche geboten erscheint (Kleickmann et al. 2017). Die Struktur des Ausgangsmodells (Abb. 17.1) wird somit bestätigt. Dabei scheint fachliches Wissen bis zu einem gewissen Grad die Voraussetzung für den Erwerb fachdidaktischen Wissens zu sein (Kunter et al. 2011a; Riese und Reinhold 2012). Darüber hinaus zeigt sich entsprechend der Annahme in Abb. 17.2, dass sich sowohl der gewählte Lehrerbildungsgang als auch der Umfang der bislang genutzten fachbezogenen Lerngelegenheiten auf die Höhe des fachlichen und des fachdidaktischen Wissens auswirken. Studierende für das Lehramt in der Sekundarstufe I weisen ein signifikant geringeres fachbezogenes Wissen gegenüber Lehramtsstudierenden für die Sekundarstufe II bzw. das gymnasiale Lehramt auf. Die Anzahl der Semesterwochenstunden mit entsprechenden fachlichen bzw. fachdidaktischen Lerngelegenheiten korreliert signifikant mit dem Umfang des Wissens in beiden Bereichen. Der Umfang der Lehrerfahrung (z. B. Schulpraktika im Studium) scheint hingegen für die Entwicklung des fachbezogenen Wissens nicht relevant zu sein.

In ähnlichen Untersuchungen replizierten Großschedl et al. (2014b, 2015) diese Ergebnisse für das Studienfach Biologie. Das biologische Wissen, das biologiedidaktische Wissen sowie das pädagogische Wissen zeigten sich auch hier als empirisch trennbare Konstrukte. Trotz ihrer empirischen Trennbarkeit korrelieren die Konstrukte signifikant positiv miteinander. Es wurde eine hohe Korrelation zwischen dem biologischen und dem biologiedidaktischen Wissen gefunden; pädagogisches und biologiedidaktisches Wissen korrelierten moderat.

17.4.3 Professionswissen und akademisches Selbstkonzept

Das Professionswissen angehender Lehrkräfte in den naturwissenschaftlichen Fächern ist ein zentraler Bestandteil ihrer professionellen Kompetenz, aber es ist nicht hinreichend zur Durchführung von gutem Fachunterricht. Affektiv-motivationale Aspekte spielen darüber hinaus eine zentrale Rolle (Abb. 17.1 und 17.3; ausführlich bei Baumert und Kunter 2006). Es ist außerdem anzunehmen, dass diese Aspekte professioneller Kompetenz und das Professionswissen nicht unabhängig nebeneinander im Denken und Handeln von Lehrkräften existieren, sondern in bisher ungeklärter Form zusammenhängen. Auch zur Prüfung derartiger Hypothesen wird die oben beschriebene Rahmung des Professionswissens bzw. des fachdidaktischen Wissens genutzt. Vor diesem Hintergrund konzentrierte sich eine Studie von Paulick et al. (2016) auf die Betrachtung des akademischen Selbstkonzepts. Unter dem Selbstkonzept einer Person wird deren Wahrnehmung von sich selbst verstanden. Das Selbstkonzept einer (angehenden) Lehrkraft stellt einen Bereich der motivationalen

Orientierungen professioneller Kompetenz dar (Abb. 17.1). Im Kontext der Professionsforschung werden das akademische und das nichtakademische Selbstkonzept voneinander
unterschieden. Das akademische Selbstkonzept beschreibt den Teil des Selbstkonzepts einer Person, der sich im Zusammenhang mit akademischen Bereichen entwickelt. Yeung
et al. (2014) zeigten, dass Lehrkräfte, die ein positives akademisches Selbstkonzept aufweisen, eher in der Lage sind, ihre Schüler zu motivieren und anspruchsvolle Lernprozesse
zu bewältigen als Lehrkräfte mit einem negativen Selbstkonzept.

Paulick et al. (2016) untersuchten, ob sich die Trias von Fachwissen, fachdidaktischem Wissen und pädagogischem Wissen in einem entsprechend differenzierten akademischen Selbstkonzept angehender Biologie- und Physiklehrkräfte abbildet. In einem
zweiten Schritt gingen sie der Frage nach, ob diese mit den jeweiligen Wissensberei-
chen zusammenhängen. Die Ergebnisse zeigen, dass sich ein akademisches Selbstkonzept
für das biologische bzw. physikalische, das entsprechende fachdidaktische und das pädagogische Wissen für angehende Lehrkräfte empirisch trennen lässt. Außerdem hingen
die eingesetzten Skalen zum jeweiligen Selbstkonzept positiv zusammen mit den korre-
spondierenden Bereichen des Professionswissens. Damit zeigen die Ergebnisse, dass das
akademische Selbstkonzept für die drei Professionswissensbereiche sich bereits im Lehramtsstudium und damit sehr früh in Lehrerkarrieren ausdifferenziert. Dies macht deutlich,
wie wichtig die Berücksichtigung über das Professionswissen hinausgehender Aspekte
professioneller Kompetenz in der Modellierung professioneller Kompetenz und ebenso
bei der Ausgestaltung des Lehramtsstudiums in den naturwissenschaftlichen Fächern ist.

17.5 Ausblick

Die dargestellte theoretische Rahmung des fachdidaktischen Wissens bietet die notwendige Grundlage dafür, zahlreiche offene Fragen zum Zusammenspiel und zur Relevanz der
einzelnen Aspekte professioneller Kompetenz und insbesondere unterschiedlicher Facetten des fachdidaktischen Wissens für die naturwissenschaftlichen Fächer zu bearbeiten.
Beispiele hierfür sind Fragen, die die Wirkung des fachdidaktischen Wissens der Lehrkraft auf das Unterrichtshandeln bzw. auf die Qualität des Fachunterrichts untersuchen
(vergleichbar den Arbeiten von Cauet 2016 und Vogelsang 2014) sowie die Wirkung des
fachdidaktischen Wissens auf die Leistung der Schüler. Zum letztgenannten Bereich liegen in der naturwissenschaftsbezogenen Bildungsforschung bisher nur wenige Arbeiten
vor (u. a. Lenske et al. 2016; Mahler et al. 2017). Schließlich können die oben beschriebenen Rahmungen zur Untersuchung der Wirkung von Interventionen in der Lehramtsausbildung (im Labor und im Feld), zur Untersuchung der Wirkung von ausgewählten
Abschnitten des Lehramtsstudiums (z. B. der Schulpraktika) sowie zur Untersuchung der
Wirksamkeit von Professionalisierungsmaßnahmen im Referendariat und in der beruflichen Phase genutzt werden.

17.6 Literatur zur Vertiefung

Kunter, M. Baumert, J., Blum, W., Klusmann, U., Krauss, S., & Neubrand, M. (Hrsg.) (2011). *Professionelle Kompetenz von Lehrkräften – Ergebnisse des Forschungsprogramms COACTIV*. Münster: Waxmann.

In diesem Buch werden die theoretischen Grundlagen sowie die Ergebnisse des Forschungsprogramms Professionswissen von Lehrkräften, kognitiv aktivierender Mathematikunterricht und die Entwicklung mathematischer Kompetenz (COACTIV) beschrieben. COACTIV hat erstmalig im deutschen Sprachraum einen umfassenden empirischen Zugang zur Erfassung der professionellen Kompetenz von Lehrkräften – exemplarisch für den Bereich der Mathematik – mit dem Fokus auf dem Fachwissen und dem fachdidaktischen Wissen ermöglicht. Hauptanliegen war es, sowohl die Struktur der professionellen Kompetenz als auch die Determinanten und Konsequenzen von Kompetenzunterschieden empirisch zu prüfen.

Großschedl, J., Harms, U., Kleickmann, T., & Glowinski, I. (2015). Preservice biology teachers' professional knowledge: Structure and learning opportunities. *Journal of Science Teacher Education, 26*(3), 291–318.

Der Aufsatz berichtet über eine Studie, die für das Fach Biologie zeigt, dass es sich bei dem fachlichen, fachdidaktischen und dem pädagogischen Wissen um drei trennbare Konstrukte handelt. Darüber hinaus werden Lerngelegenheiten identifiziert, die die Entwicklung dieser drei Wissensbereiche im Lehramtsstudium fördern.

Shulman, L. S. (1986). Those who understand: knowledge growth in teaching. *Educational Researcher 15*(2), 4–14.

Dieser Aufsatz bildet die historische und inhaltliche Grundlage für die neueren wissenschaftlichen Arbeiten zum fachbezogenen Professionswissen von Lehrkräften.

Gramzow, Y., Riese, J., & Reinhold., P. (2013). Modellierung fachdidaktischen Wissens angehender Physiklehrkräfte. *Zeitschrift für Didaktik der Naturwissenschaften, 19*, 7–30.

Im Aufsatz werden verschiedene Modelle des fachdidaktischen Wissens bzw. „pedagogical content knowledge" einander gegenübergestellt und anhand unterschiedlicher Kriterien diskutiert. Davon ausgehend wird ein Modell physikdidaktischen Wissens auf Grundlage verschiedener Konzeptualisierungen, normativer Setzungen sowie basierend auf Erkenntnissen aus der Unterrichtsqualitätsforschung entworfen, das ein Ausgangspunkt für weitere Modellierungen in angrenzenden Bereichen darstellen kann.

Literatur

Abell, S. K. (2007). Research on science teacher knowledge. In S. K. Abell & N. G. Lederman (Hrsg.), *Handbook of research on science education* (S. 1105–1149). Mahwah: Lawrence Erlbaum.

Ball, D. L., Thames, M. H., & Phelps, G. (2008). Content knowledge for teaching: what makes it special? *Journal of Teacher Education, 59*, 389–407.

Baumert, J., & Kunter, M. (2006). Stichwort: Professionelle Kompetenz von Lehrkräften. *Zeitschrift für Erziehungswissenschaft, 9*(4), 469–520.

Baumert, J., & Kunter, M. (2011). Das Kompetenzmodell von COACTIV. In M. Kunter, J. Baumert, W. Blum, U. Klusmann, S. Krauss & M. Neubrand (Hrsg.), *Professionelle Kompetenz von Lehrkräften: Ergebnisse des Forschungsprogramms COACTIV* (S. 29–53). Münster: Waxmann.

Baumert, J., Kunter, M., Blum, W., Brunner, M., Voss, T., Jordan, A., & Tsai, Y. (2010). Teachers' mathematical knowledge, cognitive activation in the classroom, and student progress. *American Educational Research Journal, 47*(1), 133–180.

Berliner, D. C. (2001). Learning about and learning from expert teachers. *International Journal of Educational Research, 35*, 463–482.

Berry, A., Friedrichsen, P., & Loughran, J. (Hrsg.). (2015). *Re-examining pedagogical content knowledge in science education*. London: Routledge Press.

Blömeke, S., Gustafsson, J.-E., & Shavelson, R. (2015). Beyond dichotomies: competence viewed as a continuum. *Zeitschrift für Psychologie, 223*(3), 3–13.

Blömeke, S., Kaiser, G., & Lehmann, R. (Hrsg.). (2010). *TEDS-M 2008. Professionelle Kompetenz und Lerngelegenheiten angehender Mathematiklehrkräfte für die Sekundarstufe I im internationalen Vergleich*. Münster: Waxmann.

Bromme, R. (1997). Kompetenzen, Funktionen und unterrichtliches Handeln des Lehrers. In F. E. Weinert (Hrsg.), *Psychologie des Unterrichts und der Schule* (S. 177–212). Göttingen: Hogrefe.

Brophy, J. (1991). *Teacher's knowledge of subject matter as it relates to their teaching practice*. Greenwich: JAI Press.

Cauet, E. (2016). *Testen wir relevantes Wissen? Zusammenhang zwischen dem Professionswissen von Physiklehrkräften und gutem und erfolgreichem Unterrichten*. Bd. 204. Berlin: Logos.

Davis, J. D. (2009). Understanding the influence of two mathematics textbooks on prospective secondary teachers' knowledge. *Journal of Mathematics Teacher Education, 12*, 365–389.

Depaepe, F., Verschaffel, L., & Kelchtermans, G. (2013). Pedagogical content knowledge: a systematic review of the way in which the concept has pervaded mathematics educational research. *Teaching and Teacher Education, 34*, 12–25.

Fischer, H. E., Borowski, A., & Tepner, O. (2012). Professional knowledge of science teachers. In B. J. Fraser, K. G. Tobin & C. J. McRobbie (Hrsg.), *Second international handbook of science education* (S. 435–448). Dordrecht: Springer.

Gramzow, Y. (2015). *Fachdidaktisches Wissen von Lehramtsstudierenden im Fach Physik*. Berlin: Logos. Dissertation

Gramzow, Y., Riese, J., & Reinhold, P. (2013). Modellierung fachdidaktischen Wissens angehender Physiklehrkräfte. *Zeitschrift für Didaktik der Naturwissenschaften, 19*, 7–30.

Großschedl, J., Harms, U., Glowinski, I., & Waldmann, M. (2014a). Professionswissen angehender Biologielehrkräfte: Das KiL-Projekt. *Der mathematische und naturwissenschaftliche Unterricht (MNU), 67*(8), 457–462.

Großschedl, J., Mahler, D., Kleickmann, T., & Harms, U. (2014b). Content-related knowledge of biology teachers from secondary schools: structure and learning opportunities. *International Journal of Science Education (IJSE), 36*(14), 2335–2366.

Großschedl, J., Harms, U., Kleickmann, T., & Glowinski, I. (2015). Preservice biology teachers' professional knowledge: structure and learning opportunities. *Journal of Science Teacher Education (JSTE), 26*(3), 291–318.

Hashweh, M. Z. (1987). Effects of subject-matter knowledge in the teaching of biology and physics. *Teaching and Teacher Education, 3*(2), 109–120.

Helmke, A. (2006). Was wissen wir über guten Unterricht? Über die Notwendigkeit einer Rückbesinnung auf den Unterricht als dem „Kerngeschäft" der Schule. *Pädagogik, 58*(2), 42–45.

Hill, H. C., Rowan, B., & Ball, D. L. (2005). Effects of teachers' mathematical knowledge for teaching on student achievement. *American Educational Research Journal, 42*(2), 371–406.

Jung, E. (2010). *Kompetenzerwerb – Grundlagen, Didaktik, Überprüfbarkeit*. München: Oldenbourg.

Jüttner, M., & Neuhaus, B. J. (2012). Development of items for a pedagogical content knowledge test based on empirical analysis of pupils' errors. *International Journal of Science Education, 34*, 1125–1143.

Kleickmann, T., Tröbst, S., Heinze, A., Anschütz, A., Rink, R., & Kunter, M. (2017). Teacher knowledge experiment: conditions of the development of pedagogical content knowledge. In D. Leutner, J. Fleischer, J. Grünkorn & E. Klieme (Hrsg.), *Competence assessment in education: research, models and instruments*. New York: Springer.

Klieme, E., & Hartig, J. (2007). Kompetenzkonzepte in den Sozialwissenschaften und im erziehungswissenschaftlichen Diskurs. *Zeitschrift für Erziehungswissenschaft, 10*(Sonderheft 8), 11–29.

Klieme, E., & Leutner, D. (2006). Kompetenzmodelle zur Erfassung individueller Lernergebnisse und zur Bilanzierung von Bildungsprozessen – Beschreibung eines neu eingerichteten Schwerpunktprogramms der DFG. *Zeitschrift für Pädagogik, 52*(6), 876–903.

KMK (Sekretariat der Ständigen Konferenz der Kultusminister der Länder in der Bundesrepublik Deutschland) (2017). *Ländergemeinsame inhaltliche Anforderungen für die Fachwissenschaften und Fachdidaktiken in der Lehrerbildung.* München: Luchterhand. Beschluss der Kultusministerkonferenz vom 16.10.2008 i. d. F. vom 16.03.2017

König, J., & Blömeke, S. (2009). Pädagogisches Wissen von angehenden Lehrkräften. *Zeitschrift für Erziehungswissenschaft, 12*(3), 499–527.

Kunter, M., Baumert, J., Blum, W., Klusmann, U., Krauss, S., & Neubrand, M. (2011a). *Professionelle Kompetenz von Lehrkräften: Ergebnisse des Forschungsprogramms COACTIV*. Münster: Waxmann.

Kunter, M., Kleickmann, T., Klusmann, U., & Richter, D. (2011b). Die Entwicklung professioneller Kompetenz von Lehrkräften. In M. Kunter, J. Baumert, W. Blum, U. Klusmann, S. Krauss & M. Neubrand (Hrsg.), *Professionelle Kompetenz von Lehrkräften: Ergebnisse des Forschungsprogramms COACTIV* (S. 55–68). Münster: Waxmann.

Kunter, M., Klusmann, U., Baumert, J., Richter, D., Voss, T., & Hachfeld, A. (2013). Professional competence of teachers: effects on instructional quality and student development. *Journal of Educational Psychology, 105*(3), 805–820.

Lange, K., Ohle, A., Kleickmann, T., Kauertz, A., Möller, K., & Fischer, H. (2015). Zur Bedeutung von Fachwissen und fachdidaktischem Wissen für Lernfortschritte von Grundschülerinnen und Grundschülern im naturwissenschaftlichen Sachunterricht. *Zeitschrift für Grundschulforschung, 8*(1), 23–38.

Lee, E., & Luft, J. A. (2008). Experienced secondary science teachers' representation of pedagogical content knowledge. *International Journal of Science Education, 30*, 1343–1363.

Lenske, G., Wagner, W., Wirth, J., Thillmann, H., Cauet, E., & Leutner, D. (2016). Die Bedeutung des pädagogisch-psychologischen Wissens für die Qualität der Klassenführung und den Lernzuwachs der Schüler/innen im Physikunterricht. *Zeitschrift für Erziehungswissenschaft, 18*, 211–233.

Lipowsky, F. (2006). Auf den Lehrer kommt es an – Empirische Evidenzen für Zusammenhänge zwischen Lehrerkompetenzen, Lehrerhandeln und dem Lernen der Schüler. In C. Allemann-Ghionda (Hrsg.), *Kompetenzen und Kompetenzentwicklung von Lehrerinnen und Lehrern.* Beiheft der Zeitschrift für Pädagogik. (S. 47–70). Weinheim: Beltz.

Magnusson, S., Krajcik, J., & Borko, H. (1999). Nature, sources, and development of pedagogical content knowledge for science teaching. In J. Gess-Newsome & N. G. Lederman (Hrsg.), *Examining pedagogical content knowledge* (S. 95–132). Dordrecht: Kluwer Academic Publishers.

Mahler, D., Großschedl, J., & Harms, U. (2017). Using doubly-latent multilevel analysis to elucidate relationships between science teachers' professional knowledge and students' performance. *International Journal of Science Education, 39*(2), 213–237.

Park, S., & Oliver, J. S. (2008). Revisiting the conceptualization of pedagogical content knowledge (PCK): PCK as a conceptual tool to understand teachers as professionals. *Research in Science Education, 38*, 261–284.

Pasanen, P. (2009). Subject matter didactics as a central knowledge base for teachers, or should it be called pedagogical content knowledge? *Pedagogy, Culture & Society, 17*(1), 29–39.

Paulick, I., Großschedl, J., Harms, U., & Möller, J. (2016). Pre-service teachers' professional knowledge and its relation to academic self-concept. *Journal of Teacher Education (JTE), 67*(3), 173–182.

Peng, A. (2007). Knowledge growth of mathematics teachers during professional activity based on the task of lesson explaining. *Journal of Mathematics Teacher Education, 10*, 289–299.

Riese, J., & Reinhold, P. (2012). Die professionelle Kompetenz angehender Physiklehrkräfte in verschiedenen Ausbildungsformen. *Zeitschrift für Erziehungswissenschaft, 15*, 111–143.

Riese, J., Kulgemeyer, C., Zander, S., Borowski, A., Fischer, H., Gramzow, Y., & Tomczyszyn, E. (2015). Modellierung und Messung des Professionswissens in der Lehramtsausbildung Physik. In S. Blömeke & O. Zlatkin-Troitschanskaia (Hrsg.), *Kompetenzen von Studierenden: 61. Beiheft der Zeitschrift für Pädagogik* (S. 55–79). Weinheim: Beltz.

Schaper, N. (2009). Aufgabenfelder und Perspektiven der Kompetenzmodellierung und -messung in der Lehrerbildung. *Lehrerbildung auf dem Prüfstand, 2*(1), 166–199.

Schmelzing, S., Van Driel, J. H., Jüttner, M., Brandenbusch, S., Sandmann, A., & Neuhaus, B. J. (2013). Development, evaluation, and validation of a paper-and-pencil test for measuring two components of biology teachers' pedagogical content knowledge concerning the "cardiovascular system". *International Journal of Science and Mathematics Education, 11*, 1369–1390.

Schmidt, W. H., Tatto, M. T., Bankov, K., Blömeke, S., Cedillo, T., Cogan, L., et al. (2007). *The preparation gap: Teacher education for middle school mathematics in six countries. MT21 report.* Michigan: MSU Center for Research in Mathematics and Science Education.

Seifert, A., & Schaper, N. (2009). Welche Dimensionen bzw. Modellstruktur liegt der Messung pädagogischer Kompetenz in der universitären Lehrerausbildung zugrunde? In B. Schwarz, P. Nenninger & R. S. Jäger (Hrsg.), *Erziehungswissenschaftliche Forschung – nachhaltige Bildung*. Landau: Verlag Empirische Pädagogik.

Shulman, L. S. (1986). Those who understand: knowledge growth in teaching. *Educational Researcher, 15*(2), 4–14.

Shulman, L. S. (1987). Knowledge and teaching – foundations of the new reform. *Harvard Educational Review, 57*(1), 1–21.

Stichweh, R. (1996). Professionen in einer funktional differenzierten Gesellschaft. In A. Combe & W. Helsper (Hrsg.), *Pädagogische Professionalität – Untersuchungen zum Typus pädagogischen Handelns* (S. 49–69). Frankfurt am Main: Suhrkamp.

Tamir, P. (1988). Subject matter and related pedagogical knowledge in teacher education. *Teaching & Teacher Education, 4*(2), 99–110.

Tenorth, H. E. (2006). Professionalität im Lehrerberuf – Ratlosigkeit der Theorie, gelingende Praxis. *Zeitschrift für Erziehungswissenschaft, 9*(4), 580–597.

Tepner, O., Borowski, A., Dollny, S., Fischer, H. E., Jüttner, M., Kirschner, S., Wirth, J., et al. (2012). Modell zur Entwicklung von Testitems zur Erfassung des Professionswissens von Lehrkräften in den Naturwissenschaften. *Zeitschrift für Didaktik der Naturwissenschaften, 18*, 7–28.

Van Driel, J. H., & Berry, A. (2010). Pedagogical content knowledge. In P. Peterson, E. Baker & B. McGaw (Hrsg.), *International encyclopedia of education* (Bd. 7, S. 656–661). Amsterdam: Elsevier.

Van Driel, J. H., & Berry, A. (2012). Teacher professional development focusing on pedagogical content knowledge. *Educational Researcher, 41*(1), 26–28.

Van Driel, J. H., De Jong, O., & Verloop, N. (2002). The development of pre-service chemistry teachers' pedagogical content knowledge. *Science Education, 86*, 572–590.

Vogelsang, C. (2014). *Validierung eines Instruments zur Erfassung der professionellen Handlungskompetenz von (angehenden) Physiklehrkräften – Zusammenhangsanalysen zwischen Lehrerkompetenz und Lehrerperformanz.* Berlin: Logos.

Voss, T., Kunter, M., & Baumert, J. (2011). Assessing teacher candidates' general pedagogical and psychological knowledge: test construction and validation. *Journal of Educational Psychology, 103*(4), 952–969. https://doi.org/10.1037/a0025125.

Weber, E., Tallman, M. A., & Middleton, J. A. (2015). Developing elementary teachers' knowledge about functions and rate of change through modeling. *Mathematical Thinking and Learning, 17*(1), 1–33.

Weinert, F. E. (2001a). Concept of competence: a conceptual clarification. In D. S. Rychen & L. H. Salganik (Hrsg.), *Defining and selecting key competencies* (S. 45–66). Göttingen: Hogrefe.

Weinert, F. E. (2001b). Vergleichende Leistungsmessung in Schulen – Eine umstrittene Selbstverständlichkeit. In F. E. Weinert (Hrsg.), *Leistungsmessung in Schulen* (S. 17–32). Weinheim: Beltz.

Yeung, A. S., Craven, R. G., & Kaur, G. (2014). Teachers' self-concept and valuing of learning: relations with teaching approaches and beliefs about students. *Asia-Pacific Journal of Teacher Education, 42*(3), 305–320.

Unterrichtsqualität im naturwissenschaftlichen Unterricht

Mirjam Steffensky und Birgit Jana Neuhaus

18.1 Einleitung

Die Frage danach, was guten Unterricht ausmacht, beschäftigt die Lehr-Lern-Forschung national wie international schon seit mehreren Jahrzehnten (vgl. Neuhaus 2007). Zunächst stellt sich die Frage, woran sich guter Unterricht bemisst. Hier gibt es einen breiten Konsens darüber, dass das zentrale Kriterium für guten Unterricht seine Wirksamkeit auf die Lernenden ist. Es geht also um die Frage, ob der Unterricht Effekte auf die Kompetenzentwicklung (kognitiv, motivational) der Lernenden hat (vgl. Einsiedler 2002). Dabei folgt man im Allgemeinen einem von drei Paradigmen: dem Prozess-Produkt-Paradigma, dessen Erweiterung, dem Prozess-Mediations-Produkt-Paradigma, oder dem Expertenparadigma (für einen Überblick s. von Kotzebue und Neuhaus 2016). Im Rahmen des Prozess-Produkt-Paradigmas versucht man seit den 1960er-Jahren, Merkmale eines guten Unterrichts zu identifizieren und diese mit der Lernleistung der Lernenden in Beziehung zu setzen. Im Rahmen des Prozess-Mediations-Produkt-Paradigmas werden zusätzlich vermittelnde Prozesse wie Wahrnehmungen, Aktivitäten oder Interaktionen zwischen Lernenden und Unterrichtsmerkmalen berücksichtigt. Ob sich also ein Zusam-

---

Aus Gründen der besseren Lesbarkeit wird im Text verallgemeinernd das generische Maskulinum verwendet. Diese Formulierungen umfassen gleichermaßen weibliche und männliche Personen; alle sind damit gleichberechtigt angesprochen.

M. Steffensky (✉)
Didaktik der Chemie, Leibniz-Institut für die Pädagogik der Naturwissenschaften und Mathematik (IPN)
Kiel, Deutschland
E-Mail: steffensky@ipn.uni-kiel.de

B. J. Neuhaus
Didaktik der Biologie, Ludwig-Maximilians-Universität München
München, Deutschland
E-Mail: didaktik.biologie@lrz.uni-muenchen.de

© Springer-Verlag GmbH Deutschland, ein Teil von Springer Nature 2018
D. Krüger et al. (Hrsg.), *Theorien in der naturwissenschaftsdidaktischen Forschung*,
https://doi.org/10.1007/978-3-662-56320-5_18

menhang zwischen einem Unterrichtsmerkmal und der Entwicklung der Lernenden zeigt, hängt maßgeblich davon ab, in welchem Umfang die Lernenden diese Lerngelegenheit auch nutzen. In diesem Forschungsparadigma wird hervorgehoben, dass für unterschiedliche Lernende eine unterschiedliche Unterrichtsgestaltung als besonders effektiv gelten kann. Im Expertenparadigma fokussiert man seit den 1980er-Jahren, basierend auf der Expertiseforschung, auf die Merkmale einer erfolgreichen Lehrkraft. Diese versucht man mit der Unterrichtsgestaltung sowie mit Schülervariablen in Beziehung zu setzen. Diese Verknüpfung der drei Ebenen – Lehrperson, Unterricht und Lernende – wird in Angebots-Nutzungs-Modellen nach Fend (1998) und Helmke (2009) deutlich. Alle drei Paradigmen sind eng miteinander verwandt und ergänzen sich gegenseitig. Der aktuell vielfach verwendete Kompetenzansatz (Baumert und Kunter 2011) weist große Überschneidungen mit dem Expertenansatz auf, z. B. hinsichtlich der angenommenen grundsätzlichen Erlernbarkeit von Kompetenz oder des deutlichen Bezugs zu den beruflichen Anforderungssituationen von Lehrpersonen. Der Kompetenzansatz erweitert den Expertenansatz allerdings noch um affektive und motivationale Merkmale der Lehrperson (Kap. 17).

Eine wesentliche Differenzierung für die Auseinandersetzung mit Unterricht und dessen Qualität sind Oberflächen- und Tiefenstrukturen von Unterricht (Oser und Baeriswyl 2001). Oberflächenstrukturen von Unterricht sind Merkmale von Unterricht, die unmittelbar ersichtlich sind. Es kann sich dabei um im Unterricht eingesetzte Unterrichtsmethoden wie Stationenlernen oder Sozialformen wie Gruppenarbeit handeln. Tiefenstrukturen dagegen beziehen sich auf Merkmale des Unterrichts, die einer stärkeren Interpretation bedürfen und für deren Einschätzung man i. d. R. längere Ausschnitte von Unterricht betrachten muss. Ob beispielsweise eine positive Fehlerkultur im Unterricht vorherrscht oder der Unterricht kognitiv aktivierend ist (s. u.), lässt sich nicht anhand der Oberflächenstruktur des Unterrichts ablesen. Viele Forschungsbefunde zeigen, dass Oberflächen- und Tiefenmerkmale weitestgehend unabhängig voneinander variieren können. Gruppenunterricht (Oberflächenstruktur) kann beispielsweise mit einer hohen oder niedrigen kognitiven Aktivierung (Tiefenstruktur) einhergehen (Lipowsky 2002). Entsprechend wird ein Gruppenunterricht, der die Lernenden nicht zur Auseinandersetzung mit dem Lernstoff anregt, i. d. R. wenig erfolgreich sein, während ein kognitiv aktivierender Gruppenunterricht nach dem Stand der Forschung erfolgversprechender ist. Vor diesem Hintergrund stehen in den folgenden Abschnitten Tiefenstrukturen von Unterricht im Vordergrund.

18.2 Dimensionen der Unterrichtsqualität

Eine Schwierigkeit der Unterrichtsqualitätsforschung besteht darin, dass aus unzähligen Studien eine Vielzahl von einzelnen Merkmalen bekannt ist, die die Schülerleistung, das Interesse, die Motivation oder andere Outcomevariablen positiv beeinflussen. Diese Studien sind in unterschiedlichen Fächern, Schulformen oder mit Lernenden verschiedener Altersstufen und mit unterschiedlichen Voraussetzungen, aber auch mit verschiedenen

Designs, z. B. experimentelle oder korrelative Studien, oder Erhebungsmethoden durchgeführt worden. Vor diesem Hintergrund gab es mehrere Versuche, die Vielzahl an Variablen zu systematisieren und nach ihrer Wichtigkeit zu klassifizieren. Hierzu gehören Literaturüberblicke (z. B. Brophy 2000; Ko und Sammons 2013) ebenso wie Metaanalysen (Fraser et al. 1987; Marzano et al. 2000; Seidel und Shavelson 2007; Hattie 2009) oder theoretisch hergeleitete Rahmenmodelle (z. B. Helmke 2009). Fasst man die wesentlichen Merkmale thematisch zusammen, zeigt sich, dass sich über viele Studien und Metaanalysen hinweg drei zentrale Tiefenstrukturen, die auch theoretisch fundiert sind, als besonders geeignet erweisen, die Wirkung von Unterricht vorherzusagen. Diese drei Tiefenstrukturen werden auch als Basisdimensionen von Unterricht bezeichnet. Sie umfassen verschiedene Einzelmerkmale und lassen sich etwas vereinfacht einteilen in Klassenführung, kognitive Aktivierung und emotionale Unterstützung (Kunter und Trautwein 2013; Lotz und Lipowsky 2015; Pianta und Hamre 2009).

Klassenführung (z. T. auch als Klassenmanagement bezeichnet; vgl. Ophardt und Thiel 2013) beschreibt eine proaktive, präventive Steuerungsleistung der Lehrkräfte mit dem Ziel, einen hohen Anteil effektiver Lernzeit zu schaffen und diese bestmöglich für Lernprozesse zu nutzen. Kognitive Aktivierung, die unter Abschn. 18.3.2 genauer beschrieben wird, zielt auf eine vertiefte inhaltliche Auseinandersetzung mit einem Lerngegenstand ab, um Wissen zu erweitern und weiterzuentwickeln. Die emotionale Unterstützung umfasst ein konstruktives Klassenklima und gute Lehrer-Schüler-Beziehungen.

Zu allen drei Dimensionen gibt es Evidenz, dass sie prädiktiv für die Kompetenzentwicklung der Lernenden sind. Eine effektive Klassenführung ist bedeutsam für die Leistungen (Baumert et al. 2010; Fauth et al. 2014; Lipowsky et al. 2009), aber auch für das Interesse am Fach (Kunter et al. 2013). Die emotionale Unterstützung beeinflusst in erster Linie die Motivation der Lernenden (Kunter et al. 2013), während die kognitive Aktivierung in erster Linie das Wissen der Lernenden voraussagt (Baumert et al. 2010; Lipowsky et al. 2009). Die Tab. 18.1 gibt einen Überblick über verschiedene Bezeichnungen der drei Konstrukte. Viele weitere Ausdifferenzierungen und Klassifizierungen finden sich bei Helmke (2009).

Indem wesentliche Qualitätsmerkmale zu drei Basisdimensionen subsummiert werden, wird es möglich, die Vielfalt an Qualitätsmerkmalen zu systematisieren. Das ist beispielsweise im Rahmen der Lehreraus- und -fortbildung hilfreich (Dorfner et al. 2017). Trotz eines relativ breiten Konsenses über die drei Basisdimensionen ist die Bedeutung der Dimensionen nicht immer einheitlich und die Begrifflichkeiten können variieren (Tab. 18.1). Besonders große Unterschiede gibt es, wenn es darum geht, Tiefenstrukturen messbar zu machen, also zu operationalisieren: Da sich Tiefenstrukturen nicht direkt aus dem Unterrichtsgeschehen ablesen lassen, werden sie i. d. R. anhand von spezifischen Indikatoren operationalisiert. Welche Indikatoren herangezogen und wo Schwerpunkte gesetzt werden, kann sehr unterschiedlich sein. Beispielsweise umfasst in dem COACTIV-Modell zur Unterrichtsqualität (Kunter und Voss 2011) die konstruktive Unterstützung sowohl Merkmale der Strukturierung, z. B. die Nutzung von Rückblicken oder die Aufmerk-

Tab. 18.1 Überblick über einige Konzeptualisierungen der Unterrichtsqualität und Zuordnung zu den drei Basisdimensionen

Klassenführung	Kognitive Aktivierung	Emotionale Unterstützung (Unterrichtsklima)	Weitere Aspekte	Literatur
Klassenführung	Instruktionale Unterstützung	Emotionale Unterstützung		Pianta und Hamre (2009)
Unterrichts- und Klassenführung	Kognitive Aktivierung	Schülerorientierung		Klieme et al. (2001)
Klassenführung	Kognitive Aktivierung	Konstruktive Unterstützung		Kunter und Voss (2011)
Effiziente Klassenführung und Zeitnutzung	Strukturiertheit und Klarheit; Wirkungs- und Kompetenzorientierung; kognitive Aktivierung; Konsolidierung und Sicherung	Lernförderliches Unterrichtsklima; Vielfältige Motivierung; Schülerorientierung und Unterstützung	Variation von Methoden, Aufgaben und Sozialformen, Umgang mit heterogenen Lernvoraussetzungen	Helmke (2009)

samkeitslenkung auf zentrale Aspekte, als auch Merkmale der Qualität der Beziehung zwischen Lehrkraft und Lernenden und der Lernenden untereinander (vgl. Unterrichtsklima; den Brok et al. 2004). In Tab. 18.2 sind Beispiele für Indikatoren beider Bereiche der konstruktiven Unterstützung dargestellt. Im CLASS-System (Pianta und Hamre 2009) werden dagegen inhaltliche Strukturierungselemente eher der instruktionalen Unterstützung zugeordnet, während sich die emotionale Unterstützung ausschließlich auf die Beziehungsqualität bezieht.

Neben der konkreten Operationalisierung muss beim Vergleich von Studien auch die Art der Erfassung berücksichtigt werden. Es spielt eine Rolle, ob die Qualität des Unterrichts durch externe Beobachtung, durch Aufgabenanalysen oder durch Lehrerselbst- oder Schülereinschätzung beurteilt wird. So können Schüler bei der Dimension Klassenführung möglicherweise die Häufigkeit des Vorkommens von Unterrichtsstörungen leichter einschätzen als die Allgegenwärtigkeit einer Lehrperson, die wiederum durch externe Unterrichtsbeobachtungen besser eingeschätzt werden kann.

Tab. 18.2 Die zwei Facetten der konstruktiven Unterstützung und mögliche Indikatoren. (Kunter und Voss 2011)

Konstruktive Unterstützung	
Inhaltliche Strukturierung	Emotionale Unterstützung
Sequenzierung des Lerngegenstands; Reduktion der Komplexität eines Lerngegenstands/einer Aufgabe; Strukturierendes Eingreifen bei Verständnisschwierigkeiten	Sensibilität bei Verständnisproblemen; Geduldiger und unterstützender Umgang bei Fehlern; Motivationale Unterstützung; Ansprechbarkeit der Lehrperson bei persönlichen Problemen

18.3 Qualität des naturwissenschaftlichen Unterrichts

Lange Zeit ging man bei der Suche nach Merkmalen eines guten Unterrichts oder einer erfolgreichen Lehrkraft unabhängig vom Fach vor, d. h. es wurden Merkmale gesucht, die für alle Fächer bzw. die Lehrkräfte aller Fächer gleichermaßen gelten (z. B. Brophy 2000; Fraser et al. 1987; Hattie 2009). Inzwischen hat sich ein Ansatz durchgesetzt, der davon ausgeht, dass Qualitätsmerkmale auch fachspezifisch untersucht werden sollen (Seidel und Shavelson 2007). Unter dieser Perspektive wird die Untersuchung der Unterrichtsqualität auch für die Naturwissenschaftsdidaktik besonders interessant. Die Auseinandersetzung mit der Qualität des Unterrichts ist dabei sowohl für Lehrpersonen in der Praxis als auch für fachdidaktische Forschungs- und Entwicklungsarbeiten von zentraler Bedeutung. Auch für Studierende des Lehramts ist es wichtig, sich bereits in ihrem Studium intensiv mit der Frage nach gutem naturwissenschaftlichem Unterricht auseinanderzusetzen, um diese als leitend für die eigene spätere Unterrichtsplanung oder auch Reflexion von eigenem Unterricht zu nutzen. Nach unserer Erfahrung zeigt sich allerdings, dass Studierende häufig Schwierigkeiten haben, allgemein formulierte Merkmale von Unterrichtsqualität auf konkrete inhaltsspezifische Lehr-Lern-Situationen zu übertragen. Lerngelegenheiten, in denen dieses erprobt werden kann, sind in der Lehramtsausbildung demnach besonders wichtig.

18.3.1 Fachspezifität der Basisdimensionen

Aus der fachspezifischen Perspektive stellt sich die Frage, was speziell die Qualität des z. B. naturwissenschaftlichen Unterrichts ausmacht. Können die Merkmale, die allgemein einen guten Unterricht ausmachen, unmittelbar auf den naturwissenschaftlichen Unterricht übertragen werden? Oder müssen die generischen Merkmale zumindest teilweise fachspezifisch interpretiert werden? Oder gibt es gar Merkmale, die nur für einen guten naturwissenschaftlichen Unterricht gelten, in anderen Fächern aber bedeutungslos sind? Diese Fragen wurden bis heute nicht geklärt und eröffnen ein spannendes Forschungsfeld.

Die kognitive Aktivierung wird als eine eher fachspezifische Basisdimension von Unterrichtsqualität beschrieben (Klieme und Rakoczy 2008; Dorfner et al. 2017). So spielt der reflektierte Umgang mit Vorstellungen, eigenen Ideen und Vorgehensweisen in vielen Fächern eine zentrale Rolle. Gleichzeitig muss er auch aus einer fachspezifischen Perspektive konkretisiert werden, ob beispielsweise spezifische inhaltliche Vorstellungen oder Vorgehensweisen beim praktischen Arbeiten im Mittelpunkt der Reflexion stehen sollten. Die Basisdimensionen Klassenführung und emotionale Unterstützung werden generell eher als fachübergreifende Merkmale guten Unterrichts interpretiert (Dorfner et al. 2017). Diese Annahme wurde zumindest teilweise auch empirisch in einer Studie untermauert. In der Studie wurden Klassenführung und emotionale Unterstützung von Lehrkräften, die Englisch und Deutsch in einer Klasse unterrichten, analysiert. Während die Klassenführung über die Fächer hinweg stabil ausgeprägt war, scheint die emotionale Unterstützung mehr fachspezifische Anteile zu haben (Praetorius et al. 2016).

Wüsten et al. (2010) unterschieden basierend auf dem Professionswissen der Lehrkraft zwischen allgemeinen Qualitätsmerkmalen, die aus einem hohen pädagogischen Wissen der Lehrkraft resultieren, fachdidaktischen Qualitätsmerkmalen, die aus einem hohen fachdidaktischen Wissen der Lehrkraft resultieren und inhaltsspezifischen Qualitätskriterien, die aus einem hohen Fachwissen der Lehrkraft resultieren. Demnach wäre die Klassenführung ein fachübergreifendes Qualitätsmerkmal einer Biologiestunde, der reflektierte Umgang mit Schülervorstellungen ein fachspezifisches Qualitätsmerkmal und die fachliche Richtigkeit der benutzen Fachbegriffe ein inhaltsspezifisches Qualitätsmerkmal, wobei die Abgrenzung zwischen fach- und inhaltsspezifischen Merkmalen sicher nicht trennscharf ist.

Der Fokus wird im Folgenden auf die kognitive Aktivierung und den Aspekt der inhaltlichen Strukturierung (vgl. Tab. 18.2) gelegt, der z. T. als Facette des Unterrichtsqualitätsmerkmals konstruktive Unterstützung (Kunter und Voss 2011) bzw. der instruktionalen Unterstützung (Pianta und Hamre 2009) verstanden wird. In einigen Konzeptualisierungen werden kognitive Aktivierung und inhaltliche Strukturierung differenziert betrachtet (Reiser 2004), während sie woanders unter Begriffen wie kognitive Strukturierung (Einsiedler und Hardy 2010), Lernunterstützung (Meschede et al. 2015) oder instruktionale Unterstützung (Pianta und Hamre 2009) zusammengefasst werden. Ein Überblick über Klassenführung und emotionale Unterstützung findet sich u. a. in Kunter und Trautwein (2013).

Mit dieser Schwerpunktsetzung soll nicht impliziert werden, dass die beiden Merkmale für den naturwissenschaftlichen Unterricht weniger bedeutsam wären. Sie stellen vielmehr eine Grundvoraussetzung für die Wirksamkeit fachspezifischer Merkmale dar. Zum Beispiel sind in wenig beliebten und als schwer eingeschätzten Fächern wie Chemie und Physik Aspekte der emotionalen Unterstützung, etwa ein gutes Unterrichtsklima, besonders relevant, wenn es beispielsweise darum geht, Ideen zu äußern, die möglicherweise nicht den wissenschaftlichen Konzepten entsprechen (Kap. 4).

18.3.2 Kognitive Aktivierung und inhaltliche Strukturierung

Was konkret bedeutet kognitive Aktivierung im naturwissenschaftlichen Unterricht; oder anders gefragt, welche Indikatoren deuten auf das Potenzial der kognitiven Aktivierung im Unterricht hin? Da Unterricht lediglich als Angebot zu verstehen ist, kann er letztlich nur ein Potenzial zur kognitiven Aktivierung aufweisen. Ob die Lernenden dann tatsächlich kognitiv aktiviert sind, sich also vertieft mit einem Lerngegenstand auseinandersetzen, hängt von deren Nutzung des Unterrichtsangebots ab.

Die theoretischen Hintergründe der kognitiven Aktivierung sind zum einen die kognitionspsychologischen Lerntheorien, nach denen bestehende Wissensstrukturen verändert, erweitert, vernetzt, umstrukturiert oder neu gebildet werden können (Bransford und Donovan 2005) und zum anderen die für naturwissenschaftliche Lernprozesse oft herangezogenen Conceptual-Change-Theorien (Kap. 4), die insbesondere auf die Bedeutung von Schülervorstellungen aufmerksam machen (Schneider et al. 2012).

Indikatoren der kognitiven Aktivierung beziehen sich einerseits auf die Wahl der Aufgaben und andererseits auf die Einbettung dieser Aufgaben in den Unterricht: Im Rahmen von Unterrichtsgesprächen beispielsweise können Lernende zur Erläuterung unterschiedlicher Lösungswege ermutigt werden, womit die kognitive Selbstständigkeit der Lernenden gefordert wird. Die Berücksichtigung beider Aspekte ist wichtig, weil es durchaus denkbar ist, dass Lehrpersonen kognitiv herausfordernde Aufgaben auswählen, diese dann aber in einem so kleinschrittigen Verfahren im Unterricht einsetzen, dass sie für Lernende eben nicht kognitiv herausfordernd sind. Speziell für die Naturwissenschaften ist zu bedenken, dass Arbeitsweisen wie das Experimentieren oder das Nutzen von Modellen nicht per se Indikatoren für kognitive Aktivität sind. Die Arbeitsweisen sind zunächst Oberflächenmerkmale von Unterricht, die, wenn sie in eine kognitiv anregende Lernumgebung integriert sind, Lernprozesse fördern können. Wenn Lernende aber lediglich diese Arbeitsweisen abarbeiten, ohne zu verstehen, was sie untersuchen, haben sie kaum Chancen, kognitiv aktiviert zu sein (Harlen 1999). In der Literatur spricht man in diesem Zusammenhang häufig auch von „hands-on" und stellt diesen Begriff dem Begriff „minds-on" gegenüber (Hofstein und Lunetta 2004).

Die Tab. 18.3 gibt einen Überblick über Indikatoren, die sich in der Literatur zu einem kognitiv aktivierenden naturwissenschaftlichen Unterricht bzw. zu kognitiv aktivierenden Aufgaben im naturwissenschaftlichen Unterricht finden (Meschede et al. 2015; Roth et al. 2011; Widodo und Duit 2004; Windschitl et al. 2012), zur Unterrichtsqualität allgemein (Kunter und Voss 2011; Pianta und Hamre 2009) und auch in vielen Video-Rating-Manualen (Klieme et al. 2006; Lipowsky und Lotz 2013) in diesen oder ähnlichen Formulierungen finden lassen.

Damit möglichst alle Lernenden solche kognitiv herausfordernden Lernumgebungen nutzen können, ist es i. d. R. notwendig, sie zu unterstützen. Dazu muss der Unterricht angemessen strukturiert werden, womit keine allgemeine Strukturierung im Sinn der Klassenführung gemeint ist, sondern Maßnahmen, die den fachlichen Inhalt betreffen. Wie bei der kognitiven Aktivierung kann auch bei der inhaltlichen Strukturierung zwischen Maßnahmen differenziert werden, die sich auf die Auswahl der Aufgaben oder auf das Unterrichtsgespräch beziehen (Tab. 18.4). Entsprechende Indikatoren der inhaltlichen Strukturierung finden sich in der Literatur zum naturwissenschaftlichen Unterricht (Krajcik et al. 2000; Meschede et al. 2015; Roth et al. 2011), zur Unterrichtsqualität allgemein (vielfach auch mit dem Verweis auf Scaffolding, das die Unterstützung der individuellen Wissenskonstruktion durch gezielte Hilfen beschreibt) und z. T. in den oben genannten Video-Rating-Manualen.

Nicht immer sind die Indikatoren trennscharf den beiden Bereichen zuzuordnen, z. B. wird das angemessene Anforderungsniveau (vgl. Tab. 18.3) in manchen Konzeptualisierungen auch als Indikator für kognitive Aktivierung aufgeführt (Ergönenc et al. 2014). Ein nicht über- oder unterforderndes Anforderungsniveau ist wichtig, damit Lernende die

Tab. 18.3 Liste möglicher Indikatoren der kognitiven Aktivierung

Indikatoren für kognitiv aktivierende Aufgaben	Indikatoren der kognitiven Aktivierung im Unterrichtsprozess
Aufgaben und Aktivitäten, die zum Nachdenken anregen	Exploration von Vorstellungen und Denkweisen der Lernenden
Aufgaben und Aktivitäten, die die kognitive Selbstständigkeit einfordern	Einfordern von Begründungen
Aktivitäten, die zum Thema passen	Anregen zur Interpretation und Argumentation über Daten
Schaffen von subjektiv bedeutungsvollen Lernanlässen	Anbahnung zum Aufbau neuer Vorstellungen, z. B. indem kognitive Konflikte provoziert werden
Aufgaben und Aktivitäten, die im Bezug zu Basiskonzepten („big ideas", „core concepts") stehen	Anregen zum Herstellen von Zusammenhängen, Verallgemeinerungen
Angemessenes Anforderungsniveau der Aufgaben	Anwendung und Transfer des Gelernten
	Angemessenes Anforderungsniveau der Aufgaben

Gelegenheit erhalten, kognitiv aktiviert zu sein. Gleichzeitig kann man auch sagen, dass es eine Strukturierungsmaßnahme ist, damit die im Unterricht verfolgte Zielsetzung ausreichend fokussiert ist, um eine Überforderung durch zu hohe Komplexität zu vermeiden. Das Hervorheben einer Idee, die für den Lernprozess relevant ist, kann eine Strukturierungsmaßnahme sein: Die Lernenden werden unter vielen Beiträgen gezielt auf etwas aufmerksam gemacht. Gleichzeitig kann dieses Hervorheben auch kognitiv aktivierend wirken.

Neben diesen Qualitätselementen von Unterricht wird unter Begriffen wie „opportunities to learn" (Schmidt und Maier 2009), „attending to concepts" (Hiebert und Grouws

Tab. 18.4 Liste möglicher Indikatoren der inhaltlichen Strukturierung

Indikatoren für die Strukturierung bei der Planung von Unterricht	Indikatoren für die Strukturierung im Unterrichtsverlauf
Angemessenes Anforderungsniveau der Aufgaben	Zielklarheit
Sequenzierung des Inhalts	Inhaltliche Kohärenz des Unterrichtsverlaufs
Nutzung von geeigneten Materialien und Darstellungsformen	Hervorhebungen und Zusammenfassungen zur Strukturierung von Unterrichtsgesprächen
	Schüleräußerungen zueinander in Bezug setzen, z. B. auf Gemeinsamkeiten und Unterschiede aufmerksam machen
	Feedback
	Zurückführung der Lernenden zum Thema

2007) oder Verstehenselemente (Drollinger-Vetter 2011) auch auf die Bedeutung fachlich relevanter Lerngelegenheiten verwiesen. Dies sollten Lerngelegenheiten sein, die es ermöglichen, sich explizit mit den (Teil-)Konzepten, Zusammenhängen, Vorgehensweisen und Begriffen sowie deren Verbindungen auseinanderzusetzen, die für einen Inhaltsbereich bedeutsam sind. Erst wenn all diese Teilelemente verstanden wurden, kann ein Konzept als Ganzes begriffen werden (Drollinger-Vetter 2011, vgl. auch Brückmann 2009). Verstehenselemente sind unabhängig von den im Unterricht verwendeten Aufgaben, Beispielen oder inhaltlichen Kontexten. Sie können sprachlich (in Alltags- oder Fachsprache) oder auch stärker formalisiert dargestellt werden. Entscheidend ist, sich auf relevante konzeptuelle Elemente zu fokussieren und gezielt Schwierigkeiten von Lernenden aufzugreifen und Vorstellungen beispielsweise anzusprechen oder umzudeuten.

18.4 Erfassung der Unterrichtsqualität

Für die Erforschung der Unterrichtsqualität eignen sich insbesondere Videostudien. Beispiele hierfür gibt es aus allen drei naturwissenschaftlichen Fächern sowie dem naturwissenschaftlichen Sachunterricht (Borowski et al. 2010 bzw. Ewerhardy et al. 2012). Dorfner et al. legten 2017 einen Übersichtsbeitrag vor, in dem 46 Videostudien aus dem mathematisch-naturwissenschaftlichen Unterricht beschrieben werden. Das grundsätzliche Vorgehen umfasst die Einschätzung der Indikatoren, mit denen die kognitive Aktivierung oder ein anderes Qualitätsmerkmal operationalisiert wurde. Während in den frühen Videostudien wie der TIMS-Videostudie Naturwissenschaften (Roth et al. 2006) Unterricht vorrangig quantitativ beschrieben wurde, setzen aktuelle Studien darauf, die Ergebnisse der Videoanalyse mit Lehrer- oder Schülervariablen in Verbindung zu bringen (z. B. Ewerhardy et al. 2012; Fischer et al. 2014; Förtsch et al. 2016a).

Bei der Einschätzung der kognitiven Aktivierung besteht die Schwierigkeit, dass sich dieses Unterrichtsqualitätsmerkmal oft nur schwer an einer Unterrichtsstunde ablesen lässt – es zeigt sich eine gewisse Variabilität der kognitiven Aktivierung im Verlauf einer Unterrichtseinheit. So gibt es möglicherweise Stunden, in denen die Schüler praktisch arbeiten (z. B. experimentieren), in denen sich viele der Indikatoren für kognitive Aktivierung beobachten lassen. Auch Stunden, in denen in ein Thema eingeführt oder in denen Dinge geübt werden, zeigen nicht unbedingt alle Indikatoren der kognitiven Aktivierung. Das bedeutet, dass es möglicherweise schwierig ist, die kognitive Aktivierung reliabel und valide zu erfassen. Praetorius et al. (2014) weisen in diesem Zusammenhang auf die Notwendigkeit von längeren Beobachtungszeiträumen von etwa neun Unterrichtsstunden hin. Aufgrund des Aufwands und der Kosten von entsprechenden Videostudien ist dieser Anspruch aber nicht leicht umzusetzen. Zwei Möglichkeiten, diesem Problem zumindest ansatzweise zu begegnen, ist eine möglichst breite Erfassung der kognitiven Aktivierung und genaue Absprachen mit Lehrpersonen, was für ein Thema und an welcher Stelle in einer Unterrichtseinheit videografiert werden soll. Neben der Fremdeinschätzung sind auch die Nutzung von Schülerratings der Unterrichtsqualität (Wagner et al. 2013), insbesondere der emotionalen Unterstützung (Fauth et al. 2014), aber auch Lehrerselbsteinschätzungen, z. B. über Klassenführung (Clausen 2002), oder die Analyse des Potenzials der kognitiven Aktivierung von Aufgaben (Neubrand et al. 2011) sinnvolle Möglichkeiten zur Erfassung von Unterrichtsqualität. Insbesondere die Kombination der verschiedenen Methoden ist geeignet, um ein möglichst genaues Bild der Unterrichtsqualität zu erhalten.

18.4.1 Untersuchungen der Unterrichtsqualität am Beispiel des Projekts Professionswissen in den Naturwissenschaften (ProwiN)

Im Projekt *Professionswissen in den Naturwissenschaften* (*ProwiN*) wurden Tiefenstrukturen der Unterrichtsqualität anhand von Unterrichtsvideos in den Fächern Biologie, Chemie und Physik an Gymnasien erhoben und zum Professionswissen der Lehrkraft sowie verschiedenen Leistungs- und Interessenparametern der Lernenden in Beziehung gesetzt (Borowski et al. 2010). Untersucht wurde, inwiefern sich das Fachwissen, das fachdidaktische Wissen und das pädagogisch-psychologische Wissen einer Lehrkraft auf Merkmale der Unterrichtsqualität auf der einen Seite sowie Leistungs- und Interessenparameter von Lernenden auf der anderen Seite auswirken (Kap. 17).

Für den Biologieunterricht wurde gezeigt, dass sich das fachdidaktische Wissen der Lehrkraft positiv auf die kognitive Aktivierung des Biologieunterrichts und ein kognitiv aktivierender Unterricht sich positiv auf den Leistungszuwachs der Lernenden in einem Wissenstest auswirkt (Förtsch et al. 2016a, 2016b). In dieser Studie wurden von allen teilnehmenden Lehrkräften zwei Unterrichtsstunden zum Thema Reflexe videografiert. Basierend auf bereits bestehenden Kategoriensystemen zur kognitiven Aktivierung aus den Fächern Physik und Mathematik wurde ein Ratingsystem für die Biologie entwickelt (Förtsch et al. 2016a) und auf die videografierten Unterrichtsstunden angewendet. Der Wissenszuwachs der Lernenden wurde mithilfe Prä-Post-Leistungstests erhoben. Durch Mehrebenenanalysen wurden dann Zusammenhänge zwischen dem fachdidaktischen Wissen der Lehrkraft, der kognitiven Aktivierung im Unterricht und der Schülerleistung festgestellt. In dieser Studie zeigte sich, dass ein eher fachspezifisches Unterrichtsqualitätsmerkmal auch tatsächlich mit dem fachdidaktischen Wissen der Lehrkraft korreliert, die Unterteilung in verschiedene Basisdimensionen somit für Forschungszwecke höchst sinnvoll ist.

18.5 Resümee und Ausblick

Trotz der umfangreichen Forschung zur Unterrichtsqualität besteht kein Konsens darüber, was guten (naturwissenschaftlichen) Unterricht ausmacht. Die drei theoretisch fundierten Basisdimensionen Klassenführung, kognitive Aktivierung und emotionale Unterstützung stellen eine hilfreiche Orientierung für die Beschreibung und Analyse der Unterrichtsqualität dar. In vielen Studien insbesondere im deutschsprachigen Raum wird darauf Bezug genommen. Gleichzeitig zeigen sich z. T. so große Unterschiede in der Operationalisierung der drei Basisdimensionen, dass ein Vergleich von Studien schwierig ist. Offen ist zudem, wie stark die drei Basisdimensionen fachspezifisch zu interpretieren sind, welche spezifischen Aspekte z. B. der kognitiven Aktivierung besonders relevant sind für Lernprozesse in einem Fach, inwiefern sie sich auch in unterschiedlichen Fächern unterschiedlich auswirken oder ob nicht weitere fachspezifische Basisdimensionen hinzugefügt werden müssen. Auch die Frage, wie die Basisdimensionen im Unterricht zusammenwirken, ob beispielsweise eine Basisdimension die Voraussetzung für die Wirksamkeit einer anderen Dimension darstellt oder ob einzelne Merkmale nur als Bündel von Merkmalen wirksam werden, ist weitestgehend offen. Eine gelungene Klassenführung scheint beispielsweise eine notwendige, aber nicht hinreichende Voraussetzung dafür zu sein, ob ein kognitiv aktivierender Unterricht wirksam wird (Klieme et al. 2001). Ebenfalls ist die Frage nach der Interaktion zwischen den Basisdimensionen und Unterrichtspraktiken von theoretischem, aber auch praktischem Interesse. Interessant sind solche weitergehenden Fragen insbesondere dann, wenn sie über die Beschreibung von Unterricht hinausgehen und auch Zusammenhänge zur Lehrer- sowie zur Schülerkompetenz berücksichtigen (vgl. Dorfner et al. 2017). Darüber hinaus gibt es eine Reihe von offenen methodischen Fragen hinsichtlich der validen (videobasierten) Erfassung von Unterrichtsqualität, z. B. wer Experte für die Einschätzung der Basisdimensionen bzw. spezifischer Facetten der Basisdimensionen ist. Für die Untersuchung dieser Fragen eignen sich insbesondere Kooperationen der Fachdidaktik und den Bildungswissenschaften.

18.6 Literatur zur Vertiefung

Kunter, M., & Voss, T. (2011). Das Modell der Unterrichtsqualität in COACTIV: Eine multikriteriale Analyse. In M. Kunter, J. Baumert, W. Blum, U. Klusmann, S. Krauss, & M. Neubrand (Hrsg.), *Professionelle Kompetenz von Lehrkräften: Ergebnisse des Forschungsprogramms COACTIV* (S. 83–113). Münster: Waxmann.

Dieses Buchkapitel beschreibt ausführlich die Konzeptualisierung der drei Basisdimensionen der Unterrichtsqualität im Projekt COACTIV. Das Projekt COACTIV bezieht sich auf den Mathematikunterricht, da aber im deutschsprachigen Raum viel Bezug auf die dort genannten drei Basisdimensionen genommen wird, ist dieser Text auch im Kontext des naturwissenschaftlichen Unterrichts interessant.

Windschitl, M., Thompson, J., Braaten, M., & Stroupe, D. (2012). Proposing a core set of instructional practices and tools for teachers of science. *Science Education, 96*(5), 878–903.

Dieser Beitrag beschreibt lernförderliche Interaktionen zwischen Lehrpersonen und Lernenden im naturwissenschaftlichen Unterricht, die man auch als kognitiv aktivierende Maßnahmen bezeichnen könnte.

Wüsten, S., Schmelzing, S., Sandmann, A., & Neuhaus, B. J. (2010). Fachspezifische Qualitätsmerkmale von Biologieunterricht. In U. Harms, & I. Mackensen-Friedrichs (Hrsg.),

Heterogenität erfassen – individuelle fördern im Biologieunterricht. Internationale Tagung der Fachsektion Didaktik der Biologie im VBIO, Kiel 2009 Lehr- und Lernforschung in der Biologiedidaktik (Bd. 4, S. 119–134). Innsbruck: StudienVerlag.

Dieser Beitrag beschreibt die Umsetzung verschiedener Qualitätsmerkmale im deutschen Biologieunterricht an Gymnasien. Er differenziert zwischen allgemeinen und fachspezifischen Qualitätsmerkmalen und ordnet die Unterrichtsqualitätsmerkmale verschiedenen Dimensionen des Professionswissens der Lehrkraft zu.

Literatur

Baumert, J., & Kunter, M. (2011). Das Kompetenzmodell von COACTIV. In M. Kunter, J. Baumert, W. Blum, U. Klusmann, S. Krauss & M. Neubrand (Hrsg.), *Professionelle Kompetenz von Lehrkräften. Ergebnisse des Forschungsprogramms COACTIV* (S. 29–53). Münster: Waxmann.

Baumert, J., Kunter, M., Blum, W., Brunner, M., Voss, T., Jordan, A., et al. (2010). Teachers' mathematical knowledge, cognitive activation in the classroom, and student progress. *American Educational Research Journal, 47*(1), 133–180.

Borowski, A., Neuhaus, B. J., Tepner, O., Wirth, J., Fischer, H. E., Leutner, D., et al. (2010). Professionswissen von Lehrkräften in den Naturwissenschaften (ProwiN) – Kurzdarstellung des BMBF-Projektes. *Zeitschrift für Didaktik der Naturwissenschaften, 16*, 167–175.

Bransford, J. D., & Donovan, S. M. (2005). Scientific inquiry and how people learn. In S. Donovan & J. Bransford (Hrsg.), *How students learn. Science in the classroom* (S. 397–420). Washington, D.C: National Academies Press.

den Brok, P. J., Brekelmans, J. M. G., & Wubbels, T. (2004). Interpersonal teacher behaviour and student outcomes. *School Effectiveness and School Improvement, 15*(3–4), 407–442.

Brophy, J. (2000). *Teaching. Educational practices series.* Bd. 1. Brussels: International Academy of Education & International Bureau of Education.

Brückmann, M. (2009). *Sachstrukturen im Physikunterricht – Ergebnisse einer Videostudie.* Berlin: Logos.

Clausen, M. (2002). *Unterrichtsqualität: Eine Frage der Perspektive?* Münster: Waxmann.

Dorfner, T., Förtsch, C., & Neuhaus, B. J. (2017). Die methodische und inhaltliche Ausrichtung quantitativer Videostudien zur Unterrichtsqualität im mathematisch-naturwissenschaftlichen Unterricht. Ein Review. *Zeitschrift für Didaktik der Naturwissenschaften.*

Drollinger-Vetter, B. (2011). *Verstehenselemente und strukturelle Klarheit: Fachdidaktische Qualität der Anleitung von mathematischen Verstehensprozessen im Unterricht.* Münster, New York, NY, München, Berlin: Waxmann.

Einsiedler, W. (2002). Das Konzept „Unterrichtsqualität". *Unterrichtswissenschaft, 3*, 194–196.

Einsiedler, W., & Hardy, I. (2010). Kognitive Strukturierung im Unterricht: Einführung und Begriffsklärungen. *Unterrichtswissenschaft, 38*, 194–209.

Ergönenc, J., Neumann, K., & Fischer, H. E. (2014). The impact of pedagogical content knowledge on cognitive activation and student learning. In H. E. Fischer, P. Labudde, K. Neumann & J. Viiri (Hrsg.), *Quality of instruction in physics. Comparing Finland, Switzerland and Germany* (S. 146–159). Münster: Waxmann.

Ewerhardy, A., Kleickmann, T., & Möller, K. (2012). Fördert ein konstruktivistisch orientierter naturwissenschaftlicher Sachunterricht mit strukturierenden Anteilen das konzeptuelle Verständnis bei den Lernenden? *Zeitschrift für Grundschulforschung, 5*, 76–88.

Fauth, B., Decristan, J., Rieser, S., Klieme, E., & Büttner, G. (2014). Student ratings of teaching quality in primary school: dimensions and prediction of student outcomes. *Learning and Instruction, 29*, 1–9.

Fend, H. (1998). *Qualität im Bildungswesen. Schulforschung zu Systembedingungen, Schulprofilen und Lehrerleistung*. Weinheim: Juventa.

Fischer, H. E., Labudde, P., Neumann, K., & Viiri, J. (2014). *Quality of instruction in physics. Comparing Finland, Germany and Switzerland*. Münster: Waxmann.

Förtsch, C., Werner, S., Dorfner, T., v. Kotzebue, L., & Neuhaus, B. J. (2016a). Effects of cognitive activation in biology lessons on students' situational interest and achievement. *Research in Science Education*. https://doi.org/10.1007/s11165-016-9517-y.

Förtsch, C., Werner, S., v. Kotzebue, L., & Neuhaus, B. J. (2016b). Effects of biology teachers' professional knowledge and cognitive activation on students' achievement. *International Journal of Science Education, 38*, 2642–2666.

Fraser, B. J., Walberg, H. J., Welch, W. W., & Hattie, J. A. (1987). Syntheses of educational productivity research. *International Journal of Educational Research, 11*, 145–252.

Harlen, W. (1999). *Effective teaching of science: a review of research*. Edinburgh: The Scottish Council for Research in Education.

Hattie, J. (2009). *Visible learning: a synthesis of over 800 meta-analyses relating to achievement*. London: Routledge.

Helmke, A. (2009). *Unterrichtsqualität und Lehrerprofessionalität: Diagnose, Evaluation und Verbesserung des Unterrichts* (1. Aufl.). Seelze-Velber: Kallmeyer.

Hofstein, A., & Lunetta, V. N. (2004). The laboratory in science education: foundations for the twenty-first century. *Science Education, 88*(1), 28–54.

Hiebert, J., & Grouws, D. A. (2007). The effects of classroom mathematics teaching on students' learning. In F. K. Lester (Hrsg.), *Second handbook of research on mathematics teaching and learning: A project of the National Council of Teachers of Mathematics* (S. 371–404). Charlotte, NC: IAP.

Klieme, E., & Rakoczy, K. (2008). Empirische Unterrichtsforschung und Fachdidaktik. Outcome-orientierte Messung und Prozessqualität des Unterrichts. *Zeitschrift für Pädagogik, 54*, 222–237.

Klieme, E., Schümer, G., & Knoll, S. (2001). Mathematikunterricht in der Sekundarstufe I. „Aufgabenkultur" und Unterrichtsgestaltung. In BMBF (Hrsg.), *TIMSS – Impulse für Schule und Unterricht* (S. 43–57). Bonn: Bundesministerium für Bildung u. Forschung.

Klieme, E., Hugener, I., Pauli, C., & Reusser, K. (Hrsg.). (2006). *Dokumentation der Erhebungs- und Auswertungsinstrumente zur schweizerisch-deutschen Videostudie „Unterrichtsqualität, Lernverhalten und mathematisches Verständnis": Teil 3, Videoanalysen*. Frankfurt am Main: DIPF.

Ko, J., & Sammons, P. (2013). *Effective teaching: a review of research and evidence: CfBT education trust*

v. Kotzebue, L., & Neuhaus, B. J. (2016). Was macht einen guten Unterricht und einen guten Lehrer aus? Trends der Unterrichtsqualitäts- und Lehrerprofessionalitätsforschung. In A. Sandmann & P. Schmiemann (Hrsg.), *Biologiedidaktische Forschung: Schwerpunkte und Forschungsstände* (S. 117–142). Berlin: Logos.

Krajcik, J., Blumenfeld, P., Marx, R., & Soloway, E. (2000). Instructional, curricular, and technological supports for inquiry in science classrooms. In J. A. Minstrell & E. van Zee (Hrsg.), *Inquiring into inquiry. Learning and teaching in science* (S. 283–315). Washington, D.C.: American Association for the Advancement of Science.

Kunter, M., & Trautwein, U. (2013). *Psychologie des Unterrichts*. Paderborn: Ferdinand Schöningh.

Kunter, M., & Voss, T. (2011). Das Modell der Unterrichtsqualität in COACTIV: Eine multikriteriale Analyse. In M. Kunter, J. Baumert, W. Blum, U. Klusmann, S. Krauss & M. Neubrand (Hrsg.), *Professionelle Kompetenz von Lehrkräften: Ergebnisse des Forschungsprogramms COACTIV* (S. 83–113). Münster: Waxmann.

Kunter, M., Klusmann, U., Baumert, J., Richter, D., Voss, T., & Hachfeld, A. (2013). Professional competence of teachers: effects on instructional quality and student development. *Journal of Educational Psychology, 105*, 805–820.

Lipowsky, F. (2002). Zur Qualität offener Lernsituationen im Spiegel empirischer Forschung – Auf die Mikroebene kommt es an. In U. Drews & W. Wallrabenstein (Hrsg.), *Freiarbeit in der Grundschule. Offener Unterricht in Theorie, Forschung und Praxis* (S. 126–159). Frankfurt a. M.: Grundschulverband.

Lipowsky, F., & Lotz, M. (2013). *Dokumentation der Erhebungsinstrumente des Projekts „Persönlichkeits- und Lernentwicklung von Grundschülern" (PERLE). Materialien zur Bildungsforschung*. Bd. 23,3. Frankfurt am Main: Gesellschaft zur Förderung Pädagogischer Forschung.

Lipowsky, F., Rakoczy, K., Pauli, C., Drollinger-Vetter, B., Klieme, E., & Reusser, K. (2009). Quality of geometry instruction and its short-term impact on students' understanding of the Pythagorean Theorem. *Learning and Instruction, 19*, 527–537.

Lotz, M., & Lipowsky, F. (2015). Die Hattie-Studie und ihre Bedeutung für den Unterricht. Ein Blick auf ausgewählte Aspekte der Lehrer-Schüler-Interaktion. In G. Mehlhorn, F. Schulz & K. Schöppe (Hrsg.), *Begabungen entwickeln & Kreativität fördern*. KREAplus, (Bd. 8, S. 97–136). München: kopaed.

Marzano, R. J., Gaddy, B. B., & Dean, C. (2000). *What works in classroom instruction*. Aurora: Mid-continent Research for Education and Learning (McREL).

Meschede, N., Steffensky, M., Wolters, M., & Möller, K. (2015). Professionelle Wahrnehmung der Lernunterstützung im naturwissen schaftlichen Grundschulunterricht Theoretische Beschreibung und empirische Erfassung. *Unterrichtswissenschaft, 43*(4), 317–335.

Neubrand, M., Jordan, A., Krauss, S., Blum, W., & Löwen, K. (2011). Aufgaben im COACTIV-Projekt: Einblicke in das Potenzial für kognitive Aktivierung im Mathematikunterricht. In M. Kunter, J. Baumert, W. Blum, U. Klusmann, S. Krauss & M. Neubrand (Hrsg.), *Professionelle Kompetenz von Lehrkräften. Ergebnisse des Forschungsprogramms COACTIV* (S. 115–132). Münster: Waxmann.

Neuhaus, B. (2007). Unterrichtsqualität als Forschungsfeld für empirische biologiedidaktische Studien. In D. Krüger & H. Vogt (Hrsg.), *Theorien in der biologiedidaktischen Forschung* (S. 243–254). Berlin: Springer.

Ophardt, D., & Thiel, F. (2013). *Klassenmanagement: Ein Handbuch für Studium und Praxis* (1. Aufl.). Stuttgart: Kohlhammer.

Oser, F., & Baeriswyl, F. (2001). Choreographies of teaching: bridging instruction to learning. In V. Richardson (Hrsg.), *Handbook of research on teaching* (4. Aufl. S. 1031–1065). Washington, D.C: American Educational Research Association.

Pianta, R. C., & Hamre, B. K. (2009). Conceptualization, measurement, and improvement of classroom processes: standardized observation can leverage capacity. *Educational Researcher, 38*(2), 109–119.

Praetorius, A.-K., Pauli, C., Reusser, K., Rakoczy, K., & Klieme, E. (2014). One lesson is all you need? Stability of instructional quality across lessons. *Learning and Instruction, 31*, 2–12.

Praetorius, A.-K., Vieluf, S., Saß, S., Bernholt, A., & Klieme, E. (2016). The same in German as in English?: Investigating the subject-specificity of teaching quality. *Zeitschrift für Erziehungswissenschaft, 19*(1), 191–209.

Reiser, B. (2004). Scaffolding complex learning: the mechanisms of structuring and problematizing student work. *The Journal of the Learning Sciences, 13*(3), 273–304.

Roth, K. J., Druker, S. L., Garnier, H., Lemmens, M., Chen, C., Kawanaka, T., et al. (2006). *Teaching science in five countries: results from the TIMSS 1999 video study*. Washington DC: U.S. Government Printing Office.

Roth, K. J., Garnier, H. E., Chen, C., Lemmens, M., Schwille, K., & Wickler, N. I. (2011). Videobased lesson analysis: effective science PD for teacher and student learning. *Journal of Research in Science Teaching, 48*(2), 117–148.

Schmidt, W. H., & Maier, A. (2009). Opportunity to learn. In G. Sykes, B. L. Schneider & D. N. Plank (Hrsg.), *Handbook on education policy research* (S. 541–549). New York: Routledge.

Schneider, M., Vamvakoussi, X., & van Dooren, W. (2012). Conceptual change. In N. M. Seel (Hrsg.), *Encyclopedia of the sciences* (S. 735–738). Berlin: Springer.

Seidel, T., & Shavelson, R. J. (2007). Teaching effectiveness research in the past decade: the role of theory and research design in disentangling meta-analysis results. *Review of educational Research, 77*(4), 454–499.

Wagner, W., Göllner, R., Helmke, A., Trautwein, U., & Lüdtke, O. (2013). Construct validity of student perceptions of instructional quality is high, but not perfect: dimensionality and generalizability of domain-independent assessments. *Learning and Instruction, 28*, 1–11.

Widodo, A., & Duit, R. (2004). Konstruktivistische Sichtweisen vom Lehren und Lernen und die Praxis des Physikunterrichts. *Zeitschrift für Didaktik der Naturwissenschaften, 10*, 233–255.

Windschitl, M., Thompson, J., Braaten, M., & Stroupe, D. (2012). Proposing a core set of instructional practices and tools for teachers of science. *Science Education, 96*(5), 878–903.

Wüsten, S., Schmelzing, S., Sandmann, A., & Neuhaus, B. J. (2010). Fachspezifische Qualitätsmerkmale von Biologieunterricht. In U. Harms & I. Mackensen-Friedrichs (Hrsg.), *Heterogenität erfassen – individuelle fördern im Biologieunterricht*. Internationale Tagung der Fachsektion Didaktik der Biologie im VBIO, Kiel, 2009. Lehr- und Lernforschung in der Biologiedidaktik, (Bd. 4, S. 119–134). Innsbruck: StudienVerlag.